"大国三农"系列规划教材

普通高等教育"十四五"规划教材

普通植物病理学实验

（农学专业用书）

王海光　主编

中国农业大学出版社

·北京·

内容简介

本教材顺应学科发展、新农科建设、人才培养要求，面向农学专业本科生，以植物病理学基础理论、技术和方法为基础，以大田作物病害及其病原为主，介绍了实验课注意事项、18个实验、附录。主要实验内容包括菌物一般形态观察和显微玻片制作方法，植物病害症状观察，主要病原物及其所致病害和非侵染性病害，病原物的分离、纯化、接种和鉴定，病原物侵染过程观察，植物病害定量调查方法和季节流行动态基本模型应用，基于图像处理技术的植物病害严重度评估和病原孢子自动计数，植物抗病性鉴定和病原物致病力分化鉴定，植物病害标本采集及病原鉴定等。附录包括主要植物病害调查和防治、主要植物抗病性鉴定的国家标准和农业行业标准名录，我国植物病害管理方面的法律法规名录，植物病理学实验常用培养基及其配方。本教材集专业教育、技能培养、思政教育于一体，每个实验主要包括实验基础知识和原理，实验目的，实验材料、试剂、仪器与用具，实验内容和方法，作业，参考文献等。

本教材入选中国农业大学“大国三农”系列规划教材，是农学专业本科生的普通植物病理学实验指导教材，可供植物保护、园艺、林学等其他专业学生学习植物病理学参考，也可供植物病理学相关教学和科研人员参考。

图书在版编目(CIP)数据

普通植物病理学实验/王海光主编. --北京：中国农业大学出版社，2024. 12. --ISBN 978-7-5655-3327-3

Ⅰ. S432. 1-33

中国国家版本馆CIP数据核字第20243XS278号

书　　名　普通植物病理学实验
Putong Zhiwu Binglixue Shiyan

作　　者　王海光　主编

策划编辑	王笃利　杜　琴	**责任编辑**	杜　琴　蔡恩嘉
封面设计	李尘工作室		
出版发行	中国农业大学出版社		
社　　址	北京市海淀区圆明园西路2号	**邮政编码**	100193
电　　话	发行部 010-62733489，1190		读者服务部 010-62732336
	编辑部 010-62732617，2618		出　版　部 010-62733440
网　　址	http://www.caupress.cn	**E-mail**	cbsszs@cau.edu.cn
经　　销	新华书店		
印　　刷	运河(唐山)印务有限公司		
版　　次	2024年12月第1版　　2024年12月第1次印刷		
规　　格	185 mm×260 mm　　16开本　　21印张　　518千字		
定　　价	75.00元		

图书如有质量问题本社发行部负责调换

编审人员

主　　编：王海光

副 主 编：原雪峰　钱国良　黄玉茜

编写人员（按姓氏笔画排序）：

王海光　中国农业大学植物保护学院
E-mail：wanghaiguang@cau.edu.cn

刘　佳　甘肃农业大学植物保护学院
E-mail：liujia@gsau.edu.cn

刘志菲　山东农业大学植物保护学院
E-mail：wliuzhifei@163.com

李大勇　浙江大学农业与生物技术学院生物技术研究所
E-mail：dyli@zju.edu.cn

李宇翔　西北农林科技大学植物保护学院
E-mail：yuxiang@nwafu.edu.cn

邵小龙　南京农业大学植物保护学院
E-mail：xlshao@njau.edu.cn

范海燕　沈阳农业大学植物保护学院
E-mail：fanhaiyan2017@syau.edu.cn

原雪峰　山东农业大学植物保护学院
E-mail：snowpeak77@163.com

钱国良　南京农业大学植物保护学院
E-mail：glqian@njau.edu.cn

曹志艳　河北农业大学植物保护学院
E-mail：caozhiyan@hebau.edu.cn

黄玉茜　沈阳农业大学植物保护学院
E-mail：huangyuqian@syau.edu.cn

审　　稿：黄丽丽　西北农林科技大学植物保护学院
高学文　南京农业大学植物保护学院

前言

为深入贯彻习近平新时代中国特色社会主义思想和党的二十大精神，落实立德树人根本任务，为党育人、为国育才，培养德智体美劳全面发展的社会主义事业的建设者和接班人，结合学科发展和特点，编写组对本教材内容进行了规划和设计。

本教材加强知识和技能教育与课程思政教育相结合，设置有小组实验和探索性实验，以培养学生团结协作精神和探索精神，教材内容包含思政教育元素，并设置了4个"思政小课堂"，以实现对学生思政教育的功能。加强学生科学思维方式的培养，加强学生的生物安全意识以及对"生态文明建设""人与自然和谐共生""绿水青山就是金山银山"的认识，培养学生的"大国三农"情怀，激发学生"强农""兴农"以及保障我国粮食安全、服务农业农村现代化、建设社会主义现代化国家的责任感和使命感。

为了推进"互联网＋"教学模式和信息技术的应用，服务于学生的多样化、个性化学习需求，编写组将本教材建设成为一本新形态教材。将纸质教材与现代信息技术相结合，通过在纸质教材中配制二维码，将大量的植物病害、病原、实验操作的清晰图片和视频以融媒体的形式展现出来，图像资源丰富，学生可以通过手机扫描二维码获取相关数字资源，更有利于学生对相关知识和技能的学习和掌握，可使学生更清晰、更全面地认识病原形态和病害症状，更能直观地学习实验操作过程，提高普通植物病理学实验教学的信息化水平和教学效果。

本教材内容丰富，主要包括18个实验和附录，每个实验主要包括实验基础知识和原理，实验目的，实验材料、试剂、仪器与用具，实验内容和方法，作业，参考文献等。设置的18个实验可供任课教师在授课时根据需要进行选择，其余实验可作为学生扩展知识和视野的内容，供学生自学或自主实验。主要实验内容包括菌物一般形态观察和显微玻片制作方法，植物病害症状观察，主要病原物及其所致病害和非侵染性病害，病原物的分离、纯化、接种和鉴定，病原物侵染过程观察，植物病害定量调查方法和季节流行动态基本模型应用，基于图像处理技术的植物病害严重度评估和病原孢子自动计数，植物抗病性鉴定和病原物致病力分化鉴定，植物病害标本采集及病原鉴定等。特别地，为满足学科发展和种业发展的需求，本教材中包括种子携带病原物检测、植物抗病性鉴定、病害调查等方面的实验，将分子生物学、血清学、信息科学等方面的技术和方法应用于实验中，体现出本教材的基础与前沿相结合的特点，增强学生对最新技术的掌握。每个实验的实验基础知识和原理部分可供学生学习实验相关知识，更能满足"普通植物病理学实验"单独作为一门课程对学生的知识要求。在每个实验开始部分，编写了"提要"，以便学生更好地了解每个实验的实验内容和实验目的。并且，将主要植物病害调查和防治、主要植物抗病性鉴定的国家标准和农业标准名录，我国植物病害管理方面的法律法规名录，植物病理学实验常用培养基及其配方，作为本教材的附录，方便学生对相关内容进行了解和使用。通过学习本教材，学生能够提高对植物病理学理论知识的认识和理解，掌握主要病害的症状特征、病原物形态特征、病害发生规律等相关知识，掌握植物病害症状观察、诊断、标本采集、病原物分离、纯化、接种、检测、鉴定等植物病理学的常规方法和技术，掌握植物病害调查方法、植物抗病性鉴定和病原物致病力分化鉴定方法，并掌握利用分子生物学技术、血清学技术、信息技术进行植物病理学研究的方法，进而提高学生的实验能力和实践能力，培养学生科学思维方法。

本教材由来自全国 8 所高等院校的 11 位人员编写，根据各位编写人员的专业优势分配任务，以保障实验内容的准确性、新颖性和可操作性。实验一、实验二和附录四由李大勇编写；实验三、实验十六和附录二由曹志艳编写；实验四和实验九由邵小龙和钱国良编写；实验五、实验十和实验十二由原雪峰和刘志菲编写；实验六由范海燕编写；实验七和实验十七由黄玉茜编写；实验八由李宇翔和王海光编写；实验十一由李宇翔编写；实验十三和实验十八由刘佳编写；实验十四、实验十五、普通植物病理学实验课注意事项、全书实验结构框架、附录一和附录三以及 4 个“思政小课堂”由王海光编写。本教材中的图片和视频除标注来源的以外，均由相应编写人员提供，在文中未再进行标注。全书由王海光统稿，对全书内容进行了全面的审阅和修订。本书由西北农林科技大学黄丽丽教授、南京农业大学高学文教授审稿。

本教材入选中国农业大学“大国三农”系列规划教材，感谢中国农业大学 2022 年度“大国三农”系列规划教材建设项目的资助！本教材在编写过程中承蒙中国农业大学、中国农业大学出版社以及国内同行的大力支持，对此表示衷心的感谢！

本教材是农学专业本科生的普通植物病理学实验指导教材，可供植物保护、园艺、林学等其他专业学生学习植物病理学参考，也可供植物病理学相关教学和科研人员参考。

本教材在编写过程中参考了相关的文献资料，在文中标明了引用，并列出了相关参考文献，在此对相关文献资料的作者表示感谢！如有遗漏，敬请谅解。

受编写人员专业水平和能力所限，本教材中难免存在错漏之处，敬请读者指正。

王海光

2024 年 5 月

• • · 普通植物病理学实验课注意事项 · • •

1.学生必须严格遵守学校、学院和本科实验室的有关实验室管理规章制度。

2.学生在实验课前,必须通过实验教材了解课堂实验内容和学习实验涉及的主要理论知识,明确实验目的,了解实验操作步骤。

3.按时参加实验课教学,不准随意迟到或旷课。上课期间注意课堂纪律,遵守任课教师的教学安排,严禁喧哗、随意走动等扰乱教学秩序的行为发生。

4.注意实验室安全。安全第一! 实验时,应严格按照任课教师要求和实验要求进行规范操作,爱护实验仪器和实验材料。仪器发生故障时,必须及时报告任课教师。损坏仪器或用具必须登记,按照学校、学院和本科实验室有关规定处理或赔偿。严格注意实验室危险化学药品使用。严格注意实验室用电安全。

5.实验过程中,应及时将所用永久玻片、教学玻片或实验材料等进行归位,将实验垃圾按照要求放在适当位置。

6.实验报告一律用铅笔撰写,必须使用规范的或学校统一印制的实验报告纸,按时提交实验报告。

7.在完成实验绘图作业时,应认真求实,不允许虚构或进行艺术加工。绘图时选用硬度合适的铅笔,笔尖要保持圆滑。所绘图形的一切特征用线条和圆点表示,线条要光滑、粗细一致,用圆点疏密表示色泽深浅,严禁涂抹,圆点要求大小一致。图形要求大小适中,各部分结构比例合理,细微部分需放大表示时,可单独绘制。图形中各部分名称一律用虚线引出,并标注在图形右侧,图名(绘制内容)写在相应图形下方,并在图名下面注明观察所绘制内容时使用的显微镜放大倍数。

8.对于需要多次观察的实验,应严格按照任课教师要求进行观察和进行相应操作,严禁损害他人的实验材料。

9.对于分组实验,实验小组成员应该合理分工,团结、协作,共同完成实验和实验报告的撰写,严禁拼凑实验报告。

10.实验报告应该根据实验情况认真完成,实事求是,严禁抄袭和编造。

11.实验结束后,整理好自己的物品,将所用仪器或材料整理好放在适当的位置,如有需要,应做好使用情况登记。若实验用具需要清洗,应清洗干净之后放于适当位置。

12.轮流值日,保持实验室整洁。值日学生必须在全部学生实验结束后再开展值日工作,不得在其他学生进行实验时值日。

(王海光　编写)

全书实验结构框架

根据理论基础和功能，本教材将 18 个实验划归为 5 个模块，实验结构框架如下：

模块	实验	技术、方法和技能
病原学和症状学	病害症状观察和菌物玻片制作 病原菌物及其所致病害 病原原核生物及其所致病害 植物病毒及其所致病害 病原线虫和寄生性种子植物及其所致病害 非侵染性病害	观察和描述植物病害症状的方法 病原菌物显微玻片标本的制作方法 病原检索表的使用方法 植物病害的诊断方法 ……
病原检测	病原菌物检测 植物病毒检测 种子携带病原物检测	植物病害的诊断方法 植物病原菌的分离和纯化技术 植物病害病原鉴定的方法 病原检测方法 种子携带病原物检测方法 ……
病害流行学	病原接种与侵染过程观察 病害调查方法和季节流行动态模拟与应用 基于图像处理技术的严重度评估和孢子计数	侵染性病害病原接种方法 病原菌物显微玻片标本的主要制作方法 植物病害定量调查的方法 可用于严重度评估和孢子计数的信息技术 ……
植物抗病性和病原物致病力	植物抗病性鉴定 病原物致病力分化鉴定	植物病原菌的分离和纯化技术 侵染性病害病原接种方法 植物抗性鉴定方法 病原物致病力分化鉴定方法 ……
综合探索性实验	植物病害标本采集及病原鉴定	以上各种技术和方法

（王海光　编写）

目录

实验一

植物病害症状的观察和菌物显微玻片制作

提要：掌握植物病害症状的观察和菌物显微玻片制作是诊断植物病害的基础。本实验的重点内容为通过对植物病害症状的观察，培养学生如何详细描述和记录植物病害症状的能力，掌握植物病害的不同症状类型及其特点，并深入了解这些症状在病害诊断过程中的重要性。此外，希望学生掌握不同菌物显微玻片的制作方法，包括如何制备、染色和观察。学生将认识菌物的子实体，以及其有性繁殖和无性繁殖过程中产生的各种类型孢子。通过本实验，希望能够增强学生对植物病理学的直观理解，并为他们在未来进一步掌握植物病害诊断技能打下坚实的基础。本实验不仅有助于理论知识的应用，还强调实践技能的培养，使学生能够在实际工作中更好地识别和防治植物病害。

1 实验基础知识和原理

植物受到病原物侵染后，经过一系列的病理程序，最后表现为植物外部可见的症状。症状是有病植物外部可见的病状和病征的统称。病状是指病原物侵染植物后，在植物体内发生一系列外部观察不到的生理生化的变化，继而细胞和组织开始发生病变，并出现肉眼可见到的变化。有些侵染性病害，主要是菌物和细菌病害，不仅表现出病状，在病部还能见到引起植物生病的病原物，它们依附在病植物体上，例如，病植物体上的霜霉、白粉、黑粉、菌核、菌脓以及寄生在植物上的寄生性种子植物等。这些致病生物出现在病变部分即称“病征”。所以，植物病害的症状应该包括“病状”和“病征”两部分（谢联辉，2013；许志刚，2009）。

对病害的认识和研究都是首先从症状开始的。症状有一定的变化幅度，常因品种抗性、环境条件以及发病时期不同而有变化，因此，观察病害症状应连续观察它在不同时期和不同条件下的表现，实验前最好采集一些典型症状的新鲜标本进行观察。

1.1 病状类型

植物病害的病状类型主要分为五大类，即变色、坏死、腐烂、萎蔫和畸形（陆家云，2001，2004）。

1.1.1 变色

变色大多发生在叶片，由于叶绿素的形成受阻或遭到破坏而发生不同程度的褪绿或其他色素的出现而导致色泽的改变。果实、种子和花瓣也会有各种变色。变色的主要类型有以下几种：

(1)褪绿或黄化。是指整个叶片或者叶片的一部分均匀地变色。褪绿是由于叶绿素的减少而使叶片表现为浅绿色。当叶绿素的量减少到一定程度就表现为黄化。例如，柑橘缺硼即表现黄化症状(图 1-1)。

(2)花叶与斑驳。是指叶片不均匀地变色。花叶是由于形状不规则的深绿、浅绿、黄绿或黄色部分相间而形成不规则的杂色，不同变色部分的轮廓是很清楚的。如果变色部分的轮廓不很清楚，这种症状就称作斑驳。例如，番茄花叶病(图 1-2)、黄瓜花叶病、马铃薯普通花叶病等病害表现花叶状。

图 1-1 柑橘缺硼

图 1-2 番茄花叶病

1.1.2 坏死

坏死是植物局部细胞和组织的死亡引起的一种常见病状，常随病原和发病部位而表现不同程度的坏死。主要种类有以下几种：

(1)斑点。发病部位的局部细胞或组织坏死，产生各种形状、大小和颜色不同的斑点，包括条斑、圆斑、角斑等。例如，稻瘟病(图 1-3)、水稻细菌性条斑病、玉米大斑病、玉米小斑病等可产生斑点症状。

(2)枯死。发病部位局部或大部分组织发生变色、焦枯、死亡。例如，马铃薯晚疫病(图 1-4)、烟草黑胫病、水稻白叶枯病等可产生枯死症状。

图 1-3 稻瘟病

图 1-4 马铃薯晚疫病

(3)穿孔、落叶和落果。发病时，在病斑外围的组织形成离层，使病斑从健康组织中脱落下来，形成穿孔；有些植物的花、叶、果等受害后，在叶柄或果柄附近产生离层而引起过早的落叶、落果等。例如，桃细菌性穿孔病(图 1-5)可产生穿孔症状，苹果轮纹病可产生落叶和落果症状。

(4)疮痂。是指果实、嫩茎、块茎等病组织局部木栓化，表面粗糙，病部突起。例如，柑橘疮痂病(图 1-6)、番茄疮痂病等可产生疮痂症状。

图 1-5　桃细菌性穿孔病

图 1-6　柑橘疮痂病

(5)溃疡。是指发病部位深入到皮层，组织坏死或腐烂，病部面积较大，稍凹陷，周围的寄主细胞有时增生或木栓化，多见于木本植物的枝干上。例如，柑橘溃疡病(图 1-7，二维码 1-1)、桃树溃疡病、苹果树腐烂病等可产生溃疡症状。

(6)猝倒和立枯。大多发生在植物的苗期，幼苗的茎基或根冠坏死，地上部萎蔫以致死亡。猝倒和立枯具有较大区别，猝倒是幼苗快速倒伏而死亡，而立枯是幼苗逐步萎缩而直立死亡。例如，番茄猝倒病可产生猝倒症状，黄瓜立枯病可产生立枯症状(图 1-8)。

图 1-7　柑橘溃疡病

二维码 1-1
柑橘溃疡病

图 1-8　黄瓜立枯病

1.1.3　腐烂

腐烂是指植物组织较大面积的分解和破坏。一般来说，腐烂是整个组织和细胞受到破坏和消解，而坏死则多少还保持原有组织的轮廓。流胶也是腐烂的一种，桃树等木本植物受病菌为害后，内部组织坏死并腐烂分解，从病部向外流出黏胶状物质，如桃树流胶病(图 1-9)。大白菜软腐病(图 1-10)产生腐烂症状。

图 1-9　桃树流胶病(Lesmes-Vesga et al.，2022)

图 1-10　大白菜软腐病

1.1.4　萎蔫

萎蔫指全株茎叶呈失水状萎垂甚至枯死。典型的萎蔫症状是指植物根茎的维管束组织受到破坏而发生的凋萎现象。例如,西瓜枯萎病(图 1-11)、番茄青枯病(图 1-12)、香蕉枯萎病等产生萎蔫症状。

图 1-11　西瓜枯萎病

图 1-12　番茄青枯病

1.1.5　畸形

由于病组织或细胞的生长受阻或过度增长而造成的形态异常,包括叶、花、枝、果等各种反常生长的形状。植物病害的畸形症状类型很多,常见的有以下几种:

(1)徒长。植物节间明显过度生长,病株比健株明显高。例如,水稻恶苗病产生徒长症状(图 1-13)。

(2)矮缩和丛生。矮缩是指植物节间缩短或停止生长,病株比健株矮小得多;丛生是指枝条或侧根异常增多,导致丛枝或丛根。例如,水稻黑条矮缩病(图 1-14)、小麦黄矮病和玉米矮化病产生矮缩症状,枣疯病、龙眼丛枝病等产生丛生症状。

图 1-13 水稻恶苗病

图 1-14 水稻黑条矮缩病

(3)瘤肿。病部的细胞或组织因病原物的刺激而增生或增大,呈现出瘤肿,如苹果根癌病、番茄根结线虫病(图 1-15)、白菜根肿病(图 1-16)等。

图 1-15 番茄根结线虫病

图 1-16 白菜根肿病

(4)卷叶。叶片卷曲或皱缩,有时病叶变厚、变硬,严重时呈卷筒状,如马铃薯卷叶病(图 1-17)、蚕豆黄化卷叶病等。

(5)蕨叶。叶片变成丝状、线状或蕨叶状,如番茄蕨叶病(图 1-18)、辣椒蕨叶病等。

图 1-17 马铃薯卷叶病

图 1-18 番茄蕨叶病

(6)畸果或小果。畸果指发病果实变形,小果指发病果实比一般果实瘦小。例如,柑橘黄龙病产生畸果症状(图 1-19)。

(7)疱斑。在叶面或果实上有凸起或凹下部分,表面不平,形成疱斑,往往凸起的部分颜色变深,如黄瓜绿斑驳花叶病毒病(图 1-20)等。

此外，一些病毒病会产生特异性的畸形症状，如耳突或脉肿、扁枝、肿枝、茎沟、拐节、花变叶等。

图 1-19　柑橘黄龙病

图 1-20　黄瓜绿斑驳花叶病毒病

1.2　病征类型

植物病害的病征是指在植物发病部位产生的、肉眼可见的病原物结构，主要有以下几类：

1.2.1　霉状物

霉状物是许多菌物病害的常见病征。根据病原物的种类形成特征性的霉层，如青霉、绿霉、灰霉、黑霉、霜霉等，如柑橘青霉病(图 1-21)、马铃薯晚疫病、十字花科蔬菜霜霉病、甘薯软腐病、番茄灰霉病(图 1-22)等。

图 1-21　柑橘青霉病

图 1-22　番茄灰霉病

1.2.2　锈状物

植物的发病部位，特别是茎、叶表面产生黄色或褐色的铁锈状突起物，并散发出铁锈色粉末，这是由锈菌侵染引起的病征，如小麦条锈病(图 1-23)、豇豆锈病等；有些植物的发病部位产生白色疱疹状物，如白菜白锈病(图 1-24)等。

1.2.3　粉状物

植物叶片、枝条或果实被病菌侵染后，表面产生一层粉末状物，白色或黑色，如小麦白粉病(图 1-25，二维码 1-2)产生白色粉状物，玉米瘤黑粉病(图 1-26)产生黑色粉状物。

图 1-23　小麦条锈病

图 1-24　白菜白锈病

图 1-25　小麦白粉病(由王海光提供)

二维码 1-2
小麦白粉病
(由王海光提供)

图 1-26　玉米瘤黑粉病

1.2.4　小黑点

植物发病部位表面生成黑色的或褐色的小颗粒,不规则或呈轮纹状排列,为病原菌物的子实体,如小麦赤霉病(图 1-27)、苹果炭疽病(图 1-28)、梨黑星病、茶轮斑病等。

图 1-27　小麦赤霉病

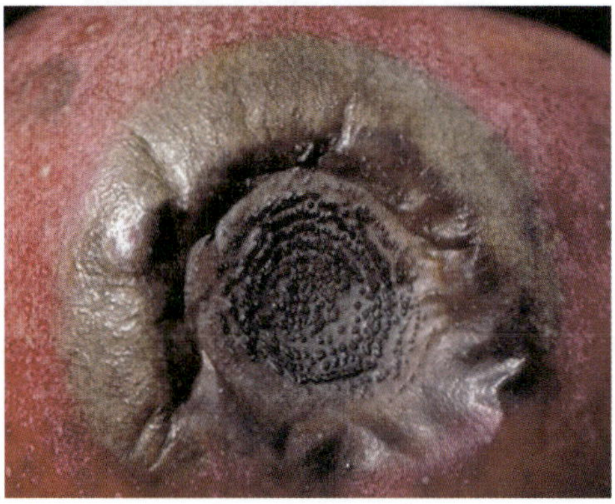
图 1-28　苹果炭疽病

1.2.5 煤污状物

植物发病部位表面覆盖一层煤状物，也是病原菌物菌丝体形成的，如茶煤病（图 1-29）、柑橘煤烟病（图 1-30）、豇豆烟霉病等。

图 1-29 茶煤病

图 1-30 柑橘煤烟病

1.2.6 菌核

菌核是植物发病部位形成的各种圆形、不规则形或鼠粪状物体。例如，水稻纹枯病、油菜菌核病（图 1-31）、大豆白绢病（图 1-32）等可以产生菌核。菌核的形状、颜色等特征可有不同。

图 1-31 油菜菌核病

图 1-32 大豆白绢病

1.2.7 菌脓

菌脓是在潮湿条件下一些细菌病害在发生部位表面以及伤口、水孔、皮孔分泌出乳白色或黄色黏液状物质。一些菌脓干燥后呈鱼子状，如梨火疫病、猕猴桃溃疡病、水稻细菌性条斑病、水稻白叶枯病（图 1-33）等。

1.2.8 寄生性植物

寄生性种子植物或寄生藻类会寄生在其他植物上，在寄生部位形成肉眼可见的寄生植物体，如茶叶藻斑病（图 1-34）等。

图 1-33　水稻白叶枯病

图 1-34　茶叶藻斑病

1.2.9　膜状、块状和伞状物

典型的膜状、块状和伞状物包括木耳、银耳、平菇、灵芝、草菇、马勃等。

1.3　菌物显微玻片

1.3.1　浮载剂

制作菌物显微玻片都要使用浮载剂，浮载剂的作用是防止材料干燥和集中光线，以利于在显微镜下观察。浮载剂的种类很多，最常用的是水和乳酚油，其次是甘油、甘油明胶、希尔浮载剂等(方中达，1998；宗兆锋、康振生，2010)。

(1)蒸馏水。水浮载剂一般使用蒸馏水，应用最为方便。对细菌、菌物孢子等无不利影响。观察细菌病害的喷菌现象、线虫活动及菌物孢子萌发等都必须用水作浮载剂。测量菌物菌丝直径和菌物孢子大小时也用水作浮载剂。但是用水作浮载剂制片时较易形成气泡，制成的玻片易干燥而不能保存。为避免蒸发过快，可用稀释 1 倍的甘油代替。

(2)乳酚油。乳酚油长期以来一直是菌物学和植物病理学工作者习惯使用的浮载剂，兼具透明防腐的作用。乳酚油的组成如下：苯酚结晶(加热熔化)20 mL、乳酸 20 mL、甘油 40 mL、水 20 mL。各成分混合后成为油状黏稠液体，具有杀死和固定病原物的作用，可使干瘪的菌物孢子膨胀复原，还可使病组织变得略为透明。

如在乳酚油中加入 0.05%～0.10%的染料制成棉蓝乳酚油、藏红乳酚油等，能使菌丝或孢子略微着色，更便于观察。利用乳酚油制作的玻片可长期保持湿润不会干燥，它的缺点是能使原生质发生收缩，而且它的折射率与菌物菌丝及孢子很相近，因此，在乳酚油玻片中，很难精确测量病原物的大小。另外，乳酚油能与许多封固剂起作用，盖玻片也易滑动，不易封固。

(3)甘油明胶。其主要作用是黏着玻片以便长久保存，它既是黏着剂，又是浮载剂。配制时取白明胶 5 g 在 30 mL 水中加热溶解，然后加入甘油 35 mL、苯酚 1 g 搅拌均匀，纱布过滤后在玻璃瓶中保存，过滤时可在 70～80 ℃的水浴锅中进行。过滤后在此温度下静置 6～12 h 以除去气泡。

使用时，先把封存的材料放在玻片中央，挑取甘油明胶一小团放在材料上，以盖玻片斜倚在胶团上，在酒精灯上轻微加热熔化，盖玻片即自动覆盖，或把胶瓶在热水中加热熔化后，再用玻璃棒加在载玻片上。

(4)希尔(Shear)浮载剂。配方:2%乙酸钾水溶液 30 mL、甘油 120 mL、乙醇 180 mL。

1.3.2 菌物显微玻片的制作

菌物显微玻片制作方法很多,如涂抹、撕取、粘贴、挑取、刮取、拨取、组织透明法和徒手切片等,可以根据菌物类型选择使用(方中达,1998;宗兆锋、康振生,2010)。

(1)涂抹法。一般用于观察酵母菌的培养物。将酵母菌悬浮液均匀地涂在载玻片上,在酒精灯火焰上烘干、固定或染色,再加盖玻片封固。

(2)撕取法。是用金属镊子仔细撕下发病部位表皮或表皮毛制成玻片。主要用于观察着生在寄主或基物表面的菌丝和孢子,寄主表皮细胞内的菌物菌丝、吸器和休眠孢子囊堆等。

(3)粘贴法。将塑料透明胶带剪成边长 3～5 mm 的小块,使胶面朝下粘贴发病部位组织,轻按一下后揭下制成玻片。主要用于观察病组织或基物表面的菌丝或子实体,尤其适用于观察分生孢子在分生孢子梗上的着生情况。

(4)挑取法。采用挑取法可以直接用挑针从病组织上挑取表面的霉状物、粉状物等制成玻片,也可用于剥离埋生在植物组织中的子实体。注意不能挑得太多,以免互相重叠不利于观察。

(5)刮取法。对于不易清晰辨认霉层存在的病害标本,可采用刀片刮取病原物繁殖体,可先蘸少量浮载剂,然后在病斑上沿同一个方向刮取 2～3 次,将刮得的霉状物放在少量的浮载剂中制成玻片。

(6)拨取法。把带有病原菌物的植物组织拨下,放入浮载剂中,用尖嘴镊子稳定材料,再用手术刀切去不含病原菌物的植物组织,使病原菌物子实体外露,然后再在显微镜下观察。这类病原菌物的繁殖器官多产生在植物表皮层下或体内,如子囊壳、子囊座、分生孢子器和分生孢子盘等。该方法制片只能看到病原菌物繁殖体的轮廓及孢子形态。

(7)组织透明法。用水合氯醛或乳酚油或氢氧化钾溶液将病组织整体透明后再制成玻片。用于观察寄主组织内的菌物菌丝、吸器、子实体等,可以观察到病原物在寄主内的原有状态。

取少量病组织材料切成细丝后放在载玻片上,滴加乳酚油后在酒精灯上徐徐加热至蒸汽出现。如此处理数次使植物组织透明,冷却后加盖玻片进行镜检。

(8)徒手切片。是日常制作临时玻片时常用的一种方法。制成的玻片可保持寄主组织和病原菌物原有的色泽,还可以观察病组织和病原菌物的解剖结构。用树脂、指甲油或油漆封固后还可以作为半永久玻片保存。

徒手切片时选取病状典型、病征明显的病组织材料,先在病健交界处切取病组织小块,一般的叶片或茎秆皮层组织可直接放在载玻片上,用食指轻轻压住,随着手指慢慢地后退,用刀片的刀尖将压住的病组织小块切成很薄的丝或片,切下的薄片立即放在盛有清水的培养皿或载玻片上的水滴中,用挑针或接种针挑取薄而合适的材料放在另一干净载玻片上的浮载剂液滴中央,盖上盖玻片,仔细擦去多余的浮载剂,即制成一张显微玻片。徒手切片获得的是病组织和病原菌物的剖面薄片,能够观察着生于寄主表面的病原菌物形态,也能够观察寄主组织内部的病原菌物。此外,徒手切片还可以用来观察和研究寄主组织的病理变化情况。

2 实验目的

(1)通过植物病害症状的观察,学习和掌握如何观察、描述和记载植物病害症状,掌握植物病害的不同症状类型及其特点,并了解症状在病害诊断过程中的重要性。

(2)增强学生对植物病害的直观理解和感性认识,为进一步掌握植物病害诊断技能打下坚实的基础。

(3)熟悉不同菌物显微玻片的制作方法。

(4)通过观察,认识病原菌物的营养体及其变态结构,认识菌物的子实体、有性繁殖、无性繁殖产生的各种类型孢子。

3 实验材料和用具

3.1 实验材料

植物病原菌物的平板培养物,新鲜的植物病害标本(小麦白粉病叶片等),各种类型植物病害的腊叶或液浸标本、植物病原菌物的玻片标本、幻灯片和挂图等。

3.2 实验用具

挑针、刀片、木块、酒精灯、火柴、载玻片、盖玻片、纱布、(棉蓝)乳酚油、二甲苯、显微镜、擦镜纸、吸水纸等。

4 实验内容

(1)观察植物病害的症状。

(2)取提供的小麦白粉病叶片,分别利用上述方法制片,观察白粉病菌的分生孢子梗、分生孢子、菌丝和吸器,并比较每种方法分别适用于观察白粉菌的哪些形态特征。

(3)取提供的新鲜的其他植物病害标本,利用适宜的玻片制作方法制作临时玻片,观察病原菌物的形态特征。

5 作业

(1)从观察的植物病害标本中选择 8 种填写表 1-1。

表 1-1　植物病害症状观察结果

受害植物	病害名称	病原种类	发病部位	病状类型	病征类型	症状简单描述

(2)病状和病征的本质区别是什么?

(3)如何排除非侵染性病害?

(4)植物病毒病害为何无病征?

(5)为什么说植物病害症状的稳定性和特异性是相对的?

(6)认识病原菌物的菌丝、无性孢子、有性孢子有何意义?

(7)分别写出挑取制片和徒手切片的技术要点。

参考文献

Lesmes-Vesga R A, Cano L M, Ritenour M A, et al, 2022. Rootstocks for commercial peach production in the southeastern United States: Current research, challenges and opportunities [J]. Horticulturae, 8(7): 602.

方中达, 1998. 植病研究方法 [M]. 3 版. 北京: 中国农业出版社.

陆家云, 2001. 植物病原真菌学 [M]. 北京: 中国农业出版社.

陆家云, 2004. 植物病害诊断 [M]. 2 版. 北京: 中国农业出版社.

谢联辉, 2013. 普通植物病理学 [M]. 2 版. 北京: 科学出版社.

许志刚, 2009. 普通植物病理学 [M]. 4 版. 北京: 高等教育出版社.

宗兆锋, 康振生, 2010. 植物病理学原理 [M]. 2 版. 北京: 中国农业出版社.

(李大勇　编写)

思政小课堂：
正确认识植物病害症状

植物受到生物因素和非生物因素影响后，可能会表现出各种不正常的状态，产生各种症状。症状是植物发病后呈现出的表现型，其在描述病害、命名病害、诊断病害等方面具有重要作用，并且植物病害严重度评估、植物-病原互作表型验证、抗病品种选育也主要是基于病害症状进行的。症状具有一定的稳定性和特异性，但是由于病害发生阶段、环境条件、寄主植物品种、发病部位、寄主植物生育阶段等的不同，症状会有所变化，具有复杂性。因此，正确认识植物病害症状非常重要。

植物病害的发生是一个动态变化的过程，所引起的症状也是不断变化的。在病害发生的不同阶段，症状表现往往不同，例如，很多病害在早期会引起发病部位褪绿，然后才逐渐形成典型症状。植物生长在不同环境下或者环境条件发生了改变，都会引起病害症状的变化，例如，具有潜伏侵染特性的苹果树腐烂病菌，在早期侵染苹果树后，可处于潜伏状态，不引起明显的症状表现，而在苹果树生长后期或当树势较弱时，才形成典型症状；在高温条件下，一些病毒病引起的症状会消失，呈现高温隐症现象。由于发病部位不同，有些病害所产生的症状差异很大，例如，谷子白发病可引起穗部畸形，小花内外颖卷曲，全穗蓬松呈刺猬头状，而为害叶片，可产生局部侵染性的叶斑；烟草黑胫病为害成株期烟草，可在茎部产生黑斑，病茎髓部干缩成褐色碟片状，碟片之间有稀疏的白色丝状物，而在叶片上可产生具有浓淡相间轮纹的大型病斑。有些植物病害所产生的症状随着寄主植物生长发育而不同，比较典型的例子是谷子白发病，其在谷子的不同生育阶段可引起芽腐、灰背、白尖、枪杆、白发、刺猬头等不同症状。不同种类的病害有时也会产生相似的症状，例如，不少缺铁症和病毒病均可在寄主植物叶片上产生褪绿黄化症状。若两种或两种以上病害在同一植株上发生时，则可产生多种不同类型的症状。

因此，我们应该具备系统思维，利用动态、全面的观点认识植物病害症状，否则，很容易对病害进行误诊。学生应通过努力学习，培养科学的思维方式，理论与实际相结合，积累坚实的基础知识和丰富的实践经验，才能更好地服务于农业生产。

在植物产品上产生的病害症状，严重影响植物产品的品质、外观和价值。引起腐烂症状的病害，往往会使发病植物散发异味，例如，白菜软腐病引起白菜散发出硫化氢的恶臭味，不但影响农业生产，而且影响生态环境。此外，不少为害园林植物的病害会造成叶片早期脱落、植株死亡，严重影响果实产量、自然景观和生态环境。黄栌是北方很多景区秋季的一道亮丽风景，然而，很多景区由于黄栌白粉病为害严重，使得黄栌叶片上布满病原菌，甚至引起叶片干枯、脱落，严重影响景观美感。秋季，当看到远山松林中一抹抹红色的时候，不要以为看到了美丽的“红叶”，这一抹抹红色也可能是由我国重大外来入侵生物松材线虫所致松材线虫病造成的红褐色松树针叶呈现出的颜色，松材线虫病会造成松树迅速枯萎死亡，严重影响园林绿化、自然景观、生态环境。梨树、苹果树、海棠树应该和桧柏隔离栽种，若梨树、苹果树、海棠树周围栽种桧柏则会造成锈病的严重发生，果树叶片上会产生大量病斑而早期脱落，影响果实产量，也会对桧柏生长造成很大影响。加快建设农业强国，确保中国人的饭碗牢牢端在自己手中；绿水青山就是金山银山，建设生态文明和美丽中国，良好生态环境是最普惠的民生福祉，从观察病害症状开始，到病害有效、绿色防控，植物病理学会发挥重要作用。“人与自然和谐共生”，农业生态系统才会处于动态平衡中，才不至于发生植物病害的“大流行”。

计算机视觉技术、图像处理技术、物联网技术等信息技术发展迅速，可以基于症状对病害进行自动识别或实现远程诊断和评估以及病害管理。科技在发展，时代在发展，时不我待，学生在体会科技迅速发展带来农业科研方法和生产模式变化的同时，应积极行动起来，奋发图强，成长为德智体美劳全面发展的社会主义建设者和接班人，为我国农业现代化和农业农村建设做出贡献，为中国特色社会主义现代化建设做出贡献。

（王海光　编写）

实验二 根肿菌门、壶菌门、卵菌门、接合菌门和担子菌门菌物及其所致病害

提要：根肿菌门、壶菌门、卵菌门、接合菌门和担子菌门菌物中均有一些种类可以引起植物病害，尤其是卵菌门和担子菌门中的很多菌物是农业生产中霜霉病、疫病、锈病、黑粉病等重要病害的病原物，在农林业生产中具有重要经济意义。本实验重点内容为根肿菌门、壶菌门、卵菌门、接合菌门和担子菌门主要菌物及其所致病害特点，特别是与农作物病害有关的代表性菌物及其所致病害。通过本实验，学生能够了解根肿菌门、壶菌门、卵菌门、接合菌门和担子菌门主要病原菌物的形态特征及分类依据，掌握相关重要农作物病害的症状特征，加强对相关病原物和病害的认识，为病害诊断奠定基础。

1 实验基础知识和原理

1.1 根肿菌门菌物及其所致病害

根肿菌门(Plasmodiophoromycota)菌物通常称为根肿菌，全部为专性寄生菌，寄生于高等植物的根和茎内、藻类和其他水生菌物上，引起寄主细胞的过度生长和非正常增殖，形成肿瘤。根肿菌具有明显的水生习性。营养体为原生质团，繁殖时整个营养体转变为繁殖体。所有根肿菌都产生具顶生双鞭毛的游动孢子。

1.1.1 根肿菌属(*Plasmodiophora*)及其所致主要病害

根肿菌属菌物是细胞内的专性寄生物，受害细胞内有病原菌的营养体，为形状不定的原生质团，寄主细胞内可见的堆积在一起的鱼子状颗粒是病原菌的休眠孢子，休眠孢子近球形，有细胞壁(图 2-1，二维码 2-1)。

根肿菌属菌物为害植物使根变粗和肿大，呈手指状或块状，称为根肿病，例如，十字花科蔬菜根肿病(图 2-2)。

二维码 2-1
十字花科蔬菜根肿病菌(*P. brassicae*)的休眠孢子堆

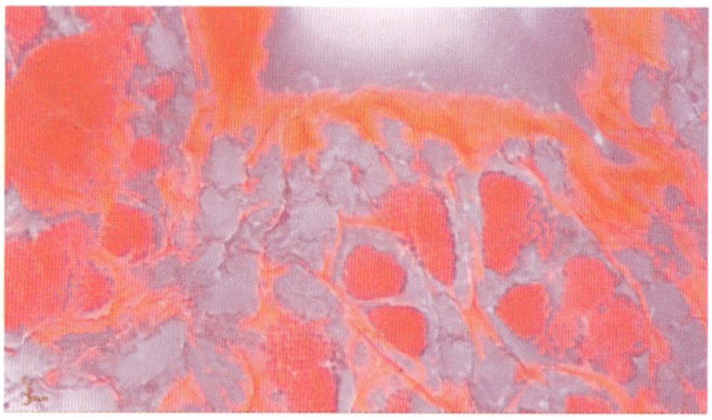

图 2-1 十字花科蔬菜根肿病菌(*P. brassicae*)的休眠孢子堆

图 2-2 十字花科蔬菜根肿病症状

1.1.2 粉痂菌属(*Spongospora*)及其所致主要病害

粉痂菌属菌物的多个休眠孢子聚集成多孔的海绵球或空心球状的休眠孢子堆(图 2-3)。马铃薯粉痂病菌(*S. subterranea*)为害马铃薯块茎的皮层组织,不深入内部组织,受害马铃薯块茎表皮粗糙,形成疮痂状小瘤,后期开裂(图 2-4)。在寄主块茎皮层组织的受害细胞中可看到病原菌的休眠孢子,球形至多角形,多个休眠孢子聚集呈海绵球状或空心球状(图 2-3),发病部位开裂后散出深褐色粉末状的休眠孢子。

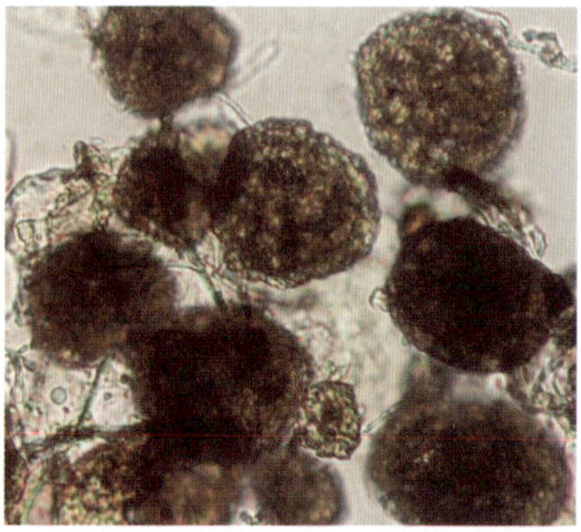

图 2-3 马铃薯粉痂病菌(*S. subterranea*)的休眠孢子堆

图 2-4 马铃薯粉痂病症状

1.2 壶菌门菌物及其所致病害

壶菌门(Chytridiomycota)菌物通常称为壶菌,其营养体形态变化很大,既有呈球形的单细胞,又有发达的无隔菌丝体。比较低等的壶菌是多核的单细胞,具细胞壁,大多呈球形或近球形,寄生在寄主细胞内的,有的在营养体的基部还可以形成假根;较高等的壶菌可以形成发达或不发达的无隔菌丝体。节壶菌属(*Physoderma*)是壶菌门菌物中在生产上一个重要的属,其特征是休眠孢子囊扁球形,黄褐色,具有囊盖,萌发时释放出多个游动孢子(图 2-5,二维码

2-2)。节壶菌属菌物侵染寄主常引起病斑隆起，但不引起寄主组织过度生长。例如，玉蜀黍节壶菌(*P. maydis*)引起的玉米褐斑病，发病部位形成褐色隆起的病斑(图 2-6)，病斑内有大量黄褐色粉末状的休眠孢子囊。

图 2-5　玉蜀黍节壶菌(*P. maydis*)休眠孢子囊

二维码 2-2
玉蜀黍节壶菌(*P. maydis*)休眠孢子囊

图 2-6　玉米褐斑病症状

1.3　卵菌门菌物及其所致病害

卵菌门(Oomycota)菌物通常称为卵菌，是淡水、海水和陆地上常见的一类生物。多数陆生卵菌为高等植物的兼性或专性寄生菌。卵菌的营养体为二倍体，一般具有发达的、无隔膜多核的菌丝体，自由分枝，少数低等类群为多核、具有细胞壁的单细胞。细胞壁的主要成分是纤维素和 β-葡聚糖。无性繁殖由游动孢子囊产生梨形或肾形的游动孢子。有性繁殖通过异型的雄器和藏卵器交配，在藏卵器中形成一个或多个二倍体的卵孢子。

1.3.1　水霉属(*Saprolegnia*)及其所致主要病害

水霉属菌物属卵菌门卵菌纲水霉目(Saprolegniales)。其菌丝发达，有分枝、无分隔。游动孢子囊棍棒形、圆筒状或丝状，产生在菌丝顶端。游动孢子具有两游现象，孢子囊形成具内层出现象。藏卵器球形、卵形，内含一至多个卵孢子，雄器侧生于藏卵器(图 2-7)。串囊水霉(*S. monilifera*)为害水稻秧苗，引起水稻烂秧病，发病时秧苗黄萎枯死，周边可见白色半透明水霉(图 2-8)。

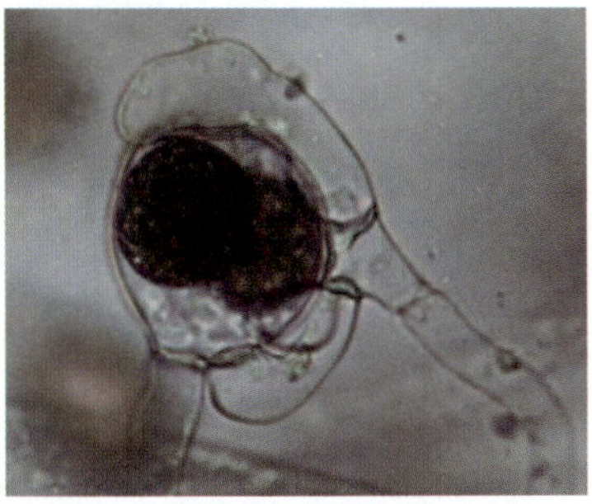

图 2-7　串囊水霉(*S. monilifera*)的藏卵器和卵孢子

图 2-8　水稻烂秧病症状

1.3.2 绵霉属(*Achlya*)及其所致主要病害

绵霉属菌物属卵菌门卵菌纲水霉目(Saprolegniales)。其形态特征与水霉属菌物相似,主要区别包括第一型游动孢子游动期短,游动孢子囊的形成具有侧生现象(图 2-9),藏卵器内可形成多个卵孢子。稻绵霉(*A. oryzae*)为害水稻秧苗引起水稻绵腐病,症状与串囊水霉为害症状相似(图 2-10)。

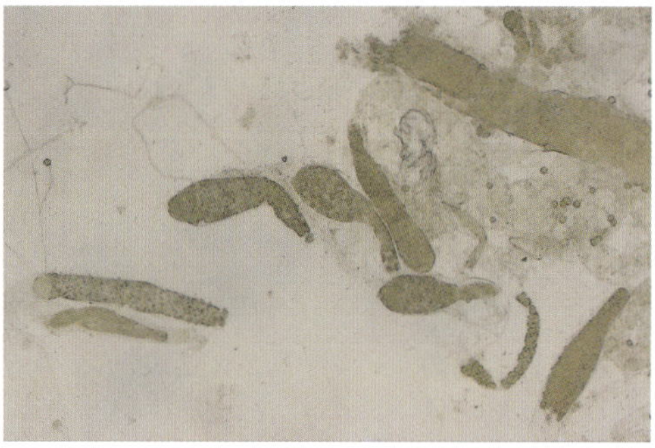

图 2-9　绵霉属(*Achlya*)的游动孢子囊

图 2-10　水稻绵腐病症状

1.3.3 腐霉属(*Pythium*)及其所致主要病害

腐霉属菌物属卵菌门卵菌纲霜霉目(Peronsporales)。其孢子囊形成于菌丝顶端或中间,菌丝状、球形或姜瓣状,成熟后一般不脱落(图 2-11A)。游动孢子肾脏形,具双鞭毛。藏卵器亚球形、柠檬形或椭圆形,只形成一个卵孢子;雄器侧生于藏卵器(图 2-11B)。瓜果腐霉(*P. aphanidermatum*)可以引起多种经济作物幼苗的猝倒病和瓜果的腐烂病,主要为害幼苗茎基,病斑呈水渍状且发展迅速,导致病株突然死亡,后期发病部位长出棉絮状菌丝体(图 2-12)。

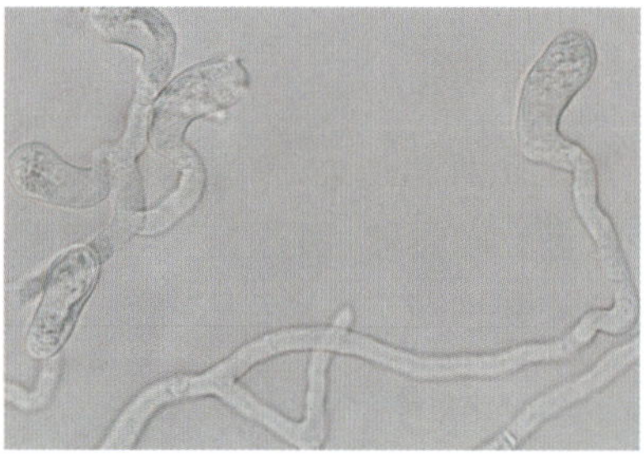

A

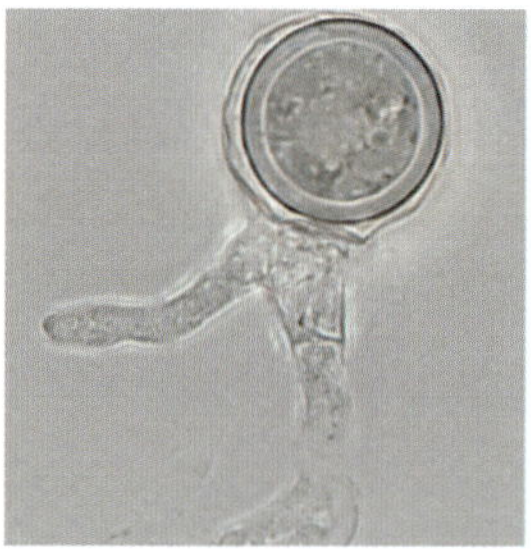

B

图 2-11　瓜果腐霉(*P. aphanidermatum*)的游动孢子囊(A)和卵孢子(B)(Nóbrega et al., 2022)

图 2-12　甜瓜猝倒病症状

1.3.4 疫霉属(*Phytophthora*)及其所致主要病害

疫霉属菌物属卵菌门卵菌纲霜霉目(Peronosporales),通常称为疫霉菌。其孢囊梗从气孔伸出,单生或 2～4 根束生,呈假轴状分枝,无限生长,在顶端又形成孢子囊,并将先前形成的孢子囊推向一侧,如此继续生长,一枝孢囊梗可产生多个孢子囊,使孢囊梗上部呈节状(图2-13)。孢子囊柠檬形,具乳突,成熟后脱落或不脱落(图 2-13,二维码 2-3)。孢子囊萌发产生游动孢子或芽管。游动孢子肾形,双鞭毛,藏卵器球形、壁厚,内含 1 个卵孢子。雄器包在藏卵器的柄上或侧生。致病疫霉(*P. infestans*)为害马铃薯引起晚疫病，叶片受害一般从叶尖或叶缘开始，病斑初为水渍状褪绿斑，不久褐变，无明显的病健交界线，扩展后病斑腐败变黑，病斑边缘有一圈白色稀疏的霉层，叶背霉层更加明显，病斑扩展到叶柄后叶片萎靡，最后全株呈黑色，湿腐状(图 2-14)。

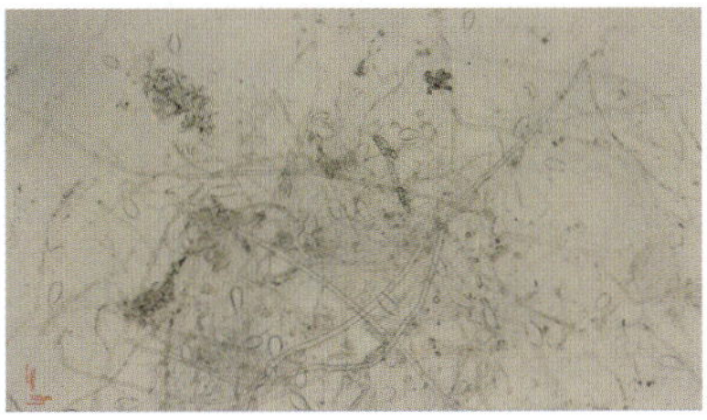

图 2-13 马铃薯晚疫病菌(*P. infestans*)孢囊梗和孢子囊

二维码 2-3 马铃薯晚疫病菌(*P. infestans*)孢囊梗和孢子囊

图 2-14 马铃薯晚疫病症状

1.3.5 霜霉属(*Peronospora*)及其所致主要病害

霜霉属菌物属卵菌门卵菌纲霜霉目(Peronosporales)。其孢囊梗主轴粗，基部稍膨大，上部呈双叉式锐角分枝 2～10 次，末端尖锐(图 2-15)。孢子囊卵圆形，无色或有色(图 2-15)。藏卵器内卵周质明显，卵孢子圆球形，表面光滑或有饰纹。寄生霜霉(*P. parasitica*)可引起十字花科蔬菜霜霉病，病原菌在叶片内部的扩展受到叶脉限制，使得叶片上的病斑大多呈多角形，发病初期，病斑淡黄色，后变为褐色枯斑，背面产生白色霜状霉层(孢囊梗和孢子囊)(图 2-16)。

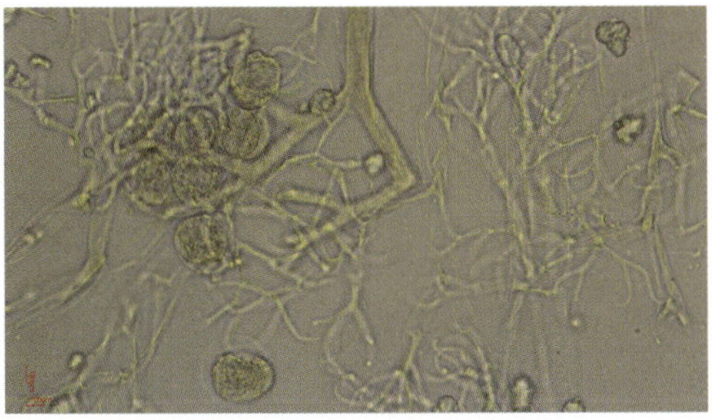

图 2-15 十字花科蔬菜霜霉病菌(*P. parasitica*)的孢囊梗和孢子囊

图 2-16 十字花科蔬菜霜霉病症状

1.3.6 单轴霉属(*Plasmopara*)及其所致主要病害

单轴霉属菌物属卵菌门卵菌纲霜霉目(Peronosporales)。其孢囊梗细长、直角或近直角单轴分枝，末枝比较刚直，顶端钝圆或平截(图 2-17，二维码 2-4)。孢子囊较小，球形或卵形，有乳突和短柄，易脱落，萌发时产生游动孢子或芽管。葡萄生单轴霉(*P. viticola*)为害葡萄引起霜霉病，在叶片上形成不规则形或多角形病斑，背面产生霜状霉层(孢囊梗和孢子囊)(图 2-18)。

二维码 2-4
葡萄生单轴霉
(*P. viticola*)的
孢囊梗

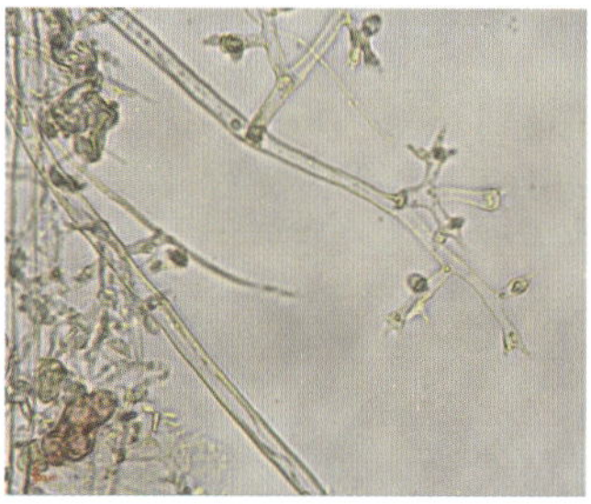

图 2-17 葡萄生单轴霉
(*P. viticola*)的孢囊梗

图 2-18 葡萄霜霉病症状

1.3.7 假霜霉属(*Pseudoperonospora*)及其所致主要病害

假霜霉属菌物属卵菌门卵菌纲霜霉目(Peronosporales)。其孢囊梗基部稍膨大，上部呈假单轴式二叉状锐角分枝，末枝略弯曲，顶端尖细(图 2-19)。孢子囊球形或卵形，有色，有乳突，基部有时有短柄(图 2-19)。卵孢子球形，黄褐色。古巴假霜霉(*P. cubensis*)为害黄瓜叶片引起霜霉病，在叶片上产生不规则形或多角形病斑，叶片背面产生霜状霉层(孢囊梗和孢子囊)(图 2-20)。

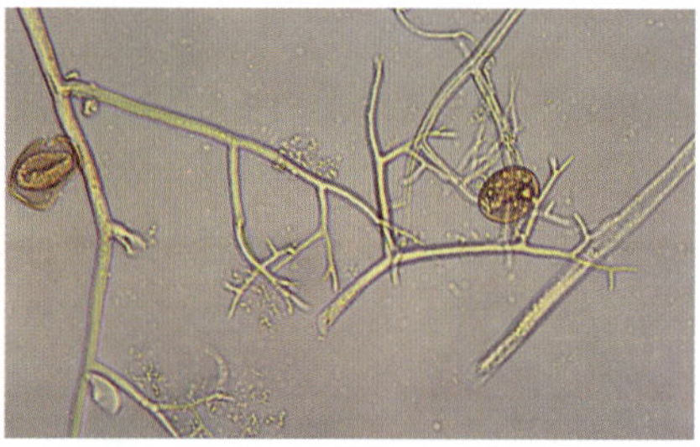

图 2-19 古巴假霜霉(*P. cubensis*)孢囊梗和孢子囊

图 2-20 黄瓜霜霉病症状

1.3.8 盘梗霉属(*Bremia*)及其所致主要病害

盘梗霉属菌物属卵菌门卵菌纲霜霉目(Peronosporales)。其孢囊梗二叉状锐角分枝，末枝顶端膨大呈盘状，边缘生 3～6 个小梗，小梗上单生 1 个孢子囊(图 2-21，二维码 2-5)。孢子囊近球形或卵形，具乳突或不明显，易脱落(图 2-21)。

莴苣盘梗霉(*B. lactucae*)为害莴苣引起莴苣霜霉病，主要为害叶片，在叶片上产生不规则形或多角形病斑，在潮湿条件下，叶片背面可产生霜状霉层(孢囊梗和孢子囊)(图 2-22)。

二维码 2-5
莴苣盘梗霉
(*B. lactucae*)
孢囊梗和孢子囊

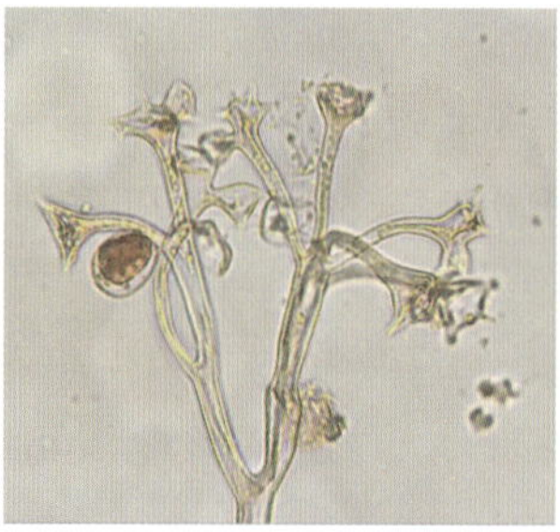

图 2-21 莴苣盘梗霉(*B. lactucae*)
孢囊梗和孢子囊

图 2-22 莴苣霜霉病症状

1.3.9 指梗霉属(*Sclerospora*)及其所致主要病害

指梗霉属菌物属卵菌门卵菌纲霜霉目(Peronosporales)。其孢囊梗主轴粗壮,顶端不规则二叉状分枝,分枝粗短紧密。孢子囊椭圆形,倒卵形,有乳突,萌发时产生游动孢子。藏卵器球形,椭圆形或不规则形,深褐色,器壁纹饰显著。雄器丝状,通常 1 个。卵孢子圆形,黄色或黄红色,卵孢子壁大部与藏卵器壁融合(图 2-23)。禾生指梗霉(*S. graminicola*)为害谷子引起白发病,在谷子不同生育阶段和不同器官上可以产生不同的症状,如芽腐、灰背、白尖、枪杆、白发、刺猬头(看谷老)等(图 2-24)。

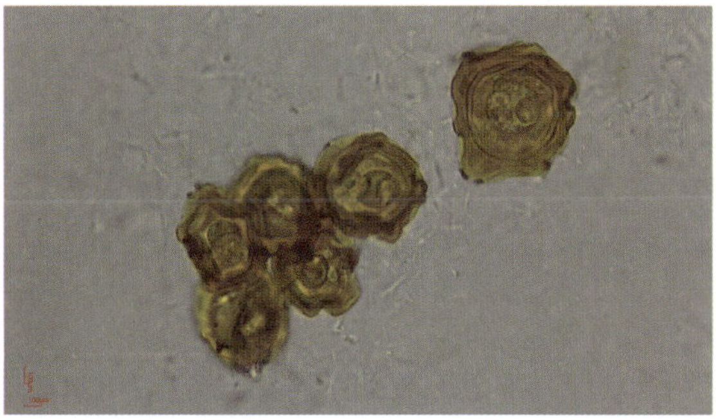

图 2-23 禾生指梗霉(*S. graminicola*)的藏卵器和卵孢子

图 2-24 谷子白发病症状

1.3.10 白锈菌属(*Albugo*)及其所致主要病害

白锈菌属菌物属卵菌门卵菌纲霜霉目(Peronosporales)。白锈菌属是植物病害的专性寄生菌,菌丝在表皮细胞下形成并列的短棒形的孢囊梗,不分枝,顶端形成成串的孢子囊,切面呈栅栏状(图 2-25)。孢子囊球形,孢子囊之间有胶状连接体,孢子囊萌发产生肾状双鞭毛的游动孢子。藏卵器圆形,卵周质明显,内含 1 个卵孢子,卵孢子壁有各种饰纹。雄器棍棒形,侧生。

白锈菌属菌物为害植物时,在叶片正面形成不规则形的褪绿斑,在其背面产生乳白色或粉状的疱斑,这是病原菌在寄主表皮下形成的孢子囊堆,白色粉状物是成熟的孢子囊。例如,白锈菌(*A. candida*)引起十字花科植物的白锈病;蕹菜白锈菌(*A. ipomoeae-aquaticae*)引起空心菜(蕹菜)白锈病(图 2-26)。

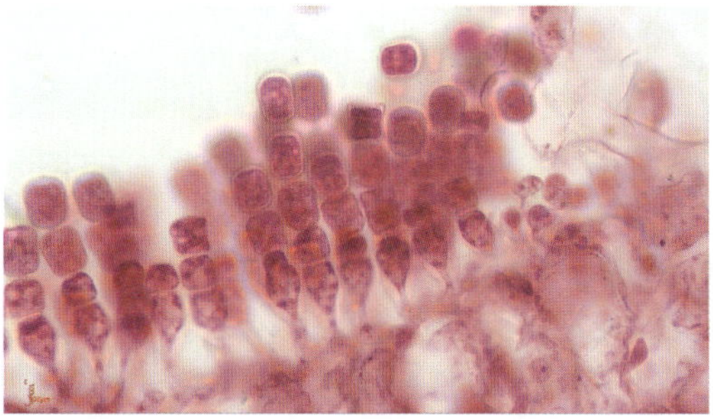

图 2-25 蕹菜白锈菌(*A. ipomoeae-aquaticae*)孢囊梗和孢子囊

图 2-26 空心菜白锈病症状

1.4 接合菌门菌物及其所致病害

接合菌门(Zygomycota)菌物为陆生。大多数为腐生菌,有寄生菌,少数可以引起农产品的腐烂。营养体有简单到发达的菌丝体,大多数为多核无隔膜,有的菌丝形成匍匐丝、假根、吸器、吸盘,有的表面能分泌黏性物质。典型的无性繁殖是产生孢子囊,内生不能动的孢囊孢子,少数形成厚垣孢子、节孢子、芽孢子和酵母状细胞。孢子单核、双核和多核,单生或串生,内生或外生。有性生殖为同型或异型配子囊交配产生接合孢子(同宗配合或异宗配合)。有的可进行孤雌生殖,产生单性接合孢子或称拟接合孢子。

1.4.1 根霉属(*Rhizopus*)及其所致主要病害

根霉属菌物属接合菌门接合菌纲毛霉目(Mucorales)。其菌丝发达,有分枝,一般无分隔,分布在基物表面或基物内,有匍匐丝和假根。孢囊梗 2～3 根丛生,产生于假根相反方向的菌丝上,一般不分枝,顶端产生孢子囊。孢子囊球形,有囊轴,锣锤形,囊轴基部有囊托,产生大量孢囊孢子(图 2-27)。孢囊孢子球形至卵圆形,单胞,表面有饰纹,呈蜜枣状。接合孢子色深,表面有瘤状突起,配囊柄膨大,两个柄大小不等。匍枝根霉(*R. stolonifer*)可引起甘薯和果蔬的软腐病(图 2-28)。该菌寄生性弱,从伤口侵入寄主,分泌果胶酶能力强,破坏力大,致窖藏甘薯软腐病,可使整窖腐烂。

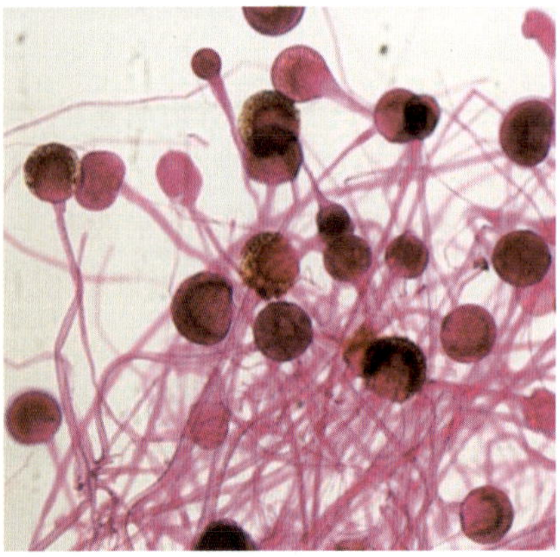

图 2-27 匍枝根霉(*R. stolonifer*)的假根、孢囊梗和孢子囊

图 2-28 甘薯软腐病症状

1.4.2 毛霉属(*Mucor*)及其所致主要病害

毛霉属菌物属接合菌门接合菌纲毛霉目(Mucorales)。其菌丝体分化出直立,不分枝或有分枝的孢囊梗,不形成匍匐丝和假根。孢囊梗顶端着生球状的孢子囊,孢子囊有囊轴,无囊托(图 2-29)。孢囊孢子球形或椭圆形,无色或有色,表面光滑。接合孢子表面有瘤状突起,由两个同型配子囊配合形成,配囊柄无附属物。大毛霉(*M. mucedo*)可引起果实、蔬菜或蘑菇等腐烂,例如,草莓腐烂病(图 2-30)。

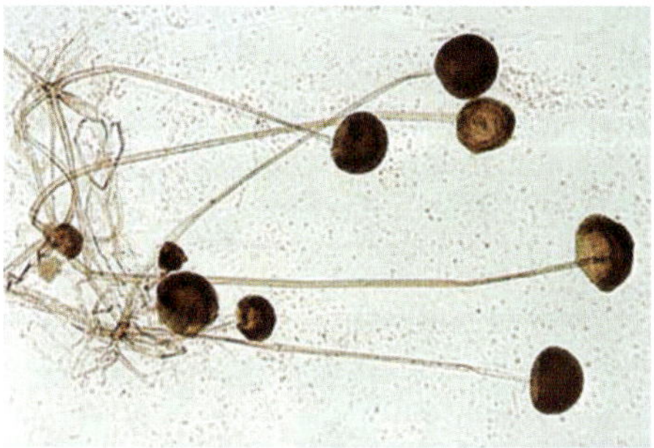

图 2-29　毛霉属(*Mucor*)的孢囊梗和孢子囊

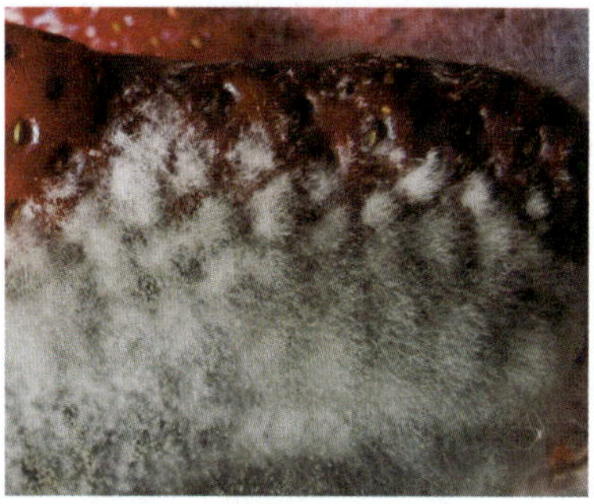

图 2-30　草莓腐烂病症状

1.4.3　笄霉属(*Choanephora*)及其所致主要病害

笄霉属菌物属接合菌门接合菌纲毛霉目(Mucorales)。笄霉属可以产生大型孢子囊和小型孢子囊。大型孢子囊球形,着生在不分枝、顶端弯曲下垂的孢囊梗的顶端,具囊轴,内含许多褐色、纺锤形、表面有条纹、两端有毛状附属丝的孢囊孢子。小型孢子囊卵圆形或纺锤形、表面有纹饰、成群聚生在孢囊梗顶端膨大的泡囊上,呈笄状,内含 1～5 个暗褐色、卵形或纺锤形孢囊孢子(图 2-31)。瓜笄霉(*C. cucurbitarum*)可引起瓜类、棉花、茄子等花腐,如瓜类花腐病(图 2-32)。

A　　B

图 2-31　瓜笄霉(*C. cucurbitarum*)的孢囊梗(A)和小型孢子囊(B)(Pornsuriya et al., 2017)

图 2-32　瓜类花腐病症状

1.5　担子菌门菌物及其所致病害

担子菌门(Basidiomycota)是一个种类多样且重要的菌物类群,可产生担子和有性孢子担孢子。这些菌物具有复杂的营养结构,包括分枝且具隔的菌丝体,其中许多能发展成为如蘑菇等大型子实体。尽管大多数担子菌不进行无性繁殖,但它们可以通过芽生、菌丝断裂或产生各种孢子进行繁殖。担子菌的有性生殖过程相对简单,通过性结合后在担子上形成担孢子。

1.5.1 柄锈菌属(*Puccinia*)及其所致主要病害

柄锈菌属菌物属担子菌门柄锈菌纲柄锈菌目(Pucciniales)。柄锈菌属夏孢子黄褐色,单细胞,近乎球形,表面带有小刺,单生、有柄。冬孢子具有短柄,深褐色,双细胞,具有较厚的壁,顶端呈圆形或略微隆起(图 2-33)。柄锈菌属菌物可在小麦上引起小麦条锈病、小麦叶锈病和小麦秆锈病。例如,禾柄锈菌(*P. graminis*)引起小麦秆锈病(图 2-34)。

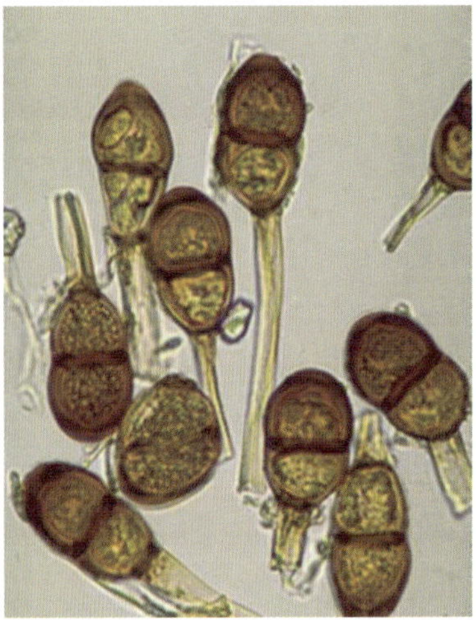

图 2-33 禾柄锈菌(*P. graminis*)冬孢子

图 2-34 小麦秆锈病症状

1.5.2 单胞锈菌属(*Uromyces*)及其所致主要病害

单胞锈菌属菌物属担子菌门柄锈菌纲柄锈菌目(Pucciniales)。单胞锈菌属夏孢子单细胞,黄褐色,球形、卵圆形或椭圆形,有瘤状突起。冬孢子深褐色,单细胞,有柄,近球形至椭圆形,顶端有淡褐色乳头状突起(图 2-35,二维码 2-6)。豇豆单胞锈菌(*U. vignae*)引起豇豆锈病(图 2-36)。

二维码 2-6 豇豆单胞锈菌(*U. vignae*)冬孢子堆和冬孢子

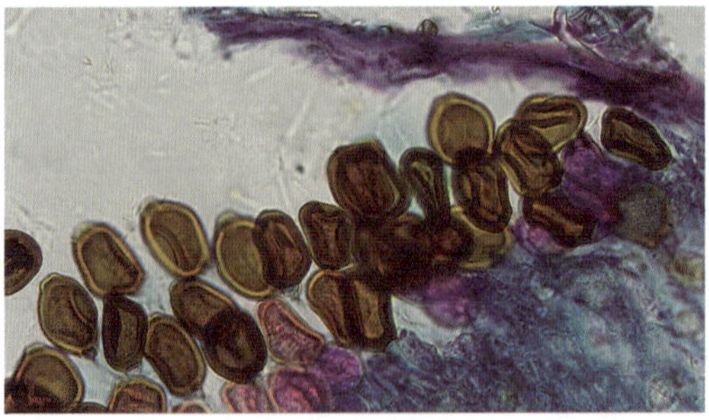

图 2-35 豇豆单胞锈菌(*U. vignae*)冬孢子堆和冬孢子

图 2-36 豇豆锈病症状

1.5.3 胶锈菌属(*Gymnosporangium*)及其所致主要病害

胶锈菌属菌物属担子菌门柄锈菌纲柄锈菌目(Pucciniales)。胶锈菌属没有夏孢子阶段;冬孢子双细胞,单生于遇水胶化长柄上,橙黄色,萌发形成担子和担孢子(图 2-37)。担孢子卵形,单胞,淡黄褐色。性孢子椭圆形至纺锤形。锈孢子串生,深褐色,球形至椭圆形,表面有刺或小疣。胶锈菌属菌物可侵染果树和树木,如梨胶锈菌(*G. haraeanum*)引起梨锈病(图 2-38)。

图 2-37 梨胶锈菌(***G. haraeanum***)(Tao et al., 2020)

A. 锈孢子器;B. 锈孢子;C. 冬孢子角;D. 冬孢子

图 2-38 梨锈病症状

1.5.4 多胞锈菌属(*Phragmidium*)及其所致主要病害

多胞锈菌属菌物属担子菌门柄锈菌纲柄锈菌目(Pucciniales)。多胞锈菌属夏孢子球形至广椭圆形,黄色,有瘤。冬孢子单生,深褐色,圆筒形,由 3 个或更多细胞组成,壁厚,表面光滑或有瘤状突起,具有基部膨大的长柄,长柄不脱落(图 2-39,二维码 2-7)。玫瑰多胞锈菌(*P. rosaemultifeorae*)引起玫瑰锈病(图 2-40)。

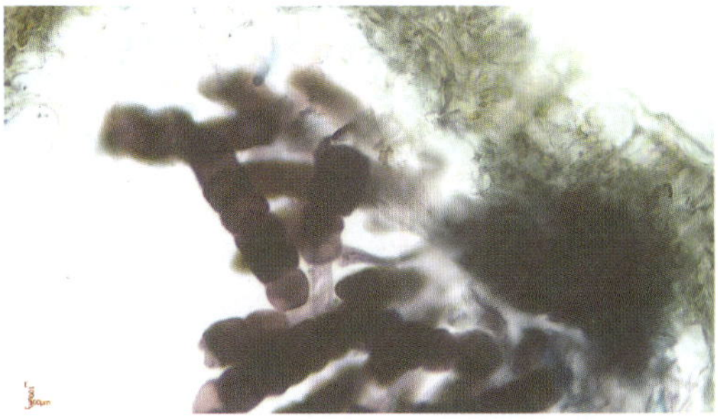

图 2-39 玫瑰多胞锈菌(***P. rosaemultifeorae***)冬孢子

二维码 2-7
玫瑰多胞锈菌
(***P. rosaemultifeorae***)
冬孢子

图 2-40 玫瑰锈病症状

1.5.5 疣双胞锈菌属(*Tranzschelia*)及其所致主要病害

疣双胞锈菌属菌物属担子菌门柄锈菌纲柄锈菌目(Pucciniales)。疣双胞锈菌属夏孢子有柄,单细胞,椭圆形至纺锤形,表面有刺。冬孢子堆散生于叶背,早期裸露,栗褐色;长椭圆形、长倒卵圆形,两端圆形,易分裂成两个密生疣状突起单细胞,柄短,易脱落(图 2-41)。刺李疣双胞锈菌(*T. pruni-spinosae*)引起李子锈病(图 2-42)。

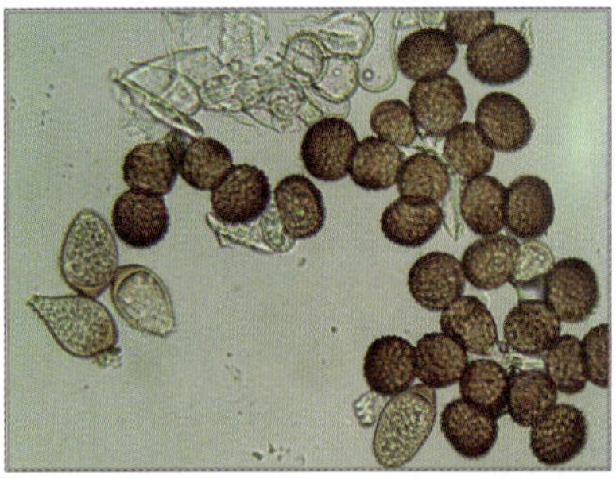

图 2-41 刺李疣双胞锈菌(*T. pruni-spinosae*)的夏孢子和冬孢子

图 2-42 李子锈病症状

1.5.6 栅锈菌属(*Melampsora*)及其所致主要病害

栅锈菌属菌物属担子菌门柄锈菌纲柄锈菌目(Pucciniales)。栅锈菌属夏孢子表面有疣或有刺;冬孢子堆着生于叶的两面和茎的表皮下。冬孢子单细胞,无柄,整齐排列成单层(图 2-43,二维码 2-8)。亚麻栅锈菌(*M. lini*)引起亚麻锈病(图 2-44)。

二维码 2-8 亚麻栅锈菌(*M. lini*)冬孢子

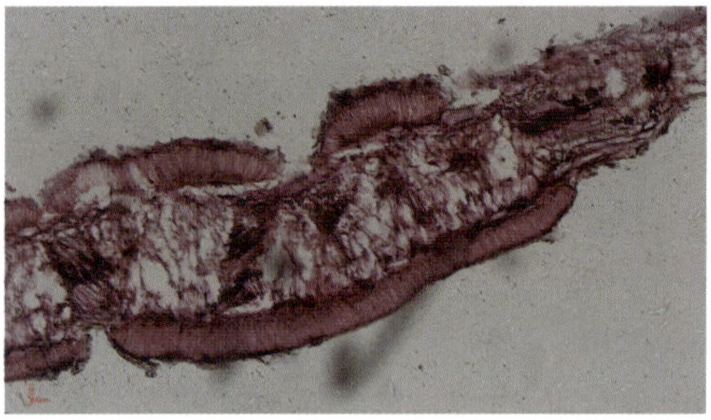

图 2-43 亚麻栅锈菌(*M. lini*)冬孢子

图 2-44 亚麻锈病症状

1.5.7 层锈菌属(*Phakopsora*)及其所致主要病害

层锈菌属菌物属担子菌门柄锈菌纲柄锈菌目(Pucciniales)。层锈菌属夏孢子表面有刺;冬孢子单细胞,无柄,不整齐地排列成数层,棍棒形至长椭圆形,黄色到褐色(图 2-45)。大豆锈病病菌(*P. pachyrhizi*)为害大豆,引起大豆锈病(图 2-46)。

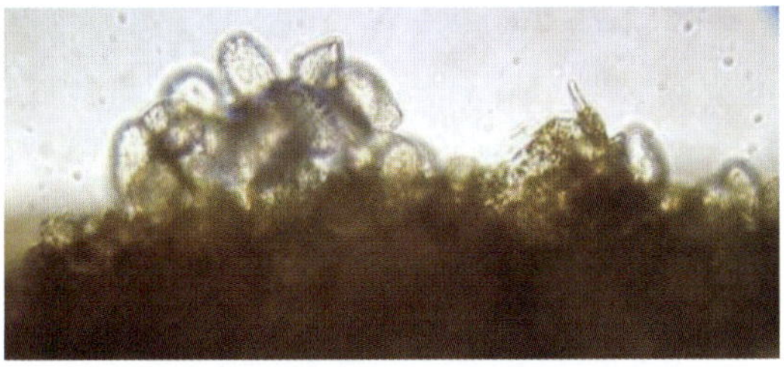

图 2-45　大豆锈病病菌(*P. pachyrhizi*)冬孢子

图 2-46　大豆锈病症状

1.5.8　黑粉菌属(*Ustilago*)及其所致主要病害

黑粉菌属菌物属担子菌门黑粉菌纲黑粉菌目(Ustilaginales)。黑粉菌属冬孢子堆可产生于寄主各个部位,外面没有膜包围,冬孢子散生,单细胞,表面光滑或有纹饰,萌发时产生有隔的担子(图 2-47)。担子侧生或顶生 1 个担孢子或直接产生芽管。小麦散黑粉菌(*U. tritici*)可引起小麦散黑穗病(图 2-48)。

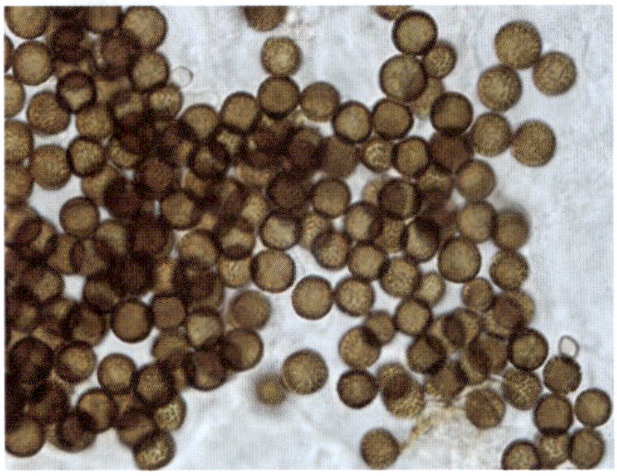

图 2-47　小麦散黑粉菌(*U. tritici*)冬孢子

图 2-48　小麦散黑穗病症状

1.5.9　轴黑粉菌属(*Sphacelotheca*)及其所致主要病害

轴黑粉菌属菌物属担子菌门微球黑粉菌纲微球黑粉菌目(Microbotryales)。轴黑粉菌属冬孢子堆生于寄主各部,初期有菌丝形成的假膜包围着,成熟后假膜分离成团状或链状的不孕细胞,不孕细胞球形、椭圆形或圆柱形,无色或淡色。冬孢子散生,单细胞(图 2-49),孢子堆中有一个由寄主残余组织所形成的中轴。玉米丝黑穗病菌(*S. reiliana*)可引起玉米丝黑穗病(图 2-50)。

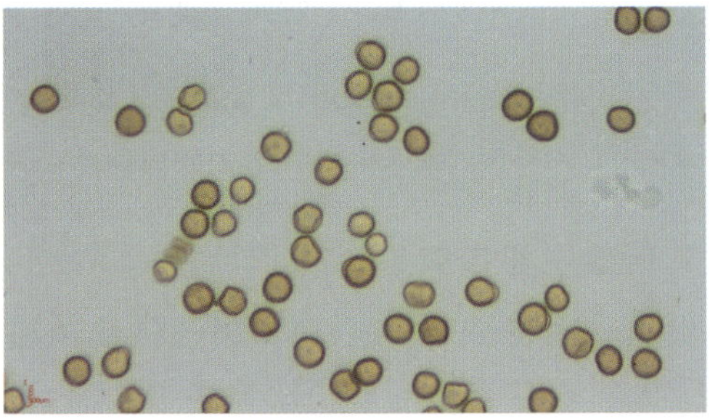

图 2-49　玉米丝黑穗病菌(*S. reiliana*)冬孢子

图 2-50　玉米丝黑穗病症状

1.5.10 团黑粉菌属(*Sorosporium*)及其所致主要病害

团黑粉菌属菌物属担子菌门外担菌纲叶黑粉菌目(Entylomatales)。团黑粉菌属冬孢子堆褐色至黑色(图 2-51),长圆形而两端稍尖,常弯曲,初期被以浅色薄膜,成熟后膜破裂露出颗粒状的孢子团,孢子团附着于碎裂的寄主组织上,近球形至长圆形,孢子球形或卵形,极易分散,无不孕细胞,萌发时产生先菌丝,侧生担子,或直接形成芽管。高粱长粒黑穗病菌(*S. ehrenbergii*)可引起高粱长粒黑穗病(图 2-52)。

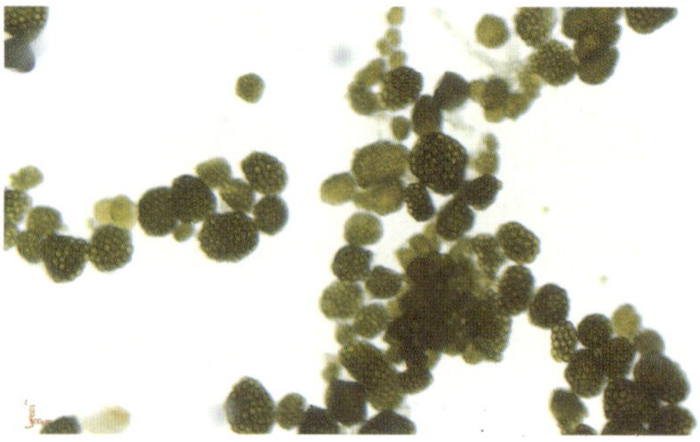

图 2-51 高粱长粒黑穗病菌(*S. ehrenbergii*)冬孢子

图 2-52 高粱长粒黑穗病症状

1.5.11 腥黑粉菌属(*Tilletia*)及其所致主要病害

腥黑粉菌属菌物属担子菌门外担菌纲腥黑粉菌目(Tilletiales)。腥黑粉菌属冬孢子堆多数产生于寄主子房内,常有恶腥气味。冬孢子单生于产孢菌丝的中间细胞或顶端细胞内,外围有无色或淡色的胶质鞘,表面常有网状或刺状突起(图 2-53)。冬孢子萌发时产生无隔膜的初菌丝,通常在产生小孢子时形成膜,顶端产生成束的担孢子,担孢子常可成 H 形结合。腥黑粉菌属菌物可引起小麦光腥黑穗病、小麦网腥黑穗病、小麦矮腥黑穗病等,例如,网状星黑粉菌(*T. caries*)引起小麦网腥黑穗病(图 2-54)。

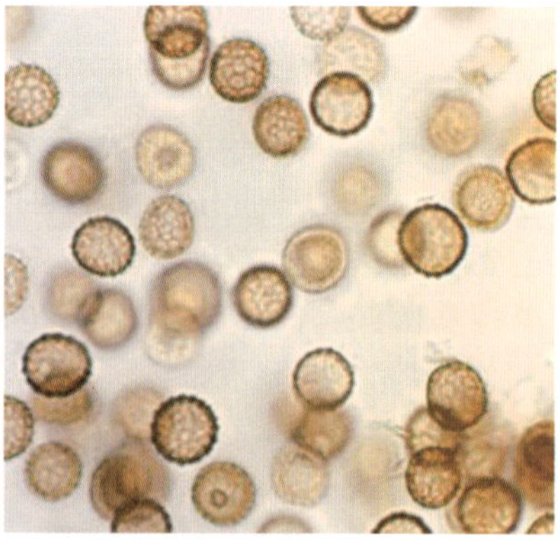

图 2-53 网状星黑粉菌(*T. caries*)冬孢子

图 2-54 小麦网腥黑穗病症状

1.5.12 尾孢黑粉菌属(*Neovossia*)及其所致主要病害

尾孢黑粉菌属菌物属担子菌门外担菌纲腥黑粉菌目(Tilletiales)。尾孢黑粉菌属冬孢子堆生于寄主子房内,为颖壳所包被,半胶状或粉状。冬孢子单生于菌丝末端细胞内,孢子形成后菌丝残留物在冬孢子外围形成一柄状附属物。冬孢子球形、广卵形或椭圆形,表面布满齿状突起。担孢子线状,无色,无隔膜(图 2-55)。水稻粒黑粉病菌(*N. horrida*)可引起水稻粒黑粉病,为害稻穗个别谷粒,在颖壳合缝处长出白色至黑色舌状突起,黑粉散附在颖壳表面(图 2-56)。

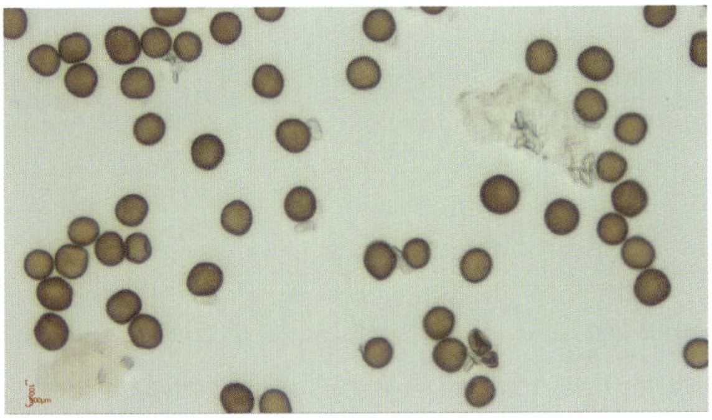

图 2-55 水稻粒黑粉病菌(*N. horrida*)冬孢子

图 2-56 水稻粒黑粉病症状

1.5.13 条黑粉菌属(*Urocystis*)及其所致主要病害

条黑粉菌属菌物属担子菌门黑粉菌纲条黑粉菌目(Urocystidales)。条黑粉菌属冬孢子堆生于叶、叶鞘及秆的表皮下。冬孢子结合成外有不孕细胞的孢子球,冬孢子褐色,不孕细胞几乎无色至淡褐色,近球形至椭圆形(图 2-57)。小麦条黑粉菌(*U. tritici*)引起小麦秆黑粉病(图 2-58)。

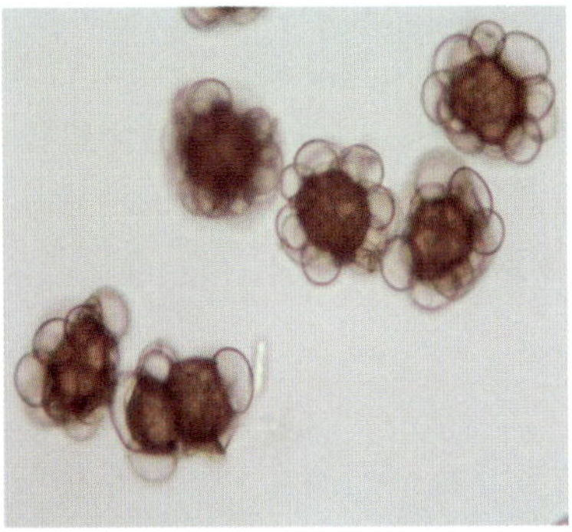

图 2-57 小麦条黑粉菌(*U. tritici*)冬孢子

图 2-58 小麦秆黑粉病症状

1.5.14 其他担子菌门菌物

有些担子菌门菌物会形成大型担子果,例如,银耳属(*Tremella*)、木耳属(*Auricularia*)、花耳属(*Dacryomyces*)、多孔菌属(*Polyporus*)、灵芝属(*Ganoderma*)、猴头菌属(*Hericium*)、鸡油菌属(*Cantharellus*)等菌物以及伞菌目(Agaricales)、鬼笔目(Phallales)、马勃目(Lycoperdales)、鸟巢菌目(Nidulariales)、皮马勃目(Sclerodermatales)等菌物,大多是腐生的,少数可以为害植物,有些是林木的重要病原菌。

2 实验目的

了解根肿菌门、壶菌门、卵菌门、接合菌门和担子菌门菌物的主要形态特征,掌握与植物病害有关的重要属的基本形态特征、分类依据及其所致病害的症状特征。同时,学习使用检索表来鉴定病菌。希望通过本实验的学习,可以为相关病原物分类鉴定和病害诊断打下基础。

3 实验材料与用具

3.1 实验材料

十字花科蔬菜根肿病菌(*Plasmodiophora brassicae*)、马铃薯粉痂病菌(*Spongospora subterranea*)、玉蜀黍节壶菌(*Physoderma maydis*)、水稻烂秧串囊水霉病菌(*Saprolegnia monilifera*)、稻绵霉(*Achlya* spp.)、瓜果腐霉(*Pythium aphanidermatum*)、马铃薯晚疫病菌(*Phytophthora infestans*)、粟白发病菌(*Sclerospora graminicola*)、葡萄霜霉病菌(*Plasmopara viticola*)、黄瓜霜霉病菌(*Pseudoperonospora cubensis*)、莴苣霜霉病菌(*Bremia lactucae*)、十字花科植物霜霉病菌(*Peronospora parasitica*)、白锈病菌(*Albugo candida*)、匍枝根霉(*Rhizopus stolonifer*)、大毛霉(*Mucor mucedo*)、瓜笄霉(*Choanephora cucurbitarum*)、禾柄锈菌(*Puccinia graminis*)、梨胶锈菌(*Gymnosporangium haraeanum*)、豇豆单胞锈菌(*Uromyces vignae*)、玫瑰多胞锈菌(*Phragmidium rosaemultifeorae*)、刺李疣双胞锈菌(*Tranzschelia pruni-spinosae*)、亚麻栅锈菌(*Melampsora lini*)、大豆锈病菌(*Phakopsora pachyrhizi*)、小麦散黑穗病菌(*Ustilago tritici*)、玉米丝黑穗病菌(*Sphacelotheca reiliana*)、高粱长粒黑穗病菌(*Sorosporium ehrenbergii*)、小麦网腥黑穗病菌(*Tilletia caries*)、小麦秆黑粉病菌(*Urocystis tritici*)、水稻粒黑粉病菌(*Neovossia horrida*)等的玻片标本及所导致的植物病害新鲜标本、腊叶标本、液浸标本或挂图,多媒体教学课件及影像资料。

3.2 实验用具

显微镜、放大镜、解剖针、载玻片、盖玻片、装有浮载剂的滴瓶、刀片、小垫板、滤纸、小纱布、投影仪和多媒体教学设备。

4 实验内容和方法

4.1 根肿菌门重要菌物及其所致病害

4.1.1 根肿菌属及其所致病害症状观察

镜检十字花科蔬菜根肿病菌(*Plasmodiophora brassicae*)的玻片标本,观察寄主细胞内的休眠孢子及其排列方式。观察十字花科蔬菜根肿病病害标本或挂图,注意病害症状特征。

4.1.2 粉痂菌属及其所致病害症状观察

镜检马铃薯粉痂病菌(*Spongospora subterranea*)的玻片标本,观察寄主细胞内休眠孢子及其排列方式。观察马铃薯粉痂病病害标本或挂图，注意病害的症状特征，尤其注意观察病害危害部位、有无病征和病征特点。

4.2 壶菌门重要菌物及其所致病害

镜检玉蜀黍节壶菌（*Physoderma maydis*）的玻片标本，或者从提供的玉米褐斑病病害标本上取病原菌制作成临时玻片，观察寄主体内病原菌的休眠孢子囊。观察玉米褐斑病病害标本或挂图，注意病害的症状特征，发病部位颜色与其他健康部位有何不同，病斑是否隆起。

4.3 卵菌门重要菌物及其所致病害

4.3.1 水霉属及其所致病害症状观察

镜检串囊水霉（*Saprolegnia monilifera*）的玻片标本或培养皿中的串囊水霉，注意观察藏卵器和卵孢子的形态特征。观察水稻烂秧病病害标本或挂图，注意病害的症状特征，观察有无病征和病征特征，注意其与稻绵霉引起的水稻绵腐病的区别。

4.3.2 绵霉属及其所致病害症状观察

镜检稻绵霉（*Achlya oryzae*）的玻片标本，观察游动孢子囊的形态特征。观察水稻绵腐病病害标本或挂图，注意病害的症状特征，观察有无病征和病征特征，注意其与串囊水霉引起的水稻烂秧病的区别。

4.3.3 腐霉属及其所致病害症状观察

镜检观察瓜果腐霉（*Pythium aphanidermatum*）菌丝、游动孢子囊、孢囊梗和卵孢子的形态特征。观察蔬菜幼苗猝倒病病株、标本或挂图，注意受害部位及其症状特征，观察有无病征和病征特征。

4.3.4 疫霉属及其所致病害症状观察

镜检马铃薯晚疫病菌（*Phytophthora infestans*）的玻片标本，或者从提供的马铃薯晚疫病病害标本上取病原菌制作成临时玻片，观察孢囊梗、游动孢子囊和游动孢子，注意孢囊梗分枝的特点及游动孢子囊的形状，以及孢囊梗和菌丝的形态差异。观察马铃薯晚疫病的新鲜标本、盒装标本或挂图，注意病害症状特征。

4.3.5 霜霉属及其所致病害症状观察

镜检观察十字花科蔬菜霜霉病菌（*Peronospora parasitica*）的孢囊梗、孢子囊的形态特征，注意孢囊梗的分枝特点及分枝末端的形态特征。观察十字花科蔬菜霜霉病病害标本，注意危害部位和症状特征，重点观察病叶黄绿色不规则病斑以及背面产生的白色霉层。

4.3.6 单轴霉属及其所致病害症状观察

镜检观察葡萄霜霉病菌（*Plasmopara viticola*）的孢囊梗的形态特征，注意孢囊梗的分枝特点及分枝末端的形态特征。观察葡萄霜霉病病害标本，注意危害部位和症状特征，即不规则形或多角形病斑、叶片背面有无霜状霉层。

4.3.7 假霜霉属及其所致病害症状观察

镜检观察黄瓜霜霉病菌（*Pseudoperonospora cubensis*）的孢囊梗、孢子囊的形态特征，注意孢囊梗的分枝特点及分枝末端的形态特征。观察黄瓜霜霉病病害标本，注意危害部位和症状特征（病斑形状和病征）。

4.3.8 盘梗霉属及其所致病害症状观察

镜检观察莴苣霜霉病菌（*Bremia lactucae*）的孢囊梗和孢子囊的形态特征，注意孢囊梗的分枝特点及分枝末端的形态特征。观察莴苣霜霉病病害标本，注意危害部位和症状特征，观察有无病征和病征特征。

4.3.9 指梗霉属及其所致病害症状观察

镜检观察谷子白发病菌（*Sclerospora graminicola*）的卵孢子的形态特征，注意孢囊梗的分枝特点及分枝末端的形态特征。观察谷子白发病病害标本或挂图，注意危害部位和谷子的生育阶段以及相应症状特征。

4.3.10 白锈菌属及其所致病害症状观察

镜检白锈菌属（*Albugo*）病原菌切片，注意观察病原菌孢囊梗着生的位置，形态和排列特点。观察空心菜白锈病病害标本，注意危害部位和症状特征，注意白锈病和霜霉病、白粉病症状的区别。

4.4 接合菌门重要菌物及其所致病害

4.4.1 根霉属及其所致病害症状观察

镜检匍枝根霉（*Rhizopus stolonifer*）玻片标本或者从提供的甘薯软腐病标本上取病原菌制作的临时玻片，观察病原菌假根、匍匐丝、孢囊梗、囊轴、孢囊孢子的形态特征。观察甘薯软腐病病害症状，注意观察病征特征。

4.4.2 毛霉属及其所致病害症状观察

镜检毛霉属（*Mucor*）玻片标本或者从提供的大毛霉（*M. mucedo*）引起的果实、蔬菜或蘑菇等腐烂的病害标本上取病原菌制作的临时玻片，观察孢囊梗、孢囊孢子的形态特征。观察大毛霉引起的果实、蔬菜或蘑菇等腐烂的病害标本。

4.4.3 笄霉属及其所致病害症状观察

镜检笄霉属（*Choanephora*）玻片标本或者从提供的瓜笄霉（*C. cucurbitarum*）引起的瓜类、棉花、茄子等花腐的病害标本上取病原菌制作的临时玻片，观察孢囊梗、大型和小型孢子囊的形态特征。观察瓜笄霉引起的瓜类、棉花、茄子等花腐的病害标本。

4.5 担子菌门重要菌物及其所致病害

4.5.1 柄锈菌属及其所致病害症状观察

镜检引起小麦条锈病、小麦叶锈病和小麦秆锈病的柄锈菌（*Puccinia* spp.）玻片标本，注意观察夏孢子和冬孢子的形态特征及其区别。观察小麦条锈病、小麦叶锈病和小麦秆锈病病害标本或挂图，注意三种病害的症状特征和区别。

4.5.2 单胞锈菌属及其所致病害症状观察

镜检引起豇豆锈病的豇豆单胞锈菌（*Uromyces vignae*）的玻片标本，观察夏孢子和冬孢子的形态特征及其区别。观察豇豆锈病病害标本或挂图，注意病害症状特征以及夏孢子堆和冬孢子堆的区别。

4.5.3 胶锈菌属及其所致病害症状观察

镜检梨胶锈菌(*Gymnosporangium haraeanum*)的玻片标本或者利用提供的梨锈病病害标本制作的切片，观察性孢子器、性孢子、锈孢子器、锈孢子、冬孢子的形态特征。观察梨锈病病害标本或挂图，注意病害在梨和转主寄主桧柏上的症状特征。

4.5.4 多胞锈菌属及其所致病害症状观察

镜检玫瑰多胞锈菌(*Phragmidium rosaemultifeorae*)的玻片标本，观察冬孢子的形态特征。观察玫瑰锈病病害标本或挂图，注意病害症状特征。

4.5.5 疣双胞锈菌属及其所致病害症状观察

镜检刺李疣双胞锈菌(*Tranzschelia pruni-spinosae*)的玻片标本，观察冬孢子和夏孢子的形态特征及两者的区别。观察李子锈病病害标本或挂图，注意病害症状特征，观察病征产生部位和特点。

4.5.6 栅锈菌属及其所致病害症状观察

镜检亚麻栅锈菌(*Melampsora lini*)的玻片标本，观察冬孢子的形态特征、排列方式、颜色。观察亚麻锈病病害标本或挂图，注意病害症状特征。

4.5.7 层锈菌属及其所致病害症状观察

镜检大豆锈病菌(*Phakopsora pachyrhizi*)的玻片标本或者从提供的大豆锈病病害标本上取病原菌制作的临时玻片，观察冬孢子的形态特征、排列方式、颜色。观察大豆锈病病害标本或挂图，注意病害症状特征，观察病征产生部位和特点。

4.5.8 黑粉菌属及其所致病害症状观察

镜检小麦散黑穗病菌(*Ustilago tritici*)的玻片标本或者从提供的小麦散黑穗病病害标本上取病原菌制作的临时玻片，观察冬孢子及冬孢子萌发的特点。观察小麦散黑穗病病害标本或挂图，注意病害症状特征。

4.5.9 轴黑粉菌属及其所致病害症状观察

镜检玉米丝黑穗病菌(*Sphacelotheca reiliana*)的玻片标本或者从提供的玉米丝黑穗病病害标本上取病原菌制作的临时玻片，观察冬孢子的特点。观察玉米丝黑穗病病害标本或挂图，注意病害症状特征。

4.5.10 团黑粉菌属及其所致病害症状观察

镜检高粱长粒黑穗病菌(*Sorosporium ehrenbergii*)的玻片标本或者从提供的高粱长粒黑穗病病害标本上取病原菌制作的临时玻片，观察冬孢子组成的孢子球，孢子堆外是否有膜包围。观察高粱长粒黑穗病病害标本或挂图，注意病害症状特征。

4.5.11 腥黑粉菌属及其所致病害症状观察

镜检小麦网腥黑穗病菌(*Tilletia caries*)的玻片标本，观察冬孢子的形态特征、初菌丝和担孢子的形态特点、担孢子是否有 H 形结合。观察小麦网腥黑穗病病害标本或挂图，注意病害症状特征及其症状与小麦散黑穗病症状的区别。

4.5.12 尾孢黑粉菌属及其所致病害症状观察

镜检水稻粒黑粉病菌(*Neovossia horrida*)的玻片标本,观察冬孢子的形态特点,注意冬孢子表面是否有柄状附属物。观察水稻粒黑粉病病害标本或挂图,注意病害症状特征。

4.5.13 条黑粉菌属及其所致病害症状观察

镜检小麦秆黑粉病菌(*Urocystis tritici*)的玻片标本或者从提供的小麦秆黑粉病病害标本上取病原菌制作的临时玻片,观察冬孢子形成的孢子球和不孕细胞。观察小麦秆黑粉病病害标本或挂图,注意发病部位和病害症状特征。

4.5.14 其他担子菌门菌物形态观察

观察银耳属(*Tremella*)、木耳属(*Auricularia*)、花耳属(*Dacryomyces*)、多孔菌属(*Polyporus*)、灵芝属(*Ganoderma*)、猴头菌属(*Hericium*)、鸡油菌属(*Cantharellus*)等的子实层和子实体。

观察伞菌目(Agaricales)、鬼笔目(Phallales)、马勃目(Lycoperdales)、鸟巢菌目(Nidulariales)、皮马勃目(Sclerodermatales)等的子实体。

5 作业

(1)绘制卵菌门、担子菌门各两个代表属菌物的形态特征图,并标注各部位的名称。

(2)根据孢囊梗形态特征、分枝特点和孢子囊的形态特征,编制一个霜霉菌分属检索表。

(3)卵菌门菌物有哪些区别于真菌的特点?

(4)柄锈菌目和黑粉菌目之间有何异同点?

参考文献

Nóbrega T F, Ferreira B W, Barreto R W, 2022. First report of *Pythium aphanidermatum* causing fruit rot of *Cucumis anguria* [J]. Australasian Plant Disease Notes, 17(1): 16.

Pornsuriya C, Chairin T, Thaochan N, et al, 2017. Choanephora rot caused by *Choanephora cucurbitarum* on *Brassica chinensis* in Thailand [J]. Australasian Plant Disease Notes, 12(1): 13.

Tao S Q, Cao B, Kakishima M, et al, 2020. Species diversity, taxonomy, and phylogeny of *Gymnosporangium* in China [J]. Mycologia, 112(5): 941-973.

(李大勇　编写)

思政小课堂：

科学家建言：排除压力　严防 TCK 传入我国

小麦矮腥黑穗病菌（*Tilletia controversa* Kühu，TCK）可引起系统性侵染病害——小麦矮腥黑穗病，该病难以防控，可对小麦生产造成毁灭性危害，可致使籽粒变为内含大量冬孢子的菌瘿，冬孢子抗逆能力强，存在于菌瘿中的冬孢子可以存活 10 年以上。TCK 主要通过土壤和种子进行传播，我国尚未有发生，一直被列为我国进境植物检疫性有害生物（王海光等，2005；周益林等，2007）。小麦矮腥黑穗病在美国西北部的爱达荷州（Idaho）、犹他州（Utah）、俄勒冈州（Oregon）、华盛顿州（Washington）、蒙大拿州（Montana）、科罗拉多州（Colorado）、怀俄明州（Wyoming）等 7 个州和大湖区的密歇根州（Michigan）、印第安纳州（Indiana）、纽约州（New York state）等 3 个州发生，且危害严重，流行年份可造成小麦产量损失 20%～50%，严重时产量损失可达 75%以上，甚至造成绝收（Purdy et al.，1963；Hoffmann，1982；Trione et al.，1989）。美国为让其国内小麦矮腥黑穗病疫区的小麦出口至我国，与我国进行了多次谈判。我国科学家对 TCK 在我国的定殖风险、潜在危害和防控等进行了一系列研究，认为 TCK 在我国大部分地区具有不同程度的发生风险，在我国具有相当广泛的适生区，研究结果为与美国进行谈判提供了支撑。1995 年，中国工程院院士卢良恕、中国科学院院士裘维蕃、中国科学院院士和中国工程院院士石元春、中国科学院院士田波、中国工程院院士曾士迈等 9 位农业科学家致信党和国家领导人，呼吁严防 TCK 传入我国，以保护我国小麦生产安全（卢良恕等，1996）。由此可见，植物病理学是非常重要的，植物病理学问题会涉及公共安全、国家安全、国家利益等，相关科学研究能够在维护国家利益中发挥重要作用。学生应该认识到我国科学家心系祖国、热爱祖国、求真务实、勇于担当的精神和家国情怀，认识到植物病理学的重要性，认识到科技强国的重要性，树立和培养责任感和使命感，争做担当民族复兴大任的时代新人（王海光，2019；王海光，2021）。

现在国际经济贸易频繁，各种外来有害生物传入我国的风险不断增加。危险性的外来有害生物会对我国农业生产安全、粮食安全、生物安全、国家安全、生态文明建设和美丽中国建设造成威胁。我国制定了《中华人民共和国进出境动植物检疫法》《中华人民共和国进出境动植物检疫法实施条例》《中华人民共和国生物安全法》《外来入侵物种管理办法》等一系列法律法规。学生应该努力学习，努力成为德智体美劳全面发展的社会主义建设者和接班人，努力成为堪当民族复兴重任的“复兴栋梁、强国先锋”。

参考文献

Hoffmann J A，1982. Bunt of wheat [J]. Plant Disease，66(11)：979-986.

Purdy L H，Kendrick E L，Hoffmann J A，et al，1963. Dwarf bunt of wheat [J]. Annual Review of Microbiology，17：199-222.

Trione E J，Hess W M，Stochwell V O，1989. Growth and sporulation of the dikaryons of the dwarf bunt fungus in wheat plants and in culture [J]. Canadian Journal of Botany，67(6)：1671-1680.

卢良恕，裘维蕃，石元春，等，1996. 排除压力 严防 TCK 传入我国 [J]. 中国进出境动植检，(1)：3-4.

王海光，祝慧云，马占鸿，等，2005. 小麦矮腥黑穗病研究进展与展望 [J]. 中国农业科技导报，7(4)：21-27.

王海光，2021. 普通植物病理学课程思政元素挖掘和思政教学案例设计 [J]. 天津农业科学，27(4)：72-81.

王海光，2019. 在普通植物病理学教学中开展思想政治教育 [J]. 大学教育，(3)：96-99.

周益林，段霞瑜，贾文明，等，2007. 小麦矮腥黑穗病(TCK)传入中国及其定殖的风险分析研究进展 [J]. 植物保护，33(2)：6-10.

（王海光　编写）

实验三

子囊菌门和半知菌类菌物及其所致病害

提要: 子囊菌是数量最多的一类菌物,包含腐生菌和寄生菌。子囊菌具有有性阶段和无性阶段,有性阶段可产生子囊和子囊孢子,无性阶段大部分产生分生孢子。半知菌是未发现有性阶段的子囊菌和担子菌的无性阶段,但往往包含一些无性阶段发达、有性阶段少见或不重要的子囊菌。子囊菌和半知菌引起的植物病害种类众多,而且往往多是重要的作物病害。本实验重点内容为介绍子囊菌门和半知菌类菌物及其所致病害特点,特别是与农作物病害有关的代表性菌物及其所致病害。通过学习本实验,学生能够了解子囊菌门菌物和半知菌类菌物的形态特征及分类依据,掌握重要农作物病害症状特征。

1 实验基础知识和原理

1.1 子囊菌门菌物及其所致病害特点

子囊菌门菌物,又称为子囊菌,是数量最多的一类菌物,有 1950 个属,15000 多种。子囊菌为高等真菌,营养体除酵母菌为单细胞外,大多数种类的菌丝体一般都很发达,有隔膜,能分枝,而且大多种类可形成子座、菌索、菌膜和菌核等结构(王生荣,2013)。

子囊菌共同特点是有性生殖产生子囊和子囊孢子。子囊大多呈圆筒形或棍棒形,少数为卵形或近球形,有的子囊有柄。子囊内一般含有 8 个子囊孢子。子囊孢子的形状变化很大,有近球形、椭圆形、腊肠形或线形等。子囊孢子单细胞、双细胞或多细胞,颜色从无色至黑色,细胞壁表面光滑或具有条纹、瘤状突起等。在子囊成熟后子囊壁大多仍然完好,少数子囊菌的子囊壁消解。有些子囊的顶部是封闭的,没有孔口,子囊孢子释放时,子囊壁消解或破裂;有的顶部有孔口或狭缝或囊盖,子囊孢子通过子囊顶部的孔口或狭缝释放。有些子囊菌的子囊整齐地排列成一层,称为子实层,有些则高低不齐,不形成子实层。

大多数子囊菌会产生子囊果,其主要由子实层和包被组成,主要有闭囊壳、子囊壳、子囊盘和子囊座 4 种类型:①闭囊壳,无开口,子实层被封闭在包被里面,如白粉菌类等;②子囊壳,顶端有1个小开口，子实层在子囊壳的里面，如小麦赤霉病菌等；③子囊盘，子实层生于子囊盘的上面，完全暴露，如核盘菌等；④子囊座其是内生子囊的子座，如梨黑星病菌等。

许多子囊菌的无性繁殖能力很强，在自然界经常看到的是它们的无性阶段。无性繁殖产生分生孢子，因为分生孢子的形成在许多子囊菌门菌物的生活史中占很重要的位置，所以其无性阶段也称作分生孢子阶段。有些高等子囊菌不产生分生孢子。

子囊菌门菌物所致病害的症状特征是引起植物茎、叶、果实坏死性斑点或少数根部出现腐烂、瘤肿等病状，也有的枝、叶形成丛枝、缩叶；发病部位出现白色粉状物、霉状物、小黑粒、绵絮状物、菌核等病征。子囊菌门菌物所致病害种类较多，代表性的病害有小麦白粉病、小麦赤霉病、甘薯黑斑病、苹果树腐烂病等。

1.1.1 布氏白粉菌属(*Blumeria*)

1)病原特点

闭囊壳上的附属丝不发达，呈短菌丝状，闭囊壳内含多个子囊。

2)代表菌物

小麦白粉病菌，有性态为禾布氏白粉菌小麦专化型(*B. graminis* f. sp. *tritici*)，异名：*Erysiphe graminis* f. sp. *tritici*；无性态为串珠状粉孢菌(*Oidium monilioides*)。小麦白粉病菌菌丝生于寄主体表，无色，仅以吸器伸入寄主表皮细胞。菌丝上垂直生成分生孢子梗，基部膨大成球形，梗上生有成串的分生孢子(许文耀，2006)。分生孢子卵圆形，单胞，无色。分生孢子寿命较短，其侵染力只能保持3～4 d。闭囊壳球形，黑色，外有发育不全的丝状附属丝(图3-1)。闭囊壳内含子囊9～30个。子囊为长椭圆形，内含子囊孢子8个或4个。子囊孢子椭圆形，单胞，无色。

3)代表菌物所致病害及特征

小麦白粉病在小麦整个生育期均可发生，主要为害叶片，严重时也可为害叶鞘、茎秆和穗部。发病初期产生黄色小点，而后逐渐扩大为圆形或椭圆形的病斑，表面产生白粉状霉层(菌丝、分生孢子梗和分生孢子)(图3-2)，随着病原菌生长，霉层颜色逐渐变为灰白色至浅褐色，其上密生黑色小粒点(闭囊壳)。病斑多时可愈合成片，覆盖叶片，并导致叶片发黄枯死。发病严重时，植株矮小细弱，穗小粒少，千粒重明显下降，产量和品质降低(董金皋，2015)。

图3-1 小麦白粉病菌闭囊壳

图3-2 小麦白粉病症状

1.1.2 长喙壳属(*Ceratocystis*)

1)病原特点

子囊壳瓶状,表生或生于基质内,黑色,顶端有由平行菌丝组成的长颈,颈端组织疏松,似羽毛状,肉眼可见多数子囊壳丛生,呈毛刺状,子囊卵形至长圆形,散生,子囊壁早期消解。子囊孢子卵圆形、椭圆形、肾形、钢盔状,成熟后自孔口释出(许文耀,2006)。

2)代表菌物

甘薯黑斑病菌,学名甘薯长喙壳(*C. fimbriata*),异名:*Ceratostomella fimbriatum*、*Ophiostoma fimbriatum*。甘薯黑斑病菌菌丝体初无色透明,老熟后深褐色或黑褐色,直径为3～5 μm。无性繁殖产生内生分生孢子和内生厚垣孢子。分生孢子无色,单胞,圆筒形或棍棒形,大小为(9.3～50.6)μm×(2.8～5.6)μm。厚垣孢子暗褐色,球形或椭圆形,具厚壁,大小为(10.3～18.9)μm×(6.7～10.3)μm。厚垣孢子大量产生于病薯皮下,有较强的抵抗逆境的能力,需经一段时间休眠后才可萌发。有性生殖产生子囊壳(图3-3),子囊壳呈长颈烧瓶状,基部球形,直径为105～140 μm;颈部极长,称壳喙,长度为350～800 μm。子囊梨形或卵圆形,内含8个子囊孢子。子囊壁薄,成熟后自溶,子囊孢子散生在子囊壳内,潮湿时,子囊壳吸水产生膨压,将子囊孢子排出孔口,聚集成黄白色蜡状物。子囊孢子无色,单胞,钢盔形,大小为(5.6～7.9)μm×(3.4～5.6)μm(董金皋,2015)。

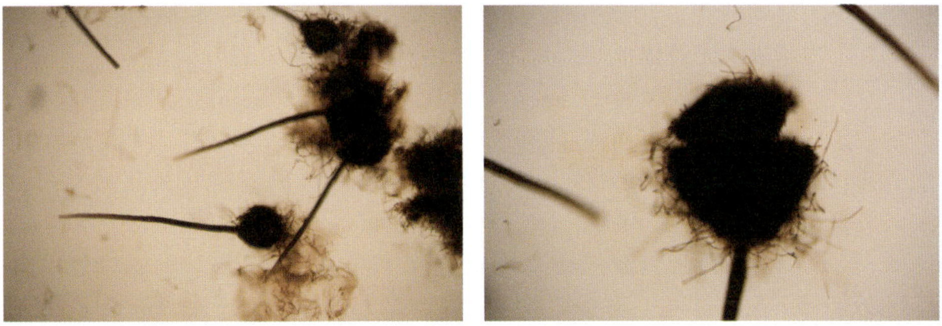

图3-3 甘薯黑斑病菌子囊壳

3)代表菌物所致病害及特征

甘薯黑斑病苗期、生长期和贮藏期均可发生,主要为害薯苗、薯块,不为害绿色部分。

(1)苗期。受侵染的幼芽基部产生凹陷的圆形或梭形小黑斑,后逐渐纵向扩大至3～5 mm,重时环绕苗基部形成黑脚状。病苗衰弱,矮小,叶片发黄,重病苗死亡。湿度大时,发病部位可产生灰色霉状物(菌丝和分生孢子),后期病斑丛生黑色刺毛状物和粉状物(子囊壳和厚垣孢子)。

(2)生长期。病苗移栽到大田后,病重的不能扎根而枯死,病轻的在接近土面处长出少数侧根,但生长衰弱,叶片发黄脱落,遇干旱易枯死,造成缺苗断垄。薯蔓上病斑可蔓延到新结的薯块上,多在伤口处产生黑色斑块,圆形或不规则形,中央稍凹陷(图3-4A),生有黑色刺毛状物和粉状物。病斑下层组织呈墨绿色,病薯变苦。

(3)贮藏期。贮藏期薯块上的病斑多发生在伤口和根眼上,初为黑色小点,逐渐扩大成圆形、椭圆形或不规则形膏药状病斑,稍凹陷,直径为1～5 cm,轮廓清晰(图3-4B,二维码3-1)。

发病部位组织坚硬，可深入薯肉 2～3 mm，薯肉呈墨绿色，味苦。温湿度适宜时病斑上可产生灰色霉状物或散生黑色刺状物（子囊壳的颈），顶端常附有黄白色蜡状小点（子囊孢子）。

A

B

图 3-4 甘薯黑斑病

A. 生长期病薯；B. 贮藏期病薯

二维码 3-1
甘薯黑斑病

1.1.3 赤霉属（*Gibberella*）

1）病原特点

子座瘤状或垫状，散生。子囊壳群生或单生于子座上或子座的四周，球形到圆锥形，壳壁深蓝色或紫黑色。子囊棍棒形，有柄，其间有顶生侧丝。子囊孢子纺锤形，有 2～3 个分隔，无色（王生荣，2013）。

2）代表菌物

小麦赤霉病菌，其有性态为玉蜀黍赤霉（*G. zeae*）。子囊壳散生或聚生于病组织表面，卵圆形或圆锥形，深蓝至紫黑色，表面光滑，顶端瘤状突起为孔口，大小为（100～250）μm×（150～300）μm（图 3-5，二维码 3-2）（董金皋，2015）。无性态为禾谷镰孢（*Fusarium graminearum*），此外亚洲镰孢（*F. asiaticum*）、黄色镰孢（*F. culmorum*）和燕麦镰孢（*F. avenaceum*）等多种镰孢菌也可引起赤霉病。禾谷镰孢大型分生孢子多为镰刀形，稍弯曲，顶端钝，基部有明显足胞，一般有 3～5 个隔膜，大小为（25～61）μm×（3～5）μm，单个孢子无色，聚集成堆时呈粉红色。一般不产生小型分生孢子和厚垣孢子。

二维码 3-2
玉蜀黍赤霉子囊壳和子囊

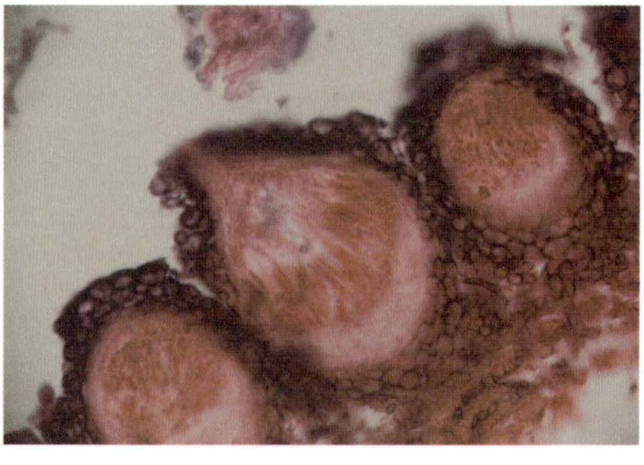

图 3-5 玉蜀黍赤霉子囊壳和子囊

3)代表菌物所致病害及特征

图 3-6　小麦赤霉病田间症状

小麦赤霉病在小麦各生育期均能发生。苗期形成苗枯,成株期形成茎基腐烂和穗枯,以穗枯危害最重。穗部发病,常是 1～2 个小穗受害,有时多个小穗或整穗受害(图 3-6)。受害小穗初期基部呈水渍状,后渐失绿褪色而呈褐色至灰白色,湿度大时颖壳的合缝处生出一层明显的粉红色霉层(分生孢子)。一个小穗发病后,不但可以向上下蔓延,为害相邻的小穗,并可伸入穗轴内部,使穗轴变褐坏死,上部没有发病的小穗因得不到水分会提早枯死。后期发病部位潮湿时出现黑色粗糙颗粒(子囊壳)。病穗籽粒皱缩干瘪,苍白色或紫红色,有时籽粒表面有粉红色霉层(董金皋,2015)。

1.1.4　顶囊壳属(*Gaeumannomyces*)

1)病原特点

子囊壳埋生于基质内,顶端有短的喙状突起。子囊棍棒状,内含 8 个子囊孢子,成熟时囊壁易消解。子囊孢子细线状,多细胞(王生荣,2013)。

2)代表菌物

小麦全蚀病菌,其为禾顶囊壳小麦变种(*G. graminis* var. *tritici*)。小麦全蚀病菌的匍匐菌丝粗壮,栗褐色,有隔。老化菌丝多呈锐角分枝,分枝处主枝与侧枝各形成一隔膜,呈"∧"形。匍匐菌丝 3～4 根聚集,在寄主根茎和叶鞘表面形成网纹,在根部多与根轴平行生长。分枝菌丝淡褐色,形成两类附着枝:一类裂瓣状,褐色,生于顶端;另一类简单不分裂,淡褐色,顶生或间生。附着枝端部产生侵入丝侵入寄主。子囊壳黑色,球形或梨形,顶部有短的喙状突起(图 3-7)。子囊无色,棍棒状,大小为(70～100)μm×(10～15)μm(不包括子囊柄),子囊内有 8 个平行排列的子囊孢子。子囊孢子无色,线状稍弯曲,有 3～8 个隔膜。

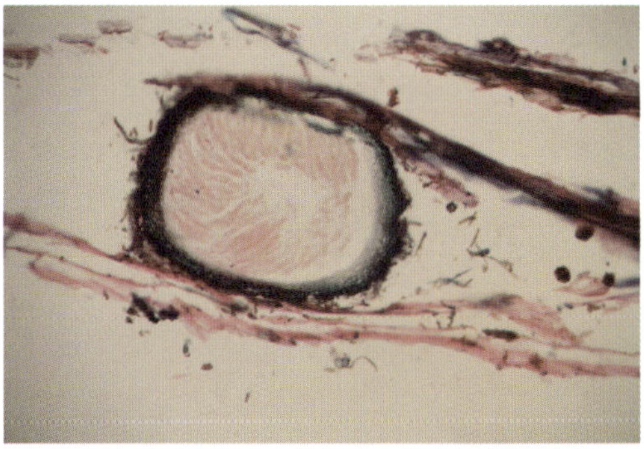

图 3-7　小麦全蚀病菌子囊壳和子囊

3)代表菌物所致病害及特征

小麦全蚀病主要为害小麦根部和茎基部第 1～2 节处,苗期至成株期均可发生。幼苗期受害,种子根、地下茎变黑腐烂,特别是病根中柱部分变为黑色。病苗基部叶片黄化,心叶内卷,分蘖减少,生长衰弱,严重时造成苗枯。病苗返青推迟,矮小稀疏,根部变黑加重。在潮湿条件下,拔节后茎基部 1～2 节叶鞘内侧和茎秆表面上可形成肉眼可见的黑褐色菌丝层,称为"黑脚"(图 3-8A),是全蚀病区别于其他根腐病的典型症状。重病株地上部明显矮化,发病晚的植株矮化不明显。由于茎基部发病,植株早枯形成"白穗"(图 3-8B)。由于养分供应不足,病株多表现为矮小瘦弱,穗数减少且不实,千粒重降低。田间病株成簇或点片状分布(图 3-8C),严重时全田植株枯死(董金皋,2015)。在潮湿条件下,小麦近成熟时在发病植株基部叶鞘内侧可产生黑色颗粒状突起,即子囊壳。

A　　B　　C

图 3-8　小麦全蚀病症状和受害植株田间分布(由王海光提供)

A:茎基部危害状;B:受害植株;C:受害植株田间发病情况

1.1.5　球腔菌属(*Mycosphaerella*)

1)病原特点

子囊座生于叶两面,黑色、球形或瓶形,有短乳头状孔口。子囊圆柱形至棍棒形,有双层壁。初期束生于子囊座内壁基部,成熟时呈平行排列。无拟侧丝。子囊孢子椭圆形,无色,双细胞(王生荣,2013)。

2)代表菌物

(1)花生黑斑病菌。有性态为伯克利球腔菌(*M. berkeleyi*),国内尚未发现;无性态为暗拟束梗霉(*Phaeoisariopsis personata*),异名:球座尾孢(*Cercospora personata*)。病原菌子囊座主要产生于叶斑背面,半球形,暗褐色(图 3-9)。分生孢子梗丛生,褐色,不分枝,短粗,0~2 个分隔,上部呈膝状弯曲,大小为(24~54)μm×(5~8)μm;分生孢子倒棍棒状或圆筒状,短粗,大小为(18~60)μm×(5~11)μm,褐色,分隔少,多数为 3~5 个。病菌生长发育温度为 10~37 ℃,适温为 25~28 ℃(董金皋,2015)。

图 3-9　花生黑斑病菌子囊座

(2)花生褐斑病菌。有性态为落花生球腔菌(*M. arachidis*),国内尚未发现;无性态为落花生尾孢(*Cercospora arachidicola*)。病原菌子囊座主要产生在叶斑正面,暗褐色,不明显。分生孢子梗丛生或散生,黄褐色不分枝,较细长,0~2 个分隔,上部呈膝状弯曲,大小为(25~

60)μm×(3.0～3.5)μm；分生孢子倒棍棒状或鞭状，细长，大小为(38～108)μm×(3～6)μm，无色或淡褐色，分隔多，多数为5～7个。病菌生长发育适温为25～28 ℃，最低温度为5～10 ℃，最高温度为33～36 ℃(董金皋，2015)。

3)代表菌物所致病害及特征

花生黑斑病和花生褐斑病主要在花生生长中后期发生，褐斑病始发期比黑斑病稍早，因此，国外把前者称作早斑病(peanut early spot)，把后者称作晚斑病(peanut late spot)。这两种病害均以为害叶片为主，也可为害叶柄和茎秆。发病初期，病部形成褐色小点，扩大后在叶片上形成褐色圆形病斑，在叶柄和茎秆上形成褐色椭圆形病斑(图3-10)。

A　　　　B

图3-10　花生黑斑病和花生褐斑病症状

A.花生黑斑病和花生褐斑病混合发生；B.花生褐斑病

1.1.6　黑腐皮壳属(*Valsa*)

1)病原特点

子座无暗色边缘，子囊果为子囊壳。子囊孢子单胞、无色、腊肠形。分生孢子产生于子座中多腔的分生孢子器内，单胞、无色、腊肠形(许文耀，2006)。

2)代表菌物

黑腐皮壳菌，常见种为苹果黑腐皮壳，是苹果树腐烂病的病原菌，其有性态为苹果黑腐皮壳(*V. mali*)。发病部位表面的乳突状黑色小点是病原菌的子座。子座分内子座和外子座，外子座内含有一个分生孢子器。子囊壳黑色(图3-11A)，烧瓶状，有长颈伸出在子座表面。子囊棍棒状、无色，散生，子囊壁早期消解。子囊孢子单胞，无色，腊肠形，成熟后自孔口释出。无性态为苹果壳囊孢(*Cytospora mandshurica*)，分生孢子器扁瓶形，直径为480～1 600 μm，高为400～960 μm，成熟时其内分成多个腔室，各腔室相互连通，有一共同孔口突出病皮外。腔室内壁密生分生孢子梗，顶生分生孢子。分生孢子梗无色透明，分枝或不分枝，长为10.5～20.5 μm。分生孢子无色，单胞，香蕉形或腊肠形，两端圆，微弯曲，内含油滴，大小为(4.0～10.0)μm×(0.8～1.7)μm。分生孢子成熟时与胶状物质混在一起，遇雨或高湿后，胶状物吸水膨胀，与分生孢子一起自孔口排出，形成橘黄色卷须状孢子角(图3-11B)。

3)代表菌物所致病害及特征

苹果树腐烂病常发生在秋季，北方地区尤为严重，主要为害主干、主枝、侧枝和辅养枝，致使枝干皮层腐烂。病菌从伤口侵入后，在树皮内生长发育，使树皮腐烂和产生水浸状褐色病

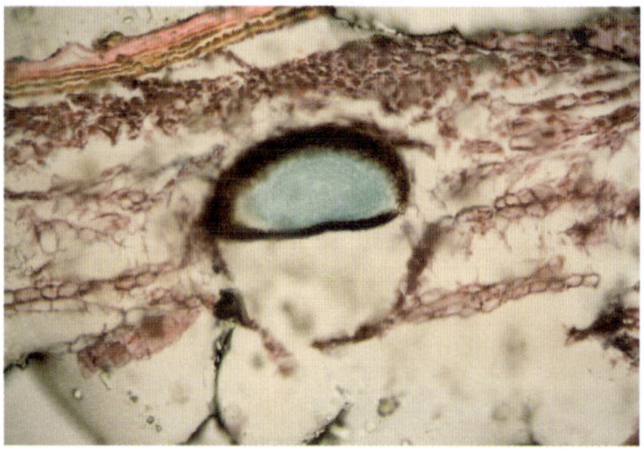

A

B

图 3-11 苹果树腐烂病菌子囊壳(A)和孢子角(B)

斑,然后失水、干燥、凹陷。之后菌丝在表皮下紧密结合形成黑色颗粒状子座,突破表皮而出,内有分生孢子器或子囊壳。

苹果树腐烂病的症状有溃疡型和枝枯型两大类,以溃疡型为主。

(1)溃疡型。多发生在主干、主枝上,发病部位皮层腐烂分解。发病初期,发病部位表面红褐色至暗褐色,水浸状,略隆起,常溢出黄褐色或红褐色汁液,病组织松软,湿腐状,有酒糟味。随后,发病部位失水干缩下陷,逐渐变为黑褐色,表面产生乳突状黑色小点(图 3-12)。遇雨或潮湿后,小黑点溢出橘黄色或淡黄色卷须状孢子角。

(2)枝枯型。多发生在弱小枝条、果苔枝、剪锯口、果柄和 2～4 年生的侧枝上,发病部位症状同溃疡型。在弱小枝条上,腐烂病斑很容易环绕枝干,并上下扩展,使整个枝条枯死,成为枝枯症状(董金皋,2015)。

侵染果实时,在果实上形成近圆形或不规则形、黄褐色与红褐色的腐烂病斑。

图 3-12 苹果树腐烂病症状

1.1.7 黑星菌属(*Venturia*)

1)病原特点

假囊壳扁球形或近球形,黑色,颈部较肥短,有孔口,周围无刚毛,壳壁黑色,革质,由 2～3 层细胞组成。

2)代表菌物

梨黑星病菌,其有性态为纳雪黑星病菌(*V. nashicola*);无性态为梨黑星孢(*Fusiclasium pyrorum*)。梨黑星病菌假囊壳在越冬后的病叶上产生,在叶背面聚生。假囊壳圆球形或扁球形,黑褐色,喙部突出,大小为(95.7～220.1)μm×(81.3～201.0)μm(图 3-13,二维码 3-3)。子囊棍棒状,聚生于假囊壳底部,无色透明,大小为(37.1～91.0)μm×(6.2～13.0)μm,每个子囊内含有 8 个子囊孢子(图 3-13)。子囊孢子淡黄绿色或淡黄褐色,双胞,上胞大、下胞小,鞋底状,大小为(11.1～18.0)μm×(3.7～7.0)μm。分生孢子梗丛生,暗褐色,粗而短,无分枝,直立或弯曲,大小为(8.0～32.0)μm×(3.2～6.4)μm。分生孢子着生于分生孢子梗的顶端或中部，脱落后，分生孢子梗上留有瘤状的孢痕。分生孢子淡褐色或橄榄色，纺锤形、椭圆形或卵圆形，单胞，但少数在萌发时可产生一个隔膜，大小为(8.0～24.0)μm×(4.8～8.0)μm(董金皋，2015)。

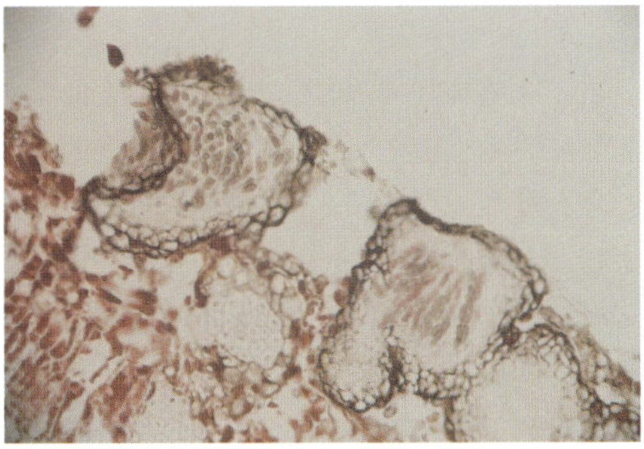

图 3-13　梨黑星病菌假囊壳和子囊

二维码 3-3
梨黑星病菌
假囊壳和子囊

3)代表菌物所致病害及特征

梨黑星病菌可侵染叶片、叶柄、果实、芽、花梗、新梢及一年生枝条的绿色幼嫩组织，引起梨黑星病，其中以叶片和果实受害最常见。

幼嫩叶片发病，初期症状为直径 1～2 mm 的黄绿色圆形病斑，2～3 d 后病斑产生墨绿色至黑色霉层(分生孢子梗和分生孢子)。成熟叶片发病，叶片正面褪绿，背面产生墨绿色至黑色霉层，霉层沿叶脉放射状扩展，形成网状病斑(图 3-14A)。发病严重时，叶片枯黄，脱落。叶柄、主脉受害，病斑长条形或梭形，表面产生霉层，严重时叶脉断裂，叶柄变黑(图 3-14A、B)。叶柄和主脉受害是导致早期落叶的重要原因之一。

果实从刚落花至采收期均可发病，其中幼果和近成熟的果实易发病(图 3-14C、D)。刚落花的幼果发病，果柄或果面产生大量墨绿色至黑色近圆形霉斑，病果几乎全部早落。稍大的幼果发病，果面先产生淡黄色圆形病斑，潮湿时产生黑色霉层。膨大前果实受害，病部组织停止生长，果实严重畸形、开裂，成为“猴头果”。膨大期果实受害，病斑凹陷，表面木栓化、开裂。成熟前果实受害，病斑淡黄绿色，直径为 1～3 mm，随后产生稀疏的墨绿色霉层。果实采收后，病斑停止发展(董金皋，2015)。

A　B　C　D

图 3-14　梨黑星病症状(A、B 和 D 由江苏省农业科学院植物保护研究所孙伟波提供；C 由江苏省农业科学院植物保护研究所赵延存提供)

A. 叶柄、叶脉和叶片背面受害症状；B. 叶柄、叶脉和叶片背面受害症状；C. 幼果受害症状；D. 后期果实受害症状

1.1.8 核盘菌属(*Sclerotinia*)

1)病原特点

子囊果为子囊盘,呈小杯状,浅肉色至褐色,单个或几个从菌核上生出。

2)代表菌物

核盘菌(*S. sclerotiorum*),其菌核不规则形,鼠粪状,表面黑色,内部粉红色,全部由菌丝组成,外表无绒毛,萌发时先产生针状肉质的子囊盘柄,其后柄的顶端膨大并逐渐形成子囊盘(图 3-15A,二维码 3-4A)。每个菌核萌发产生子囊盘数目大多为 1～4 个,少数可达 10 个及以上。子囊盘肉质,初呈杯状,展开后呈盘状,表面为由子囊和侧丝所构成的子实层。子囊棍棒状或圆柱形,顶部钝圆,无囊盖,无色,内生 8 个子囊孢子。子囊孢子单胞,无色,椭圆形,具有 2 个核(图 3-15B,二维码 3-4B)(陈利峰等,2007)。

二维码 3-4
核盘菌子囊盘(A)、子囊和子囊孢子(B)

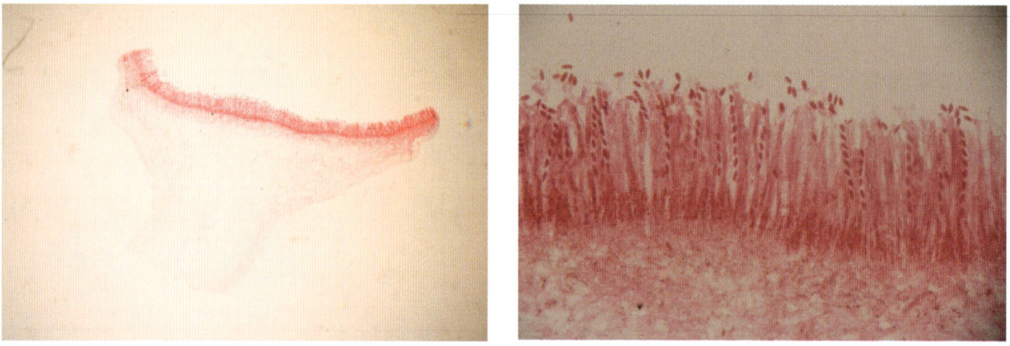

A　　B

图 3-15　核盘菌子囊盘(A)、子囊和子囊孢子(B)

3)代表菌物所致病害及特征

油菜菌核病,该病主要为害油菜的茎、叶、花、角果、种子,我国所有油菜产区均有发生,长江中下游及东南沿海发病最重。油菜各生育阶段均可感病。受害幼苗的茎与叶柄初生红褐色斑点,扩大后变为白色,组织湿腐,上面长出白色菌丝。病斑绕茎后幼苗猝倒死亡,发病部位可形成黑色菌核。成株期叶片发病多自植株下部的衰老叶片开始,初生暗青色水渍状斑块,扩展后成圆形或不规则形大斑,病斑灰褐色或黄褐色,有同心轮纹,外围暗青色,外缘具黄色晕圈(图 3-16A)。茎部病斑多自主茎中、下部开始发生,初呈水渍状,浅褐色,椭圆形(图 3-16B～D)。病害发展后期,茎髓被蚀空,皮层纵裂,维管束外露如麻,极易折断,茎内形成黑色鼠粪状菌核(陈利峰等,2007)(图 3-16E、F)。

1.2　半知菌类菌物及其所致病害特点

半知菌类菌物是不产生有性孢子或没有发现有性孢子的一大类群,主要是根据无性阶段(分生孢子阶段)的形态特征进行分类,包括分生孢子的形态、载孢体的类型、产孢方式等。半知菌中大多属于子囊菌,有些属于担子菌,因为未观察到有性阶段,无法确定分类地位,所以归于半知菌。事实上,一些无性阶段很发达、有性阶段已发现但不常见的子囊菌和担子菌,习惯上也归在半知菌中。

图 3-16　油菜菌核病症状(由华中农业大学植物科学技术学院谢甲涛提供)

A:叶片受害症状;B:茎秆受害症状;C:茎秆受害症状;D:茎秆受害症状;E:茎秆受害折断;F:茎秆内菌核

载孢体是指由菌丝特化形成的、用于承载分生孢子的结构,主要有分生孢子梗、分生孢子梗束(孢梗束)、分生孢子座、分生孢子盘和分生孢子器 5 种类型。分生孢子梗是由菌丝特化形成的、着生有分生孢子的一种丝状结构。孢梗束是一束基部排列较紧密、顶部分散的分生孢子梗,顶端或侧面产生分生孢子。分生孢子座是一个垫状的、由拟薄壁组织构成的子座,分生孢子梗从其上生出并聚集在一起,一般比形成孢梗束的分生孢子梗短。分生孢子盘是由病菌组织构成的垫状或浅盘状、上面着生分生孢子梗和分生孢子的产孢结构。分生孢子器是由拟薄壁组织形成的球形或烧瓶形的结构,内部形成分生孢子梗,其顶端产生分生孢子,也有分生孢子从内壁细胞上直接产生的。

半知菌中有许多是植物病原菌,与植物病害关系比较密切的是丝孢纲和腔孢纲菌物。

(1)丝孢纲(Hyphomycetes)。是半知菌中最大的一个纲,大多数是高等植物的寄生菌,分生孢子梗散生、束生或着生在分生孢子座上,梗上着生分生孢子,但分生孢子不产生在分生孢子盘或分生孢子器内。有些种类除产生厚垣孢子外,不产生分生孢子。这类菌物菌丝发达,分枝繁茂,具隔膜,无色或有色,腐生或寄生于各种基质上,形成各种颜色的霉层。丝孢纲包括 4 个目,其中与植物病害关系较大的是丝孢目、瘤座菌目和无孢目。丝孢目菌物的分生孢子梗散生;束梗孢目的分生孢子梗聚生成孢梗束;瘤座菌目的分生孢子着生于分生孢子座上;无孢目不产生分生孢子,有的可能产生厚垣孢子。丝孢纲菌物可引起各种植物病害,主要产生斑点、腐烂、萎蔫等症状,引起的重要作物病害有玉米大斑病、玉米小斑病、稻瘟病、水稻恶苗病、玉米穗腐病、玉米茎腐病等。

(2)腔孢纲(Coelomycetes)。腔孢纲菌物是半知菌中另一类很重要的植物病原物,其特征是分生孢子梗和分生孢子着生在分生孢子盘上或分生孢子器内。腔孢纲病原菌常引起叶斑、枝枯、溃疡、烂皮和果腐等,在发病部位往往形成小黑粒或小黑点的病征,为病原菌的分生孢子盘或分生孢子器。分生孢子盘或分生孢子器半埋生在寄主角质层或表皮细胞下,多借雨水分散而传播分生孢子。引起的常见作物病害有高粱炭疽病、小麦颖枯病、玉米干腐病等。

1.2.1 梨孢属(*Pyricularia*)

1)病原特点

分生孢子梗细长,无色,很少分枝,有隔膜,单生或簇生,呈曲膝状。分生孢子梨形至椭圆形,下端较宽,无色,有2～3个细胞(许文耀,2006)。

2)代表菌物

稻瘟病菌,无性态为稻梨孢(*P. oryzae*);有性态为稻巨座壳(*Magnaporthe oryzae*),属子囊菌门巨座壳属,异名:灰巨座壳(*M. grisea*)。稻瘟病菌菌丝有隔膜,近无色或浅褐色。分生孢子梗3～5根成束或单生,从病部气孔或表皮伸出,大小为(112～456)μm×(3～4)μm,不分枝,有2～8个隔膜,基部淡褐色,上端色淡,顶端陆续产生分生孢子5～6个,多的达9～20个;顶端曲折状,有孢痕。分生孢子梨形,大小为(17～33)μm×(6.5～11.0)μm,成熟时通常有2个隔膜,顶细胞立锥状,基部细胞钝圆,有脚胞(图3-17,二维码3-5);密集时呈灰绿色。田间常见的是分生孢子梗和分生孢子(董金皋,2015)。

二维码3-5
稻梨孢分生孢子

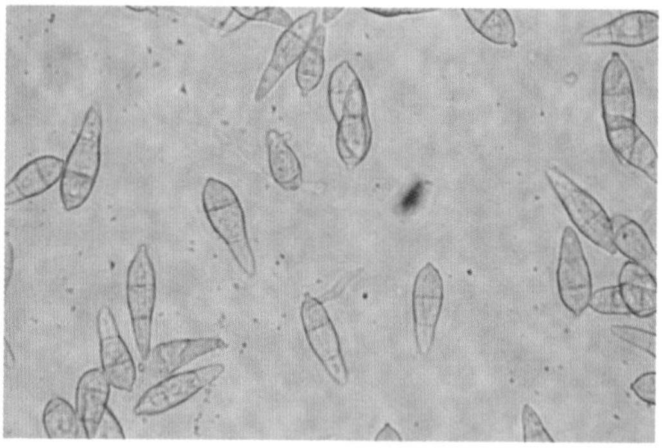

图3-17 稻梨孢分生孢子

3)代表菌物所致病害及特征

稻瘟病在水稻整个生育期均可发生,根据受害时期和部位不同,可分为苗瘟、叶瘟、叶枕瘟、节瘟、穗颈瘟、枝梗瘟和谷粒瘟。

(1)苗瘟。发生在3叶期以前。初期在芽和芽鞘上出现水渍状斑点,随后病苗基部变黑褐色,上部呈黄褐色或淡红色,严重时病苗枯死。

(2)叶瘟。发生在3叶期以后(图3-18A,二维码3-6)。随水稻品种抗病性和天气条件的不同,病斑分为白点型、急性型、慢性型和褐点型4种类型。

(3)叶枕瘟和节瘟。叶耳易感病,初为污绿色病斑,之后向叶环、叶舌、叶鞘和叶片不规则扩展，最后病斑灰白色至灰褐色。节瘟主要发生在穗颈下第一、第二节上，初为褐色或黑褐色小点，以后环状扩大至整个节部，易折断，节瘟可影响水分和营养的输送，导致谷粒不饱满，甚至白穗。

(4)穗颈瘟和枝梗瘟。穗颈瘟和枝梗瘟发生于穗颈、穗轴和枝梗上(图 3-18B)。病斑初呈浅褐色小点，逐渐围绕穗颈、穗轴和枝梗并向上下扩展，发病部位因品种不同呈黄白色、褐色或黑色。穗颈发病早的多形成白穗，发病迟的则谷粒不充实，其危害轻重与发病迟早密切相关。

(5)谷粒瘟。多发生在谷壳和护颖上，形成近椭圆形黑褐色病斑，并可延及整个谷粒(董金皋，2015)。

A

B

图 3-18　稻瘟病田间发病症状

A. 叶瘟；B. 穗颈瘟

二维码 3-6
稻瘟病田间
发病症状

1.2.2　镰孢属(*Fusarium*)

1)病原特点

分生孢子梗着生在分生孢子座上。分生孢子梗形状不一，不分枝，聚集而形成垫状的分生孢子座。分生孢子无色，有两型：大型分生孢子多细胞，镰刀形(图 3-19A)；小型分生孢子单细胞，椭圆形或卵圆形(图 3-19B)。有的镰孢菌还产生厚壁孢子，是病原菌在不良条件下形成的休眠孢子，以抵抗不良环境(许文耀，2006)。

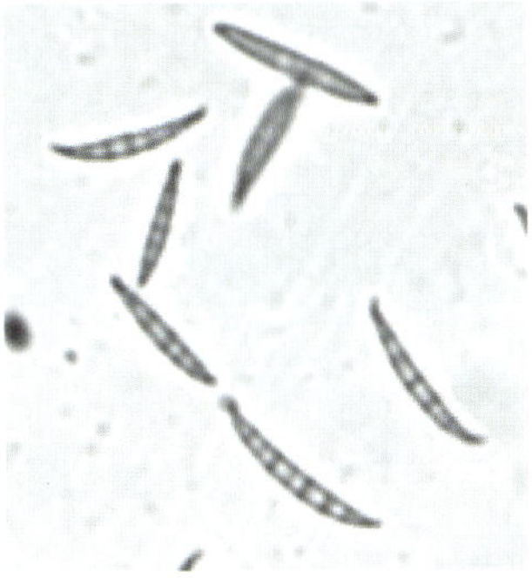

A

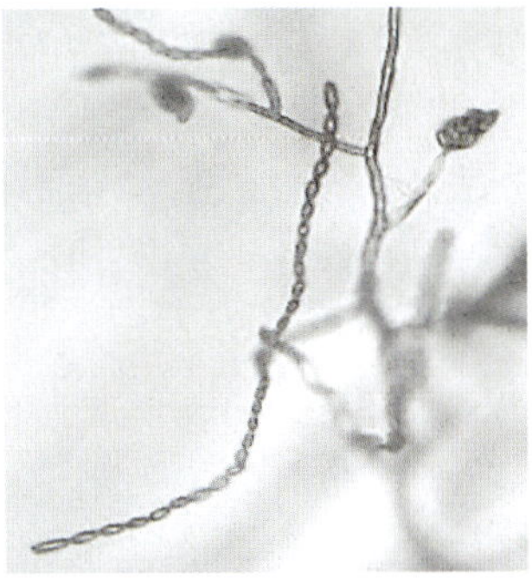

B

图 3-19　镰孢菌分生孢子

A. 禾谷镰孢大孢子；B. 拟轮枝镰孢串生小孢子

2)代表菌物

玉米穗腐病菌，包括禾谷镰孢(*F. gminearum*)、拟轮枝镰孢(*F. verticillioides*)等 20 多种。

3)代表菌物所致病害及特征

玉米果穗和籽粒均可受玉米穗腐病菌为害(图 3-20)，被害果穗顶部或中部变色，并出现粉红色、白色、暗褐色或黄褐色霉层，即病原菌的菌丝体、分生孢子梗和分生孢子，扩展到雌穗的 1/3～1/2 处，多雨或湿度大时可扩展到整个雌穗。病粒无光泽，不饱满，质脆，内部空虚，常被交织的菌丝所充塞。果穗发病部位的苞叶常被密集的菌丝贯穿，黏结在一起并贴于果穗上不易剥离。仓贮玉米受害后，粮堆内外长出疏密不等、各种颜色的菌丝和分生孢子，并散发霉味(王晓鸣等，2018)。

图 3-20　玉米镰孢穗腐病症状

1.2.3　凸脐蠕孢属(*Exserohilum*)

1)病原特点

分生孢子梭形，灰橄榄色，中间宽，两端渐细，多数 4～7 个隔膜，顶端细胞钝圆，基部细胞尖锥形，孢子脐点明显突出于基细胞之外。

2)代表菌物

玉米大斑病菌，无性态为大斑凸脐蠕孢(*E. turcicum*)。分生孢子梗从气孔长出，青褐色，单生或 2～6 根丛生，不分枝，直立或上部有屈膝状弯曲，2～6 个(多数 3～5 个)隔膜，大小为(12.5～188.7)μm×10.0 μm，基部细胞膨大，色深，向尖端色渐浅，顶端或弯曲处有明显孢痕。分生孢子 1 个至数个顶生，初无色，后变褐绿色，纺锤形，直或向一侧弯曲，多数 4～7 个隔膜，大小为(57.7～140.6)μm×(15.1～22.9)μm(图 3-21A，二维码 3-7A)。有性态为大斑刚毛座腔菌(*Setosphaeria turcica*)，只在人工培养条件下产生，异宗配合，子囊壳黑色，椭圆形或近球形(图 3-21B，二维码 3-7B)。子囊圆筒形或棍棒形，一般含子囊孢子 8 个，也有的 4～6 个。成熟的子囊孢子无色，纺锤形，直或弯曲，3 个隔膜，隔膜处有缢缩(图 3-21C，二维码 3-7C)(董金皋，2015)。

二维码 3-7
玉米大斑病菌

3)代表菌物所致病害及特征

玉米在整个生育期均可感染大斑病。在自然条件下由于存在阶段抗病性，苗期很少发病，到玉米生长后期，尤其是在抽雄后发病逐渐加重。玉米大斑病主要为害叶片，严重时也可为害叶鞘、苞叶和籽粒。叶片发病后，发病部位先出现水渍状(室内)或灰绿色(田间)小斑点，随后沿叶脉方向迅速扩大，形成黄褐色或灰褐色梭形大斑，病斑中间颜色较浅，边缘较深，病斑一般

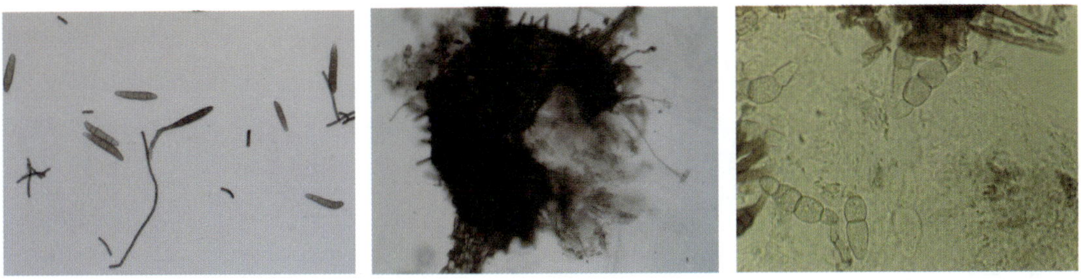

A　　B　　C

图 3-21　玉米大斑病菌

A. 分生孢子;B. 子囊壳;C. 子囊孢子

长 5～10 cm,宽 1～2 cm,有时可长达 20 cm 以上,宽可超过 3 cm(图 3-22)。严重发病时,多个病斑相互汇合连片,使植株过早枯死。枯死株根部腐烂,果穗松软而倒挂,籽粒干瘪细小。田间湿度较大或大雨过后或有露时,病斑表面常密生一层灰黑色的霉状物(分生孢子梗和分生孢子)。叶鞘、苞叶和籽粒发病,病斑多呈梭形,灰褐色或黄褐色(董金皋,2015;王晓鸣,2018)。

图 3-22　玉米大斑病田间发病症状

1.2.4　平脐蠕孢属(*Bipolaris*)

1)病原特点

分生孢子长椭圆形,两端尖细,多向一侧弯曲,淡至深褐色,脐点平截。

2)代表菌物

玉米小斑病菌,无性态为玉蜀黍平脐蠕孢(*B. maydis*),异名:*Helminthosporium maydis*;有性态为异旋孢腔菌(*Cochliobolus heterostrophus*),属子囊菌门旋孢腔菌属。玉米小斑病菌分生孢子梗 2～3 根束生,从叶片气孔中伸出,直立或曲膝状弯曲,褐色,具 3～15 个隔膜,不分枝,基部细胞稍膨大,上端有明显孢痕。分生孢子在分生孢子梗顶端或侧方长出,长椭圆形,褐色,两端钝圆,多向一端弯曲,中间粗、两端细,具 3～13 个隔膜,大小为(30～115)μm×(10～17)μm,脐点凹陷于基细胞之内(图 3-23,二维码 3-8)。子囊壳可通过人工诱导产生,偶尔也可在枯死的病组织中发现,子囊壳黑色,球形,喙部明显,常埋在寄主病组织中,表面可长出菌丝体和分生孢子梗。子囊壳内部着生近圆筒状的子囊,子囊顶端钝圆,基部具柄。子囊内大多有 8 个线状、无色透明、具 5～9 个隔膜的子囊孢子,大小为(147～327)μm×(6～9)μm,并在子囊内相互缠绕，呈螺旋状（董金皋，2015）。

二维码 3-8
玉米小斑病菌
分生孢子

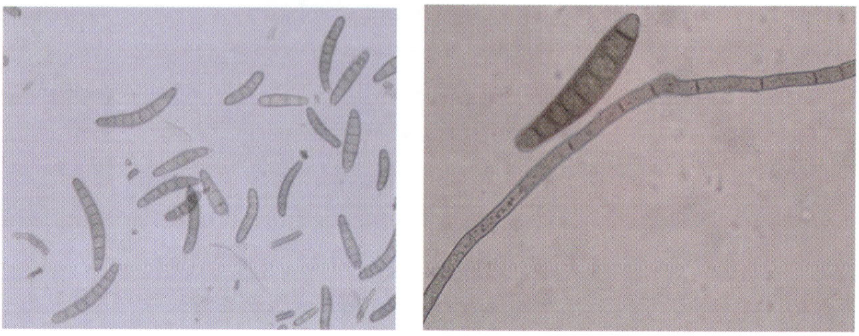

图 3-23　玉米小斑病菌分生孢子

3）代表菌物所致病害及特征

玉米小斑病从苗期到成株期均可发生，但苗期发病较轻，玉米抽雄后发病逐渐加重。病原菌主要为害叶片，严重时也可为害叶鞘、苞叶、果穗和籽粒。叶片发病常从下部叶片开始，逐渐向上蔓延。发病初期为水渍状小点，随后病斑渐变黄褐色或红褐色，边缘颜色较深（图 3-24）。玉米小斑病症状表现为 3 种不同病斑类型：第一种是病斑椭圆形或近长方形，多限于叶脉之间，黄褐色，边缘褐色或紫褐色，多数病斑连片以后，病叶变黄枯死；第二种是病斑椭圆形或纺锤形，较大，不受叶脉限制，灰色或黄褐色，边缘褐色或无明显边缘，有的后期稍有轮纹，苗期发病时，病斑周围或两端形成暗绿色浸润区，病斑数量多时，叶片很快萎蔫死亡；第三种是病斑为黄褐色坏死小斑点，病斑一般不扩大，周围有黄色晕圈，表面霉层极少，通常多在抗病品种上出现。叶鞘和苞叶上病斑较大，纺锤形，黄褐色，边缘紫色或不明显，表面密生灰黑色霉层。果穗受害时，发病部位为不规则的灰黑色霉区，严重时，引起果穗腐烂，下垂掉落，种子发黑腐烂，影响发芽和出苗，常导致幼苗枯死（董金皋，2015；王晓鸣，2018）。

图 3-24　玉米小斑病田间发病症状

1.2.5　尾孢属（*Cercospora*）

1）病原特点

分生孢子倒棍棒形，细长，脐点明显，顶端渐细，稍钝。

2)代表菌物

玉蜀黍尾孢(*C. zeae-maydis*)和玉米尾孢(*C. zeina*),均能引起玉米灰斑病。我国不同地区优势种类不同,东北地区2021年之前以玉蜀黍尾孢为主,西南山区则以玉米尾孢为主。随着季风的影响,玉米尾孢引起的灰斑病已突破秦岭和巴山的阻隔,进入北方玉米生产区。玉蜀黍尾孢分生孢子梗3～10丛生,暗褐色,1～4个隔膜,直或曲膝状弯曲,着生分生孢子处孢痕明显,大小为(50～140)μm×(4.0～6.5)μm。分生孢子倒棍棒形,细长,直或稍弯,无色,具1～8个隔膜,基部倒圆锥形,脐点明显,顶端渐细,稍钝,大小为(30～135)μm×(6.0～9.9)μm(图3-25A)。玉米尾孢分生孢子梗相对较短,大多不超过100 μm。分生孢子单生,透明,大多为纺锤形,顶端微钝,通常具3～5个隔膜,大小为(40～100)μm×(6～9)μm(图3-25B)。

有性态为球腔菌属(*Mycosphaerella*),属子囊菌门,很少见,在病害循环中作用不大(董金皋,2015;王晓鸣,2018)。

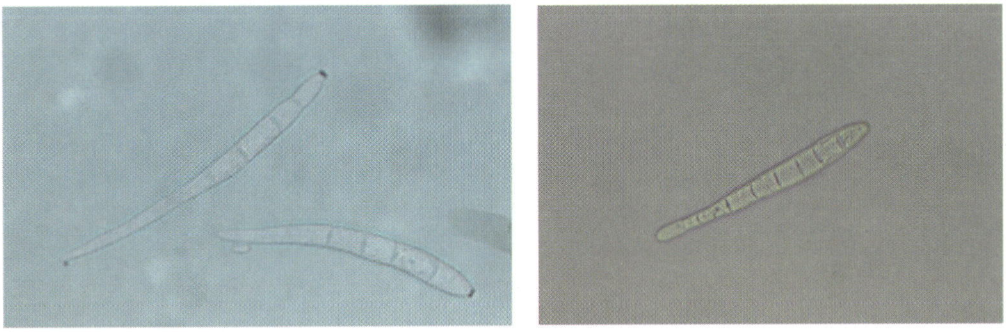

A　　B

图3-25　玉蜀黍尾孢(A)和玉米尾孢(B)分生孢子

3)代表菌物所致病害及特征

玉米灰斑病主要为害叶片,也可侵染叶鞘和苞叶,在感病品种上病斑呈长方形[(2～4)mm×(1～60)mm]。早期坏死斑很小,淡褐色,具褪色晕圈,然后扩展至整个病斑。扩展的病斑初期呈褐色,当病原菌在叶片背面开始产孢时,病斑变成灰色长条形,与叶脉平行(图3-26)。该病最典型的特征是成熟病斑具有明显的平行边缘,病斑不透明。病斑的大小、数量和形状与品种的抗病性关系较大,感病品种上产生大量的坏死斑,而抗病品种通常只形成褪绿小斑点(董金皋,2015;王晓鸣,2018)。

图3-26　玉米灰斑病症状

1.2.6 轮枝孢属(*Verticillium*)

1)病原特点

分生孢子梗直立,无色,具隔膜,常分枝。第一次分枝呈轮生、对生或互生,第二次分枝呈轮生、双叉状或三叉状着生于第一次分枝上,分枝末端及主梗顶端生瓶状产孢细胞(许文耀,2006)。

2)代表菌物

棉花黄萎病菌,分 2 种,即大丽轮枝孢(*V. dahliae*)和黑白轮枝孢(*V. albo-atrum*)。

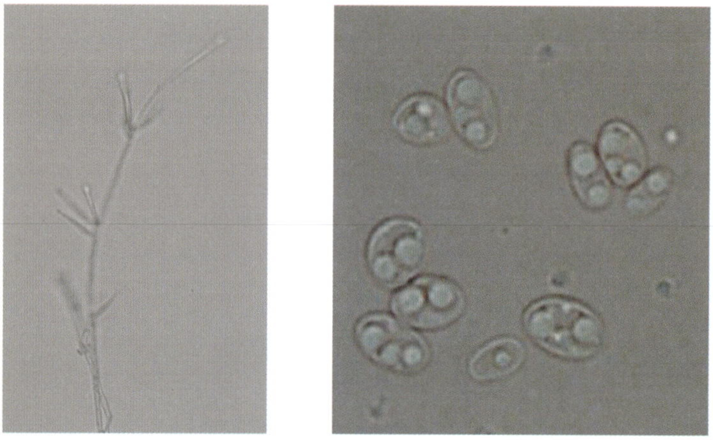

A　　　　B

图 3-27　大丽轮枝孢(由李宇翔提供)

A. 分生孢子梗,其顶端产生分生孢子;B. 分生孢子

(1)大丽轮枝孢。产生各种形状的黑色微菌核,在 30 ℃下能生长,分生孢子梗基部透明,分生孢子较小(图 3-27),培养较长时间后,菌落正反两面均呈黑色,生长最适 pH 5.3~7.2(在 pH 3.6 时生长明显好于黑白轮枝孢)。

(2)黑白轮枝孢。产生黑色休眠菌丝,在 30 ℃下不能生长,分生孢子梗基部暗色(该特点在寄主组织上明显,而人工培养时容易消失),分生孢子较大(特别是先长出的第一个分生孢子较大,有时带一个隔膜),培养较长时间后,菌落正面鼠灰色背面几乎为黑色,最适 pH 8.0~8.6。

3)代表菌物所致病害及特征

棉花黄萎病一般在现蕾后发生,开花结铃期达高峰。其症状主要分为普通型、枯死型和落叶型。

(1)普通型。病株症状自下而上扩展,病初期在叶缘和叶脉间出现不规则形淡黄色斑块,因受叶脉限制呈"褐色掌状斑驳"或"西瓜皮状病斑"(图 3-28A)。

(2)枯死型。叶片上产生水浸状褪绿斑块,很快叶片变成黄褐色或青枯,目前在我国新疆这种症状已日益增多。

(3)落叶型。主要特点是叶片突然呈水渍状,随即脱落成光秆,表现出急性萎蔫症状,叶、蕾,甚至小铃在 1~2 d 也可全部落光,后植株枯死(董金皋,2015)(图 3-28B)。

发生黄萎病时,棉花茎秆维管束变为黄褐色(图 3-38C),这是棉花黄萎病区别于其他病害的重要症状特征。

A　　B　　C

图 3-28　棉花黄萎病症状(A 和 C 引自 Land et al., 2017，略有改动；B 由李宇翔提供)

A. 叶片受害症状(普通型)；B. 落叶型症状；C. 茎秆维管束受害症状

1.2.7　丝核菌属(*Rhizoctonia*)

1)病原特点

不产生任何无性孢子，菌丝深色，多为直角分叉，在分枝处有缢缩，且有分隔(许志刚，2008)。

2)代表菌物

玉米纹枯病菌，菌丝多分枝，分枝处呈直角或锐角，分枝基部稍缢缩，分枝附近有 1 个隔膜(图 3-29)。病原菌的菌丝体常在植株生长中后期于发病部位缠绕成密聚的菌核。菌核初为白色，后渐变浅黄至褐色，球形、扁圆形或不规则形，表面粗糙，上生 4 个担子梗，担孢子单细胞，椭圆形，基部稍尖，无色。菌核初为密聚的菌丝团，以后呈扁圆形，浅黄至褐色，表面粗糙(董金皋，2015)。

3)代表菌物所致病害及特征

丝核菌属菌物能侵染多种植物幼苗或幼茎茎基部引起立枯病，侵染水稻、玉米和小麦等引起纹枯病。玉米纹枯病主要为害玉米的叶鞘，其次是叶片、果穗、苞叶。发病严重时，能侵入坚实的茎秆，但一般不引起倒伏。最初从茎基部叶鞘感病，后侵染叶片并向上蔓延。发病初期，先出现水渍状灰绿色的圆形或椭圆形的病斑，由灰绿色逐渐变成白色至淡黄色，后期变为红褐色云纹斑块(图 3-30)。叶鞘受害后，病菌常透过叶鞘而为害茎秆，形成下陷的黑褐色斑块。湿度大时，病斑上常出现很多白霉(菌丝体)。温度较高或植株生长后期，不适合病菌扩大为害时，即产生菌核。菌核初为白色，老熟后呈褐色。当环境条件适宜时，病斑迅速扩大发展，叶片萎蔫，植株似开水烫过一样呈暗绿色腐烂而枯死(董金皋，2015；王晓鸣，2018)。

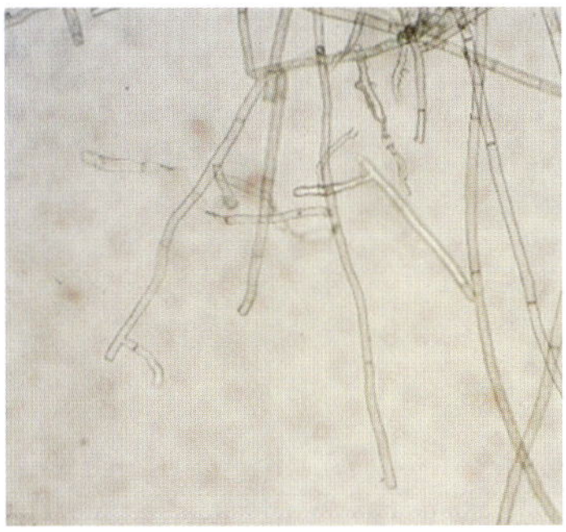

图 3-29　玉米纹枯病菌菌丝

图 3-30　玉米纹枯病田间发病症状

2 实验目的

掌握子囊菌门和半知菌类菌物的基本特点以及与农作物病害有关的重要菌物的形态特征、分类依据和所致主要病害的症状特点，以便为子囊菌和半知菌所致病害鉴定奠定基础。

3 实验材料、试剂、用具与仪器

3.1 实验材料

3.1.1 子囊菌所致作物病害标本、纯培养物和永久玻片标本

小麦白粉病菌（布氏白粉菌属）、甘薯黑斑病菌（长喙壳属）、小麦赤霉病菌（赤霉属）、小麦全蚀病菌（顶囊壳属）、苹果树腐烂病菌（黑腐皮壳属）、小麦根腐病菌（旋孢腔菌属）、花生叶斑病菌（球腔菌属）、核盘菌（核盘菌属）等。

3.1.2 半知菌所致作物病害标本、纯培养物和永久玻片标本

小麦白粉病菌、甘薯黑斑病菌、玉米纹枯病菌（丝核菌属）、苹果树腐烂病菌、花生黑斑病菌、小麦赤霉病菌、稻瘟病菌（梨孢属）、玉米大斑病菌（凸脐蠕孢属）、玉米小斑病菌（平脐蠕孢属）、玉米灰斑病菌（尾孢属）、棉花枯萎病菌（镰孢属）、棉花黄萎病菌（轮枝孢属）等。

3.2 实验试剂

无菌水、浮载剂。

3.3 实验用具与仪器

显微镜、擦镜纸、解剖针、酒精灯、火柴、小块纱布、滴瓶、挑针、刀片、载玻片、盖玻片、吸水纸、镊子、病害挂图等。

4 实验内容和方法

学习并掌握与农作物病害关系密切的子囊菌门和半知菌类菌物的基本特征，观察重要病害病原特点和病害症状。

4.1 子囊菌门重要菌物及其所致病害

4.1.1 布氏白粉菌属及其所致病害症状观察

观察小麦白粉病病叶标本，注意发病部位的白色粉状物和小黑点。挑取小麦白粉病病叶

的小黑点制片，或取布氏白粉菌属的永久玻片标本。在显微镜下检查闭囊壳有无孔口以及表面附属丝的形状和着生部位，观察闭囊壳内子囊的数目和形态。观察小麦白粉病发病初期和发病后期标本的症状特征，分析叶片上的白色或灰白色的粉状物以及黑色小颗粒分别处于病原菌的哪个阶段和分别在病害发展的哪个时期出现。

4.1.2 长喙壳属及其所致病害症状观察

挑取甘薯黑斑病菌培养物制作临时玻片或取病菌的永久玻片镜检，观察子囊壳、子囊孢子和厚垣孢子的形态特征。观察甘薯黑斑病病害标本，注意块根受害之后病斑颜色和形状的变化，病斑上是否有毛刺状物。

4.1.3 赤霉属及其所致病害症状观察

取培养在麦粒上的子囊壳，制成临时玻片镜检，或观察小麦赤霉病菌的永久玻片，注意观察子座、子囊壳的形状、颜色、质地和着生状况，以及子囊和子囊孢子的形态特征和排列情况。观察小麦赤霉病病害标本，注意病穗上的红色霉状物。

4.1.4 顶囊壳属及其所致病害症状观察

取含有子囊壳的叶鞘做切片，或取小麦全蚀病菌永久切片，显微镜下观察子囊壳的埋生情况，以及子囊壳、子囊和子囊孢子的形态。取小麦全蚀病病害标本，观察症状特征，注意病株基部根系生长情况，茎基部叶鞘是否枯腐，叶鞘内有无黑色小颗粒状物。

4.1.5 球腔菌属及其所致病害症状观察

制备花生黑斑病菌和褐斑病菌的玻片标本，或取永久玻片，显微镜下观察子囊座的着生位置、形态特征，以及子囊和子囊孢子的形态特征。观察所提供花生黑斑病和褐斑病病害标本，注意其症状特征。

4.1.6 黑腐皮壳属及其所致病害症状观察

取黑腐皮壳菌永久切片，置显微镜下观察子座、子囊壳、子囊和子囊孢子的形态特征，以及子囊壳着生的位置。观察苹果树腐烂病病害标本，注意其症状特征。

4.1.7 黑星菌属及其所致病害症状观察

取黑星菌永久切片，置显微镜下观察假囊壳、子囊和子囊孢子的形态特征，以及子囊着生的位置。观察梨黑星病病害标本，注意其症状特征。

4.1.8 核盘菌属及其所致病害症状观察

取核盘菌子囊盘永久切片，置显微镜下观察子囊盘、子囊和子囊孢子的形态特征。观察油菜菌核病病害标本，注意其症状特征。

4.2 半知菌类重要菌物及其所致病害

4.2.1 梨孢属及其所致病害症状观察

观察稻瘟病菌永久玻片，或取稻瘟病的发病小枝梗或病穗茎，保湿，挑取病部灰绿色霉层，镜检，观察稻瘟病菌分生孢子梗和分生孢子的形态。认真观察稻瘟病标本的症状，包括水稻的叶瘟、节瘟、穗颈瘟、谷粒瘟等，并简要描述稻瘟病的几种症状类型和特征。

4.2.2 镰孢属及其所致病害症状观察

取镰孢菌纯培养物制备玻片，或选取永久玻片，显微镜下观察不同镰孢菌的形态，注意大型分生孢子（镰刀形，一般有 3 个分隔）和小型分生孢子（单胞，无色，椭圆形）、分生孢子座的形态特征。观察大型分生孢子顶细胞和足细胞形态。观察棉花枯萎病、小麦赤霉病、水稻恶苗病、玉米穗腐病等病害标本症状特征。注意不同镰孢菌培养物的形态以及培养物（基）的颜色变化。

4.2.3 凸脐蠕孢属及其所致病害症状观察

取玉米大斑病菌制成临时玻片，或用玉米大斑病菌的永久玻片镜检，观察分生孢子梗和分生孢子的颜色、分隔和形态特征，注意观察分生孢子的脐点是否明显突出于基细胞。观察玉米大斑病病害标本症状特征，并在病斑大小和形状上与玉米小斑病进行比较。

4.2.4 平脐蠕孢属及其所致病害症状观察

取玉米小斑病菌制成临时玻片，或用玉米小斑病菌的永久玻片镜检，观察分生孢子梗的着生情况、颜色、有无分枝和曲膝状形态，以及分生孢子的颜色、多胞、纺锤形常向一方弯曲的形态特点和脐点平截状。观察玉米小斑病、水稻胡麻斑病等病害标本症状特征，对比分析玉米小斑病不同症状类型的病斑特点。

4.2.5 尾孢属及其所致病害症状观察

取玉米灰斑病菌制成临时玻片，或取玉米灰斑病菌永久玻片镜检，观察分生孢子梗和分生孢子的形态特征，注意观察分生孢子梗着生的方式及其顶端的形态、分生孢子梗和分生孢子的颜色以及分生孢子的形状和分隔情况。观察玉米灰斑病病害标本症状特征，对比分析同玉米小斑病的差异。

4.2.6 轮枝孢属及其所致病害症状观察

观察人工培养的大丽轮枝孢菌落和微菌核形态特征，用刀片将菌丝块切成一薄片，侧放在载玻片上，置于低倍镜下镜检，观察分生孢子梗，主轴分成几节，节处有无分枝，每个分枝和主轴的顶端是否着生多个分生孢子，是否形成分生孢子球。观察棉花黄萎病病害标本症状特征，注意维管束是否变色，并与棉花枯萎病为害导致的维管束变色进行对比观察。

4.2.7 丝核菌属及其所致病害症状观察

挑取病原菌制片在显微镜下观察，注意菌丝粗细，有无隔膜，分枝处的缢缩、分枝附近的隔膜和分枝间形成的角度等特点。观察小麦纹枯病、玉米纹枯病、水稻纹枯病等病害标本症状特征。

5 作业

(1)绘制麦类白粉菌、稻瘟病菌、玉米大斑病菌病原形态图。

(2)绘制尾孢属和镰孢属的分生孢子梗和分生孢子形态图。

(3)如何区别闭囊壳、子囊壳、子囊盘和子囊腔？

(4)玉米大斑病菌、玉米小斑病菌特征及其所致病害有何异同？

参考文献

Land C J, Lawrence K S, Burmester C H, et al. Cultivar, irrigation, and soil contribution to the enhancement of Verticillium wilt disease in cotton [J]. Crop Protection, 2017, 96:1-6.

陈利锋，徐敬友，2007. 农业植物病理学[M]. 3 版. 北京：中国农业出版社.

董金皋，2015. 农业植物病理学[M]. 3 版. 北京：中国农业出版社.

王生荣，张俊华，冉隆贤，等，2013. 普通植物病理学实验 [M]. 北京：北京大学出版社.

王晓鸣，王振营，2018. 中国玉米病虫草害图鉴 [M]. 北京：中国农业出版社.

许文耀，2006. 普通植物病理学 [M]. 北京：科学出版社.

许志刚，2008. 普通植物病理学实验实习指导 [M]. 北京：高等教育出版社.

（曹志艳　编写）

实验四

植物病原原核生物及其所致病害

提要：植物原核生物病害是由原核生物所引起的一大类植物病害，其中主要为细菌性病害，具有种类多、发生重、传播快、防治难等特点。细菌虽然形态微小，但是可以通过人工培养观察其群体在平板上的形态性状，若要观察细菌的菌体形态特征以及鞭毛等更多附属结构，则需要通过常规染色后在普通光学显微镜或电子显微镜下进行。因此，了解和学习植物病原原核生物及其所致病害的特征和发生规律对于解析病原物的致病机制及病害的致灾机理至关重要。本实验重点内容为通过观察常见的植物病原原核生物病害（主要以细菌病害为例）植物组织的标本和实验操作，了解常见的植物细菌病害的主要典型症状类型及不同种属植物病原细菌的菌落形态；学习和观察喷菌现象；掌握革兰氏染色的原理和方法；观察不同种属植物病原细菌的菌体形态特征和鞭毛类型。

1 实验基础知识和原理

原核生物（procaryotes）指含有原核结构的单细胞生物，是由细胞膜和细胞壁或只由细胞膜包围的单细胞微生物，其遗传物质（DNA）分散在细胞质中，没有明显的细胞核，细胞质中有小分子核蛋白体（70S），无内质网、线粒体等细胞器。原核生物界的成员很多，包括细菌、放线菌以及无细胞壁的菌原体等，通常以细菌作为原核生物的代表。植物细菌病害种类繁多，发生和分布普遍，严重危害作物的健康、产量和品质。植物细菌病害的主要症状包括坏死型（如棉花角斑病）或斑点型（如水稻白叶枯病）、溃疡型（如柑橘溃疡病和猕猴桃溃疡病）、腐烂型（如大白菜软腐病和水稻基腐病）、萎蔫型（如番茄青枯病和烟草青枯病）、肿瘤或畸形型（如菊花根癌病）、黄化和矮化型（如甘蔗矮化病和葡萄皮尔氏病）等（许志刚，2009）。细菌虽然形态微小，但是可以通过人工培养观察其平板形态性状，即在固体琼脂平板上菌落的形态特征，或在液体营养肉汤中细菌群体的生长发育情况以及与不同营养环境的响应和适应性特征等。若要观察细菌的菌体形态特征以及鞭毛等更多附属结构，则需要对细菌进行常规染色后，才能在普通光学显微镜或电子显微镜下观察到。研究中常用革兰氏染色法对细菌进行分类，可分为革兰氏阳性菌(G+)和革兰氏阴性菌(G－)。

1.1 植物病原细菌的主要属及其引起的重要病害

1.1.1 黄单胞菌属(*Xanthomonas*)

黄单胞菌属植物病原细菌引起病害的主要症状是坏死、萎蔫和溃疡,如由黄单胞菌水稻致病变种(*X. oryzae* pv. *oryzae*,*Xoo*)引起的水稻白叶枯病。水稻白叶枯病菌是一种具有单极生鞭毛的革兰氏阴性细菌,显微形态下菌落呈圆端短杆状,大小为(0.4～0.7)μm×(0.7～2.0)μm。水稻白叶枯病菌是一种专性好氧、化能有机营养型植物病原菌,最适生长温度为25～30 ℃,整个生命周期均不产生孢子。若水稻白叶枯病菌在含有丰富碳源的培养基中生长,其菌落形态呈现黄色,圆形,表面隆起和黏稠状(Swings et al.,1993)。水稻白叶枯病菌通过水孔或伤口侵入,在水稻维管束中生长、繁殖,产生大量胞外多糖而使维管束堵塞。水稻叶缘产生波纹状黄褐色或灰白色病斑,叶心青枯、卷曲,幼苗萎蔫(陈贤等,2022)(图 4-1)。受侵染的寄主抽穗延迟,穗形变小,秕谷增多,产量减少,发病严重时绝收(许志刚、刘凤权,1998)。该病害在水稻的整个生长周期内均可发生,孕穗期最严重(岩盆,2014)。地毯草黄单胞菌柑橘致病变种(*X. axonopodis* pv. *citri*)引起的柑橘溃疡病发生时,发病叶片上的病斑木栓化隆起,表面有火山状裂痕,可穿透叶片两面,颜色灰白至深褐色,且带有黄色晕圈(图 4-2)。

图 4-1 水稻白叶枯病及其病原(Xue et al.,2021)

A. 黄单胞菌水稻致病变种 *Xoo* 在蛋白胨蔗糖琼脂平板上的菌落形态(Ranjani et al.,2018);B. *Xoo* 在透射电镜下的菌体形态和鞭毛;C～E. 水稻白叶枯病症状,茎底、叶尖褐变,叶片枯黄,根部褐变、干枯

A

B

图 4-2 柑橘溃疡病在叶片(A)和果实上(B)的溃疡症状

1.1.2 劳尔氏菌属(*Ralstonia*)

劳尔氏菌属植物病原细菌引起病害的主要症状是叶斑、枝枯和萎蔫。由青枯劳尔氏菌(*R. solanacearum*)引起的各类青枯病害属于重要的土传病害之一。青枯劳尔氏菌为好氧细菌,其菌体呈杆状,两端钝圆,单极簇生鞭毛(霍沁建等,2007)。青枯劳尔氏菌适宜生长的温度范围为 18～37 ℃,最适温度为 30～35 ℃,52 ℃条件下持续 10 min 即可致死,在 pH 4～8 范围内均可生长,最适 pH 为 6.6(周训军等,2012)。青枯劳尔氏菌在琼脂培养基上的典型菌落形态为菌落较大,稍突起,表面平滑有光泽,形状呈不规则圆形。青枯劳尔氏菌广泛分布于热带、亚热带及温带地区,且其寄主范围非常广泛,能侵染 54 个科 450 余种植物,包括双子叶植物及单子叶植物,其中既有草本植物如茄科的马铃薯、番茄、烟草、茄子、辣椒等,又有木本植物如桑树、桉树和木麻黄等,此外,新的寄主仍在不断出现,如蔷薇科的月季等(Genin and Denny, 2012; 徐进、冯洁, 2013; Tjou-Tam-Sin et al., 2017; da Silva Xavier et al., 2019)。由青枯劳尔氏菌引起的番茄、辣椒、烟草和马铃薯等的青枯病发生时,发病植株虽保持绿色,但出现萎蔫现象,茎秆内部维管束变成黄褐色至黑褐色,切口处有菌脓流出,后期根部霉烂发黑(图 4-3)。马铃薯青枯病危害程度仅次于马铃薯晚疫病(Hayward, 1991)。侵染早期的症状不明显,叶片稍萎蔫,与缺水相似,仅限于植株顶部;侵染后期,叶片的萎蔫症状加剧,但仍为绿色,茎段产生菌脓,茎部塌陷,导管变为褐色(Alam and Rustgi, 2020)。

1.1.3 假单胞菌属(*Pseudomonas*)

假单胞菌属植物病原细菌引起病害的主要症状是萎蔫、枯萎、溃疡、软腐、叶斑和肿瘤等。其中,丁香假单胞菌被列为头号植物病原菌(John et al., 2012)。丁香假单胞菌是一种革兰氏阴性杆状细菌,无荚膜,无芽孢,有一至数根极生鞭毛,可对 50 多种农作物造成严重损害,是植物健康和作物生产的一个重大问题(Katagiri et al., 2002)。丁香假单胞菌系统发育类群包括 60 多种病原和 15 种已知细菌(Xin and He, 2013)。丁香假单胞菌的每种病原菌感染不同的寄主植物群,并以其与植物的不同寄主特异性相互作用而闻名(Hirano and Upper, 2000; Xin et al., 2018)。由丁香假单胞菌猕猴桃致病变种(*P. syringae* pv. *actinidiae*)引起猕猴桃细菌性溃疡病(图 4-4,二维码 4-1)。该病菌侵染猕猴桃枝干维管束、叶片和花蕾,几乎不侵染果实(Balestra et al., 2009)。症状主要出现于早春,感病初期叶片产生水渍状的褪绿小点,之后扩展为棕色不规则病斑,外层

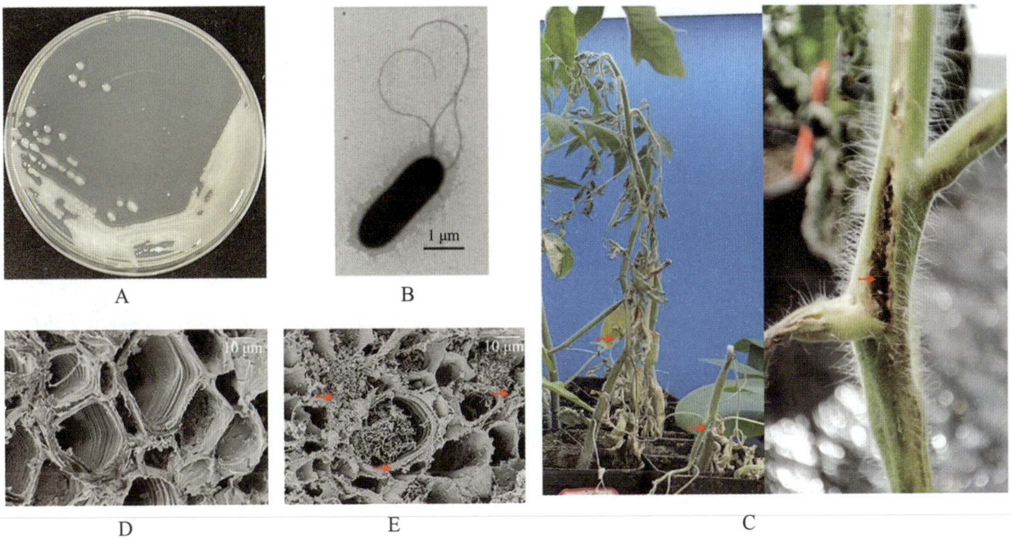

图 4-3　番茄青枯病及其病原

A. 番茄青枯病菌平板菌落形态；B. 番茄青枯病菌在透射电镜下的菌体形态和鞭毛；
C. 番茄青枯病菌侵染后的番茄植株及中茎症状；D. 健康番茄中茎维管束扫描电镜图片；
E. 番茄青枯病菌侵染后的番茄中茎维管束扫描电镜图片

有黄绿色晕圈。感病初期的枝条受侵染部位产生白色菌脓，之后逐渐变为黄褐色，再经氧化变为红褐色。花蕾感病后变为棕色并渗出胶质（Yao et al.，2022；李雪晴等，2023）。该病害大面积发生于秋冬季节，而气温较高时极少发生（Pereira et al.，2021）。

二维码 4-1
猕猴桃细菌性溃疡病及其病原

图 4-4　猕猴桃细菌性溃疡病及其病原

A. 猕猴桃溃疡病菌在 LB 平板上的菌落形态；B. 在透射电镜下的菌体形态和鞭毛；
C～E. 猕猴桃溃疡病在枝干、叶片和花上的溃疡症状

1.1.4 欧文氏菌属(*Erwinia*)

由解淀粉欧文氏菌(*E. amylovora*)引起的火疫病是发生在梨和苹果等蔷薇类植物上的一种毁灭性细菌病害，该病菌是我国一类进境植物检疫危险性有害生物(Sun et al., 2023)。解淀粉欧文氏菌能够同时侵染植物的花、叶、果实和枝干，其发病部位因类似被火烧过一般而得名。火疫病在我国新疆、北京、天津、河北和河南等地均有发生，严重影响我国乃至全球梨和苹果的产量。因此，解淀粉欧文氏菌在一些国家被列为重大检疫性生物(Aktepe and Aysan, 2023; Choe et al., 2023; Parmagnani et al., 2023)。梨火疫病发生时，病原菌通过伤口与自然孔口侵入寄主植物体内，可侵染果树的花，并作为侵染源向叶片、新梢及幼果传染，导致花朵呈黑褐色萎蔫状，叶片枯萎并呈火烧状，幼果变黑僵化但不脱落，新梢呈褐色并枯死。气候适宜时，病原菌从病梢快速扩展到枝条、树干，直至砧木和根部，严重时可在几周或一至几个生长季内导致整株枯死(图 4-5，二维码 4-2)(Azegami et al., 2004; 杨金花等, 2022)。

二维码 4-2
梨火疫病及其病原

图 4-5 梨火疫病及其病原

A、B. 解淀粉欧文氏菌在 LB 平板上的菌落形态(A)及其在透射电镜下的菌体形态和鞭毛(B)；
C～F. 梨树受解淀粉欧文氏菌侵染后簇芽变黑，果实变黑、僵化，新梢枯萎，最后直至整株枯死

1.1.5 土壤杆菌属(*Agrobacterium*)

土壤杆菌属中的发根土壤杆菌(*A. rhizogens*)和根癌土壤杆菌(*A. trmefaciens*)是最重要的 2 种革兰氏阴性植物病原细菌。根癌土壤杆菌菌体呈杆状，大小为(1～3) μm×(0.4～0.8) μm，有鞭毛，能游动。该菌有些有荚膜，但没有鞭毛。在液体和固体培养基上均能产生较厚的白色或淡黄色菌膜，而在琼脂培养基上能产生白色湿润发光的透明菌落，菌落小而圆，稍脓状突起，好气性，表现为需氧型细菌。在含碳水化合物的培养基上生长的菌株能产生呈淡白

色雾状浑浊,并伴随有丰富的胞外多糖黏液。温度 25～30 ℃为根癌土壤杆菌最适生长温度,由于其适应性强,在 0～37 ℃均可生长,当温度达到 50～52 ℃时该细菌不能存活,生长繁育最适 pH 为 7.3,但在 pH 6.2～8.0 内均可生长,该菌生存繁育的最低和最高 pH 界限分别为 3.6 和 10.5。根癌土壤杆菌又称冠瘿病菌,可为害葡萄、桃树、梨树、苹果树、番茄和月季等蔷薇科植物,病原菌从茎基部或根冠部受伤后的伤口侵染,产生大小不等的肿瘤,引起根癌病,也称为冠瘿病(图 4-6)。发根土壤杆菌在侵染植物幼根后产生丛生的毛发状根群,称为发根病。该属的病原菌是一类土壤细菌,在土壤中广泛分布,并且可以在土壤中存活多年;可以在肿瘤组织和土壤中越冬。该属的病原菌以带菌苗木或带菌土壤进行远距离传播,以土壤、雨水和灌溉水等进行近距离传播(陈苗苗、陈列忠,2022)。

A　　B

图 4-6　根癌土壤杆菌引起的樱桃树干(A)和番茄植株(B)的冠瘿病

(Escobar et al., 2001; John et al., 2012)

1.1.6　棒形杆菌属(*Clavibacter*)

棒形杆菌属植物病原细菌引起的植物病害的症状包括萎蔫、蜜穗和花叶。由密执安棒状杆菌(*C. michiganensis* subsp. *sepedonicus*)引起的马铃薯环腐病(potato ring rot),又称马铃薯轮腐病,是一种细菌性维管束病害,在马铃薯主要生产区均有发生(孙秀梅,2001)。密执安棒状杆菌是好气棒状杆菌,革兰氏阳性,主要存在于植物的木质部维管中,大小为(0.8～1.2)μm×(0.4～0.6)μm,显微镜下呈短杆状,无鞭毛,无菌丝,无孢子,单生或双生,无荚膜和芽孢,无游动能力,在培养基上菌落呈白色,且透明有光泽。该菌可分为 6 个亚种,其中密执安棒状杆菌环腐亚种(*C. michiganensis*. subsp. *sepedonicus*)会侵染马铃薯,并引起马铃薯环腐病(金黎平、吕文河,2022;张兆良等,2022)。症状表现为薯块内部环状腐烂,植株受害后生长迟缓,地上部矮缩、萎蔫,分枝减少,叶片变小,叶色发黄,茎溃烂,维管变色等(Eichenlaub and Gartemann, 2011)。侵染早期叶片的脉间隙变为淡绿色至淡黄色,然后叶片开始枯萎,边缘开始轻微卷曲。随着病害的进展,叶片从边缘开始坏死。受感染的叶片通常变小,植株偶尔发育不良,甚至最终死亡。在完整的马铃薯块茎上,表面裂缝和紧邻周皮下面出现黑色斑点,严重感染的块茎的表面变成了红褐色,乳白色渗出物有时可从靠近块茎种子附着点的枯萎茎中挤出。通过纵向切开块茎(块茎与匍匐茎相连的地方),可以观察到环腐症状,当块茎被轻轻挤压时,出现柱状的奶酪状物质。在严重感染情况下,皮层的两部分可能会分离,最终整个块茎腐烂(图 4-7)。

图 4-7 马铃薯环腐病(Osdaghi et al., 2022)

A. 由密执安棒状杆菌侵染的马铃薯叶子边缘坏死症状;

B～F. 马铃薯环腐病在完整的块茎及纵切面在不同侵染阶段的症状

1.1.7 链霉菌属(*Streptomyces*)

致病链霉菌(*Streptomyces* spp.)引起的马铃薯疮痂病是影响马铃薯产量的重要土传病害,病原菌在土壤中可存活10年之久,被视为继马铃薯晚疫病、早疫病、环腐病之后的马铃薯第四大病害。该类病害的主要症状是矮化、疮痂和坏死等。马铃薯疮痂病的病原菌是多种链霉菌,属于放线菌,菌体呈丝状,有极细的分枝,尖端多为螺旋形,气生菌丝会形成长短不一的孢子丝,孢子丝中含有多个圆筒形孢子,孢子可在腐土和马铃薯块茎中越冬(赵岩等,2023)。引起马铃薯疮痂病的病原菌非常复杂,并且不断有新的致病种被发现。常见的包括普通疮痂链霉菌(*S. scabies*)、酸性疮痂链霉菌(*S. acidiscabies*)、肿胀疮痂链霉菌(*S. turgidiscabies*),其中普通疮痂链霉菌(*S. scabies*)是马铃薯疮痂病的主要致病菌,严重影响马铃薯质量,导致商品性降低,给种植者造成较大经济损失。疮痂病对于植株地上部分危害表现不明显,主要危害部位是块茎表皮部分。感染后表皮侵染点周围组织坏死,形成木栓化病斑或斑块,会呈现凹陷状病斑、突起状病斑和平状病斑,颜色基本呈黑色、锈色或褐色(图4-8)(Lambert et al., 1989; Wanner, 2006; Bing et al., 2021; 庞泽等, 2023)。

1.1.8 果胶杆菌属(*Pectobacterium*)

果胶杆菌属细菌会引起多种蔬菜的细菌性软腐病害。果胶杆菌属细菌会产生大量果胶酶、蛋白酶和纤维素酶等,使植物组织的薄壁细胞浸离降解,造成多种植物的软腐、茎腐烂、枯萎和黑胫病。该病原菌是一类营腐生性寄生菌,可从寄主的自然孔口和机械伤口或虫伤侵入(主要入侵途径)。果胶杆菌属包含4个种,即黑腐果胶杆菌(*P. atrosepticum*, *Pa*)、嗜甜菜果胶杆菌(*P. betavasculorum*, *Pb*)、马铃薯黑胫病病原菌(*P. parmentieri*, *Pw*)和胡萝卜软腐果胶杆菌(*P. carotovorum*, *Pc*)。其中,胡萝卜软腐果胶杆菌可分为3个亚种,即胡萝卜软腐果

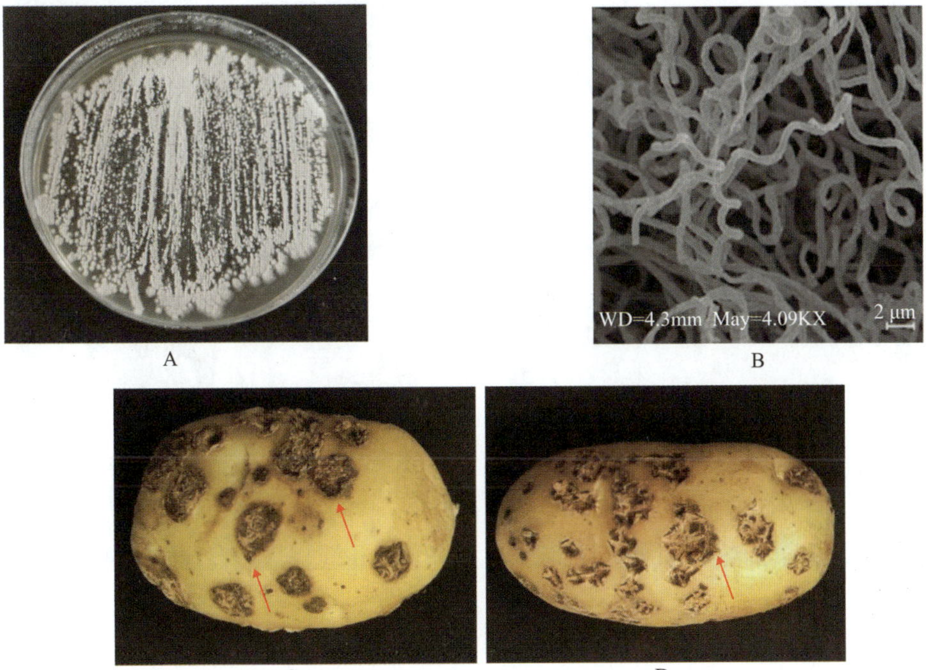

图 4-8 马铃薯疮痂病及其病原（A 和 C 由黑龙江省农业科学院魏琪提供）

A. 平板菌落形态；B. 菌体形态扫描电镜图（杨梦平等，2018）；C、D. 马铃薯疮痂病症状

胶杆菌胡萝卜亚种（*P. carotovorum subsp. carotovorum*，*Pcc*）、胡萝卜软腐果胶杆菌香花亚种（*P. carotovorum subsp. odoriferum*，*Pco*）和胡萝卜软腐果胶杆菌巴西亚种（*P. carotovorum subsp. Brasiliense*，*Pcb*）。常见的重要病原菌主要有 2 种，一种是原为胡萝卜欧文氏菌（*Erwinia carotovora*）的胡萝卜果胶杆菌（*P. carotovorum*），是全球十大植物病原之一，有不同的亚种，主要侵染十字花科蔬菜，常引起十字花科蔬菜、马铃薯、芋头、铁皮石斛等植物的软腐病；另一种是原为胡萝卜欧文氏菌黑腐亚种（*Erwinia carotovorasub* sp. *atroseptica*）的黑腐果胶杆菌（*P. atrosepticum*），常引起马铃薯的黑胫病。该属的病原菌在植物生长期造成植株茎基部变黑腐烂，植株萎蔫、矮化或死亡，在贮藏期造成薯块和大白菜腐烂（图 4-9）（陈苗苗、陈列忠，2022）。

1.1.9 韧皮部杆菌属（*Liberibacter*）

柑橘黄龙病（citrus Huanglongbing 或 citrus greening）是由韧皮部杆菌（*Candidatus Liberibacter*，*Ca. L.*）侵染所引起的一种毁灭性柑橘细菌病害。韧皮部杆菌主要包括 3 个种，即亚洲韧皮部杆菌（*Ca. L. asiaticus*，*CLas*）、非洲韧皮部杆菌（*Ca. L. africanus*，*CLaf*）和美洲韧皮部杆菌（*Ca. L. americanus*，*CLam*），其中，*CLas* 分布范围最广，且造成危害最大。另外，也有其他 4 个亚种被先后报道，包括非洲韧皮部杆菌槟榔致病变种（*Ca. L. africanus subsp. capensis*）、非洲韧皮部杆菌黄皮致病变种（*Ca. L. africanus subsp. clausenae*）和非洲韧皮部杆菌花椒致病变种（*Ca. L. africanus subsp. zanthoxyli*）等（Roberts et al.，2015）。所有韧皮部杆菌属细菌属于根瘤菌科革兰氏阴性 α-变形杆菌属，由两种柑橘木虱传播，即亚洲柑橘木虱和非洲柑橘木虱。至少有另外 6 种木虱寄生于柑橘及其近亲（Halbert et al.，2010）。

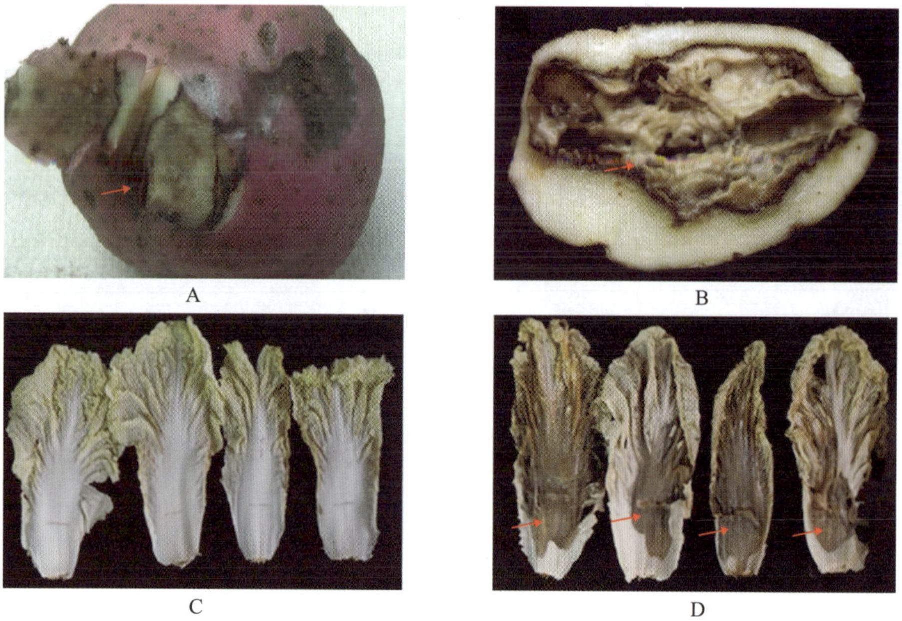

图 4-9　马铃薯软腐病与白菜软腐病(Charkowski，2018；Soohong et al.，2021)

A. 马铃薯软腐病病菌侵染的马铃薯块茎出现肿胀和凹陷病变；B. 马铃薯块茎是一个受保护的厌氧环境，病原菌通过匍匐茎进入块茎引起腐烂症状而不能腐蚀表皮；C. 健康的白菜叶片；D. 接种了果胶杆菌后的白菜软腐病症状

柑橘黄龙病是柑橘最复杂的病害之一，其最广泛的定义是病原菌、媒介、寄主和环境之间的相互作用(天气、土壤、植物营养、其他病原物和害虫的存在等)。此外，加上潜伏期长，迄今为止无法培养致病菌，以及缺乏任何已知的自然抗性来源，使其成为研究人员、监管机构和柑橘产业的主要挑战(Graa et al.，2016)。韧皮部杆菌属细菌可以侵染几乎所有的栽培柑橘品种。受侵染后，病原菌迁移到柑橘树韧皮部形成栓塞，阻碍营养物质运输，使根部生长受阻，叶片出现斑点和黄色斑纹，最终导致果实变色(图 4-10)(Valente et al.，2013；Koh et al.，2012)。该病害症状类型多样化，主要包括无明显症状、均匀黄化、褪绿斑驳、缺素黄化等(高方栏等，2023)。柑橘黄龙病菌无法在实验室条件下分离培养，但可通过定量 PCR 等方法进行活体检测(Zhou，2020)。

图 4-10　柑橘黄龙病(Alquezar et al.，2021)

A. 甜橙叶片出现不对称的斑驳；B. 甜橙果实颜色反转和畸形(不对称)；C. 种子流产

1.1.10 短小杆菌属(*Curtobacterium*)

菜豆细菌性萎蔫病由短小杆菌属(*C. flaccumfaciens* pv. *flaccumfaciens*)引起,目前尚未传入我国。感病后叶片首先出现褪绿小斑,后扩大,沿叶片边缘开始褪绿至中脉,脉间病变周围有波浪状的明黄色"烧灼"边界,严重时染病组织干燥、变褐而死亡(图 4-11)(赵友福等,1997; Harveson et al.,2015)。幼苗易感染致死,但成株感染初期由于病害发展较慢,症状不明显(Harveson et al.,2011)。若感病植物存活下来并产生成熟的种子,病原菌会通过微管系统进入发育中的豆荚和种子胚胎,导致种子变色或染色(橙色、紫色或黄色),即使豆荚看起来健康,没有外部损伤,种子仍可能出现染色现象(Zaumeter,1932)。

A　　　　B　　　　C

图 4-11　菜豆细菌性萎蔫病(Harveson et al.,2015)

A. 幼苗枯萎死亡;B. 叶片褪绿"烧灼";C. 种子变色

1.2　喷菌现象

不同植物病害有不同的症状特征,绝大多数的细菌病害在发病部位表面都有菌体液滴的溢出,称为"菌脓",该现象可用于判断细菌性病害。但植物被侵染初期,症状一般不明显,无法通过肉眼判断,此时需要借助显微镜观察。

1.3　细菌革兰氏染色法

用光学显微镜观察细菌时,菌体和背景之间明暗差不显著,形态结构难以看清,所以通常要先将细菌进行染色处理,借助于颜色的反衬作用,以便于更清楚地观察到细菌的形态与结构。细菌的染色方法有很多种,常见的有革兰氏染色法、抗酸染色法、荚膜染色法、芽孢染色法和鞭毛染色法等。其中,通过革兰氏染色法可将细菌分为革兰氏阳性细菌(G+)和革兰氏阴性细菌(G−)。在结晶紫初染和碘液进行媒染后,细菌细胞壁内形成了碘与结晶紫的复合物,阳性菌由于细胞壁厚、脂类含量低,肽聚糖网状结构紧密,乙醇脱色时细胞失水网孔收缩,结晶紫与碘的复合物滞留在壁内,细胞呈紫色(图 4-12A)。阴性菌细胞壁薄且类脂含量高,肽聚糖含量低且松散,在乙醇脱色时含脂层溶解,结晶紫与碘复合物很容易从松散的结构中洗脱,再经红色染料复染后,阴性菌就呈红色(图 4-12B)。

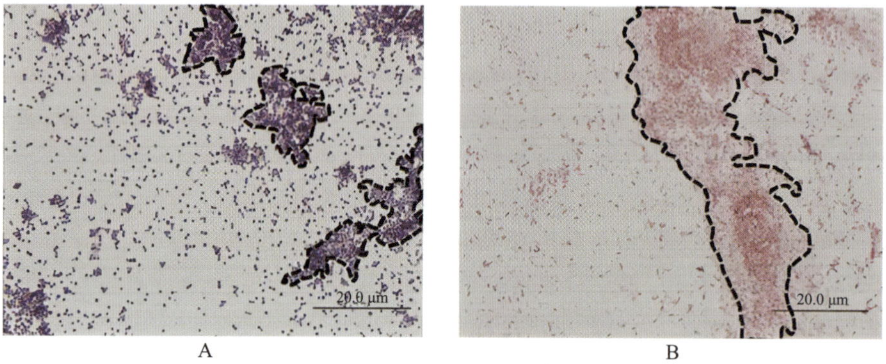

图 4-12　革兰氏染色法结果

A. 革兰氏阳性染色；B. 革兰氏阴性染色

1.4　细菌鞭毛染色法

鞭毛的有无、数目和着生部位是重要的分类和鉴定性状，也决定着病原细菌在植物组织表面的运动性和定殖。根据鞭毛在细胞分布的位置和数量，分为单端单鞭毛菌、单端双鞭毛菌、单端丛鞭毛菌、周鞭毛菌和侧鞭毛菌。细菌鞭毛纤细，直径为 12～18 nm，经特殊鞭毛染色，鞭毛沉积了染剂或银盐后，才能在光学显微镜下观察到。

鞭毛染色的方法一般可分为两类(方中达，1998)：第一类方法大都是以碱性品红作染剂，其中常用的是赖夫生(Leifson)染色法；第二类方法是用银盐沉积。常见的染色方法有赖夫生(Leifson)染色法、西萨-基尔(Cesares-Gill)染色法和银盐染色法等(Rhodes，1958)。

2　实验目的

(1)通过观察常见的植物细菌病害植物组织的标本，了解常见的植物细菌病害的主要典型症状类型和特点。

(2)了解和学习不同种属植物病原细菌的菌落和菌体形态特征。

(3)掌握细菌病害诊断的常用技术——喷菌现象。

(4)学习和掌握革兰氏染色的原理和方法。

(5)学习和掌握细菌鞭毛染色的原理和方法。

3　实验材料和用具

3.1　实验材料

3.1.1　细菌病害标本

水稻白叶枯病、番茄青枯病、猕猴桃细菌性溃疡病、梨火疫病、桃树冠瘿病、马铃薯环腐病、马铃薯疮痂病、大白菜软腐病、柑橘黄龙病和菜豆细菌性萎蔫病等植物细菌病害的腊叶标本、液浸标本或新鲜标本。

3.1.2 病原细菌培养物

细菌纯培养物琼脂平板。例如，水稻白叶枯病菌：黄单胞菌水稻致病变种(*Xanthomonas oryzae* pv. *oryzae*)；番茄青枯病菌：青枯劳尔氏菌(*Ralstonia solanacearum*)；猕猴桃细菌性溃疡病菌：丁香假单胞菌猕猴桃致病变种(*Pseudomonas syringae* pv. *actinidiae*)；梨火疫病菌：解淀粉欧文氏菌(*Erwinia amylovora*)；冠瘿病菌：根癌土壤杆菌(*Agrobacterium trmefaciens*)；马铃薯环腐病菌：密执安棒状杆菌(*Clavibacter michiganensis* subsp. *sepedonicus*)；马铃薯疮痂病菌：普通疮痂链霉菌(*Streptomyces scabies*)；大白菜软腐病菌：胡萝卜果胶杆菌(*Pectobacterium carotovorum* subsp. *carotovorum*)；柑橘黄龙病菌：韧皮部杆菌属细菌(*Candidatus Liberibacter asiaticus*)；菜豆细菌性萎蔫病菌：短小杆菌属(*Curtobacterium flaccumfaciens* pv. *flaccumfaciens*)。

3.1.3 实验试剂

3%氢氧化钾溶液、结晶紫、蕃红染液、草酸铵、95%乙醇、碘、碘化钾、碱性品红、氯化铁、氯化钠、单宁酸、氯化铝、氯化锌、苯酚、氢氧化钠、甲醛、硝酸银、氢氧化铵、蒸馏水、香柏油等。

3.2 实验用具

显微镜、酒精灯、打火机或火柴、接菌环、吸水纸、载玻片、盖玻片、胶头滴管、纱布、EP管、手术刀片、剪刀、镊子和牙签等。

4 实验内容与步骤

4.1 植物细菌病害的症状观察

4.1.1 病害症状观察

植物细菌病害的症状表现各不相同。观察所提供水稻白叶枯病、番茄青枯病、猕猴桃细菌性溃疡病、梨火疫病、柑橘黄龙病、菜豆细菌性萎蔫病等病害的标本，注意病害的症状类型和特征。

4.1.2 喷菌现象的观察

喷菌现象的观察方法参考自孔令广等(2018)，具体如下：

(1)取洁净的载玻片，酒精灯外焰灼烧灭菌，待凉备用；

(2)用已消毒的手术刀在植物的病健交界处将植物病变组织(梨火疫病或番茄青枯病等病组织)切成薄片，放置于载玻片上；

(3)在植物组织上滴加一滴无菌水，用盖玻片覆盖，滤纸吸去多余水分；

(4)用显微镜观察，调整光线，放大倍数在100～300较为适宜，寻找从组织切面处溢出的细菌群体，若呈云雾状，即为喷菌现象，如图4-13所示。

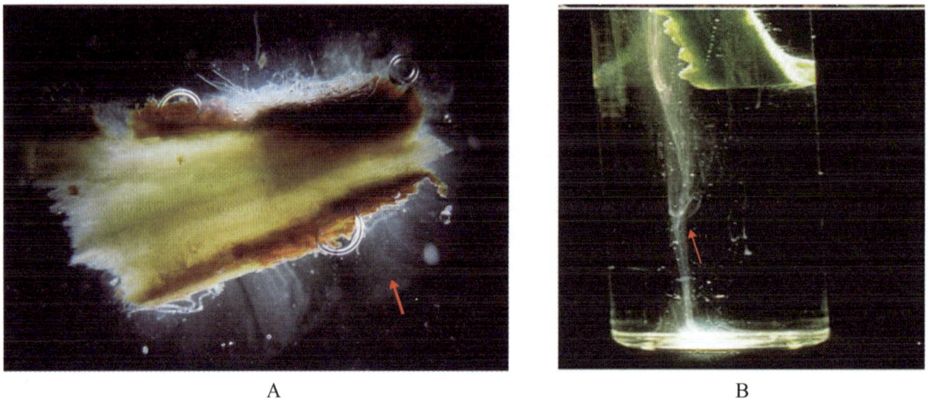

图 4-13　喷菌现象(John et al.，2012)

A. 梨火疫病菌侵染的梨树枝干喷菌现象；B. 番茄青枯病菌侵染后的番茄茎秆切片后维管束渗出细菌

4.2　植物病原细菌形态观察

观察琼脂平板上植物病原细菌的菌落大小、形状、颜色和光泽度，以及菌落表面是否隆起或凹陷、边缘的形状、透明度、菌落周围培养基的颜色(产生的色素)等特征。同时，根据提供的菌体的透射电镜图片观察其形态及鞭毛。具体内容为观察本实验 1.1 中各个属代表种在琼脂平板上的菌落形态及提供的电镜参考图片。

4.3　细菌革兰氏染色

细菌革兰氏染色具体方法如下(图 4-14)：

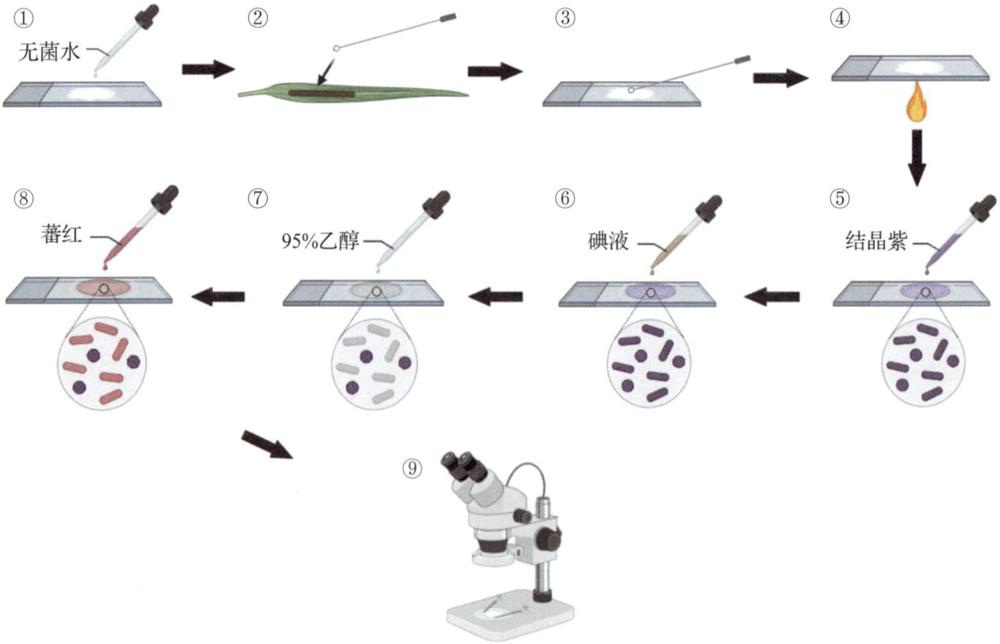

图 4-14　革兰氏染色法

(1)取洁净的载玻片,滴一小滴蒸馏水于载玻片中央。

(2)涂片。用酒精灯外焰将接种环灭菌,从植物病变组织处用无菌牙签挑取少许菌苔于水滴中,混匀并涂成薄膜,室温下自然晾干。

(3)固定。载玻片固定涂面朝上,快速通过火焰 2～3 次,以固定细胞形态,并使之牢固附着在载玻片上。

(4)初染。将结晶紫染液滴加于涂片上,使染液刚好覆盖涂片薄膜,染色 1 min 后用无菌水将染液冲洗掉。

(5)媒染。滴加碘液进行媒染,1 min 后用无菌水将碘液冲洗掉。

(6)脱色。用滤纸将载玻片上多余的水吸干,倾斜载玻片,滴加 95%乙醇,直至流出的乙醇呈无色,立即水洗。

(7)复染。滴加蕃红染液,2 min 后用无菌水冲洗掉染液。

(8)观察。干燥后用油镜观察菌体颜色与形态,若操作准确无误,菌体被染成蓝紫色的是革兰氏阳性细菌,被染成红色的是革兰氏阴性细菌。

细菌革兰氏染色注意事项如下:①涂片时滴加无菌水量应适宜,涂抹均匀,不宜过厚;②固定时温度勿过高(载玻片背面不烫手),以免破坏细胞形态;③用水冲洗染液时水流不宜过急,以免菌体脱落;④乙醇脱色的时间需要严格控制,最佳时间为 20～30 s,时间过长导致阳性菌被误染为阴性菌,时间过短则导致阴性菌被误染为阳性菌;⑤涂片必须完全干燥才能用显微镜观察。

4.4 细菌鞭毛染色

4.4.1 细菌悬浮液的配制

配制细菌悬浮液,最好是用在斜面上培养 18～24 h 的细菌,但生长较慢的(如黄单胞菌属)细菌,可适当延长到 36～48 h。染色前,菌种每隔 1～2 d 移植一次,必要时可连续进行几次,以增强细菌的活性。配制时,在培养的斜面上加无菌水 3～5 mL(可根据浓度增减)静置一定时间,细菌就散开而形成悬浮液。放置的时间一般是 5～30 min,产生胶质的细菌则需要 30 min 以上。如若放置时间太长,细菌的鞭毛可能会脱落。

4.4.2 涂片

一种涂片方法是用吸头吸管或移液枪吸取悬浮液 1～2 滴加在洁净的载玻片上,立即将载玻片直立,使菌液流下,载玻片上即遗留一或多条细菌悬浮液膜。载玻片保持直立使菌液干燥,鞭毛染色的载玻片一般都不通过火焰固定而直接染色。另一种涂片方法是用移液器吸取悬浮液 2 mL 至 EP 管中,必要时可加水稀释,然后取样染色。还有人建议在试管中先加 2 mL 1%的甲醛,然后加细菌悬浮液,经过甲醛的固定,有时鞭毛染色效果较好。

注意事项:配制细菌悬浮液和涂片的过程要注意保持恒温(接近适合细菌生长的温度),以防忽冷忽热,易使鞭毛脱落,特别是室温低于 20 ℃时,最好保持在恒温水浴锅。

4.4.3 细菌鞭毛染色方法

细菌鞭毛染色常用的方法有赖夫生(Leifson)染色法、西萨-基尔(Cesares-Gill)染色法和银盐染色法等 3 种(Rhodes,1958),可根据条件选择其中一种。

1)赖夫生(Leifson)染色法

(1)试剂。单宁酸 1.0 g,氯化钠 0.5 g,碱性品红 0.4 g。取以上混合物 1.9 g,溶解在

33 mL 的 95%乙醇中,加蒸馏水使最后容量为 100 mL。pH 调节到 5.0。

(2)染色。具体步骤如下:

①在洁净的载玻片上,用尖的蜡笔划四个 1.3 cm×2.0 cm 的长方形小格;②培养斜面上加蒸馏水,放在室温下,细菌扩散而形成浑浊的悬浮液;③将载玻片斜放大致 80°,用接菌环在每小格的顶端加 1 滴悬浮液,立即用纸吸去流下的悬浮液,将载玻片自然干燥;④第一个小格中加 5 滴染剂,经过 5 s、10 s 和 15 s 后,分别在第二至第四个小格中滴加染剂;⑤仔细观察染剂中会有很细的沉淀物产生,当第一和第二个小格已经产生沉淀时,立即用水将载玻片上的染剂洗去,否则载玻片沉积物的量会过多;⑥载玻片在室温下自然干燥,不用吸水纸吸,干燥后直接用油浸镜观察。

注意事项:染色好的标本,细菌和鞭毛都染成红色,背景无色,载玻片上一般都有少量染剂沉积物,但不影响观察。染色时间的长短很重要,这是由载玻片上形成沉淀物的时间决定的。观察沉淀产生最好的方法,是将载玻片放在黑色背景上,用光束照射染剂。当开始产生沉淀时,染剂的边缘出现铁锈色的云雾状物;当整个染剂都出现雾状物时,立即用水将载玻片上染液洗去。载玻片上分为四小格以便掌握染色的时间。有了经验以后,就不一定要这样做。当然,在载玻片上用蜡笔划一方格,可以防止染剂外流,用其他染色法时也可以采用。

2)西萨-基尔(Cesares-Gill)染色法

有些不易染色的细菌鞭毛,如产生胶质较多的植物病原细菌以及鞭毛非常细或容易脱落的细菌,有时用这种方法染色的效果较好。

(1)媒染剂。单宁酸 10 g,氯化铝($AlCl_3 \cdot 6H_2O$)18 g,氯化锌($ZnCl_2$)10 g,碱性品红 1.5 g,60%乙醇 40 mL。研钵中先盛 60%乙醇 10 mL,加入以上各种成分,充分研磨混合后再加入剩余的 60%乙醇。使用前用水稀释 2 倍,染色时过滤,滤液直接滴至载玻片上进行涂片。

(2)染液。苯酚品红。溶液Ⅰ:碱性品红 0.3 g,95%乙醇 10 mL。溶液Ⅱ:苯酚(结晶)5.0 g,蒸馏水 95 mL。溶液Ⅰ和溶液Ⅱ分别配制后混合。

(3)染色。具体步骤如下:

①用吸管在载玻片上端加 2~3 滴细菌悬浮液,使菌液流到载玻片的下端,多余的菌液用水吸去,将载玻片自然干燥;②媒染剂过滤后滴至载玻片上,处理时间 5 min 左右;③媒染剂用水轻轻洗去;④苯酚品红染液染 5 min,不加温;⑤水洗,自然干燥后镜检。

3)银盐染色法

(1)染液。通常有试剂Ⅰ和试剂Ⅱ2 种。

试剂Ⅰ:单宁酸 5 g,氯化铁($FeCl_3 \cdot 6H_2O$)1.5 g,蒸馏水 100 mL。混合溶解后,加 15%甲醛 2 mL 和 1% 氢氧化钠溶液 1 mL。

15%甲醛的配法:在 4 mL 40%的甲醛中,加蒸馏水 6 mL。溶液最后的 pH 为 1.5~1.8。

试剂Ⅱ:硝酸银 2 g,蒸馏水 100 mL。将硝酸银溶于蒸馏水中,留 10 mL 作回滴定。在 90 mL 硝酸银溶液中,逐滴加入浓氢氧化铵,产生沉淀,继续滴入氢氧化铵,至沉淀消失为止,然后滴入备用的硝酸银溶液,至出现少量云雾状沉淀为止。测定此时的 pH,滴加硝酸银溶液或浓氢氧化铵,将 pH 调节到 9.8~10.0。试剂Ⅱ不耐贮存,必须在 4 h 内染色,不然 pH 将发生改变。贮存后酸度已经改变的试剂,即使再调节 pH,用于染色的效果也不好。

(2)染色。具体步骤如下:

①用接菌环在载玻片上加 1 滴蒸馏水;②用接菌环取一滴细菌悬浮液(或者从培养斜面上

挑取少量细菌），在蒸馏水滴上碰一下，使两者混合，将载玻片斜放，用纸吸去流下的菌液，自然干燥，无须加热固定；③试剂Ⅰ处理 2～4 min，用蒸馏水轻轻将试剂洗去；④试剂Ⅱ染 30～60 s，立即用蒸馏水轻轻洗去试剂，自然干燥后镜检。

注意事项：细菌的菌龄是影响细菌鞭毛染色实验成败的重要因素，一定要用新鲜的斜面培养物，即在适温下培养 16～22 h。取事先放在温箱中的灭菌水 5～10 mL，加入菌种试管中，再放在 26 ℃温箱中静置，30 min 后吸取上部菌悬液一滴，滴于洁净的载玻片一端，直立载玻片，使菌液移向另一端，晾干，但勿在火焰上加热固定。

5 作业

（1）选择两种常见的植物细菌病害，描述观察病害标本所见病害症状以及琼脂平板上病原物的菌落形态特征。

（2）3～4 人为一小组，选择其中一种植物病原细菌进行革兰氏染色和鞭毛染色，拍照记录观察到的结果。实验报告应包括镜检照片、实验原理及方法、结果描述和结论，并讨论革兰氏染色和鞭毛染色需要注意的事项。

参考文献

Aktepe B P，Aysan Y，2023. Biological control of fire blight disease caused by *Erwinia amylovora* on apple [J]. Erwerbs-Obstbau，65：645-654.

Alam T，Rustgi S，2020. Organic management of bacterial wilt of tomato and potato caused by *Ralstonia solanacearum* [Z]. Oregon State University publication：eOrganic's article.

Aritua V，Achor D，Gmitter F G，et al，2013. Transcriptional and microscopic analyses of citrus stem and root responses to *Candidatus Liberibacter asiaticus* infection [J]. PloS ONE，8(9)：e73742.

Azegami K，Tsukamoto T，Matsuura T，et al，2004. Invasion and colonization of mature apple fruit by *Erwinia amylovora* tagged with bioluminescence genes [J]. Journal of General Plant Pathology，70：336-341.

Balestra G，Mazzaglia A，Quattrucci A，et al，2009. Current status of bacterial canker spread on kiwifruit in Italy [J]. Australasian Plant Disease Notes，4：34-36.

Berta A，Lourdes C，Stefania B，et al，2021. Engineering of citrus to obtain huanglongbing resistance [J]. Current Opinion in Biotechnology，70196-70203.

Bing Y，Yuan P，Chunmei D，2021. Pathogenic mechanism and control method of potato scab：Research progress [J]. Chinese Agricultural Science Bulletin，37(18)：131-137.

Bove J，2006. Huanglongbing：A destructive，newly emerging，century-old disease of citrus [J]. Journal of Plant Pathology，88(1)：7-37.

Charkowski A O，2018. The changing face of bacterial soft-rot diseases [J]. Annual Review of Phytopathology，56：269-288.

Choe J，Kim B，Park M K，et al，2023. Biological and genetic characterizations of a novel lytic PhiFifi106 against indigenous *Erwinia amylovora* and evaluation of the control of fire blight in apple plants [J]. Biology (Basel)，12(8)：1060.

Da Silva Xavier A，De Almeida J C F，De Melo A G，et al，2019. Characterization of CRISPR-Cas systems in the *Ralstonia solanacearum* species complex [J]. Molecular Plant Pathology，20(2)：223-239.

Eichenlaub R，Gartemann K，2011. The Clavibacter michiganensis subspecies：Molecular investigation of gram-positive bacterial plant pathogens [J]. Annual Review of Phytopathology，49(1)：445-464.

Escobar M A，Civerolo E L，Summerfelt K R，et al，2001. RNAi-mediated oncogene silencing confers resistance to crown gall tumorigenesis [J]. Proceedings of the National Academy of Sciences，USA，98(23)：13437-13442.

Genin S,Denny P T，2012. Pathogenomics of the *Ralstonia solanacearum* species complex [J]. Annual Review of Phytopathology，50(1)：67-89.

Graa J V，Wdouhan G，Ehalbert S，et al，2016. Huanglongbing：An overview of a complex pathosystem ravaging the world's citrus [J]. Journal of Integrative Plant Biology，58(4)：373-387.

Halbert E S，Manjunath L K，Ramadugu C，et al，2010. Trailers transporting oranges to processing plants move Asian citrus psyllids [J]. Florida Entomologist，93(1)：33-38.

Harveson R M，Schwartz H F，Urrea C A，et al，2015. Bacterial wilt of dry-edible beans in the central high plains of the U. S.：Past，present，and future [J]. Plant Disease，99(12)：1665-1677.

Harveson R M，Urrea C A，Schwartz H F. Bacterial Wilt of Dry Beans in Western Nebraska [EB/OL]. (2011-01) https://extensionpubs. unl. edu/publication/g1562/html/view.

Hayward A C，1991. Biology and epidemiology of bacterial wilt caused by*Pseudomonas solanacearum* [J]. Annual Review of Phytopathology，29：65-87.

Hirano S S，Upper C D，2000. Bacteria inthe leaf ecosystem with emphasis on *Pseudomonas syringae*-a pathogen，ice nucleus and epiphyte [J]. Microbiology and Molecular Biology Reviews，64(3)：624-653.

John M，Stephane G，Shimpei M，et al，2012. Top 10 plant pathogenic bacteria in molecular plant pathology [J]. Molecular Plant Pathology，13(6)：614-629.

Katagiri F，Thilmony R，He S Y，2002. The *Arabidopsis thaliana-Pseudomonas syringae* interaction [J]. Arabidopsis Book，1：e0039.

Koh E J，Zhou L，Williams D S，et al，2012. Callose deposition in thephloem plasmodesmata and inhibition of phloem transport in citrus leaves infected with *Candidatus Liberibacter asiaticus* [J]. Protoplasma，249(3)：687-697.

Lambert D，Loriarjijo S，Microbiology E，1989. *Streptomyces scabies* sp. nov.，nom. rev

[J]. International Journal of Systematic Bacteriology, 39(4): 387-392.

Osdaghi E, Van Der Wolf J M, Abachi H, et al, 2022. Bacterial ring rot of potato caused by Clavibacter sepedonicus: A successful example of defeating the enemy under international regulations [J]. Molecular Plant Pathology, 23(7): 911-932.

Parmagnani A S, Kanchiswamy C N, Paponov I A, et al, 2023. Bacterial volatiles (mVOC) emitted by the phytopathogen *Erwinia amylovora* promote *Arabidopsis thaliana* growth and oxidative stress [J]. Antioxidants (Basel), 12(3): 600.

Pereira C, Costa P, Pinheiro L, et al, 2021. Kiwifruit bacterial canker: An integrative view focused on biocontrol strategies [J]. Planta, 253(2): 49.

Ranjani P, Gowthami Y, Gnanamanickam S S, et al, 2018. Bacteriophages: A new weapon for the control of bacterial blight disease in rice caused by *Xanthomonas oryzae* [J]. Microbioloy Biotechnology Letters, 46(4): 346-359.

Rhodes M E, 1958. The cytology of *Pseudomonas* spp. as revealed by a silver-plating staining method [J]. Journal of General Microbioloy, 18(3): 639-648.

Ronel R, Steenkamp E T, Pietersen G, 2015. Three novel lineages of '*Candidatus Liberibacter africanus*' associated with native rutaceous hosts of *Trioza erytreae* in South Africa [J]. International Journal of Systematic and Evolutionary Microbiology, 65(Pt 2): 723-731.

Soohong L, Nguyentrung V, Eomji O, et al, 2021. Biocontrol of soft rot caused by*Pectobacterium odoriferum* with bacteriophage phiPccP-1 in Kimchi cabbage [J]. Microorganisms, 9(4): 779-779.

Sun W, Gong P, Zhao Y, et al, 2023. Current situation of fire blight in China [J]. Phytopathology, 113(12): 2143-2151.

Swings J, Vauterin L, Kersters K, 1993. The bacterium*Xanthomonas* [M]//SWINGS J G, CIVEROLO E L. *Xanthomonas*. Dordrecht: Springer Netherlands.

Tjou T S N, Van D B J, Westenberg M, et al, 2017. First report of bacterial wilt caused by *Ralstonia solanacearum* in ornamental *Rosa* sp. [J]. Plant Disease, 101(2): 378.

Wanner L A, 2006. A survey of genetic variation in streptomyces isolates causing potato common scab in the United States [J]. Phytopathology, 96(12): 1363-1371.

Xin X F, He S Y, 2013. *Pseudomonas syringae* pv. *tomato* DC3000: a model pathogen for probing disease susceptibility and hormone signaling in plants [J]. Annual Review of Phytopathology, 51: 473-498.

Xin X F, Kvitko B, He S Y, 2018. *Pseudomonas syringae*: what it takes to be a pathogen [J]. Nature Reviews Microbiology, 16(5): 316-328.

Xue Y, Hu M, Chen S, et al, 2021. *Enterobacter asburiae* and *Pantoea ananatis* causing rice bacterial blight in China [J]. Plant Disease, 105(8): 2078-2088.

Yao J, Wang Y, Xiang Y, et al, 2022. Two-stage detection algorithm for kiwifruit leaf diseases based on deep learning [J]. Plants, 11(6): 768.

Zaumeter W J, 1932. Comparative pathological histology of three bacterial diseases of

Bean [J]. Journal of Agricultural Research, 8(4197): 605-632.

Zhou C, 2020. The status of citrus Huanglongbing in China [J]. Tropical Plant Pathology, 45(3): 1-6.

陈苗苗，陈列忠，2022. 植物细菌性病害及其防治措施[J]. 浙江农业科学，63(8): 8.

陈贤，赵延存，明亮，等，2022. 水稻白叶枯病抗性相关基因的研究进展[J]. 江苏农业学报，38(5): 1402-1410.

方中达，1998. 植病研究方法[M]. 3 版. 北京：中国农业出版社.

高方栏，耿雪欣，张木清，等，2023. 广西柑橘黄龙病发生情况及黄龙病菌的遗传多样性分析[J]. 南方农业学报，54(1): 128-138.

霍沁建，张深，王若焱，2007. 烟草青枯病研究进展[J]. 中国农学通报，23(8): 364-368.

金黎平，吕文河，2022. 马铃薯产业与种业创新[M]. 哈尔滨：黑龙江科学技术出版社.

孔令广，赵春青，郭红伟，等，2018. 植物病害诊断检测技术在实践教学中的应用[J]. 实验室科学，21(3): 64-66.

李雪晴，于斌武，曾珍，等，2023. 红心猕猴桃溃疡病及其防治技术[J]. 湖北植保，(4): 79-81.

庞泽，田国奎，王海艳，等，2023. 马铃薯疮痂病危害及其防治研究进展[J]. 黑龙江农业科学，(9): 137-142.

孙秀梅，2001. 马铃薯环腐病的发生及其防治[J]. 农业科技通讯，(1): 1.

徐进，冯洁，2013. 植物青枯菌遗传多样性及致病基因组学研究进展[J]. 中国农业科学，46(14): 2902-2909.

许志刚，刘凤权，1998. 水稻白叶枯病和条斑病的流行与预测(综述)[J]. 西南农业大学学报，20(5): 566-572.

许志刚，2009. 普通植物病理学[M]. 北京：高等教育出版社.

岩盆，2014. 水稻白叶枯病的发生及防治[J]. 云南农业，(3): 72-73.

杨金花，徐叶挺，张校立，2022. 梨火疫病研究进展[J]. 分子植物育种，20(3): 1003-1013.

杨梦平，王瑞仙，杜魏甫，等，2018. 云南省马铃薯疮痂病致病链霉菌种类组成研究 [J]. 植物病理学报，48(4): 445-454.

张兆良，韩孟浩，迟胜起，等，2022. 马铃薯环腐病病原的分离与鉴定[A]//金黎平，吕文河. 马铃薯产业与种业创新[C]. 哈尔滨:黑龙江科学技术出版社.

赵岩，吴涛，王庆丰，等，2023. 马铃薯疮痂病的发生和防治[J]. 新农业，(15): 11-12.

赵友福，高泉准，陈红燕，等，1997. 菜豆萎蔫病菌的种子检验鉴定技术研究[J]. 植物检疫，11(3): 2-6.

周训军，王静，杨玉文，等，2012. 烟草青枯病研究进展[J]. 微生物学通报，39(10): 1479-1486.

（邵小龙、钱国良　编写）

实验五

植物病毒及其所致病害

提要：对于植物病毒及其所致病害的研究通常以病害症状为切入点，了解植物病毒病症状及致病病毒特征，可以作为病害诊断的重要依据，为病害的早期发现和防治提供最基础信息，有利于开展有效的病害防治，对于研究病害流行也具有一定意义。本实验重点内容为植物病毒病寄主体内外症状观察和区分，植物病毒内含体及病毒粒体形态观察，希望学生可以掌握植物病毒病特有的且相对稳定的症状类型，学会区别并准确描述植物病毒病病害症状，对一些具有典型症状的病毒病，可以通过病害症状进行初步诊断。

1 实验基础知识和原理

植物病毒是引起植物病害的五大类生物因子（菌物、原核生物、病毒、线虫、寄生性种子植物）之一。植物病毒病也是世界范围内最难防控的植物病害之一，给世界各国农业生产造成严重经济损失。随着国际一体化的发展，国际农产品贸易日趋发达，通过进境货物、运输工具和入境人员携带物、邮寄物等方式传带外来有害生物的风险越来越大，给我国农林业生产安全和生态环境构成更严重威胁。据国际自然与自然资源保护联盟（International Union for Conservation of Nature，IUCN）研究，全球每年因外来有害生物和物种入侵造成高达 4 000 亿美元的经济损失。“十三五”规划期间，我国海关在口岸累计截获植物有害生物高达 8 858 种、逾 360 万次，这对植物病毒病识别鉴定提出了更高的要求。对于植物病毒的研究及检验检疫技术水平关系到国家生物安全，世界各国都十分重视。目前，有 41 种植物病毒和类病毒被列入我国进境植物检疫性有害生物名录。在植物病毒的鉴定过程中，植物病毒形态以及造成的病害症状、生理变化都是病毒病鉴定的重要指标。

1.1 植物病毒

植物病毒是一类个体非常微小的非细胞生物，大小在纳米（nm）级别，形状多样，有杆状（图 5-1）、球状（图 5-2）、线状（图 5-3）、弹状（图 5-4）等。无法使用肉眼或普通光学显微镜观察到病毒粒体，1939 年科学家首次使用电子显微镜观察到烟草花叶病毒(tobacco mosaic virus，TMV)(Kausche et al.，1939)。病毒是专性寄生物，结构简单，只含蛋白质和一种核酸(DNA 或 RNA)，自身没有完整的细胞结构，不能自主进行物质和能量交换，必须依赖寄主细胞完成复制增殖的生命过程。随着元病毒基因组学技术的发展，越来越多的植物病毒和类病毒在世界各地被报道。目前，已完成基因组测序的植物病毒超过 1 400 种(原雪峰、于成明，2019)。不同类型的植物病毒具有不同的寄主范围，有的病毒寄主范围很窄，如小麦黄花叶病毒(wheat yellow mosaic virus，WYMV)自然寄主只有冬小麦，而有的病毒寄主范围很宽，如黄瓜花叶病毒(cucumber mosaic virus，CMV)可侵染 1 200 多种植物(Ouedraogo et al.，2019；Jiang et al.，2020)。

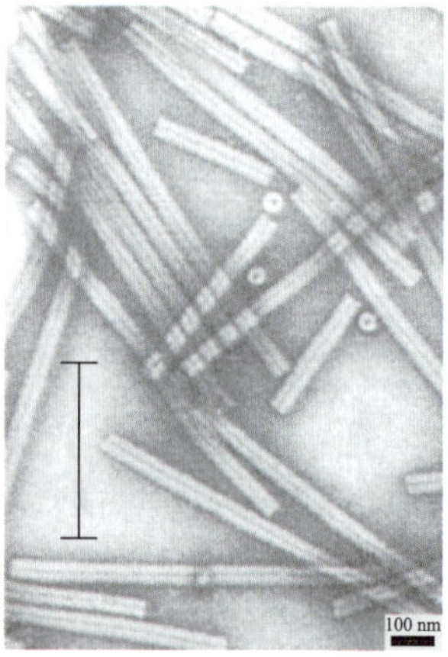

图 5-1 烟草花叶病毒(TMV)杆状病毒粒体
(Hull，2014)

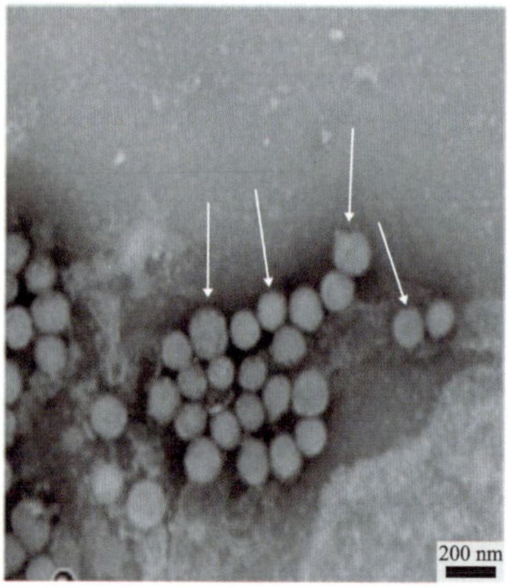

图 5-2 番茄斑萎病毒(TSWV)球状病毒粒体
(王田田等，2023)

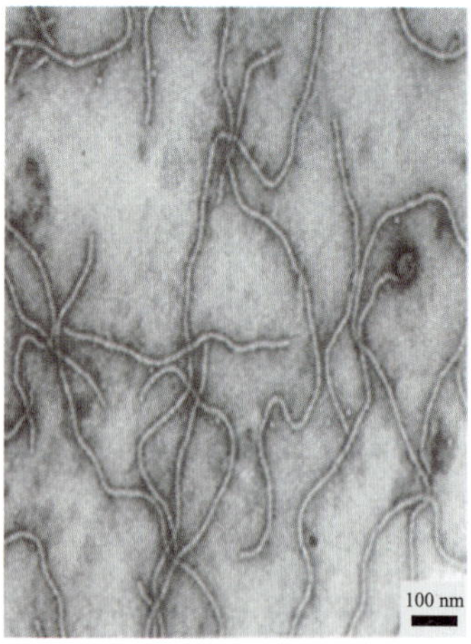

图 5-3 甜菜黄化病毒(BYV)线状病毒粒体
(洪健等，2001)

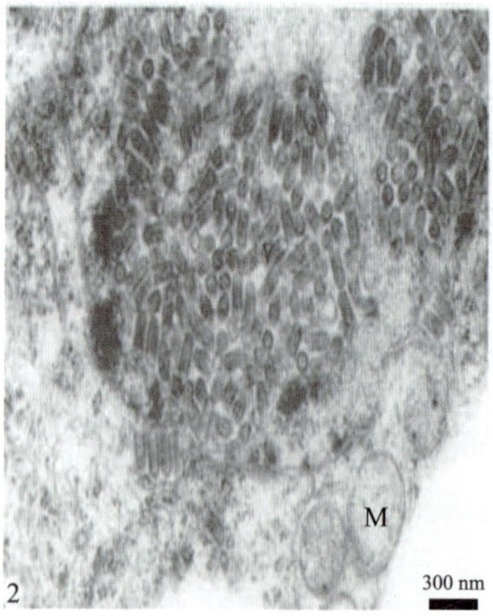

图 5-4 水稻黄矮病毒(RYSV)弹状病毒粒体
(洪健等，2001)
M. 线粒体

1959 年首次将电镜负染色技术应用于病毒结构研究，重金属离子能绕核蛋白体四周沉淀下来，形成一个黑暗的背景，在核蛋白体内部不能沉积而形成一个清晰的亮区，被称为负染色

(Brenner et al., 1959)。负染色法可以直接观察病毒的形态、大小、表面结构、有无包膜等，在实际诊断中有广泛的用途。常用的负染色剂为磷钨酸、乙酸铀、甲酸铀、钼酸铵等。

1.2 植物病毒所致病害

由植物病原病毒所致的病害称为植物病毒病害。世界上对于植物病毒病症状最早书面记录是出现在日本诗集《万叶集》中一首写于公元 752 年夏天的诗歌，该诗歌描述了夏季林泽兰(*Eupatorium lindleyanum*)叶片被染成金色的景象。现代科学家研究发现这是由双生病毒泽兰黄脉病毒(eupatorium yellow vein mosaic virus，EpYVV)和卫星复合侵染林泽兰引发的黄脉病(Saunders et al., 2003)。植物病毒病给世界各地粮食作物(如水稻、小麦、玉米、大麦、马铃薯等)和经济作物(如甜菜、柑橘、可可等)的生产造成重大损失。

1.2.1 植物病毒病害症状

植物病毒引起的病害种类繁多，按照病害症状表现主要分为变色、坏死、畸形等。

1)变色

病叶出现不规则褪绿，浓绿、淡绿相间的斑驳，或叶片黄化，严重时发病部位除斑驳外叶片出现明脉等症状。

(1)花叶、斑驳、褪绿等。一些植物发生病毒病时，可能会产生花叶、斑驳、褪绿等症状。例如，由烟草花叶病毒(TMV)引起的烟草普通花叶病毒病，烟叶上出现深绿和浅绿相间花叶斑驳症状(图 5-5)。TMV 可感染 38 个科 268 种植物，特别是烟草、番茄和辣椒等茄科作物。由黄瓜花叶病毒(CMV)引起的瓜类病毒病，幼叶感病出现不平整的泡状物、皱缩、畸形等症状，成熟叶片感病出现黄绿相间的花叶(图 5-6)或不规则的黄色或褐色斑块，植株生长迟缓，所结瓜条较小或扭曲。CMV 还能够侵染禾谷类作物、果树、蔬菜和观赏植物等多种植物。

图 5-5 烟草普通花叶病毒病

(Scholthof, 2008)

图 5-6 丝瓜病毒病

(Dragich et al., 2014)

(2)条纹、线条、条点。单子叶植物感染病毒后，叶脉间褪绿斑或点常形成条纹、线条、条点症状。如玉米被甘蔗花叶病毒(sugarcane mosaic virus，SCMV)侵染后叶部出现淡绿色、卵圆形、不规则形病斑，后期叶片会出现与叶脉平行的黄绿色或浅绿色条纹(图 5-7)，病株生长速度明显降低。小麦黄花叶病毒(WYMV)在小麦上引起小麦黄花叶病，嫩叶上出现黄绿色斑驳和与叶脉平行的断续斑纹，之后整叶出现黄绿色条纹，继而逐渐黄化（图 5-8），严重时死苗。气温升高后花叶症状逐渐消失。小麦线条花叶病毒（wheat streak mosaic virus，WSMV）引起的小麦线条花叶病会导致感病小麦叶片上产生条纹症状（图 5-9）。

图 5-7　玉米花叶病

图 5-8　小麦黄花叶病

图 5-9　小麦线条花叶病（Jones，2021）

（3）明脉、脉带、黄脉。一些发生病毒病害的植物叶片的叶脉明亮（明脉）或沿叶脉发生褪绿（脉带）或叶脉黄化（黄脉）。如玫瑰黄脉病毒（rose yellow vein virus，RYVV）引起玫瑰上玫瑰叶脉黄化病（图 5-10），葡萄明脉病毒（grapevine vein clearing virus，GVCV）在葡萄上引起葡萄明脉和藤蔓衰退综合征（图 5-11）。

图 5-10　玫瑰叶脉黄化病
（Milleza et al.，2011）

图 5-11　葡萄明脉和藤蔓衰退综合征
（Zhang et al.，2011）

根据发生部位，变色症状类型还包括花变色、果实变色、种子变色等。如郁金香碎色病毒（tulip breaking virus，TBV）在郁金香上引起的郁金香碎色花瓣病（图 5-12）。

图 5-12　郁金香碎色花瓣病
（Marasek-Ciolakowska et al.，2012）

2）坏死

坏死是指寄主植物部分组织或器官死亡的现象，可发生于叶片、花、果实、茎、种子、块茎等部位，严重时甚至导致全株性死亡。常见的术语有坏死斑、坏死环斑、茎痘等。病毒病导致的植株坏死与细菌病害坏死有明显区别，植物病毒导致的坏死组织无恶臭味道。

番茄斑萎病由番茄斑萎病毒（tomato spotted wilt virus，TSWV）引起，番茄植物上部叶片、叶柄和茎上、果实出现褐色坏死斑和病斑轮纹，部分果实还会呈肿瘤状畸形果，引起植株萎蔫、坏死等症状（图 5-13）。TSWV 侵染花生在叶片上产生坏死环斑（图 5-14）。马铃薯 Y 病毒（potato virus Y，PVY）在马铃薯上可引起叶部和块茎病害，病害症状表现为叶片变小，有斑驳花叶或有枯斑，严重时全株性黄化和脉坏死，在植株中间的叶片坍塌并沿着茎悬挂且表现出坏死条纹（图 5-15）。一些 PVY 毒株在马铃薯感病品种上引起马铃薯块茎坏死性环斑病，块茎表面凹陷形成坏死环斑（图 5-16）。李属植物感染李属坏死环斑病毒（prunus necrotic ringspot virus，PNRSV）后会在新叶上出现坏死环斑或黄条斑，坏死斑中心脱落，出现孔洞，重者只剩下花叶状叶架。

图 5-13　番茄斑萎病（Morca et al.，2022）

图 5-14　花生番茄斑萎病毒病
（董炜博、李敏，2022）

图 5-15　马铃薯 Y 病毒病
（Karasev and Gray，2013）

图 5-16　马铃薯块茎坏死性环斑病
（Karasev and Gray，2013）

3)畸形

有的病毒感染寄主后会引起矮化、卷叶、皱缩、曲叶、蕨叶、丛枝、丛生、缩顶等多种类型的畸形症状。寄主植物发生畸形症状是由于受病毒侵染后,寄主植物正常的新陈代谢受到影响,体内生长素和其他激素的生成以及植株正常的生长发育发生改变。畸形症状可发生在寄主植物的整株上,也可发生在某个器官上。这类症状的病毒病多是全株型慢性病害,常在顶端心叶等幼嫩部位最先发病,表现出花叶、扭曲、皱缩等症状,然后扩展到其他部位。

(1)矮化。水稻黑条矮缩病俗称矮稻,是由水稻黑条矮缩病毒(rice black-streaked dwarf virus,RBSDV)引起,主要为害水稻叶片、叶鞘和茎秆。病株矮缩,叶色浓绿僵硬,叶背、叶鞘和茎秆由于韧皮部细胞增生,表面沿叶脉有早期为蜡白色、后期为黑褐色的短条状不规则突起(图 5-17)。小麦黄矮病是由大麦黄矮病毒(barley yellow dwarf virus,BYDV)侵染所引起的发生在小麦上的病害,主要症状表现为叶片黄化和植株变矮(图 5-18)。

图 5-17　水稻黑条矮缩病

(Sun et al.,2013)

图 5-18　小麦黄矮病

(Gary,1999)

(2)丛根、丛簇。植物根茎部位或其他生长点部位分蘖增多或簇生腋芽。由甜菜黄脉坏死病毒(beet necrotic yellow vein virus,BNYVV)引发的甜菜丛根病导致根毛坏死,大量次生侧根和根毛成团集结(图 5-19),沿叶脉形成褐色坏死。水稻矮缩病毒(rice dwarf virus,RDV)引发的水稻矮缩病会导致水稻植株矮缩,分蘖增多(图 5-20),叶片浓绿,僵直,生长后期病稻不能抽穗结实。

(3)叶片和果实畸形。叶片发育异常,包括叶片皱缩(褶皱扭曲)、卷叶、蕨叶(变细变窄)、缺刻、小叶等。番茄黄化曲叶病毒病是由番茄黄化曲叶病毒(tomato yellow leaf curl virus,TYLCV)引起的番茄病害,番茄病株主要表现为植株生长迟缓或停滞,节间变短,明显矮化,叶片变小、变厚,叶质脆硬,有褶皱,向上卷曲,变形,叶片边缘至叶脉区域黄化(图 5-21)。感染柑橘褪绿矮缩病毒(citrus chlorotic dwarf-associated virus,CCDaV)的柑橘病株叶片变小,嫩叶边缘一侧或两侧有"V"形缺口和褪绿色斑点,成熟叶片皱缩、卷曲、反卷和萎黄(图 5-22),病株由于节间缩短而表现出树冠畸形茂密和发育不良。在田间观察到感染 CCDaV 第一年的植株可以像健康植株一样正常开花并结出果实，但是随后开花和果实显著减少，树木活力丧失甚至死亡(Guo et al.，2015)。

图 5-19　甜菜丛根病(Graham et al.，2009)

图 5-20　水稻矮缩病(Jin，2016)

图 5-21　番茄黄化曲叶病毒病(Hanssen et al.，2010)

图 5-22　柑橘褪绿矮缩病(王甲军等，2022)

植物病毒侵染植物引起的症状与病毒类型、寄主类型甚至环境条件都有关系。同一种病毒在不同寄主上引起的致病症状可能有所不同，不同病毒或者同种病毒的不同分离物在同一种寄主上的致病症状也可能不同。环境温湿度的改变也会改变病毒的致病症状(如高温隐症现象)。有的病毒侵染植物有致病症状，而有的病毒侵染植物则没有致病症状(如潜隐病毒)。在自然界中常发生多种植物病毒复合侵染，使得植物病毒病症状更加复杂(图 5-23)。

图 5-23　玉米致死性坏死病
(Jiao et al.，2022)

1.2.2　植物病毒病害内部症状

植物病毒造成寄主症状表现是由植物病毒影响植物正常的生理、生化代谢活动所引起的。植物内部组织和细胞超微结构也受病毒影响发生变化，包括内含体的形成，叶肉细胞变小、分化减少，细胞间隙变小，维管束扩大，细胞坏死，改变细胞核、叶绿体和线粒体等细胞器，细胞壁突出或增厚等（Bhat and Rao，2020）。植物病毒病的内部症状主要通过超薄切片技术进行观察，对于一些未知病毒、难于提纯的病毒材料都可用此方法进行研究（王德田、丁伟，2022）。

1）内含体

某些病毒侵染会在寄主细胞内形成正常细胞中不存在的异常结构被称为内含体。多种方法被用来检查组织中是否存在内含体，作为病毒病诊断的依据。内含体不同于其他细胞结构，是由病毒感染后产生的一种特殊蛋白复合物，由聚集的病毒或病毒蛋白以及寄主成分混杂组成。它们可能存在于细胞质或者细胞核中。内含体的形态也不尽相同，主要有结晶状（图5-24）、风轮状（图5-25）、无定形（图5-26）3种形态，如马铃薯Y病毒属病毒产生风轮状内含体，TMV产生结晶状内含体。内含体的大小通常在1～30 μm，内含体大小和位置差异使得有些能在显微镜下观察到，有些则需要借助透射电子显微镜进行观察。内含体能够发生蛋白质的常规反应，可被酸性染料很好地染色。一种简单而快速的方法是对浸泡在自来水中的表皮进行直接显微镜观察，也可使用O-G、碘液、锥虫蓝、焰红等染剂染色后再进行显微镜观察。

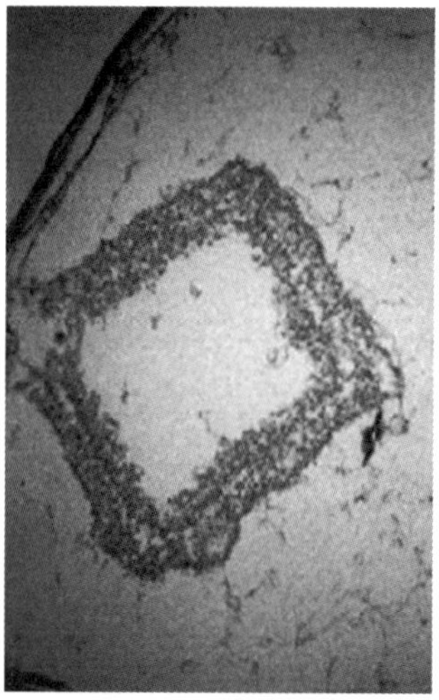

图5-24　结晶状内含体

（Montasser and El-Sharkawey，2017）

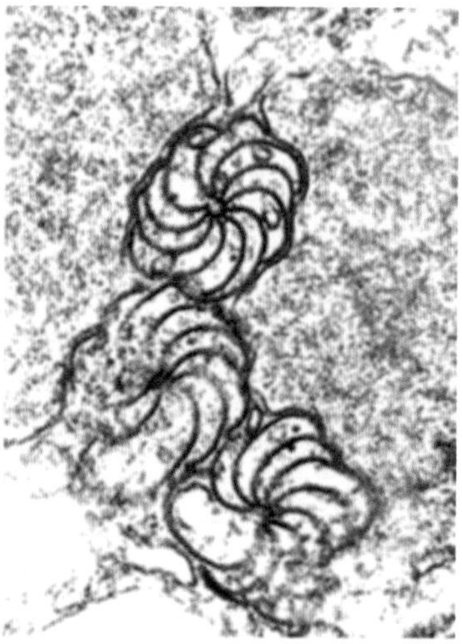

图5-25　风轮状内含体

（Hull，2014）

图5-26　无定形内含体

（Hui，1993）

V. 病毒粒体；CY. 无定形内含体

2）组织学变化

病毒引起的症状经常反映植物内部的组织学变化，这些变化主要有3种类型，即坏死、发育不良和增生，在任何特定的病害中都可能单独或同时发生。

坏死可能局限于特定的器官和组织，也可能非常局限于局部，通常与其他组织学改变一起发生。在马铃薯卷叶病中，韧皮部被侵染致死并扩散到整株植物的韧皮部，但仅限于这种组织（图5-27）（Shepardson et al.，1980）。在感染了番茄环斑病毒（tomato ringspot virus，ToRSV）的天葵中，光学显微镜观察到花粉粒败育和胚珠异常败育是常见的现象（图5-28）（Murdock et al.，1976）。

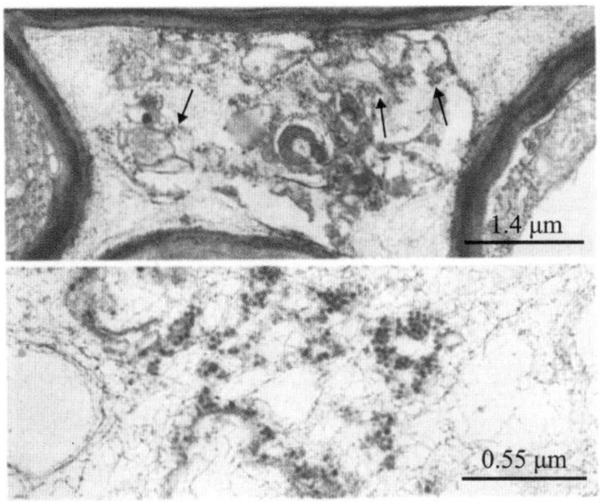

图 5-27　马铃薯卷叶病毒(PLRV)导致叶脉韧皮部伴胞坏死(Shepardson et al.，1980)

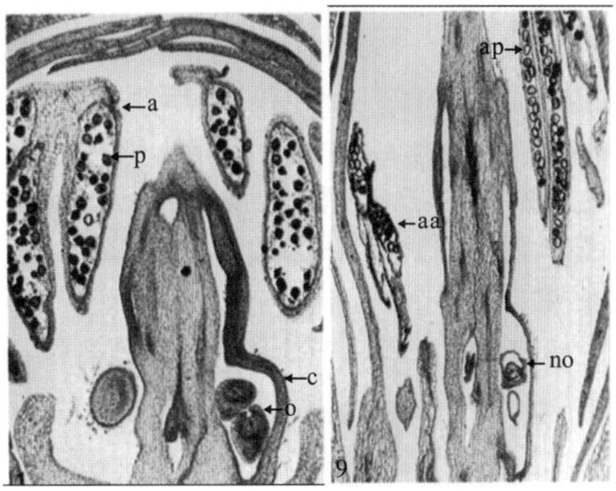

图 5-28　番茄环斑病毒(ToRSV)导致天竺葵花粉粒败育(ap)和胚珠异常败育(no)(Murdock et al.，1976)

有的病毒病则引起细胞体积的异常增大(图 5-29)，分化细胞异常分裂以及形成层细胞异常分裂。例如，马铃薯 X 病毒(potato virus X，PVX)可能会在马铃薯块茎中产生坏死，在坏死区周围的细胞区出现典型的创伤反应，淀粉粒消失，形成活跃的形成层。有花叶症状的叶片通常在黄化区域表现为发育不良，叶片比深绿色区域更薄，叶肉细胞分化较少，叶绿体较少，细胞间隙较少或没有(图 5-30)。

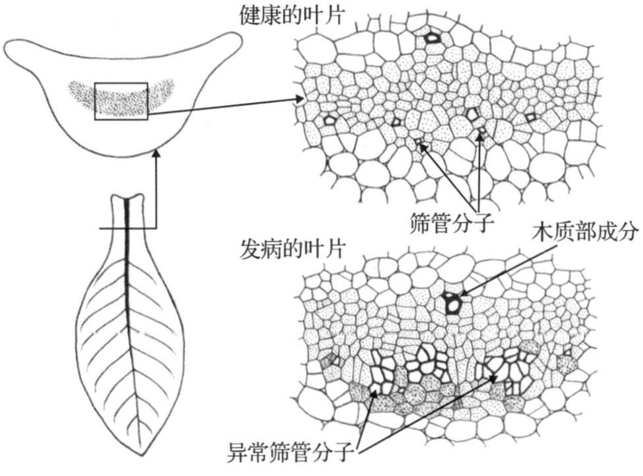

图 5-29　烟草叶片上的曲顶病导致筛管分子异常增大(Esau，1956)

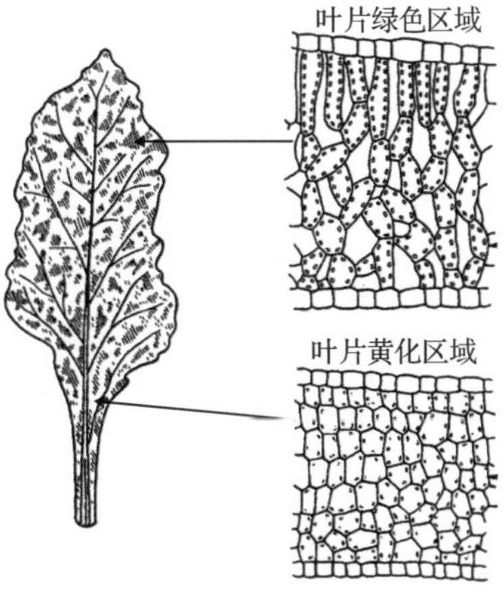

图 5-30　甜菜叶上的花叶病导致叶肉细胞间隙变小(Esau，1956)

3)细胞学效应

(1)细胞核。一些植物病毒和类病毒会侵染寄主细胞的细胞核和核仁。大量病毒粒体聚集在细胞核中，产生核内包含体，影响核仁或核的大小和形状(图 5-31)。

(2)线粒体。感染黄瓜绿斑驳花叶病毒(cucumber green mottle mosaic virus，CGMMV)的一系列寄主和各种组织细胞中的线粒体形成被膜包围的小泡，位于线粒体周围间隙和脊内，线粒体内膜系统异常发展。在一些韧皮部细胞中发现病毒粒体，其中弯曲的杆状粒体经常插入线粒体脊。

(3)叶绿体。受到泽兰黄脉病毒(EpYVV)侵染的叶片的叶绿体发生明显变化，其颜色从正常的绿色变为无色，出现不同程度的结块，伴有大囊泡形成，结构碎裂，基粒堆叠高度降低(图 5-32)。在 TMV 诱导的黄瓜子叶局部损伤中，叶绿体变大并充满淀粉粒。

(4)细胞壁。在病毒引起的病变边缘附近的细胞中，细胞壁可出现异常增厚的现象。病毒感染可以诱导产生与胞间连丝相关的细胞壁突起。突起通常被一个或多个通道穿过，有时呈长小管的形状，内部和外部都有质膜排列(Bassi et al.，1974)。

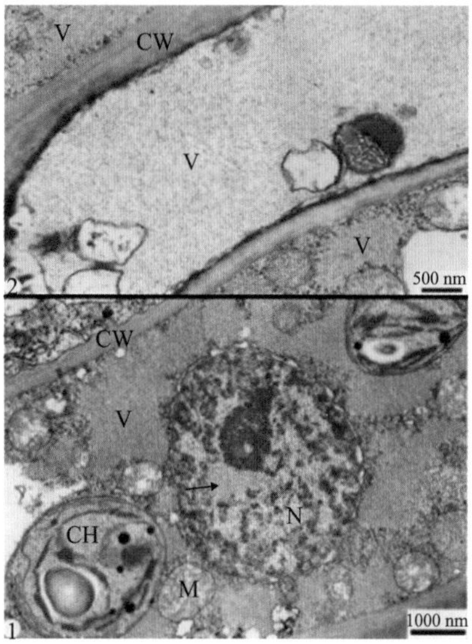

图 5-31　甜菜黄化病毒(BYV)存在于甜菜叶片筛管和韧皮部薄壁细胞细胞质、细胞核中(洪健等，2001)

V. 病毒粒体；CH. 叶绿体；N. 细胞核；CW. 细胞壁

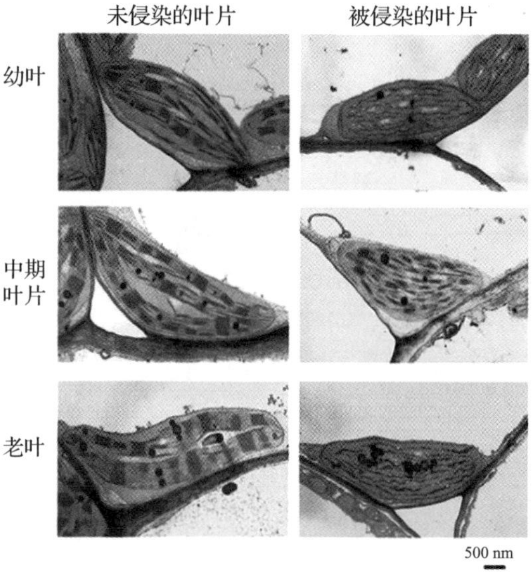

图 5-32　紫茎泽兰黄脉病毒(EYVV)改变紫茎泽兰叶片叶绿体结构、颜色

(Funayama-Noguchi and Terashima，2006)

2　实验目的

(1)了解和认识植物病毒病害的主要症状类型，能够与菌物病害、细菌病害、非侵染性病害等其他类型植物病害的外部症状特征进行区分。

(2)了解和认识几种典型植物病毒粒体和内含体的形态特征，掌握病毒粒体和内含体的观察方法。

(3)掌握农业生产中作物常见的植物病毒病害的症状特征，学会对植物病毒病进行初步诊断。

3 实验材料和用具

3.1 植物材料

田间采摘的感染甘蔗花叶病毒、水稻黑条矮缩病毒、小麦黄花叶病毒等症状明显的常见植物病毒病病害标本、实验室接种黄瓜花叶病毒(CMV)、烟草花叶病毒(TMV)、马铃薯 Y 病毒(PVY)等植物病毒的发病本氏烟、健康本氏烟。

3.2 试剂

O-G 染剂、水、2.5%戊二醛固定液、1%磷钨酸(pH 7.0)。

3.3 实验仪器和用具

透射电子显微镜、光学显微镜、剪刀、刀片、载玻片、盖玻片、表面皿、铜网、镊子、移液枪、滤纸、封口膜。

4 实验内容和方法

4.1 植物病毒外部致病症状的观察

由于症状多样,本部分实验将通过三种方式进行:肉眼观察病毒病害标本,观察接种 CMV、TMV、PVY 等常见植物病毒后发病的本氏烟,以及观察实验中植物病毒症状彩色图片。对于提供的发病植物样品,除肉眼直接观察外,利用剪刀或刀片获取病健交界处的组织,在显微镜或体视镜下观察颜色变化、组织细胞坏死情况、组织表面平展度等特征。描述记录植物病毒病致病病原和病害症状。

4.1.1 畸形

主要观察感病植物的整株或某个器官的异常生长。

对于植株矮化症状,观察水稻黑条矮缩病、水稻矮缩病、小麦黄矮病、小麦丛矮病、玉米粗缩病等病害标本和实验室接种黄瓜花叶病毒(CMV)的发病本氏烟(图 5-33)。对于叶片和根部畸形症状,观察柑橘褪绿矮缩病、番茄黄化曲叶病毒病、番茄蕨叶病毒病、葡萄扇叶病、马铃薯卷叶病、甜菜丛根病等病害标本。对于果实畸形症状,观察番茄黄化曲叶病病果和感染黄瓜花叶病毒的西葫芦病果等病害标本。

4.1.2 变色

主要观察叶片、果实、种子、花瓣颜色变化,包括花叶、褪绿、黄化、斑驳、环斑、条纹、明脉、黄脉、碎色等变色症状。

观察烟草普通花叶病毒病、黄瓜花叶病毒病、甜瓜花叶病、玉米矮花叶病、玉米花叶病、小麦黄花叶病、小麦线条花叶病、水稻黑条矮缩病、水稻矮缩病、水稻条纹叶枯病、辣椒脉斑驳病、草莓镶脉病毒病、玫瑰叶脉黄化病、郁金香杂色综合征等病害标本。

4.1.3 坏死

坏死主要表现为植物组织、器官或整株植株坏死。观察番茄斑萎病、花生番茄斑萎病毒病、马铃薯Y病毒病、马铃薯块茎坏死性环斑病、玉米致死性坏死病等病害标本和实验室接种烟草花叶病毒(TMV)的发病本氏烟(图5-34)。

图5-33 黄瓜花叶病毒(CMV)在本氏烟上引起矮缩症状(节间距缩短、叶片大小保持基本一致)

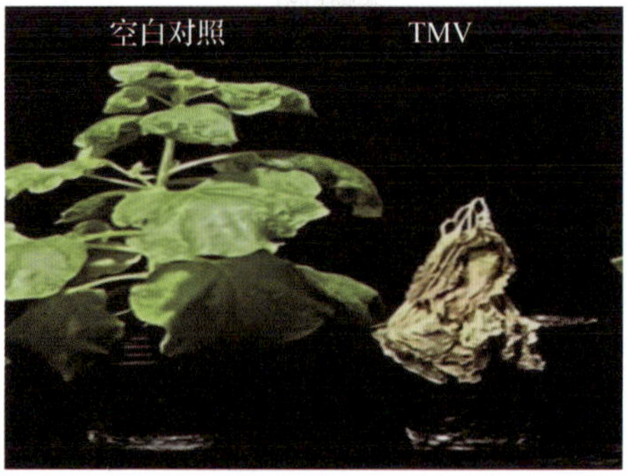

图5-34 烟草花叶病毒导致本氏烟整株坏死症状

4.2 植物病毒内部致病症状及病毒粒体形态观察

4.2.1 光学显微镜观察病毒内含体

1)直接观察

以TMV为例,选择烟草病叶黄绿相间部位,在叶片背面表皮靠近叶脉处,使用刀片切取方形区域,使用镊子撕下表皮,置于载玻片上,滴一滴清水,盖上盖玻片,制成临时玻片,在光学显微镜下观察TMV表皮细胞内结晶状内含体(图5-35)。

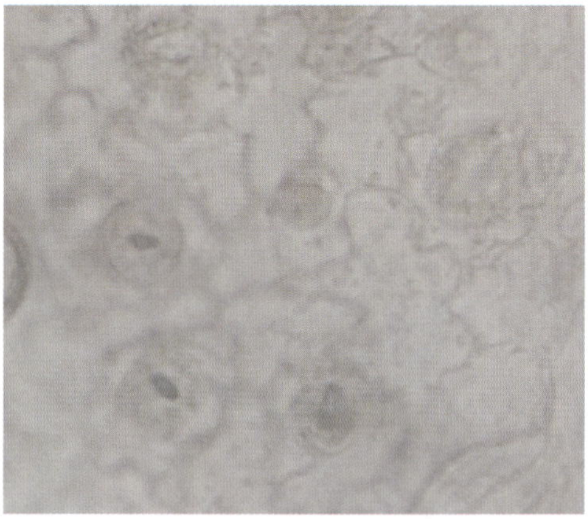

图5-35 烟草花叶病毒(TMV)的内含体

2)染色观察(以O-G染色法为例)

方法同直接观察,撕取发病植物叶片背面表皮,将表皮放在表面皿上,滴加染色剂O-G,染色3~5 min;使用95%乙醇冲洗掉多余染剂,洗涤3次,浸泡在水中,制作成临时玻片,在光学显微镜下观察PVY风轮状内含体。

内含体往往在表皮含量比较高,较易获得。如需观察其他组织细胞内含体需先用2-甲氧基乙醇去除色素并延长染色时间。染色剂O-G可检测含有蛋白质的内含体,天青A可检验含核酸的内含体。在观察小内含体时,染色剂O-G染色之前可用5% Triton X-100溶液处理去除质体。但Triton X-100会解离一些病毒的内含体，如 TMV 和马铃薯 X 病毒属病毒。天青 A 染色剂在检测 TMV 晶体内含体时染色时需要先在 60 ℃预处理 1～2 min。如需观察病毒内含体结构和组分，可经过常规电镜制片后使用透射电镜进行观察。

4.2.2 透射电子显微镜负染色观察病毒形态

1）取样

选取活体或新鲜组织中病毒粒体富集部位，如病毒病症状显著但不是坏死区域的病健交界处。病毒在不同器官的分布量存在差异，注意观察部位的选择。

2）制样

将样品与 2.5％戊二醛固定液混合，用刀片将样品切成细丝以便使其流出汁液，取 20 μL 样品流出液悬滴于封口膜上，用镊子夹取 200 目铜网并使其正面朝下，吸附封口膜上的样品流出液 2 min，加 1％磷钨酸（pH 7.0）负染色剂染色 1 min，用滤纸吸掉多余染液，烘烤灯下烘烤 10 min 以固定样品。

3）电镜观察

将制作好的样品置于透射电子显微镜下观察，每个铜网观察 30 个以上有效视野。

5 作业

（1）列举我国常见的水稻、小麦、玉米、薯类、烟草、蔬菜、果树和花卉病毒病，并写出各自的病原病毒和主要病害症状。

（2）综述世界十大植物病毒分类、核酸类型、寄主、引起的植物病毒病及病害症状特征。

（3）如何区分发病部位的变色症状是花叶还是斑驳？

（4）如何区分发病部位的畸形症状是皱缩还是卷叶？

（5）使用显微镜观察并绘制 CMV、TMV、PVY 的粒体形态及聚集情况。

（6）使用显微镜观察并绘制植物细胞内 TMV 和 PVY 内含体形态。

（7）什么是负染色？

参考文献

Bassi M，Favali M A，Conti G G，1974. Cell wall protrusions induced by cauliflower mosaic virus in Chinese cabbage leaves：A cytochemical and autoradiographic study [J]. Virology，60(2)：353-358.

Bhat A I，Rao G P，2020. Characterization of Plant Viruses [M/OL]//Springer Protocols Handbooks. http://dx. doi. org/10. 1007/978-1-0716-0334-5.

Brenner S，Streisinger G，Horne R W，et al.，1959. Structural components of bacteriophage [J]. Journal of Molecular Biology，1(3)：281-IN21.

Chabi-Jesus C，Ramos-González P L，Tassi A D，et al，2018. Identification and characterization of citrus chlorotic spot virus，a new dichorhavirus associated with citrus leprosislike symptoms [J]. Plant Disease, 102(8): 1588-1598.

Ciolakowska A R M, Ramanna M S, Arens P, et al, 2012. Breeding and Cytogenetics in the Genus Tulipa [J]. Floriculture and Ornamental Biotechnology, 6(1): 90-97.

Dragich M, Melzer M, Nelson S, 2014. Cucumber mosaic virus in Hawaii [J]. Plant Disease, 101: 1-10.

Esau K, 1956. An anatomist's view of virus diseases [J]. American Journal of Botany, 43(9): 739-748.

Funayama-Noguchia S, Terashimaa I, 2006. Effects of Eupatorium yellow vein virus infection on photosynthetic rate, chlorophyll content and chloroplast structure in leaves of *Eupatorium makinoi* during leaf development [J]. Functional Plant Biology, 33(2), 165-175.

Guo J, Lai X P, Li J X, et al, 2015. First report on citrus chlorotic dwarf associated virus on lemon in Dehong Prefecture, Yunnan, China [J]. Plant Disease, 99(9): 1287-1287.

Hanssen I M, Lapidot M, Thomma B P H J, 2010. Emerging viral diseases of tomato crops [J]. Molecular Plant-Microbe Interactions, 23(5): 539-548.

Hui J O, Tomasselli A G, Reardon I M, et al, 1993. Large scale purification and refolding of HIV-1 protease from *Escherichia coli* inclusion bodies [J]. Journal of Protein Chemistry, 12(3): 323-327.

Hull R, 2014. Plant Virology (Fifth Edition) [M]. New York: American Academic Press.

Jiang C, Kan J, Ordon F, et al, 2020. Bymovirus-induced yellow mosaic diseases in barley and wheat: viruses, genetic resistances and functional aspects [J]. Theoretical and Applied Genetics, 133(5): 1623-1640.

Jin L, Qin Q, Wang Y, et al, 2016. Rice dwarf virus P2 protein hijacks auxin signaling by directly targeting the rice OsIAA10 protein, enhancing viral infection and disease development [J]. PLOS Pathogens, 12(9): e1005847.

Jones R A C, 2021. Global plant virus disease pandemics and epidemics [J]. Plants, 10(2): 233.

Karasev A V, Gray S M, 2013. Continuous and emerging challenges of Potato virus Y in potato [J]. Annual review of phytopathology, 51: 571-586.

Kausche G A, Pfankuch E, Ruska H, 1939. Die Sichtbarmachung von pflanzlichem Virus im bermikroskop [J]. Die Naturwissenschaften, 27(18): 292-299.

Milleza E J M, Ward L I, Delmiglio C, et al, 2013. A survey of viruses infecting *Rosa* spp. in New Zealand [J]. Australasian Plant Pathology, 42(3): 313-320.

Montasser M S, El-Sharkawey A E, 2017. Histopathology of chloroplast ultrastructure and inclusion bodies in CMV-infected plant tissues using electron microscopic examination and image analysis [J]. Vegetos-An International Journal of Plant Research, 30(3): 23.

Morca A F, Çelik A, Coşkan S, et al, 2022. Population analysis on tomato spotted wilt virus isolates inducing various symptoms on tomato, pepper, and Chenopodium album in Turkey [J]. Physiological and Molecular Plant Pathology, 118: 101786.

Murdock D J, 1976. Histopathological examination of pelargonium infected with Tomato ring spot virus [J]. Phytopathology, 66(7): 844-850.

Ouedraogo R S, Pita J S, Somda I P, et al, 2019. Impact of cultivated hosts on the recombination of Cucumber mosaic virus [J]. Journal of Virology, 93(7): e01770-18.

Saunders K, Bedford I D, Yahara T, et al, 2003. The earliest recorded plant virus disease [J]. Nature, 422(6934): 831.

Scholthof K B G, 2008. Tobacco mosaic virus: The beginning of plant pathology [J/OL]. APS*net* Features. DOI: 10.1094/APSnetFeature-2008-0408.

Shepardson S, Esau K, Mccrum R, 1980. Ultrastructure of potato leaf phloem infected with Potato leafroll virus [J]. Virology, 105(2): 379-392.

Sun Z, Yang D, Xie L, et al, 2013. Rice black-streaked dwarf virus P10 induces membranous structures at the ER and elicits the unfolded protein response in *Nicotiana benthamiana* [J]. Virology, 447(1-2): 131-139.

Yin J, Wang L, Jin T, et al, 2021. A cell wall-localized NLR confers resistance to Soybean mosaic virus by recognizing viral-encoded cylindrical inclusion protein [J]. Molecular Plant, 14(11): 1881-1900.

Zhang Y, Singh K, Kaur R, et al, 2011. Association of a novel DNA virus with the grapevine vein-clearing and vine decline syndrome [J]. Phytopathology, 101(9): 1081-1090.

蔡学清，肖顺，2021. 普通植物病理学实验指导 [M]. 2 版. 北京：科学出版社.

董炜博，李敏，2022. 花生番茄斑萎病毒病的发生与防治研究进展 [J]. 中国油料作物学报，44(5)：937-947.

洪健，李德葆，周雪平，2001. 植物病毒分类图谱 [M]. 北京：科学出版社.

王德田，丁伟，2022. 实用现代病理学技术 [M]. 北京：中国协和医科大学出版社.

王甲军，乔兴华，秦阳阳，等，2022. 重庆柑橘产区柑橘褪绿矮缩病毒的发生、分布和分子特性研究 [J]. 果树学报，39(10)：1903-1910.

王田田，魏治镭，熊智琦，等，2023. 莴笋感染番茄斑萎病毒(TSWV)——病毒粒子分布与亚细胞病变特征 [J]. 电子显微学报，42(1)：53-61.

谢联辉，2022. 植物病原病毒学[M]. 2 版. 北京：中国农业出版社.

原雪峰，于成明，2019. 国际病毒分类委员会(ICTV)2017 分类系统与第九次分类报告的比较及数据分析 [J]. 植物病理学报，(2)：145-150.

（原雪峰、刘志菲　编写）

实验六

植物病原线虫和寄生性种子植物及其所致病害

提要：植物病原线虫因其难发现、难防控、侵染能力强、寄主范围广和传播迅速等特点，已成为严重危害农业经济生产的重要病原物之一。植物病原线虫个体小，形态学特征是其鉴定和分类的主要依据。由寄生性种子植物所引起的病害在发病初期往往不容易识别，但在危害较为严重的状况下，可造成寄主植物产量和品质的降低，并且在部分地区发生为害有逐年上升趋势。因此，加强对植物病原线虫和寄生性种子植物形态特征的识别及其所致病害的研究迫在眉睫。本实验重点内容为主要植物病原线虫形态特征及其所致病害症状、分离主要植物病原线虫的方法、寄生性种子植物的特征和类型及寄生性植物病害的典型症状、寄生性种子植物的繁殖和传播及生活史，希望学生可以掌握常见植物病原线虫种类及其所致病害症状、分离和鉴定主要植物病原线虫的方法、寄生性种子植物的特征和类型，掌握寄生性植物病害的典型症状，为植物线虫病害和寄生性种子植物的诊断与防治奠定坚实的基础。

1 实验基础知识和原理

1.1 植物病原线虫及其所致病害

线虫(nematodes)，又称蠕虫(helminthes)，是一类低等的假体腔无脊椎动物，种类繁多、形态各异，在自然界中分布广泛，其中很多能寄生在人、动物和植物体内。危害植物并引致明显病害症状的线虫称为植物病原线虫或植物寄生线虫，简称植物线虫。植物受线虫危害后所表现的症状与其他病害病状相似，具有病理变化过程，因此，习惯上把植物线虫作为病原物进行研究，引致的病害称为线虫病(康振生、孙广宇，2022)。近年来，线虫病害发生日趋严重，已成为严重危害农业经济生产的重要病原物之一，所以线虫的研究越来越受到人们重视。植物线虫的个体相对较小，一般长 0.3～1.0 mm，偶尔有少数长达 4.0 mm(Agrios，2005)。不同植物线虫的虫体形态特征不同，需要借助显微镜认知线虫的形态并对其进行鉴定(段玉玺，

2011)。

1.1.1 植物病原线虫形态

线虫一般为线形,或至少在其生活史中的某一阶段为线形,即为一细长的管状虫体。此外,有的线虫种类还有圆形、梨形、柠檬形、肾形或袋状等虫体形态。线虫的头部多呈半圆形或平截,少数半球形。尾部多数为锥形、钝圆或线形,末端有的为半圆形,有的尖锐或平截(Agrios,2005;段玉玺,2011)。不同植物线虫种类形态特征见图 6-1。

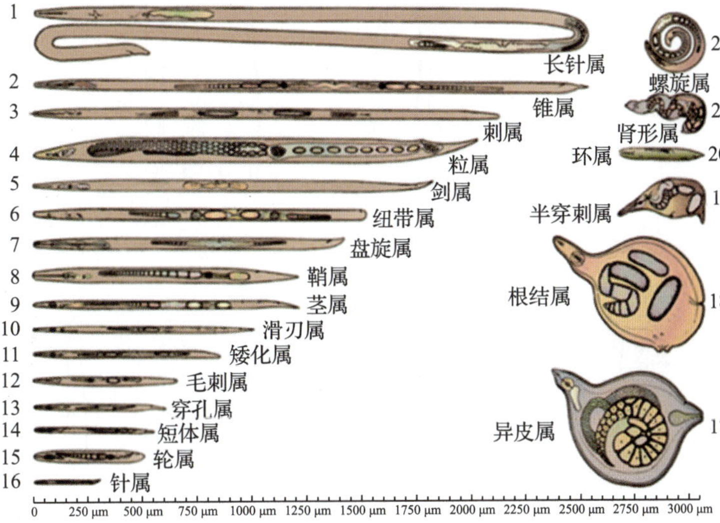

图 6-1 重要植物线虫的形态和大小比较示意图(Agrios,2005)

一般线虫的体壁为无色、透明,分为角质层、下皮层和肌肉层,在光学显微镜下可明显区分开。多数线虫的虫体从头部至尾部具有许多横向的纹线,称为环纹(annulation),横向两条体纹之间的部分称为体环(annulus)。在线虫尾部可形成很细的突起称尾尖突(mucron),有些尾尖突还有一个到多个分叉。有些雄虫在虫体后部有由表皮构成的侧向延伸物,这些延伸物叫尾翼(caudal alae),即交合伞(copulatory bursa)(段玉玺,2011)。

线虫的口腔是由外表皮内陷形成的,位于虫体头部。不同线虫口腔内具有壁齿、口针或齿针等骨化的针刺状结构(图 6-2)。植物病原线虫的口腔内有一个针刺状的器官称作口针(spear 或 stylet),其由锥体、基杆、基球组成。

不同种类线虫的食道差异较大。按照形态的不同,可以分为 7 种食道类型,包括圆柱型食道(mononchoid)、矛型食道(dorylaimoid)、小杆型食道(rhabhdidoid)、双胃型食道(diplogasteroid)、头叶型食道(cephaloid)、垫刃型食道(tylenchoid)和滑刃型食道(aphelenchoid)(段玉玺,2011)(图 6-3)。食道类型是鉴定线虫类群的重要形态特征。垫刃型食道可分为 4 个部分,依次为细狭的前体部(靠近口孔)、膨大的中食道球、狭部和膨大的食道腺。垫刃型食道的背食道腺开口位于口针基球附近,而亚腹食道腺则开口于中食道球腔内。大部分植物病原线虫的食道类型为垫刃型食道,如胞囊线虫、根结线虫等。滑刃型食道的整个食道构造与垫刃型食道相似,但其背食道腺和腹食道腺均开口于中食道球腔内,如滑刃线虫属和伞滑刃线虫属。矛型食道线虫口针强大,食道分 2 个部分,食道管的前部较细而薄,渐向后加宽加厚,呈瓶状,如长针线虫属、剑线虫属和毛刺线虫属。

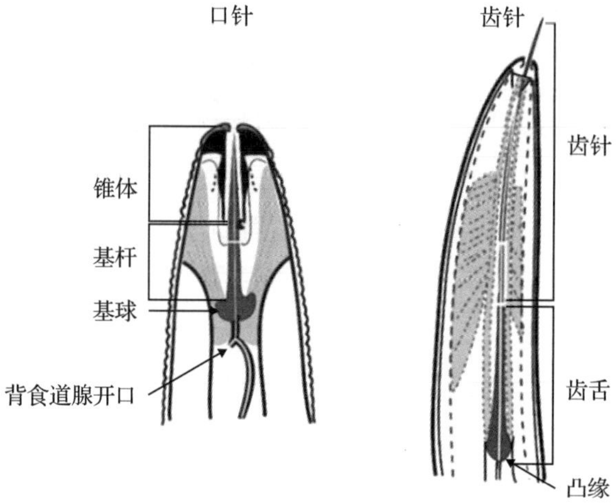

图 6-2 植物线虫的口针与齿针模式图(由沈阳农业大学植物保护学院朱晓峰绘制)

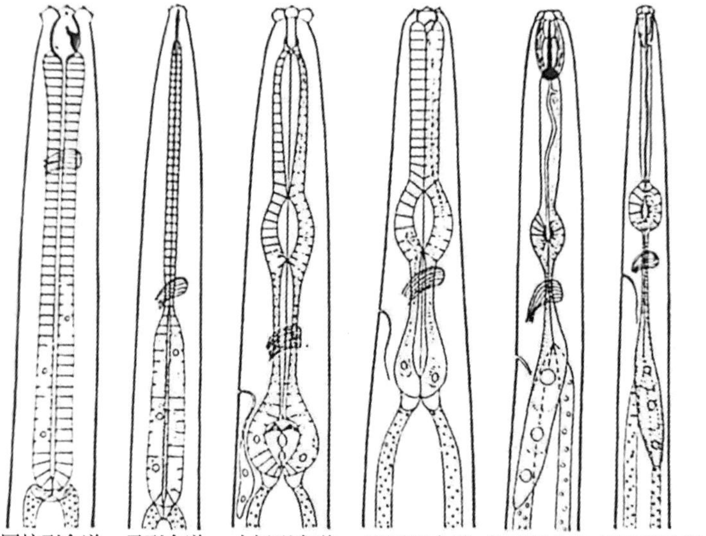

图 6-3 线虫的各种食道类型示意图(段玉玺,2011)

根结线虫为雌雄异型,雌虫膨大呈梨形或柠檬形,阴门位于虫体尾端。在根结线虫雌虫尾部阴门和肛门周围的角质膜形成特征性的花纹,称为会阴花纹(perineal pattern)。雌虫的会阴花纹的特征常被作为根结线虫属种的重要鉴定依据之一(Eisenback et al.,1981;刘维志,2003)。

胞囊线虫为雌雄异型,雌虫成熟后,虫体膨大呈梨形、柠檬形、球形、袋状等。雌虫成熟死亡后,表皮变厚并变为深褐色或金黄色,体内充满卵,称为胞囊(cysts)。胞囊尾部的阴门部位比较突出,呈锥形,称为阴门锥(vulval cone)(刘维志,2003)(图 6-4)。

1.1.2 植物病原线虫的分离方法

植物病原线虫大多数生活于土壤中,寄生在植物根系或块茎等地下器官,少数植物病原线

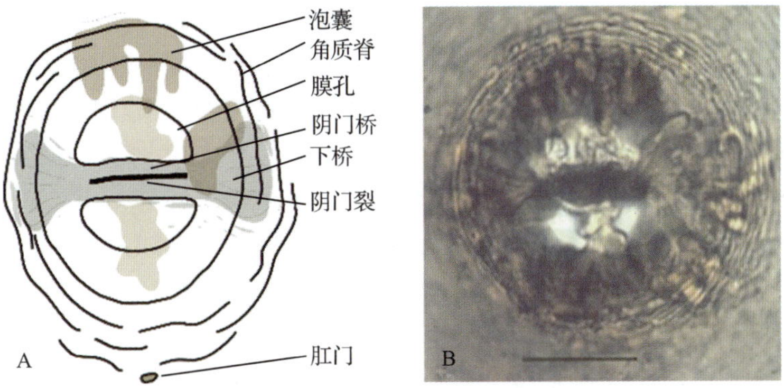

图 6-4　大豆胞囊线虫阴门锥的特征

A. 手绘图(由沈阳农业大学植物保护学院朱晓峰绘制);B. 显微照片

虫寄生于茎、叶、花、果实和种子等植物地上部。植物病原线虫的分离是开展形态学和分子生物学鉴定等线虫学研究的基础。常用的分离线虫的方法包括贝曼漏斗法(Baermann funnel method)、卡勃过筛分离法(Cobb's sieving method)、离心法(centrifuge method)、贝曼浅盘法(Baermann tray method)、淘洗—过筛—浅盘分离法(combination of Baermann trays with elutriation and sieving)和淘洗—过筛—蔗糖离心漂浮分离法(centrifugal flortation with elutriation and sieving)等(刘维志,1995)。植物病原线虫的分离方法主要根据被分离线虫的种类和数量、寄主植物种类和寄生部位、标本的固有属性、采集时间和所分离线虫的用途等确定。

1)贝曼漏斗法

贝曼漏斗法(Baermann funnel method)是 Baermann 于 1917 年提出来的。取直径为 8～10 cm 的玻璃漏斗,用一段乳胶管连接漏斗管下部,并用止水夹(弹簧夹)控制胶管的开闭。将漏斗放在铁架或自制的木制漏斗架的圆环内,向漏斗内加入约 2/3 清水待用。取含线虫的土样 100～200 g,或含线虫的植物材料(如根系或甘薯腐烂茎线虫病组织)并将其切成大小为 0.5～1.0 cm 的小段。用 6～8 层擦镜纸包住土样或根样,轻轻放入盛水的漏斗内,使水漫过并浸透样品,如水量不足,则需轻轻加水,防止冲出泥浆,静止并浸泡 10～12 h。轻轻打开止水夹,用空烧杯接收从漏斗管流出的水,内含有大量线虫,关闭止水夹后,向漏斗中轻轻补加清水,可以再次收集线虫(图 6-5,二维码 6-1)。

二维码 6-1
贝曼漏斗法分离线虫操作流程(视频)

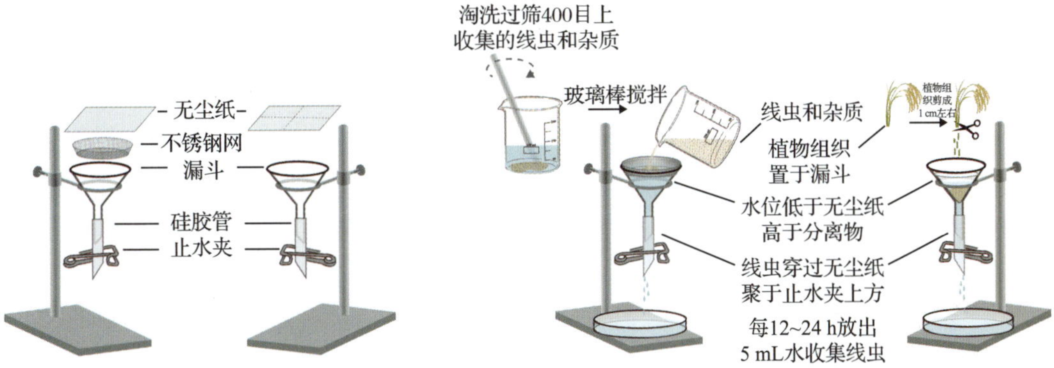

图 6-5　贝曼漏斗法分离土壤和植物组织中线虫示意图(由沈阳农业大学植物保护学院朱晓峰绘制)

线虫具有喜水习性，遇水便会从土壤或植物组织内游出，同时由于地心引力即线虫自身的重量，便会下沉至连接在漏斗下部的胶管内。这种方法仅限于分离活动性的蠕虫形线虫，对已经死亡的线虫、不活动的线虫或虫态（如胞囊线虫和根结线虫的雌虫）则是无效的。

2）卡勃过筛分离法

卡勃过筛分离法（Cobb's sieving method）是美国著名线虫学家 Cobb 于 1918 年提出的，主要用于分离土壤中的线虫。取 100～200 g 土样，放入塑料盆中加水至 4/5，充分搅动淘洗，使土壤中的线虫尽量都悬浮在水和泥浆中，然后静止 3～5 min，使泥沙下沉，线虫仍悬浮在水中。将水倾斜注入组合套筛（由一组不同孔径的筛子组成，最上层为粗筛，最下边为最细的筛），10～20 目粗筛上（孔径为 850～2 000 μm ）收集大的砂石、根系等杂物，60～100 目筛（孔径为 150～250 μm）收集线虫的胞囊，甚至大的线虫如剑线虫等，325 或 400 目筛（孔径为 38～45 μm）收集虫体较小的大多数线形线虫，分别用清水将筛子中的线虫洗入烧杯内。组筛可以根据所需要分离的线虫体长选择不同孔径筛子进行组合。

卡勃过筛分离法主要根据虫体的大小以及线虫的比重比水轻或与水的比重接近。在淘洗过程中，线虫可浮在水面或悬浮在水中；在过筛时，依据虫体大小可以在不同筛目上收集线虫。

标准组筛的型号和筛孔直径数据如表 6-1 所示。

表 6-1　标准组筛的型号和筛孔直径数据

型号/目	孔径/μm	型号/目	孔径/μm
10	2 000	80	180
14	1 400	100	150
20	850	200	75
25	710	325	45
35	500	400	38
60	250	500	26

3）离心方法

离心方法（centrifuge method）是利用过筛分离法将线虫从土壤中分离出来，形成含线虫的水悬液，分装入 50 mL 大离心管中，配平后置于低速离心机中，2 000～3 000 r/min 离心 2～4 min，倾去离心管的上清液，管底留下线虫和泥沙，再向离心管加入比重 1.18 的蔗糖液，搅动，使线虫和泥浆再次悬浮，在 2 000～3 000 r/min 下离心 30～60 s，将上清液慢慢倾入 400～500 目细筛内（孔径为 26～38 μm），用洗瓶小心洗入烧杯内收集线虫。

4）贝曼浅盘法

贝曼浅盘法（Baermann tray method）是取 50～100 g 土样，均匀撒布于铺有滤纸的塑料网或不锈钢网上（注意不能用铜网）；然后将盛土网放在平底皿、浅盘或搪瓷托盘内，随后轻轻注水浸没土样；置于 21～24 ℃温度下，补充蒸发掉水分；约 3 d 后从皿/盘中收集线虫，如果线虫虫悬液含有杂物，可以用 500 目筛子淋洗汰除杂物，用烧杯收集线虫；3～14 d，大量线虫出现在皿中或浅盘内。

5）淘洗—过筛—浅盘分离法

淘洗—过筛—浅盘分离法（combination of Baermann trays with elutriation and sieving）是一种从土壤和各组织碎片内分离线虫的有效方法。将土样和植物组织碎片放入淘洗器内，加入水进行淘洗，静止片刻后过筛；从 10 和 400 目筛子上分别收集根组织和土壤残留物，放置于已放有滤纸和支持网的浅盘上，轻轻注水浸没残留物，及时补充蒸发掉水分，于 21～24 ℃放置 3 d 后，开始收集线虫。为获得更多的线虫，收集时间可延长至 10～14 d。

6)淘洗—过筛—蔗糖离心漂浮分离法

淘洗—过筛—蔗糖离心漂浮分离法(centrifugal flortation with elutriation and sieving)是一种快速、有效地从土壤中分离根结线虫幼虫和小型线虫等各类线虫的常规方法。将土样放入淘洗器内，加入土样体积 3～5 倍的水进行淘洗，静止 10 s 后将悬液注入组合套筛。一般组筛由最上层 20 目、中间 80 目和最下层 400 目的筛子组成，中间 80 目筛子用于收集土壤中的胞囊。若希望获得活线虫，则可以使用贝曼漏斗法再次分离。用清水轻轻从最下层筛子上冲洗杂物和线虫混合物至 150 mL 烧杯内，静置 10 min 以上使得线虫沉入泥沙中待用。用吸管将已静置好的溶液上清液吸至距泥沙 1 cm 处，用玻璃棒将剩下的溶液和泥沙搅匀并倒入离心管内，将离心管放入离心机，注意平衡配置，2 000 r/min 离心 5 min，倒掉离心管内的上清液，线虫存留于管底的残渣沉积物内。再加入与泥沙等高蔗糖溶液到离心管内，置电动旋转仪或振荡混合器上混匀。2 000 r/min 离心 30 s，线虫分布于蔗糖悬液中，将含有线虫的蔗糖悬液倾入 500 目筛子内，用清水将线虫混合样淋洗到 150 mL 烧杯内(图 6-6，二维码 6-2)。

二维码 6-2 淘洗—过筛—蔗糖离心漂浮分离法分离线虫操作流程(视频)

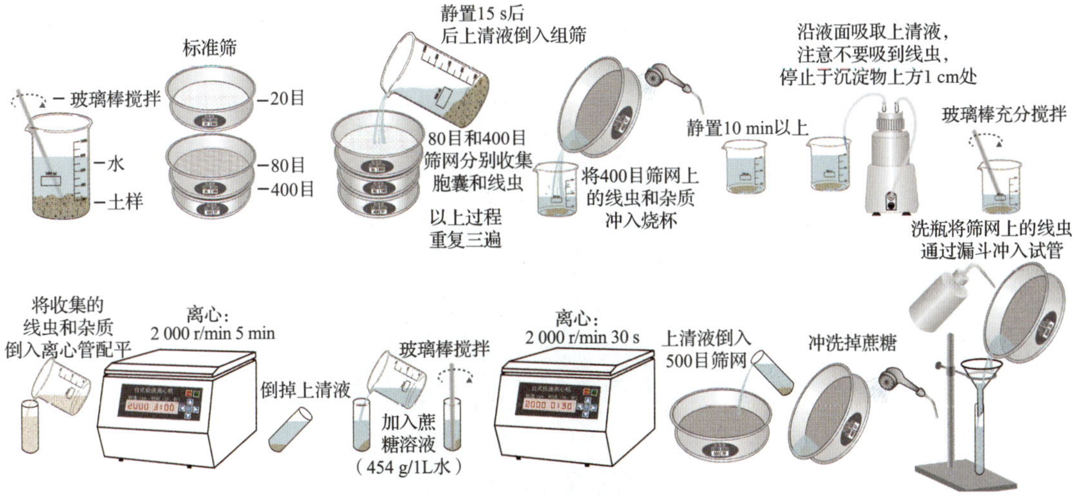

图 6-6 淘洗—过筛—蔗糖离心漂浮分离法分离土壤中线虫示意图(由沈阳农业大学植物保护学院朱晓峰绘制)

1.1.3 植物病原线虫主要种类及其所致病害

植物病原线虫是植物病原中最具破坏性的种类之一，能够寄生于植物体内为害植株，在全球引起的农业损失每年超过 1 730 美元(Abad et al.，2008；Elling，2013；彭德良，2021)。目前，已报道的植物病原线虫超过 4 100 种，其中，危害严重的是粒线虫属(*Anguina*)、茎线虫属(*Ditylenchus*)、根结线虫(*Meloidogyne* spp.)、胞囊线虫(*Heterodera* spp.)和滑刃线虫属(*Aphelenchoides*)(段玉玺，2011；Li et al.，2015；金娜等，2022)。

植物受线虫为害后，除了表现出与菌物、细菌、病毒等病原物引起的相似症状，也有其特有症状与之相区别。线虫多在地下活动，故植物根部受害比较多见。植物根部受害的症状表现：有的病株根生长点受破坏而停止生长或卷曲；有的病株主根纤弱、须根减少、须根和侧根上有大小和形状不一的瘤状物（根结）或过度分枝而形成发根或须根团等。植物根部受害后，地上部生长受到影响而表现出植株矮缩、色泽失常和早衰，严重时整株枯死。线虫也可直接引起植株地上部的症状，即顶芽和花芽坏死、茎叶卷曲或组织坏死、形成叶瘿或种瘿等。一些植物病原线虫引起的病害症状除病状外，还具有明显的病征，例如，大豆胞囊线虫的雌虫成熟后虫体膨大呈柠檬形，末端突破根表皮露出根外，初期为白色后变为黄白色，成熟雌虫死亡之后表皮呈黄褐色，最后变为褐色，即为胞囊。大豆根上附着的球状的胞囊是鉴定胞囊线虫病的重要特征。

植物病原线虫不同属所致症状有一定区别。根结线虫属（*Meloidogyne*）和胞囊线虫属（也称异皮线虫属，*Heterodera*）所致病害，地上部一般无特异的症状，仅表现生长不良、植株萎黄，地下部须根明显增多，往往形成须根团；根结线虫刺激根部肿胀形成根结，而胞囊线虫则不形成根结，但可直接看见附着在根侧的雌虫体（段玉玺，2011；项鹏，2020）；粒线虫属（*Anguina*）为害地上部分，使茎叶扭曲、穗部变形、籽粒变为虫瘿；茎线虫属（*Ditylenchus*）主要为害地下部分，使块根、块茎、鳞茎呈干腐状或湿腐状，地上部分只略见茎叶呈波状卷曲，发育迟缓等（张莉丽等，2023）；而滑刃线虫属（*Aphelenchoides*）为害叶片和芽，主要引起局部干枯、坏死等。

1）粒线虫属（*Anguina*）

雄虫虫体形态为线形，虫体肥大较长，雌成虫虫体肥大呈腊肠状且卷曲；垫刃型食道，口针较小。雌虫单卵巢前伸，卵母细胞多行绕中轴排列，前端 1～2 次回折；雄成虫虫体稍弯，但不卷曲，精巢常具有回折，精母细胞多行排列，交合伞长，包至尾长 3/4 以上，交合刺粗而宽。粒线虫属引致的主要病害为小麦粒线虫病（图 6-7，二维码 6-3）等。

二维码 6-3
小麦粒线虫病病粒

图 6-7　小麦粒线虫病病粒

2）茎线虫属（*Ditylenchus*）

雌雄虫虫体形态均为线形，细长；垫刃型食道，口针细小（图 6-8）。前生单卵巢，卵母细胞 1～2 行排列，阴门在虫体后部；雄成虫虫体细长，尾长锥形，末端尖，交合伞包至尾长 3/4 以上，交合刺基部变宽，并有突起等特点。茎线虫属引致的主要病害为甘薯茎线虫病（图 6-9，二维码 6-4）等。

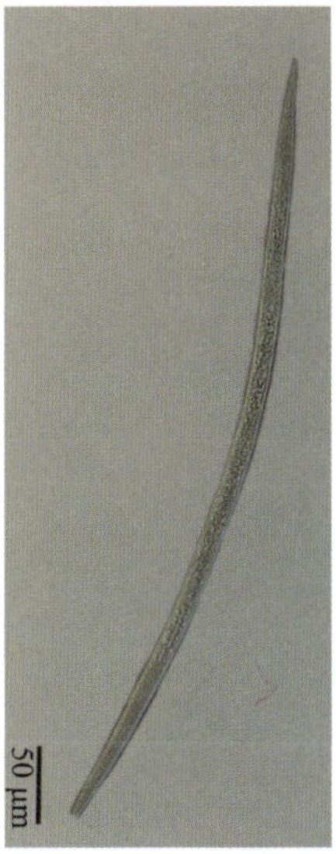

图 6-8　光学显微镜下甘薯茎线虫二龄幼虫形态

图 6-9　甘薯茎线虫病薯块

二维码 6-4
甘薯茎线虫病薯块

3)胞囊线虫属(*Heteroderas*)

雌雄异型,雌虫为柠檬形,雄虫为蠕虫形或线形,垫刃型食道,口针细长(图 6-10,二维码 6-5)。雌虫双卵巢前生,卵成熟后部分排出体外;成熟雌虫膨大呈柠檬形或梨形,体壁褐化革质为胞囊,有突出阴门锥,阴门裂两侧为双半膜孔。雄虫尾短,末端钝圆,无交合伞。胞囊线虫属引致的主要病害为大豆胞囊线虫病(图 6-11,二维码 6-6)等。

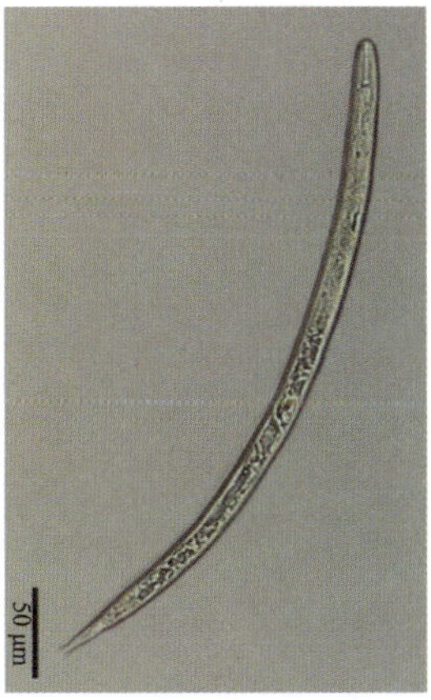

图 6-10　光学显微镜下大豆胞囊线虫二龄幼虫形态

二维码 6-5
20 倍镜下大豆胞囊线虫二龄幼虫形态(视频)

图 6-11　大豆胞囊线虫病

二维码 6-6
大豆胞囊线虫病

4)根结线虫属(*Meloidogyne*)

雌雄异型,雌虫为苹果形、梨形,表皮不褐化,雄虫为蠕虫形,垫刃型食道,口针发达(图 6-12、图 6-13)。雌虫双卵巢前生,卵成熟后全部排出到体外的胶质卵囊中,有特征性的会阴花纹。雄虫尾短、钝圆,无交合伞,交合刺发达。根结线虫属引致的主要病害为番茄根结线虫病

(图 6-14，二维码 6-7)、黄瓜根结线虫病(图 6-15，二维码 6-8)、烟草根结线虫病(图 6-16，二维码 6-9、二维码 6-10)等。

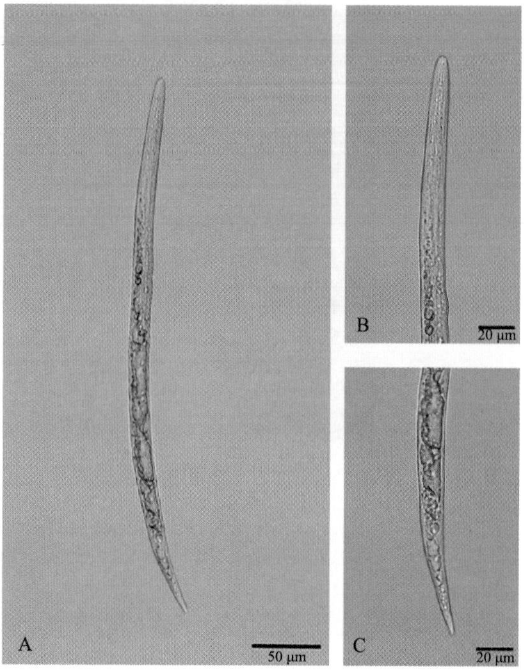

图 6-12　光学显微镜下南方根结线虫二龄幼虫形态

A. 二龄幼虫；B. 二龄幼虫前体部；C. 二龄幼虫尾部

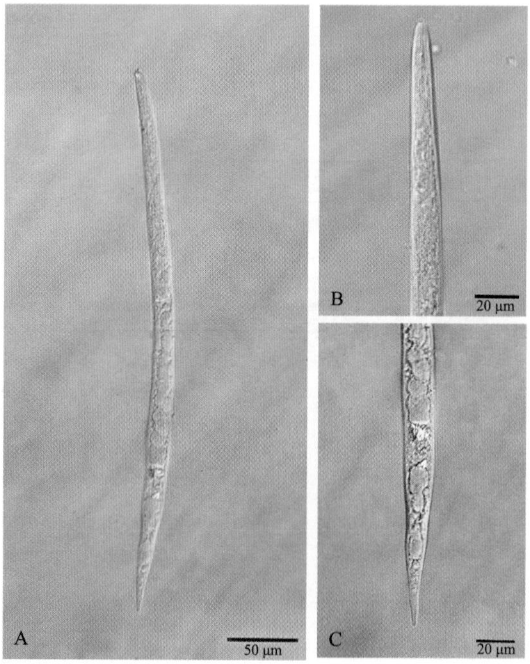

图 6-13　光学显微镜下北方根结线虫二龄幼虫形态

A. 二龄幼虫；B. 二龄幼虫前体部；C. 二龄幼虫尾部

图 6-14　番茄根结线虫病

二维码 6-7
番茄根结线虫病

图 6-15　黄瓜根结线虫病

二维码 6-8
黄瓜根结线虫病

图 6-16　烟草根结线虫病

二维码 6-9
烟草根结线虫病

二维码 6-10
20 倍镜下南方根结线虫二龄幼虫形态（视频）

5)滑刃线虫属(*Aphelenchoides*)

雌雄同型,均为细长蠕虫形,滑刃型食道(图 6-17)。雌虫单卵巢前生,卵母细胞单行排列,阴门位于虫体后部 1/3 处,有后阴子宫囊,尾末端钝圆,有尾尖突;雄虫无交合伞,交合刺玫瑰刺状;有各种类型的尾尖突。滑刃线虫属引致的主要病害为水稻干尖线虫病和草莓腋芽线虫病等。

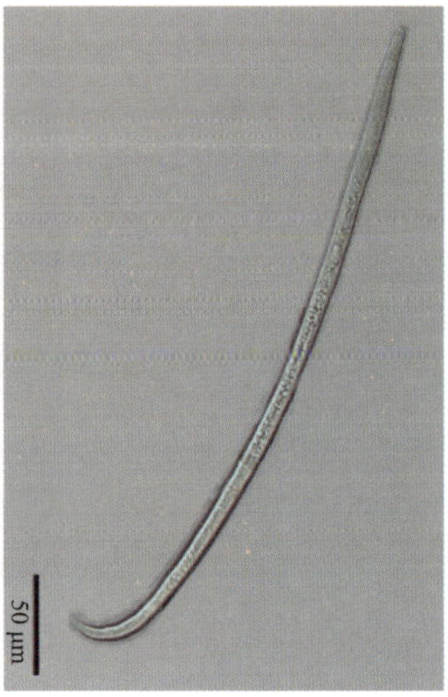

图 6-17 光学显微镜下滑刃线虫二龄幼虫形态

1.2 寄生性种子植物及其所致病害

寄生性种子植物是一类由于根系或叶片退化,或缺乏足够的叶绿素,不能自养,必须依靠另一种植物提供营养物质而营寄生生活的植物。由寄生性种子植物所引起的病害在发病初期往往不容易识别,但在危害较为严重的情况下大多具有典型的症状特征。按照寄生性种子植物寄生寄主部位的不同,可以分为根寄生植物和茎(叶)寄生植物。最重要的寄生性种子植物是菟丝子科、桑寄生科、列当科、玄参科和樟科的植物,如菟丝子、列当等(国立耘等,2020)。

1.2.1 菟丝子

菟丝子(*Cuscuta*)是旋花科菟丝子属植物通称,俗称金线草、黄丝子等。菟丝子主要寄生于豆科、菊科、蓼科、杨柳科、蔷薇科、茄科、百合科、伞形科等木本和草本植物上(图 6-18、图 6-19,二维码 6-11、二维码 6-12)。菟丝子的叶退化为鳞片状,茎为黄色丝状物,缠绕在寄主植物的茎和叶部,吸器与寄主的维管束系统相连接,吸收寄主的养分和水分,并造成寄主输导组织的机械性障碍,受害作物一般减产 10%~20%,重者达 40%~50%,严重的甚至颗粒无收。菟丝子以种子繁殖和传播,种子小而多,一株菟丝子可产生近万粒种子;种子寿命长,随作物种子调运而远距离传播,缠绕寄主上的丝状体能不断伸长,蔓延繁殖。菟丝子在世界上约有 170 种,我国约有 10 种,其中以中国菟丝子(*C. chinensis*)和日本菟丝子(*C. japonica*)最为常见。

二维码 6-11
苜蓿菟丝子病

图 6-18 苜蓿菟丝子病

图 6-19　白车轴草菟丝子病

二维码 6-12
白车轴草菟丝子病

(1)中国菟丝子。茎细弱，黄化，直径在 1 mm 以下，无叶；花小，白色，聚生成一无柄的小花束；花柱 2 条，头状；花冠钟形，短五裂，雄蕊与花冠裂开互生；萼片具脊，脊纵行，萼片呈棱角；蒴果成熟后被花冠全部包住，破裂时呈周裂；蒴果内有种子 2～4 粒，种子椭圆形，浅黄褐色。

(2)日本菟丝子。茎较粗，直径 2 mm，黄白色，并有突起的紫色斑；茎尖端及其以下 3 个节上有退化成鳞片的小叶；花较小，花冠管状，白色，3～4 mm，花柱比柱头长，柱头二裂，有明显二裂片；蒴果内有种子 1～2 粒，种子不具喙。

生产中常见的为大豆菟丝子病(图 6-20)。前期，大豆植株的受害症状不明显，后期出现植株矮化、叶片黄化，结实量明显降低，严重的枯萎死亡。

图 6-20　大豆菟丝子病

1.2.2　列当

列当属(*Orobanche*)约有 100 种植物，主要分布于高纬度冷凉地区，为害双子叶植物根部，如瓜类、向日葵等，会吸取寄主植物体内养分和水分，属于全寄生类型。列当为一年生草本植物，无叶绿素，茎直立，单生或有分枝，肉质，黄褐色至褐色；无真正的根，有短盘状吸根寄生在寄主根部。株高一般 20～50 cm。叶退化为鳞片状，螺旋状排列在茎上。两性花，穗状花序，花蓝紫色，雄蕊 4 枚，2 长 2 短。雌蕊 1 枚，柱头膨大呈头状，柱头多二裂。蒴果三至四纵裂，内含大量深褐色粉末状的微小种子。种子不规则形，坚硬，表面有纵横网纹，大小为 0.25 mm×0.3 mm。

生产中常见且危害严重的为向日葵列当病。当向日葵被大量列当为害后，出现叶片黄化、茎秆细弱、花盘变小、结实量降低等典型症状。列当可以为害多种园艺作物，如西瓜、豌豆、蚕豆、胡萝卜、芹菜、烟草、番茄等，其共同点是造成寄主植株矮化、叶片黄化，结实量降低等典型症状。列当寄生在植物根部，往往未在田间观察到出土的列当植株时寄主就已经受害。因此，在田间发现易感寄主植株矮化且叶片边缘呈缺钾症状时，应在选取的寄主根际土壤内鉴定其是否已经受到了未露出土壤表面的列当为害。

1.2.3　槲寄生属和桑寄生属

槲寄生属(*Viscum*)和桑寄生属(*Loranthus*)均属于桑寄生科，是温带、亚热带和热带木本植物上常见的寄生性种子植物。

(1)槲寄生属。主要分布在东北地区和华北地区，为害杨、柳、梨、榆、苹果等(图 6-21)。槲寄生分黄果槲寄生和红果槲寄生，为小灌木，茎高达40 cm 左右，枝坚韧，全身浓绿色，茎枝圆柱形，有节成二叉或三叉状分枝，叶片倒披针形，革质有光泽，对生无柄。槲寄生花极小，黄色，单生或丛生，单性，雌雄异株，果实球形，为浆果，有红黄 2 种颜色，果实表面有黏稠物质，经鸟消化道后仍有生活能力，通过鸟传播，种子落到木本茎上萌发，接触茎后先形成吸盘，进而长出细的侵染丝。

图 6-21 榆树上的槲寄生

(2)桑寄生属。营半寄生生活，为害油桐、油茶、板栗、枣树、漆树等经济林及杨、柳、榆、梧桐等林木。桑寄生叶对生或近于对生，叶片全缘，倒卵形、椭圆形至长圆披针形，侧脉为羽状(李开祥等，2011)。花序为穗状花序，腋生或顶生，花序轴在花着生处通常稍下陷。花为两性或单性(雌雄异株)，辐射对称，每朵花具苞片 1 枚；花托通常为卵球形；副萼呈环状；花冠长不及 1 mm 花蕾时呈棒状或倒卵球形，直立，花瓣离生；雄蕊着生于花瓣上，花丝短，花药为近球形或近双球形。浆果呈卵球形或近球形，种子 1 颗。传播方式同槲寄生。寄主受到槲寄生属和桑寄生属为害后，植株生长衰弱，落叶早，翌年出叶迟，严重时枝条枯死或整株死亡。

2 实验目的

2.1 植物病原线虫及其所致病害

线虫的形态解剖学知识是研究线虫的种类鉴定、生理生化特征和系统发育的最基本知识。因此，了解并掌握植物病原线虫的基本形态特征与生活习性是准确开展植物线虫种类鉴定的先决条件，对于线虫学研究工作者尤为重要。此外，区分自由生活线虫与植物病原线虫的形态差异，认识常见植物病原线虫种类及其所致病害，了解并掌握分离和鉴定主要植物病原线虫的方法，为植物线虫病害的诊断与防治奠定坚实基础。

2.2 寄生性种子植物及其所致病害

寄生性种子植物可寄生在木本和草本植物，使寄主植物的生长量和品质下降，生长畸形，甚至导致大面积死亡。因此，识别寄生性种子植物的特征和类型，掌握寄生性种子植物病害的典型症状，了解其繁殖、传播和生活史，为农业生产中正确诊断和防治该类病害奠定基础。

3 实验材料、仪器与用具

3.1 实验材料

盒式标本或液浸标本，用于植物线虫病害症状类型观察，包括小麦粒线虫病（病原 *Anguina tritici*）、甘薯茎线虫病（病原 *Ditylenchus dipsaci*）、水稻干尖线虫病（病原 *Aphelenchoides besseyi*）、大豆胞囊线虫病（病原 *Heterodera glycines*）、花生根结线虫病（病原 *Meloidogyne incognita*）、甘薯根结线虫病（病原 *M. schachtii*）等。

新鲜的线虫材料，或高质量的线虫玻片用于线虫的形态观察，包括自由生活线虫秀丽隐杆线虫（*Caenorhabditis elegans*）、常见植物病原线虫和其他植物线虫种类。其中，常见植物病原线虫种类包括根结线虫属（*Meloidogyne*）蔬菜根结线虫标本、胞囊线虫属（*Heterodera*）大豆或小麦胞囊线虫标本、滑刃线虫属（*Aphelenchoides*）水稻干尖线虫标本、茎线虫属（*Ditylenchus*）甘薯腐烂茎线虫标本、粒线虫属（*Anguina*）小麦粒线虫标本、伞滑刃线虫属（*Bursaphelenchus*）松材线虫标本。其他植物线虫标本包括短体线虫属（*Pratylenchus*）、矮化线虫属（*Tylenchorhynchus*）、潜根线虫属（*Hirschmanniella*）、穿孔线虫属（*Radopholus*）、螺旋线虫属（*Helicotylenchus*）、纽带线虫属（*Hoplolaimus*）、盘旋线虫属（*Rotylenchus*）、小环线虫属（*Criconemella*）、针线虫属（*Paratylenchus*）、半轮线虫属（拟鞘线虫属 *Hemicriconemoides*）、半穿刺线虫属（*Tylenchulus*）、刺线虫属（*Belonolaimus*）、长针线虫属（*Longidorus*）、剑线虫属（*Xiphinema*）、毛刺线虫属（*Trichodorus*）等。

甘薯腐烂茎线虫病组织、发生大豆胞囊线虫病的大豆田土壤和植物根际土壤用于植物线虫的分离。

盒装标本或液浸标本用于寄生性种子植物所致病害观察，包括大豆菟丝子、向日葵列当、槲寄生等标本。

不同的实验室可以根据当地植物线虫病害发生情况、植物线虫种类、寄生性种子植物种类选择不同的实验材料，供学生参考学习。

3.2 实验仪器和用具

解剖镜、显微镜、贝曼漏斗及支架、低速离心机、毛发挑针、竹针、凹面皿、眼科解剖刀、双面刀片、尖头镊子、吸水纸、擦镜纸、载玻片和盖玻片、不同孔径的筛子（10～20 目、60～100 目、325～400 目、500 目）、塑料桶、盆、烧杯、剪刀等。

4 实验内容和方法

4.1 植物病原线虫形态特征观察

取各种植物线虫的标本，在解剖镜下用毛发挑针或竹针挑取根结线虫二龄幼虫、甘薯腐烂茎线虫或其他植物线虫的活虫制成临时玻片，在酒精灯的火焰外焰上轻轻经过加热杀死线虫后加上盖玻片，然后在显微镜下观察线虫的形态特征。若实验材料为线虫永久玻片，则直接将玻片置于显微镜下观察。注意观察线虫的虫体形态，包括虫体外形、体壁、头部、尾部、口针、体环、侧区、阴门或肛门、卵巢精巢、交合刺和交合伞等特征，重点观察线虫的食道类型。利用秀丽隐杆线虫认识小杆型食道，利用滑刃线虫属和伞滑刃线虫属认识滑刃型食道，利用垫刃线虫属、茎线虫属等植物线虫认识垫刃型食道，利用长针线虫属、剑线虫属和毛刺线虫属认识矛型食道。分别取新鲜的根结线虫属和胞囊线虫属线虫，利用锋利的解剖刀切取阴门部位，然后放在载玻片水滴中展平，盖上盖玻片，再置于显微镜下分别观察会阴花纹和阴门锥的特征。

4.2 植物线虫病害症状观察

植物病原线虫不同属所致症状具有一定区别。根结线虫属和胞囊线虫属所致病害地上部一般无特异的症状，仅表现为生长不良，植株萎黄，地下部须根明显增多，往往形成须根团；根结线虫刺激根部肿胀形成根结，而胞囊线虫则不形成根结，但可直接看见附着在根侧的雌虫体；粒线虫属为害地上部分，使茎叶扭曲、穗部变形、籽粒变为虫瘿；茎线虫属主要为害地下部分，使块根、块茎、鳞茎呈干腐状或湿腐状，地上部分只略见茎叶呈波状卷曲、发育迟缓等；而滑刃线虫属为害叶片和芽，主要引起局部干枯、坏死等。

4.2.1 小麦粒线虫病

取小麦粒线虫病标本，观察其危害部位和病状特征。注意观察小麦的茎叶、穗部、籽粒是否发生扭曲、变形和畸形。如有被小麦粒线虫侵染的小麦粒，可以用刀切开制作临时玻片，观察籽粒是否变为虫瘿。

4.2.2 甘薯茎线虫病

取甘薯茎线虫病标本，观察其危害部位和病状特征。注意观察地下部分的块根是否呈现干腐状或湿腐状，同时观察地上部分的茎叶的形态特征，注意观察是否出现波状卷曲、发育迟缓等病状。

4.2.3 蔬菜根结线虫病

取蔬菜根结线虫病标本，观察其危害部位和病状特征。注意观察地上部是否表现生长不良、植株萎黄等病状，同时观察地下根部，注意观察须根是否明显增多并出现须根团，根部是否出现肿胀形成根结。

4.2.4 大豆胞囊线虫病

取大豆胞囊线虫病标本，观察其危害部位和病状特征。注意观察地上部是否表现生长不良、植株萎黄、茎叶出现淡黄色、荚和种子萎缩瘪小等病状，同时观察地下根部，注意观察根系是否发达，在根上是否有白色球形的胞囊出现，支根是否减少而且细根增多。

4.2.5 水稻干尖线虫病

取水稻干尖线虫病标本，观察其危害部位和病状特征。注意观察水稻植株是否变矮，同时观察叶片是否出现干枯，叶尖卷曲变形，注意观察穗部是否变小，秕粒增多。

4.3 植物病原线虫的分离

分别取甘薯茎线虫病组织、发生大豆胞囊线虫病的大豆田土壤和植物根际土壤，选取合适的分离方法进行植物病原线虫的分离，观察并记录分离获得的线虫数量和质量。

4.4 寄生性种子植物及所致病害观察

4.4.1 大豆菟丝子

取大豆菟丝子标本，观察其形态及危害部位。注意观察菟丝子茎的颜色、叶片形状、其茎与寄主茎的固着方式、种子形态特征。如有被菟丝子寄生的大豆茎的横切面玻片，则可以镜检观察菟丝子吸盘的形状，菟丝子与大豆的导管和筛管相连的关系。观察寄主叶片是否出现黄化或萎蔫症状。

4.4.2 向日葵列当

取向日葵列当标本，观察其形态及危害部位。注意观察列当茎的颜色和形态、叶片形状、其茎与寄主根的固着方式、种子形态特征。如有被列当寄生的向日葵根的横切面玻片，则可以镜检观察列当与寄主根部接触部位的吸器形态，注意观察寄主根部由于列当侵染而造成的肿瘤状畸形。

4.4.3 桑寄生或槲寄生

取桑寄生或槲寄生标本，观察其形态特征。注意观察桑寄生或槲寄生茎、叶和种子的形态特征以及是否有根系。

5 作业

(1)绘制常见植物病原线虫的形态和口针结构。

(2)简要绘制垫刃型食道和滑刃型食道的示意图。

(3)选取任意两种方法分离植物组织或者土壤线虫，观察并记录分离获得的线虫数量和质量，并注明每种方法的原理。

(4)简要描述菟丝子的生活史。

参考文献

Abad P, Favery B, Rosso M N, et al, 2003. Root-knot nematode parasitism and host response: Molecular basis of a sophisticated interaction [J]. Molecular Plant Pathology, 4(4): 217-224.

Agrios G N, 2005. Plant Pathology [M]. 5th edition. Burlington: Academic Press.

Eisenback J D, Hirschmann H, Sasser J N, et al, 1981. A guide to the four most common species of root-knot nematodes (*Meloidogyne* spp.) with a pictorial key [M]. Ralcigh: North Carolina State Graphic.

Elling A A, 2013. Major emerging problems with minor *Meloidogyne* species [J]. Phytopathology, 103 (11): 1092.

Li J, Zou C, Xu J, et al, 2015. Molecular mechanisms of nematode-nematophagous microbe interactions: Basis for biological control of plant-parasitic nematodes [J]. Annual Review of Phytopathology, 53: 67-95.

段玉玺，2011. 植物线虫学 [M]. 北京：科学出版社.

国立耘，刘凤权，黄丽丽，2020. 园艺植物病理学 [M]. 北京：中国农业大学出版社.

金娜，陈永攀，刘倩，等，2022. 我国蔬菜根结线虫发生、致害和绿色防控研究进展 [J]. 植物保护学报，49(1)：424-438.

康振生，孙广宇，2022. 普通植物病理学 [M]. 北京：中国农业出版社.

李开祥，梁晓静，覃平，等，2011. 桑寄生研究进展 [J]. 广西林业科学，40(4)：311-314.

刘维志，1995. 植物线虫学研究技术 [M]. 沈阳：辽宁科学技术出版社.

刘维志，2003. 植物线虫志 [M]. 北京：中国农业出版社.

彭德良，2021. 植物线虫病害:我国粮食安全面临的重大挑战 [J]. 生物技术通报，37(7)：1-2.

项鹏，2020. 黑河地区大豆胞囊线虫病研究现状 [J]. 黑龙江农业科学，(8)：113-115.

张莉丽，王丽，谢关林，等，2023. 甘薯茎腐病田间症状识别与快速镜检诊断研究 [J]. 农学学报，13(6)：32-38.

（范海燕　编写）

实验七

非侵染性病害及其症状观察

提要：非侵染性病害不是由病原物（如菌物、细菌、病毒等）直接引起的植物病害，而是由非生物因素导致的，例如环境压力、营养失衡、土壤条件、化学物质等。这类病害是通过改变植物的生长环境或直接影响植物而引发症状。非侵染性病害的症状多种多样，包括黄化、脱落、焦枯、畸形和生长抑制等。观察和诊断非侵染性病害的关键在于对症状的准确记录和环境条件的仔细分析。通过测量土壤湿度、pH、营养元素水平以及环境温度、湿度和光照条件等，可以帮助确定引起症状的非生物原因。通过本实验，学生可以了解引起非侵染性病害的病原，掌握非侵染性病害的症状特征以及生产中常见非侵染性病害的典型症状。

1 实验基础知识和原理

农作物在种植过程中，常发生多种病害，情况复杂，有些为多病混发，实际生产中难以分辨诊断。根据病因类型，可将植物病害分为侵染性病害和非侵染性病害两大类。由病原物侵染引起的病害称为侵染性病害（infectious disease）。由于病原物不同，可将植物病害分为菌物病害、细菌病害、病毒病害、线虫病害和寄生性种子植物病害等多种类型。非侵染性病害（noninfectious disease）是由植物自身的生理缺陷或遗传性疾病，或由生长环境中不适宜的物理、化学等环境因素而直接或间接引起的一类病害。它和侵染性病害的区别在于没有病原物的侵染，在植物不同的个体间不能互相传染，所以又称为非传染性病害，也称为生理性病害（physiological disease）。环境中的不适宜因素主要可以分为化学因素和物理因素两大类，不适宜的物理因素主要包括温度、湿度、风和光照等气象因素的异常。不适宜的化学因素主要包括土壤中的养分失调、空气污染和农药等化学物质的毒害。这些因素有的单独起作用，但常常是结合在一起作用于植物而引起病害。化学因素大多是与人类的工农业生产和日常生活密切相关。植物自身遗传因子或先天性缺陷引起的遗传性病害，虽然不属于环境因子，但由于没有侵染性，属于非侵染性病害。

非侵染性病害和侵染性病害的关系密切，非侵染性病害可使植物的抗病性降低，更有利于侵染性病原的侵入和致病。例如，冻害不仅可以使细胞组织死亡，还往往导致植物生长势衰弱，使许多病原物更易于侵入。同样，侵染性病害也削弱植物对非侵染性病害的抵抗力。例如，某些叶斑病害不仅引起木本植物提早落叶，还会使植株更容易遭受冻害和霜害。因此，加强栽培管理，改善植物生长条件以及及时防治病害，可以减轻非侵染性病害和侵染性病害两类病害之间的恶性相互作用。农业生产中大田作物常发生的非侵染性病害有小麦白化病、水稻赤枯病、水稻条斑病、玉米缺素病、化肥烧苗、药害中毒、高温热害、低温寒害、冻害、烟害、雹害、风害和干旱洪涝等。因此，研究和认识非侵染性病害是植物保护工作者的一项重要任务，准确地诊断与防治这些非侵染性病害也同样十分重要。

1.1　物理因素引起的非侵染性病害

在植物生长的环境中，物理因素是必不可少的，包括温度、湿度、光照等。植物在漫长的进化过程中，逐渐适应了一定范围内的环境条件而生存下来。如果环境中的物理因素超出植物的承受限度，植物就会表现出异常或病态。

1.1.1　高温危害

高温可以使植物叶绿素失活，降低光合作用速率。白天高温会抑制植物光合作用，减少糖分的合成和累积。夜晚高温会加速植物呼吸作用，消耗植物更多的营养物质，降低作物的产量和品质。高温会加速植物体内水分的蒸发，水分大量用于蒸腾散热，破坏植物体内的水分平衡，使植物出现萎蔫干枯(图 7-1)。高温影响花芽分化，瓜果类蔬菜雄花增多，雌花减少。高温还会影响花粉活性，会导致雌花难授粉或授粉不均匀，禾谷类植物空粒和秕粒增多，瓜果类植物小果，畸形果增多。高温可导致作物生长发育加速，全生育期缩短，使作物提前成熟，提前衰老，影响产量。高温可引起植物发生日灼病，伤害植物果实和叶片，使叶片失去光合作用功能，果实失去商品价值。高温可阻碍色素形成，不利于果实转色，使果实容易出现黄白色。高温干旱情况下还容易发生病毒病，植株出现花叶、条斑、小叶等，瓜果变小、畸形，失去商品价值。

图 7-1　葡萄热害(叶缘焦枯)
(由辽宁省农业科学院植物保护研究所梁春浩提供)

高温危害植物的机制是钝化细胞内某些酶的活性，而激活另外一些酶，从而导致生化反应异常和细胞死亡。高温也会引起蛋白质聚合和变性、细胞质膜的破坏、细胞窒息和毒性物质的释放。

20 世纪 80 年代以来，全球气候变暖趋势明显，对水稻、小麦、玉米等作物生长发育的影响很大。研究表明，水稻形成小穗的适宜气温为 20～23 ℃，若抽穗前 15～20 d 的气温连续高于

25 ℃时，水稻分蘖死亡增多。抽穗至成熟期适宜的平均气温约为 23 ℃。白天水温 25 ℃、夜间水温 20 ℃，水稻的结实率较高；水温 35 ℃时对水稻结实率有一定影响，水温达到 40 ℃时，结实率会降低 50%左右。水稻生长期间平均夜间最低温度每升高 1 ℃，水稻产量就下降 10%。在对宁夏灌溉农田春小麦的研究中发现，全生育期内气温增幅越大，小麦减产越严重，当增温达到 2.0～2.5 ℃时，减产比例可达 16.5%～18.5%。另有研究表明，在相同增温条件下，玉米比小麦、水稻等作物更易受到气候变暖影响。一般夏玉米雄穗开花的适宜温度在 25 ℃左右，在短期出现极端高温天气等异常情况下可导致玉米花粉活力大幅度降低。夏玉米开花散粉阶段如果遇到温度在 30 ℃以上，再加上空气中相对湿度低，则夏玉米很少开花，温度条件在 38 ℃以上时，则雄穗出现不开花情况。玉米雄穗正处于散粉期时，如果遇到连续 3 d 的高温胁迫（≥38 ℃）天气，其散粉即停止。夏玉米花期遇到高温天气后对雌穗的影响主要在花丝上表现出来。温度越低，玉米的雌花寿命越长，反之则越短，如在 20～26 ℃情况下花丝可存活 168 h，而在 37 ℃左右温度下花丝寿命仅可存活 72 h。

在自然条件下，高温往往与强光照相结合，植物幼苗因高温发生灼伤也是常见的。例如，我国东北地区的亚麻幼苗因土面温度过高，近地面的幼茎组织被烫伤而表现立枯症状，这种病害在温度变化大的黑土和沙质土中，以及在干旱情况下发生较重。

另外，其他气象因子也可能会加强高温对植物的危害。干热风就是其中的一个典型例子。干热风是高温、低湿和大风等因子共同作用引起的一种气象灾害。干热风对长江流域小麦生长发育影响很大，这种灾害常出现在小麦灌浆中后期，以发生在灌浆中期危害最大，其危害轻者减产 5%左右，危害重者减产 10%～20%。形成干热风的气象指标是日最高温度在 30 ℃以上，相对湿度在 30%以下，风力在 3～4 级及以上。

1.1.2 低温危害

低温的影响主要是冷害和冻害。

1)冷害

冷害也称寒害，是指 0 ℃以上的低温所致的病害。喜温作物如黄瓜、水稻，热带亚热带的果树如菠萝、柑橘、香蕉以及盆栽和保护地栽培的植物等较易遭受冷害。当气温低于 10 ℃时，就会出现冷害。这种冷害最常见的症状是变色、坏死等；在木本植物上还出现芽枯和顶枯或叶片凋落的症状。在植物开花期，如果遇到长时间低温气候，会影响结实。小麦抽穗期遇到低温寒害，可使麦穗受冻、发白而不实。水稻秧苗播种后几天，如果遇到 10 ℃以下的低温，加上管理不当，就会引起严重烂秧，一般症状是幼芽和幼根发生卷曲，逐渐变黄褐色，生长停滞，发病重的幼根变黑或腐烂，幼芽变褐枯死。水稻秧苗到达 2～3 叶期，抗寒性减弱，遇到 12 ℃以下的持续低温天气，就会引起稻叶尖端或全叶发白，甚至整株白化。土温过低往往导致幼苗根系生长不良，容易遭受根际病原物的侵染。低水温也可以引起植物生长和发育异常。例如，晚稻品种若栽培过迟，在幼穗发育阶段遭遇冷空气南下持续低温，当水温低于 25 ℃时，小枝梗和颖花就会停止发育，严重时不能抽穗，或虽抽穗但穗形短小，谷粒不饱满。

2)冻害

冻害是指在 0 ℃以下低温所致的病害。冻害的症状主要是幼茎或幼叶出现水渍状暗褐色的病斑，后期植物组织逐渐死亡，严重时整株植物变黑、枯干直至死亡。早霜常使未木质化植物器官遭受冻害，而晚霜则常使嫩芽、新叶甚至新梢冻死（图 7-2，二维码 7-1）。

二维码 7-1
葡萄冻害

图 7-2　葡萄冻害
（由辽宁省农业科学院植物保护研究所臧超群提供）

低温比高温引起作物的损伤更大，低温对植物的伤害主要是导致细胞内或细胞间隙结冰。细胞内形成的冰晶破坏细胞质膜，引起细胞的伤害或死亡。0 ℃左右，先是细胞间隙的少量纯水结冰，细胞内的冰点依据其胞内所含溶质的性质和浓度而不同，细胞内水的冰点与细胞含水量有关，溶质多，冰点高，一般为－5～10 ℃；细胞间隙的水由于含有较少的溶质比细胞内更容易结冰。某些病原细菌如丁香假单胞菌（*Pseudomonas syringae*）和腐生细菌存在于叶片气孔腔内，具有催化冰核形成的能力，俗称“冰核细菌”，具有冰核效应，可以使叶片细胞内形成冰的结晶体，从而加速植物发生冻害。

1.1.3　变温危害

剧烈变温对植物的影响往往比单纯的高、低温更大。例如，昼夜温差过大可以使木本植物的枝干发生灼伤或冻裂，这种症状多见于树干的向阳面。龟背竹插条上盆后不久，若从 16 ℃条件下转到35 ℃的温度下 48 h，会导致新生出的叶片变黑并腐烂，研究证明这是由快速升温造成的，对这种快速升温敏感的还有喜林芋、橡皮树和香龙血树等盆栽观赏植物。

1.1.4　水分和湿度不适

植物因长期干旱而形成过多的机械组织，一些肥嫩的组织或器官（如肉质果实或根）的一部分薄壁细胞转变为厚壁的纤维细胞，可溶性糖转变为淀粉而降低品质。同时，会导致叶片内自由基大量产生和积累，从而引发膜脂过氧化作用，细胞膜稳定性下降，使作物生长发育受到阻碍，各种器官的体积和质量减少，导致植株矮小细弱。严重干旱可引起植物萎蔫、叶缘焦枯等症状。禾本科植物在开花期和灌浆期遇到干旱会对其生长发育造成严重影响。开花期干旱影响授粉，增加瘪粒率。灌浆期干旱影响营养向籽粒中输送，降低千粒重。研究发现，小麦幼苗期和灌浆期对干旱最为敏感，在干旱胁迫下小麦叶片会出现变黄萎蔫，光合能力变弱，合成物质无法转运到籽粒中，导致小麦产量急剧下降。干旱促使小麦发生气孔关闭、叶片超微结构改变、细胞脱水、质膜过氧化、抗氧化能力和内源激素降低等一系列连锁反应，降低其水分含量从而限制小麦的光合作用，进而阻碍小麦生长。此外，若遇连续阴雨天地温下降，土壤水分含量高，长期密闭不通风造成氧气供应不足，使植物根部处于厌氧状态，最后导致根变色或腐烂，俗称沤根。同时，植物地上部可能产生叶片变黄、落叶和落花等症状。

1.2 化学因素致害

1.2.1 营养失调和毒害

作物生长发育过程中需要多种营养元素，需要量较多的称为大量元素，如氮、磷、钾、钙、镁、硫等；需要量很少的称为微量元素，如铁、硼、锰、锌、钼等。大量元素和微量元素缺乏或过剩均能导致植株营养失调症的产生（许良政，2019）。营养元素不足时，植物会表现病态，即通常所说的缺素症。如果土壤中某些元素过多或比例失调，也会对植株产生毒害并表现出病态，甚至死亡（图 7-3 至图 7-6）。植株表现营养失调症状，除了与土壤中某些元素缺乏或过剩有关，还与多种环境条件如土壤 pH、温度、光照等以及其他因子关系密切。在大量施用化肥的地块以及在连作频繁的保护地栽培情况下，营养元素比例失调比元素缺乏问题更加严重。

图 7-3 高粱缺氮叶片（叶尖和叶缘黄化、坏死）
（徐秀德等，2012）

图 7-4 高粱缺磷根系（红色）
（徐秀德等，2012）

图 7-5 高粱缺钙植株（心叶畸形卷裹）
（徐秀德等，2012）

图 7-6 高粱缺铁根系（红褐色坏死斑）
（徐秀德等，2012）

大量元素中的氮素广泛存在于细胞内的蛋白质、氨基酸及其衍生物中。磷存在于 DNA、RNA、膜磷脂以及 ADP 和 ATP 等化合物中。钾主要作为很多生化反应的催化剂。这些元素都是由植物下部组织向上输导的。一旦缺乏时，所产生的症状首先表现在植物下部叶片上。微量元素中的镁存在于叶绿素中，是很多酶的辅助成分。锌则参与生长素的合成和糖的氧化。镁和锌可以由下向上输导。钙控制细胞膜的渗透性变化，并通过对钙调蛋白的调节影响很多酶的生物活性；此外，其还与果胶形成钙盐，沉积在细胞壁中，参与抵抗病原物的侵染。硼影响植物组织中糖的运输和植物对钙的利用。硫存在于一些氨基酸和辅酶中。铁是叶绿素合成的催化剂，并作为很多酶的辅助成分。铜、钼和锰分别是很多氧化酶、硝酸还原酶和呼吸、光合以及氮代谢酶的辅助成分。这些元素一般不是由下向上运输的，所以，一旦缺乏时，症状往往出现在植物上部组织。此外，缺素症状往往因作物种类或品种的不同而异，难以一概而论（罗春香等，2020；王蕊，2013）。例如，缺钾引起的颜色变化，在棉花上为紫红褐色，在马铃薯上为青黑色，而在苜蓿叶缘则为白色斑点。

1.2.2 化学农药药害

作物管理离不开农药，如果在农药施用时没有控制好用量，可能会产生药害，影响作物生长，严重情况下会导致作物死亡（黄世文等，2022；贾敏，2018）（图 7-7、图 7-8，二维码 7-2、二维码 7-3）。作物对敌敌畏、敌百虫、辛硫磷、杀螟松、磷胺、杀螟丹等农药较为敏感，若误施、使用浓度过高、使用方法不当，以及邻田用药漂移等均能造成药害（彭衍彪，2016）。轻者引起叶部受害，植株生长受阻；重者叶片变红褐色或紫红色、枯萎，植株死亡，造成的损失较为严重（廖园，2010）。

二维码 7-2
葡萄氯代苯氧类药害（扇状叶，叶缘尖细锯齿状）

图 7-7　葡萄氯代苯氧类药害
（扇状叶，叶缘尖细锯齿状）
（由辽宁省农业科学院植物保护研究所梁春浩提供）

二维码 7-3
葡萄麦草畏药害（叶片严重皱缩）

图 7-8　葡萄麦草畏药害（叶片严重皱缩）
（由辽宁省农业科学院植物保护研究所梁春浩提供）

除草剂药害是农业生产中常见的问题，不同除草剂对作物的伤害症状存在明显差异(李涛等，2022；林秋仙，2012)。除草剂的药害可对作物外部形态、生理效应和植物组织形态产生影响，生理效应和组织形态的变化往往属于隐性药害范围，一般难以表观所见，只有经过解剖镜检才能观察到，但一些生理效应，如失绿、畸形、扭曲、坏死等，在田间可以直观表现出来，尤其是作物的外部形态，如根系、茎叶和花果等变化易于肉眼观察(罗婵等，2023；Mithila et al.，2011)。除草剂引起作物各部位的药害症状总体分类描述见表 7-1。

表 7-1　除草剂药害症状分类表(按作物受害部位分类)

受害部位	典型症状	引发药害的除草剂种类
整株	整体生长缓慢，叶片黄化	非目标作物遇低剂量的三氯苯类除草剂
	整体生长缓慢，生长点黄化	非目标作物遇低剂量的磺酰脲类除草剂
	整体生长缓慢，芯叶畸形	作物发芽出苗时施用酰胺类、二硝基苯胺类除草剂
叶片	叶片羽毛状，皮带状畸形	2,4-滴丁酯、2,4-滴丁酸钠盐
	生长点缩小，肿胀，叶片向上卷缩	百草敌、毒莠定
	叶片卷成杯状	2,4-滴丁酯、2,4-滴丁酸钠盐、百草敌
	叶片皱缩，禾本科作物叶片难于从芽鞘中抽出，植株矮小	硫代氨基甲酸酯类除草剂，如灭草猛
	叶片翻卷，皱缩	酰胺类、二硝基苯胺类除草剂
	叶缘枯黄，顶部叶片黄化，部分叶片呈白色、黄褐色、紫色或桃红色	草甘膦、环己烯酮类、苯氧基芳氧基丙酸类除草剂
	叶脉枯黄，而后全叶枯黄	脲类、腈类、三氮苯酮类除草剂
	叶脉间发黄，致全叶枯黄	三氮苯类除草剂
	几乎全部叶缘褪绿、枯黄，像个“晕圈”	叶面喷施三氮苯类除草剂
	不规则地出现失绿、枯黄斑点，部分叶片皱缩	部分硫代氨基甲酸酯类和酰胺类除草剂，如磺草灵
	白化，多从叶缘开始	异噁唑烷二酮类除草剂，如异噁草酮
	叶缘疽状坏死、枯黄	叶面过量施用嗪草酮、三氮苯类除草剂
	叶片不规则地出现疽状枯黄斑点	叶面喷施百草枯、二苯醚等触杀性除草剂
茎	向上性茎或叶柄向上弯曲生长，茎过长生长，茎畸形扭曲	苯氧羧酸、苯甲酸、吡啶羧酸类除草剂，如 2,4-滴丁酯、2,4-滴丁酸钠盐、麦草畏、氯氟吡氧乙酸
	茎或胚芽鞘、胚轴肿胀	芽前施用二硝基苯胺类、酰胺类除草剂
根系	气生根畸形	苯氧羧酸、苯甲酸、吡啶羧酸类除草剂，如 2,4-滴丁酯、2,4-滴丁酸钠盐、麦草畏、氯氟吡氧乙酸
	根系肿胀，缩短，生长迟缓	芽前施用二硝基苯胺类、酰胺类除草剂、硫代氨基甲酸酯类除草剂
	根系生长点受抑，发育缓慢，无根毛	磺酰脲类、咪唑烷酮类、磺酰胺类除草剂

1.3 遗传性病害

植物非侵染性病害中，有一部分是由植物自身原因引起的，与周围环境无关，也没有外来病原物侵染参与，最常见的如禾本科植物苗期的白化病、黄化病。

遗传病主要是由基因突变造成的，甲基化也是导致遗传病的另一个次要因素。例如，雄性不育就可以视为遗传病，尽管雄性不育系已经普遍应用到育种工作中并发挥了重要作用。另外，植物突变体的个体，由于某个基因发生了突变，表现出生长缓慢、延迟开花或对环境胁迫敏感等性状，均可认为是遗传病。

禾本科植物中白化病较为常见，如玉米、大麦、小麦、水稻、高粱等。植物的白化苗是常见的一种病变症状，研究者较多。在大麦、小麦杂交育种的苗圃里，也时有发现某些品系组合中出现白化的苗，植物的这种白化现象是叶绿体的前体——质体变异造成的。质体在细胞分裂中随机分配给子细胞，而不像染色体那样均等地分配，因此，经过多次的细胞分裂，一个原来含有两种质体（正常和变异）的细胞，就会分裂成细胞质内含有正常质体、白化质体的两种细胞。精子内不含质体，所以由上述细胞分别发育的卵细胞，无论与何种花粉的精子受精，其子代都将与提供卵子的母本相似，分别发育成正常绿色植株和白化植株。叶色的遗传物质是主要通过母本传递的，这类白化病形成的白化苗属于遗传性白化苗（图 7-9、图 7-10，二维码 7-4）。

图 7-9　葡萄白化叶

（由辽宁省农业科学院植物保护研究所梁春浩提供）

二维码 7-4
葡萄叶缘白化畸形

图 7-10　葡萄叶缘白化畸形

（由辽宁省农业科学院植物保护研究所梁春浩提供）

1.4 化肥毒害

作物生长过程中化肥的不合理施用会导致肥害的产生，影响作物生长（图 7-11）。可溶性氮、磷、钾肥料施用过量，或直接接触种子，则会抑制种子萌发，出苗缓慢，幼苗死亡。残存者严重矮化，叶片变黄，叶尖坏死。受害幼苗根系短小，褐变，侧根稀疏，无或很少有根毛。含硼的肥料使用不当更易对幼苗产生毒害。在干燥气候条件下，沙性、板结土壤，以及有机质含量低的土壤，使用高盐肥料易发生幼苗毒害症状。高酸性或碱性土壤，施用含铝和铁的肥料易发生幼苗肥害，幼苗根冠和节间维管束褐变。镍和铬过量使用，会造成植株矮化，叶脉褪绿，叶边缘皱缩。合理控制可溶性氮、钾等肥料的用量，土壤施用时要注意建立隔离层，避免种子与化肥直接接触，防止肥害。

图 7-11　番茄肥害（叶缘焦枯变褐）

1.5　非侵染性病害症状观察

非侵染性病害的主要特点：没有病征，但是植物发病后期由于抗病性降低，发病部位可能会有腐生物出现；田间分布往往受地形、地貌的影响大，发病比较普遍，面积较大；没有传染性，田间没有发病中心；在适当条件下，有的病状可以恢复。在遇到新病害或难以区分的病害时，应采用柯赫氏法则证明病害是否具有侵染性（张铉哲等，2015）。

有时，植物非侵染性病害所致症状与侵染性病害相似，难以准确区分。例如，高粱的钙元素缺乏症与高粱顶腐病症状有相似之处。因此，只有熟悉各类非侵染性病害的症状和发病原因，才能做出正确的病害诊断。病害的现场观察和调查，对于初步确定非侵染性病害的类别、进一步缩小诊断范围十分重要。现场要观察植株的根、茎、叶、花和果等各个器官，注意颜色、形状和气味的异常。由病株到病区、由病区到全田、由全田到邻田，观察并分析地形、地貌、邻作、前作等因素对植物可能造成的影响。调查时要准确记录植物发病情况，要注意区分不同的症状，尽可能排除其他病害的干扰。

作物在必需的元素供应下正常生长，若缺少某一元素，便会产生相应的缺素症。用适当的无机盐制成营养液，即可使植物正常生长，称为溶液培养，其所用元素的种类和用量可人为加以控制。如果使用缺乏某种元素的缺素营养液培养，作物就会呈现缺素症状而不能正常生长发育，不同元素的生理功能不同，故缺素病状也不同。从外形上鉴定作物缺素症时，首先看症状出现的位置。若症状首先在老叶出现，说明所缺乏的元素是移动性较强的营养元素；若症状首先出现在新组织，且无病斑，可能是缺氮或缺磷；若有病斑，则可能是缺钾、镁或锌。观察到缺素症后，将所缺元素加入营养液中，缺素症状会逐渐消失。各种缺素症的症状主要出现部位如表 7-2 所示，依据缺素症状出现的主要部位，可以初步诊断缺素症。

表 7-2　各种元素的缺素症状主要发生部位

矿质元素种类	缺素症状出现的主要部位	再利用程度
N、P、K、Mg	老叶	高
S	新叶	较低
Fe、Cu、Mn、Zn、Mo	新叶	低
Ca、B	新叶顶端分生组织	很低

2 实验目的

(1)通过观察植物缺素症状,加深对必需营养元素生理功能的理解,提高对植物非侵染性病害的识别诊断能力。

(2)通过观察农药药害,认识在生产中安全、有效地使用杀菌剂、除草剂等农药的重要性,培养药害诊断能力。

3 实验用具和材料

$Ca(NO_3)_2$、KNO_3、$MgSO_4 \cdot 7H_2O$、KH_2PO_4、K_2SO_4、Na_2NO_3、$CaCl_2$、Na_2SO_4、NaH_2PO_4、EDTA-Fe、Na-EDTA、$FeSO_4 \cdot 7H_2O$、H_3BO_3、$MnSO_4$、$CuSO_4 \cdot 5H_2O$、$ZnSO_4 \cdot 7H_2O$、H_2MoO_4、蒸馏水、植株幼苗。高感小麦种子(豫麦 34)、小麦白粉病病叶、普通市售杀菌剂(戊唑醇)、普通市售除草剂(苯磺隆)、生测喷雾台、花盆、搪瓷盘、消毒土、指形管、纱布。

4 实验内容和方法

4.1 作物溶液培养与缺素症状的观察

4.1.1 配制大量元素、微量元素和 Fe 的贮备液

按照表 7-3 配制大量元素、微量元素和 Fe 的贮备液。

表 7-3 大量元素、微量元素和 Fe 的贮备液配制表 g/L

药品名称	浓度
$Ca(NO_3)_2$	236
KNO_3	102
$MgSO_4 \cdot 7H_2O$	98
KH_2PO_4	27
K_2SO_4	88
$NaNO_3$	170
$CaCl_2$	111
Na_2SO_4	21
NaH_2PO_4	24
EDTA-Fe	Na-EDTA 7.45;$FeSO_4 \cdot 7H_2O$ 5.57
微量元素	H_3BO_3 2.86;$MnSO_4$ 1.015;$CuSO_4 \cdot 5H_2O$ 0.079;$ZnSO_4 \cdot 7H_2O$ 0.22;H_2MoO_4 0.09

4.1.2 配制完全营养液和缺素营养液

(1)按表 7-4 配成完全营养液或缺素营养液(用蒸馏水,调节 pH 至 5.5~5.8)。

(2)将配制的培养液各 400 mL 分别加入 500 mL 培养瓶中,用棉花把植株幼茎通过小孔固定在盖上,使整个根系浸入培养液中,贴上标签,写明日期。装好后将培养瓶放在光照充足、温度适宜(20~25 ℃)的地方。

(3)移栽的小苗可选用玉米苗、水稻苗或小麦苗。注意玉米苗移栽时要去掉胚乳。

(4)培养液每 2 周更换 1 次。为使根系生长良好,最好应在盖与溶液之间保留一定空隙,以利于通气。经常补充培养瓶内由于植物蒸腾造成的水分损失,每周注意加蒸馏水。

表 7-4 完全或缺素营养液的配制

贮备液	每 100 mL 培养液中贮备液用量						
	完全	缺 N	缺 P	缺 K	缺 Ca	缺 Mg	缺 Fe
$Ca(NO_3)_2$	0.5	—	0.5	0.5	—	0.5	0.5
KNO_3	0.5	—	0.5	—	—	0.5	0.5
$MgSO_4 \cdot 7H_2O$	0.5	0.5	0.5	0.5	0.5	—	0.5
KH_2PO_4	0.5	0.5	—	—	0.5	0.5	0.5
K_2SO_4	—	0.5	0.5	—	0.5	—	—
$NaNO_3$	—	—	—	0.5	0.5	—	—
$CaCl_2$	—	0.5	—	—	—	—	—
Na_2SO_4	—	—	—	—	—	0.5	—
NaH_2PO_4	—	—	—	0.5	—	—	—
EDTA-Fe	0.5	0.5	0.5	0.5	0.5	0.5	—
微量元素	0.1	0.1	0.1	0.1	0.1	0.1	0.1

4.1.3 作物缺素症状的观察

实验开始后,每 2~3 d 观察 1 次,密切观察并记录各处理苗的生长情况、各种缺素症状和发展情况,记录结果于表 7-5。注意记录缺乏必需元素时所表现的症状以及最先出现症状的部位。

表 7-5 实验调查记录表

部位	指标	完全	缺 N	缺 P	缺 K	缺 Ca	缺 Mg	缺 Fe
地上部	株高							
	叶数							
	叶色							
	茎色							
地下部	根数							
	根长							
	根色							
	受害情况							

参照以下检索表进行症状观察和病害诊断(吴强盛等,2018)。

1. 较老的组织先出现症状
  2. 症状遍及全株出现,基部叶片干焦/死亡
    3. 植株呈浅绿色,基部叶片呈均匀的黄色,干燥时呈褐色,茎短而细 ………………………… N
    3. 植株深绿色,常呈红或紫色,基部叶片黄色,干燥时呈暗绿色,茎短而细 ………………………… P
  2. 局部出现症状,基部叶片杂色或缺绿,叶片卷曲/皱缩
    4. 叶片杂色或缺绿,叶脉间失绿,从内向外发展,有些形成典型倒 V 形叶色 ………………… Mg
    4. 叶片呈杂色或失绿,从叶尖和叶缘处失绿,进而灼烧状,茎细 ………………………… K
1. 幼嫩组织先出现症状
  5. 顶芽死亡和坏死
    6. 嫩叶初呈钩状,后从叶间和叶缘向内死亡,常伴随果实的顶腐病 ………………………… Ca
    6. 嫩叶基部呈浅绿色,基部枯死,叶片捻曲,花而不实,果而不仁,顶芽经常木质化 ……………… B
  5. 顶芽仍活,但失绿/萎蔫,无坏死斑点
    7. 嫩叶萎蔫,无失绿,茎尖弱,枝梢弯曲呈 S 形 ………………………………………… Cu
    7. 嫩叶不萎蔫,失绿
      8. 坏死斑点较小(需迎着阳光看),叶脉仍为绿色 ………………………………………… Mn
      8. 无坏死斑点
        9. 叶脉绿色,叶脉间失绿,严重时枝梢的顶端几乎失绿 ………………………………… Fe
        9. 叶脉失绿 ………………………………………………………………………………… S

4.2 温室盆钵法测定杀菌剂和除草剂药害

4.2.1 育苗

采用温室盆栽试验播种高感白粉病小麦。在 10 cm×10 cm×8 cm 的塑料盆钵内装入 6 cm 深的过筛(20 目,孔径 0.85 mm)消毒土,将盆钵置于装有水的搪瓷盘中吸足水分,每盆播种谷粒饱满的小麦种子 15 粒,覆盖 1 cm 的过筛细土,置于温室内培养。培养条件:温度 15～20 ℃,相对湿度 65%～85%。待小麦长至 3～4 叶期时去除弱小苗,每盆定苗至 10 株,播种 24 盆备用。

4.2.2 扩繁菌种

将从田间采集的小麦白粉病病叶,直接用分生孢子接种在育好的高感小麦的幼苗上繁殖菌种(岳海梅,2015)。

4.2.3 接种

采用喷粉法接种,接种时将白粉病菌的分生孢子按 1∶10 的比例与滑石粉混合均匀,装入指形管或试管内,用单层纱布封住管口,倒置指形管,轻轻振动,将分生孢子均匀地撒在叶片上,然后将花盆放入保湿箱内,不再喷水,保湿 12 h,要特别注意白粉菌的分生孢子在水滴中反而萌发不好。

4.2.4 杀菌剂、除草剂剂量设置和喷药

实验选用普通市售杀菌剂(剂型为可湿性粉剂)和除草剂。设置杀菌剂和除草剂常用量(厂家推荐用量)、2 倍用量、4 倍用量和 8 倍用量 4 个处理,以清水处理作为对照。每一浓度选用 3 盆供试麦苗,麦苗长至 4 叶期时使用生测喷雾台,采用喷雾法喷洒药剂,每盆喷施 2 mL,

每个浓度梯度设置 3 个重复。温度 20～23 ℃，相对湿度 65%～70%下，保持 7 d 后调查。

4.2.5 杀菌剂、除草剂药害测定

观察药剂对小麦有无药害，记录药害的类型和程度。按下列要求记录：

(1)详细地记录造成药害的时间和症状(如生长抑制、失绿、枯斑、畸形等)。

(2)如果药害能被计数或测量，则用绝对数值表示，例如株高、株重、结实形状和结实率、叶(果)受害率、落叶率、落果率等。

(3)在其他情况下，可按下列几种方法估计药害的程度和频率。

①将药剂处理同空白对照比较，评价药害百分率。

②按照如下药害分级方法记录每个处理的药害情况。

1 级：生长正常，无任何受害症状；

2 级：无明显药害，症状株率少于 10%，不影响产量；

3 级：轻微药害，以后能恢复，不影响产量；

4 级：中度药害，难以恢复，造成明显减产；

5 级：严重药害，不能恢复，造成严重减产或绝产。

5 作业

(1)简述什么是非侵染性病害，并列举两种常见的非侵染性病害。

(2)观察家中或校园内任意一种植物，记录下它的一些健康特征(如绿色的叶片、挺拔的茎等)，然后描述至少两个可能表明植物受到非侵染性病害影响的迹象(如叶片发黄、萎蔫等)。

(3)假设你发现植物的叶子发黄，列出至少三个可能导致叶子发黄的非生物因素。

参考文献

Mithila J，Hall J C，Johnson W G，et al，2011. Evolution of resistance to Auxinia herbicides historical perspectives，mechanisms of resistance，and implications for board leaf weed management in agronomic crops [J]. Weed Science，59(4)：445-457.

黄世文，刘连盟，赵可菡，等，2022. 三唑类杀菌剂对水稻药害机理及解决方案[J]. 植物保护，48(4)：107-113.

贾敏，2018. 除草剂氯氟吡氧乙酸和三唑类杀菌剂混用引起小麦药害的研究[D]. 扬州：扬州大学.

李涛，孟丹丹，杨伟萍，等，2022. 甲基二磺隆对小麦药害的早期诊断[J]. 农药学学报，24(4)：805-811.

廖园，2010. 缓解杀菌剂对作物药害的化学调节物质筛选[D]. 南京：南京农业大学.

林秋仙，2012. 烟草除草剂药害和硼害诊断与除草剂残留检测[D]. 福州：福建农林大学.

罗婵，王宇，丛克强，等，2023. 不同温湿度条件对除草剂产生玉米药害的影响[J]. 玉米

科学，31(3)：168-173.

罗春香，何永波，陈丽，等，2020. 樱桃黄化病成因及防治措施[J]. 果树资源学报，1(5)：48-50.

彭衍彪，2016. 申嗪霉素与杀菌剂复配对植物病原菌的毒力作用及安全性评价[D]. 合肥：安徽农业大学.

王蕊，2013. 烟草生理性病害病因及其次生侵染菌鉴定[D]. 福州：福建农林大学.

许良政，李诺，何桂玲，等，2019. 水茄幼苗钙、镁、硫缺素症的试验分析[J]. 北方园艺，(4)：1-6.

徐秀德，刘志恒，姜钰，等，2012. 高粱病虫害原色图鉴[M]. 北京：中国农业科学技术出版社.

吴强盛，邹英宁，邹华文，等，2018. 植物生理学实验指导[M]. 北京：中国农业出版社：15-19.

岳海梅，2015. 植物病理学实验及研究技术[M]. 北京：中国农业大学出版社.

张铉哲，冉隆贤，李永刚，等，2015. 植物病理学研究技术[M]. 北京：北京大学出版社.

（黄玉茜　编写）

思政小课堂：

曾士迈院士大学期间研究植物缺铁症小记

缺素症是为害植物的一类非常重要的非侵染性病害。引起缺素症的原因比较复杂，其发生可能是由于土壤中缺少植物生长所需要的某种元素，植物就缺该种元素；可能是由于土壤本身含有植物生长所需要的某种元素，但由于多种原因该种元素处在不能被植物吸收状态；也可能是由于土壤中各种元素比例不当。因此，正确分析缺素症的原因非常重要。

曾士迈院士在完成大学毕业论文关于草莓白化病研究期间，通过试验验证了草莓白化病是由于缺铁造成的，他对缺铁造成植物叶片褪绿白化现象产生了浓厚的兴趣，为了检查和验证校园内植物产生的白化症状是否由缺铁引起，便在校园内对有相似白化症状的植物喷硫酸亚铁($FeSO_4$)溶液，做好标记后，过些天再观察喷$FeSO_4$溶液的地方是否产生了绿斑，若有绿斑产生，则可诊断为缺铁，因此，同学借褪绿白化的英文“chlorosis”之音，笑称他为“罗系狂”(曾士迈，2006)。由此可见优秀的科学家对于科学的好奇心和主动探索的积极性，当代大学生应该培养探索求真的科学精神，培养良好的学习兴趣，激发学习专业知识的积极性和主动性(王海光，2019；王海光，2021)。

曾士迈院士热爱祖国、勤奋好学、不断钻研、勇于担当、坚持创新，从事植物保护科学方面的研究工作66年，心系我国农业生产中的植物病害问题，利用数理分析和电算模拟方法研究了我国小麦条锈病的流行规律和预测预报，奠定了我国植物病害流行学，提出了植保系统工程和宏观植物病理学(青宁生，2015；王海光，2022)。学生应该学习老一辈科学家的精神，培养爱国、担当、创新、求实、奉献的精神。

注：曾士迈(1926—2014)，植物病理学家，农业教育家。1948年毕业于北京大学农学院，获学士学位。他是我国植物病害流行学和植保系统工程学的创始人之一，在开拓免疫学和流

行学交叉研究领域中起了重大作用(肖悦岩、赵美琦,2000),提出了宏观植物病理学新思想。1995 年当选为中国工程院院士。

参考文献

青宁生，2015. 承前启后、坚持创新的植物病理学家：曾士迈[J]. 微生物学报，55(4)：518-519.

王海光，2021. 普通植物病理学课程思政元素挖掘和思政教学案例设计[J]. 天津农业科学，27(4)：72-81.

王海光，2019. 在普通植物病理学教学中开展思想政治教育[J]. 大学教育，(3)：96-99.

肖悦岩，赵美琦，2000. "植物医生"：记中国工程院院士曾士迈[J]. 湖南党史，(4)：50-52.

曾士迈，2006. 曾士迈文集：植物病理学研究 1948—2005 [M]. 北京：中国农业出版社.

（王海光　编写）

实验八

植物病原菌物接种和侵染过程观察

提要：菌物病害是种类最多的一类植物病害。开展菌物病害研究，一般需要利用适当的接种方法将病原菌物接种到寄主植物或组织上，使寄主植物或组织发病，调查寄主植物或组织对病原菌物的表型反应。病原菌物引起病害发生是一个复杂的过程，了解病原菌物的侵染过程对于病害定量研究和病害管理具有重要意义。本实验重点内容是植物病原菌物的接种方法和侵染过程观察，希望学生掌握植物病原菌物的接种方法和病原菌物的侵染过程，了解影响侵染过程的因素，掌握病害的调查方法。

1 实验基础知识和原理

1.1 植物病原菌物接种方法

植物病原菌物的人工接种是指在实验室或者田间条件下，根据病原菌物的侵染方式和侵染途径，将已培养的病原菌物与寄主植物接触，创造适宜病原菌物侵入并造成寄主植物发病的条件，以期模拟自然界中植物病害发生的过程。植物病原菌物人工接种技术是开展由病原菌物引起的植物病害研究工作的基础，在植物病害诊断、病原菌物致病性鉴定、寄主抗病性评价、病害发生发展过程、寄主和病原菌物相互作用、防治指标制定、防治效果评估等方面均广泛应用。

植物病原菌物的人工接种方法多样。可根据病原菌物的传播方式不同，将其引起的病害分为风雨传播、土壤传播、种子传播和介体传播等类型，不同类型病害可采取针对性的人工接种方法。

1.1.1 风雨传播病害

风雨传播病害是指通过风和雨水进行传播和扩散的植物病害，其往往具有传播距离远、蔓延速度快、危害范围大等特点，这类病害大多为害寄主植物的地上部分，如叶片、茎秆、花器、果实等部位。针对由病原菌物引起的风雨传播病害，一般采用喷雾法/喷粉法、涂抹法、注射法、伤口接种法等方法进行病原菌物的人工接种(Brown and Hovmøller, 2002)。

1)喷雾法/喷粉法

喷雾法/喷粉法是常用的人工接种方法，是指将病原菌物悬浮液或悬浮粉末均匀地喷洒在植物表面，以模拟自然感染过程，通常用于研究病原菌物对植物的侵染过程或病害的传播机制。实施喷雾法/喷粉法接种时，一般遵循以下步骤：

(1)将培养好的病原菌物(孢子或菌丝)制成悬浮液或悬浮粉末。悬浮液一般是将病原菌物在培养基中或活体寄主植物/组织上培养至一定数量后，收取病原菌物，以液体载体稀释形成。悬浮粉末则是将培养好的病原菌物通过适当的方法制成粉末状，如与滑石粉按照一定比例混匀。

(2)使用手持式喷雾器或压力式喷雾器将充分混匀的悬浮液或悬浮粉末均匀喷洒在植物表面。对于蜡质层较厚的植物，喷洒前需要用金刚砂摩擦叶面去除蜡质层。对侵染需要一定温度和湿度等环境条件的病原菌物，应该注意将接种后的植物或植物组织/器官在适当的温度和湿度等环境条件下进行培育。

2)涂抹法

涂抹法是指通过手指蘸水或使用棉签、刷子、滴管、涂布器等工具，将病原菌物、病原菌物悬浮液或病原菌物悬浮粉末直接涂抹或涂布在植物的叶片、茎、果实或其他组织表面，引起植物病害发生的方法。这一接种方法和喷雾法/喷粉法类似，仅在使用接种工具方面存在差异。

3)注射法

注射法是指将病原菌物通过注射器或微注射器直接注入植物叶片、茎或果实等部位，引起病害发生的方法。这一方法对侵染维管束的病害具有很好的接种效果，也可适用于其他病害。接种常采用以下步骤：

(1)配制病原菌物孢子悬浮液或悬浮粉末，并调节至适当浓度。

(2)注射前使用酒精擦拭寄主植物待注射部位，减少其他病原物污染。

(3)将预先调整好的病原菌物悬浮液或悬浮粉末使用注射针注入寄主植物的生长点或幼嫩组织部位，注射时注意控制压力和速度，尽量减少对植物组织的伤害。

4)伤口接种法

伤口接种法是指在植物组织上使用工具人为制造伤口，然后将病原菌物直接接种到伤口处的一种方法。一般采用以下接种步骤：

(1)将用于制造植物组织伤口的刀片、剪刀、针等工具进行灭菌处理。

(2)使用灭菌处理后的上述工具在植物的叶片、茎、果实或其他组织上制造大小和深度适当的伤口，这些伤口可以是切口、损伤或刺孔等。

(3)将病原菌物悬浮液或悬浮粉末直接涂抹或滴加到制造的伤口上，确保病原菌物与接种植物组织充分接触。

1.1.2 土壤传播病害

土壤传播病害(简称土传病害)是指一类由土壤中的病原物引起的植物病害。引起土传病害的病原菌物存活于土壤中，可接触并侵入植物的根系或其他地下组织，引起寄主植物发病。针对由病原菌物引起的土传病害，一般采用土壤接种法、蘸根接种法、根部切伤接种法等方法进行病原菌物的人工接种(Hornby, 1998)。

1)土壤接种法

将含有病原菌物的土壤或土壤混合物与植物的根系接触,使病原菌物侵染植物根系。利用该方法一般采取以下步骤完成病原菌物接种:

(1)将用于接种的土壤样品进行处理,去除土壤中的杂质,并进行高温灭菌,减少其他病原物的影响。

(2)将培养的病原菌物或其悬浮液均匀地混合到处理后的土壤中,使病原菌物与土壤颗粒均匀分布。

(3)用含有病原菌物的土壤填充种植植物的容器。

2)蘸根接种法

将植物的根系浸泡在含有病原菌物的溶液中,使病原菌物能够直接侵染植物根系。接种时通常选择植物幼苗的根部,可对根部稍加损伤处理以提高接种的成功率。常采用以下接种步骤:

(1)对待接种的植物进行清洗和消毒处理,防止其他病原物污染。

(2)将培养好的病原菌物制备成病原菌物悬浮液。

(3)将植物根系浸泡在病原菌物悬浮液中,使病原菌物充分接触植物的根系表面。

(4)将浸泡过的植物移栽至含灭菌土的容器或移植到适当的培养基上进行培养。

3)根部切伤接种法

根部切伤接种法是指将移植铲或者其他工具在植株附近插入待接种植株的土壤中,使植株根部产生伤口。将病原菌物孢子或菌丝体的悬浮液倒注在受伤根部附近的土壤中,使病原菌物从植株受伤根部侵染,倒注悬浮液时尽量从移植铲插入的空隙中灌入。

1.1.3 种子传播病害

植物种子在种植前已经携带病原物,这些病原物在种植后继续生长、繁殖,并引致植物发病,所引起的病害称为种子传播病害(简称种传病害)。种传病害具有隐蔽性、长期性和难以防治等特点。针对由病原菌物引起的种传病害,一般采取拌种接种法、喷雾接种法、浸种接种法等方法进行病原菌物的人工接种。

1)拌种接种法

对于种子外表皮带有的病原菌物可以采用拌种接种法。可将种子和病原菌物悬浮液进行拌混处理,使病原菌物与种子表面充分接触。处理后将种子在通风处晾干,使悬浮液附在种子表面上形成薄膜,之后栽植在适宜病原菌物生长的土壤中。

2)喷雾接种法

对于位于种皮以内的病原菌物可以采用喷雾接种法。可使用喷雾器或气雾剂将病原菌物悬浮液喷洒在种子表面,使病原菌物附着在种子表面,并侵入种皮。这种方法适用于大批量种子的接种。

3)浸种接种法

对于种子携带病原菌物比较普遍的病害可以采用浸种接种法。使用专门的浸种器将种子浸泡在含有病原菌物的溶液中,使病原菌物充分吸附到种子表面,并完成侵染。这种方法适用于小批量种子的接种。

1.1.4 虫媒病害

虫媒病害是指由昆虫作为病原物传播媒介的植物病害,包括多数病毒病害、部分细菌和菌物病害。这些媒介昆虫可以在寻找食物或繁殖的过程中，接触植物并携带病原物，从而将病害传播到其他植物上。常见的媒介昆虫有蚜虫、螨虫、象甲、飞虱等。针对由病原菌物引起的虫媒病害，一般采取昆虫传染法、昆虫喂食法等方法进行病原菌物的人工接种(Shaw and Catteruccia，2019)。

1)昆虫传染法

收集已经携带病原菌物的昆虫，将这些昆虫和植物放置于密闭环境中，让昆虫在此环境中自由活动，并将病原菌物传播给植物；也可将携带病原菌物的昆虫直接释放到植物上，完成传播侵染过程。

2)昆虫喂食法

根据昆虫的取食特点，提前准备已受病原菌物侵染的植物组织；将昆虫饥饿处理一段时间(2～3 h)后，用病原菌物侵染的植物组织喂食昆虫；将已携带病原菌物的昆虫放置在健康的植物上，使其与植物接触。昆虫在取食后，可通过取食其他植物进行病害传播，也可通过将病原菌物排放到植物组织中，引起病原菌物侵染和植物感病。

1.2 植物菌物病害的侵染过程

植物病原物的侵染过程(infection process)是指病原物与寄主植物的可侵染部位接触，进入寄主植物并在寄主组织中生长、扩散、繁殖，引起寄主植物发病而表现症状的过程，是从寄主植物遭受病原物侵染开始到寄主植物发病的过程，又称为病程。病程是一个连续的过程，为了便于认识、分析和研究这一过程，人为地将这一过程分为接触期(contact period)或侵入前期(prepenetration period)、侵入期(penetration period)、潜育期(incubation period)和发病期(symptom appearance period)等四个时期(许志刚、胡白石，2021；康振生、孙广宇，2022)。侵染过程涉及病原物与寄主植物之间的相互作用，包括病原物和寄主植物之间的识别、病原物的侵入、寄主植物的抗性反应等。

由于病原物种类、寄主植物种类、病害种类、环境条件等不同，病原物的侵染过程也不同。

1.2.1 接触期(侵入前期)

接触期是指病原物与寄主植物可供侵染部位接触，或到达可以受到寄主植物外渗物质影响的根围或叶围等部位，开始向可供侵染部位运动或生长，并形成一定侵入结构的一段时间。植物病原菌物可以随气流、降水、水流、昆虫以及人类活动等被动地到达寄主植物可供侵染部位或可以受到寄主植物外渗物质影响的根围或叶围等部位，有些病原菌物可以通过运动主动地到达上述部位。植物病原菌物与寄主植物接触后，在寄主植物表面有一段生长活动，例如菌丝的生长、孢子的萌发等，并且病原菌物与寄主之间会发生一系列的识别活动，包括物理学识别和生化识别等。在接触期，植物病原菌物受到环境中的温度、湿度、光照和其他生物等多种因素的影响。接触期是开展病害防治的有利时期。

1.2.2 侵入期

侵入期是指从病原物开始侵入寄主植物到与寄主植物建立寄生关系的一段时间。植物病原菌物可以借助菌丝或孢子萌发后产生的侵入钉从寄主植物的伤口、自然孔口侵入或直接穿过寄主植物表皮侵入。病原菌物直接穿透寄主植物表皮侵入是机械压力和化学作用(病原物分泌的各种酶的降解作用)综合作用的结果(二维码 8-1)。

二维码 8-1
菌物侵入钉直接穿透寄主表皮侵入(视频)

一些病原菌物的单个孢子就可以成功侵染,例如侵染小麦的条锈病菌、叶锈病菌、秆锈病菌和白粉病菌等;有些病原菌物需要一定数量的孢子才能成功侵染,例如小麦赤霉病菌和小麦腥黑穗病菌等。在侵入期,植物病原菌物主要受到温度、湿度、光照等环境因素的影响。

1.2.3 潜育期

潜育期是指从病原物与寄主植物建立寄生关系到寄主植物开始表现症状的一段时间。潜育期是病原物在寄主植物体内繁殖和扩展的时期,是病原物与寄主植物相互作用、相互斗争的时期,从外观上很难用肉眼观察到寄主植物变化,因此,潜育期寄主植物体内病原物的检测方法研究对于了解病原物数量、病害早期检测、病害预报等非常重要。在潜育期,植物病原菌物在寄主植物胞间生长和/或胞内生长,有的菌物仅在侵染点周围的小范围内扩展,造成局部侵染病害,例如由病原菌物引起的各种叶斑病;有的菌物可从侵染点向各个部位蔓延,引起系统侵染病害,例如棉花枯萎病和棉花黄萎病等。对于菌物病害,从病原菌物与寄主植物建立寄生关系到出现孢子为止的这段时间称为潜伏期(latent period),应该注意其与潜育期的区别(肖悦岩等,1998)。潜育期的长短受到病害种类、寄主植物、环境条件等多种因素影响,一般为10 d左右。在环境条件中,温度对潜育期的影响较大。在实际调查中,以从病原菌物接种日至显症日的时间作为潜育期。

1.2.4 发病期

发病期是指从寄主植物表现症状到寄主植物生长期结束,甚至寄主植物死亡的一段时间。在发病期,植物病原菌物不断生长和扩展,然后进入繁殖阶段产生子实体,会产生各种孢子,即进入产孢期。孢子产生的时间因病原菌物种类不同而异,并且受到生长环境条件下的温度影响较大,同时受到湿度、寄主植物抗病性、寄主植物生长状态等因素影响。发病期是病原菌物大量增殖和扩大危害范围的重要时期。

2 实验目的

(1)掌握植物病原菌物的接种方法。
(2)学习植物病原菌物的侵入途径和侵染过程。
(3)证明植物病原菌物的致病性(柯赫氏法则)。
(4)理解影响病原菌物引起病害的发生和发展的因素。

3 实验材料和用具

3.1 供试材料

小麦条锈病菌——条形柄锈菌小麦专化型(*Puccinia striiformis* f. sp. *tritici*)、棉花黄萎

病菌——大丽轮枝孢(*Verticillium dahliae*)、铭贤169小麦种子、*Triticum spelta album* 小麦种子、冀棉11号棉花种子、培养皿培养的柑橘青霉病菌(*Penicillium italicum*)菌落(菌落上应该有白色菌丝体和青绿色的分生孢子)、植物病原菌物(柑橘青霉病菌)所致病害的标本(发病部位表面应该有白色菌丝体和青绿色的分生孢子)、健康柑橘果实。

3.2 试剂

电子氟化液、75%乙醇、滑石粉、PDA培养基、CM培养基。

3.3 实验仪器和用品

人工气候箱、离心机、移液枪、手持喷壶、塑料盆、酒精灯、棉签、滤布、标签、吸水纸、离心管、接种针、镊子、无菌脱脂棉、记号笔、吸水纸、标签纸、培养箱、酒精灯、打火机、塑料盒(用于盛放接种后的柑橘果实)、显微镜、挑针、载玻片、盖玻片等。

4 实验内容和方法

4.1 专性寄生病原菌物的人工接种与侵染过程观察——小麦条锈病菌(二维码8-2)

二维码8-2
小麦条锈病菌接种方法(视频)

小麦条锈病是由条形柄锈菌小麦专化型(*Puccinia striiformis* f. sp. *tritici*)侵染引起的严重为害小麦生产的毁灭性病害,其暴发流行年份可导致小麦减产超过40%,甚至颗粒无收。小麦条锈病的发生具有长期性、暴发性、流行性和变异性等特点,病菌可随高空气流远距离传播达上千公里(Chen et al.,2014)。

小麦条锈病在一个完整的生长季中能够连续繁殖多代,发生多次侵染,在环境适宜的条件下病情发展极其迅速,具有显著的由少到多、由零星发病到全田普发的过程。条锈病的周年循环发生过程包括越夏、秋苗发病、越冬(冬繁)与翌年的春季流行等阶段。小麦条锈病菌喜凉怕热,通常在凉爽的高海拔地区越夏。经过越夏的小麦条锈病菌夏孢子随气流传播到冬麦区,在适宜的环境条件下可侵染秋苗,可在秋苗上繁殖2～3代。当每年旬平均气温下降到1～2 ℃时,条锈病菌进入越冬阶段。进入越冬阶段后,在冬季平均温度较高的地区,小麦条锈病菌仍然可产生夏孢子进行少量侵染,在其他越冬区条锈病菌主要以菌丝体在未冻死的麦叶中越冬,直到翌年春天气候转暖后复苏。翌年春季初始,旬均温回升到2～3 ℃,越冬病叶中的菌丝体开始复苏,到旬均温稳定回升到5 ℃以后,越冬的小麦条锈病菌开始产孢。春季是小麦条锈病菌的主要为害时期,在以本地菌源为主的地区,一般下部叶片先发病,经发病中心扩展至全田普发;以外来菌源为主的地区,一般上部叶片先发病,呈现出在小麦生育的中、后期同时大面积发生(李振岐、曾士迈,2002)。

4.1.1 播种

将铭贤 169 和 *Triticum spelta album* 品种的小麦种子进行催芽后，分别播种于 7 cm×7 cm×7 cm 的方形塑料盆中，每盆均匀点播 9 粒种子，点播完后覆土并轻压土壤保持表面平整。播种后移至人工气候培养箱进行培养，光周期 16 h/暗周期 8 h，控制温度 16 ℃/12 ℃，光强度 8 000～10 000 lx。播种完后给托盘浇满水，让土壤充分吸收水分，待小麦一叶从土壤冒出时，减少浇水量，在不萎蔫的情况下尽量减少浇水。让麦苗干旱 2～3 d 后，浇水 1～2 次让土壤充分吸水。9～10 d 后，小麦一叶充分展开，其间注意随时观察小麦生长情况，防止小麦失水萎蔫。

4.1.2 接种

接种前使用盛有 75%乙醇的喷壶对接种台进行喷雾、全方位消毒，让空气中的病原菌沉降下来，同时避免其他病原菌造成污染。消毒后，用吸水纸擦干接菌台。选取一叶完全展开的小麦叶片，手指蘸水自下至上来回涂抹在小麦叶片上 10 次，达到脱去小麦叶片蜡质层的目的。接种时根据夏孢子数量和需要接种小麦的数量，选择直接接种法、滑石粉接种法或电子氟化液接种法等方法进行接种。

1)直接接种法

直接接种法一般适用于条锈病菌夏孢子数量多且接种小麦数量少的情况。可利用棉签在称量纸上或离心管中蘸取少量夏孢子，直接均匀涂抹在小麦叶片上。

2)滑石粉接种法

根据接菌叶片数量，在称量纸上倒入适量的滑石粉，将 1.5 mL 离心管中收集的新鲜条锈病菌夏孢子(图 8-1)倒取少量并与滑石粉充分混匀，滑石粉和夏孢子用量比例约为 1∶20(图 8-2)。用棉签蘸取混合物，均匀涂抹至小麦叶片上(图 8-3)。

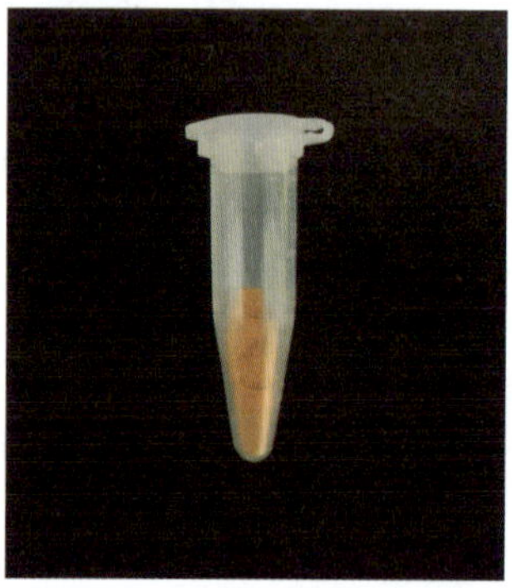

图 8-1 收集的小麦条锈病菌夏孢子

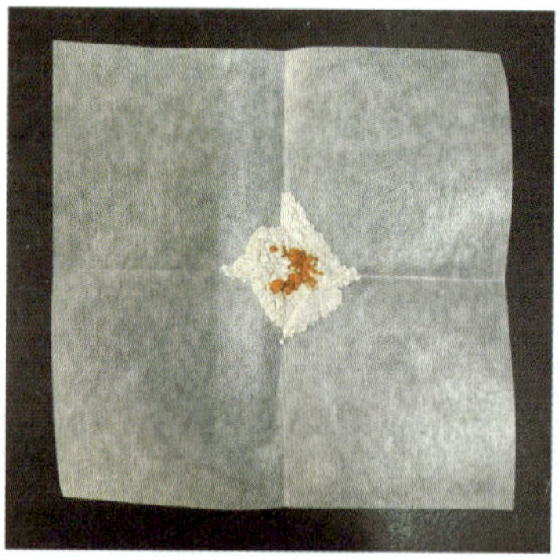

图 8-2 小麦条锈病菌夏孢子和滑石粉以 1∶20 比例混合

图 8-3 用棉签蘸取小麦条锈病菌夏孢子和滑石粉的混合物

3)电子氟化液接种法

将 1.5 mL 离心管中收集的条锈病菌夏孢子倒取少量于 0.5 mL 离心管中，滴加电子氟化液，使用移液器吹打均匀(图 8-4)，使用移液枪将混合电子氟化液的夏孢子滴在叶片上，每片叶子上接菌量不大于 10 μL。

接种后用标签在塑料盆上标明接种日期、菌种编号、小麦品种名称、操作人等信息。

4.1.3 保湿与培养

接种完成后，在塑料盆外加上透明隔离罩，并使用手持喷壶在接种叶片上方喷洒水雾。待叶面上充满细密的水珠后，使用黑色塑料袋轻轻盖于塑料盆上，将接种小麦移至人工培养箱中进行黑暗保湿 24 h。人工培养箱设置条件为温度 10 ℃、相对湿度 100%。保湿结束后，将培养箱设置调整为光周期 16 h/暗周期 8 h，控制温度 16 ℃/12 ℃，光强度 20 000 lx。24 h 后检查保湿结果，如果保湿效果不佳可重新对叶片进行喷洒水雾，并延长保湿时间。

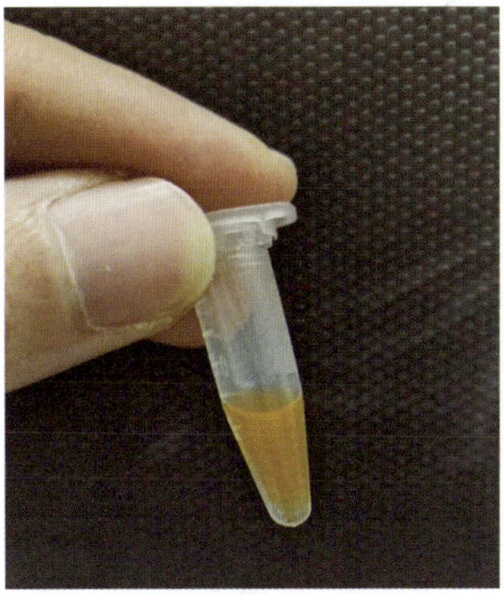

图 8-4 滴加电子氟化液的小麦条锈病菌夏孢子悬浮液

4.1.4 观察侵染症状

在接种 10 d 后开始观察并记录接种后铭贤 169 和 *Triticum spelta album* 上的症状。由于铭贤 169 为感病品种，12 d 左右可在成功侵染的铭贤 169 叶片上观察到褪绿斑(图 8-5)，14 d 左右可观察到夏孢子堆产生，18～20 d 叶片充分发病(图 8-6)。*T. spelta album* 为抗病品种，12 d 左右成功侵染的 *T. spelta album* 的叶片同样可以看到褪绿斑，但 14 d 后无孢子堆产生，褪绿斑更加明显，18～20 d 后，仍无孢子堆产生。接种 18～20 d 后，可根据国际上 0～9 级的小麦条锈病反应型的鉴定标准(Chen, 2020)，对铭贤 169 和 *T. spelta album* 上的条锈病反应型进行鉴定并记录；同时，可对发病叶片的严重度进行测定和记录。因条锈病菌菌株的活性和致病性存在差异，症状出现时间存在差异。

图 8-5 小麦条锈病菌侵染小麦叶片引起的褪绿斑

图 8-6 小麦条锈病菌侵染小麦叶片后产生的夏孢子堆

4.2 非专性寄生病原菌物的人工接种与侵染过程观察——大丽轮枝孢(二维码 8-3)

大丽轮枝孢(*Verticillium dahlia*)是一种典型的土传植物维管束病原真菌，分布广泛，可以侵染茄科、豆科、十字花科、锦葵科、藜科等 200 多种双子叶植物引致黄萎病，也可以侵染大

二维码 8-3
大丽轮枝孢接种方法（视频）

麦、小麦等少数禾本科植物，以内生真菌的形式定殖于单子叶植物中。黄萎病发生严重时，可导致马铃薯、棉花、西瓜、莴苣等农作物产量损失达到 50%以上。世界每年因黄萎病造成的农作物经济损失可达数亿美元。大丽轮枝孢在生长过程中可以产生大量的微菌核，由于自身拥有极强的抗逆性，无寄主条件下的微菌核在土壤中可休眠存活 14 年以上。

微菌核作为黄萎病的主要初侵染来源，一旦遇到适合的环境条件即可萌发产生大量的侵染菌丝，这些菌丝在触及植物根部后，会逐渐包裹在根部表面，少量萌发的菌丝形成附着枝并产生侵入钉，向根表皮细胞及细胞间隙扩展。在根表皮细胞内部，菌丝沿着平行于根的纵轴方向双向生长；细胞间隙的菌丝形态肿胀，向临近细胞内扩展后继续生长。此后，菌丝穿过皮层细胞进入植物维管组织，沿着木质部导管纵向扩展、增殖，到达植物的地上部分。菌丝在维管组织中以顶端出芽的方式产生分生孢子，在木质部导管中大量繁殖，进而在木质部中形成菌丝网。菌丝网的产生和分生孢子的不断累积阻碍了木质部中水分、营养物质的向上运输，致使植物呈现出萎蔫、黄化、坏死、发育不良等症状。菌丝在坏死的植物组织中形成微菌核，释放到土壤中，成为下一个病害循环的初侵染来源。

4.2.1 种子准备

手动或使用脱粒机对棉花进行脱绒，将脱绒的棉花种子放入一个大玻璃盆中，加入少许浓硫酸（实验人员应戴好口罩和手套），使用玻璃棒进行充分搅拌，直至每粒棉花种子的棉绒都脱干净，用水清洗几遍后，将棉花种子转移至网袋中，挂到水龙头上，用流水冲洗 30 min，然后将种子沥干平铺到报纸上，晾干 1～2 d。

4.2.2 播种

将冀棉 11 号种子浸泡于 55～60 ℃水中，2 d 后（期间换水）挑取露白的种子进行播种，每个塑料盆播种 9 粒种子，播种后移至人工气候培养箱进行培养，光周期 16 h/暗周期 8 h，控制温度 25 ℃，光强度 10 000 lx，生长至第二片真叶完全展开，等待接菌。

4.2.3 孢子悬浮液制备

在超净工作台进行操作，将保存的大丽轮枝孢接种于 PDA 平板进行活化，5 d 后将活化好的菌株接种于 CM 液体培养基中（图 8-7），25 ℃振荡培养 3 d，使用滤布过滤掉菌丝，5 000 r/min 离心 5 min 收集孢子，使用无菌水重悬。取洁净的血球计数板一块，在计数区上盖上一块盖玻片，将菌悬液摇匀，从计数板中间平台两侧的沟槽内沿盖玻片的下边缘加入 10 μL，让菌悬液利用液体的表面张力充满计数区，勿使气泡产生，并用吸水纸吸去沟槽中流出的多余菌悬液。静置片刻，使孢子沉降到计数板上，不再随液体漂移。将血球计数板放置于显微镜的载物台上夹稳，先在低倍镜下找到计数区后，再转换高倍镜观察并计数。调整孢子悬浮液浓度为 1×10^{7} 个/mL 备用。

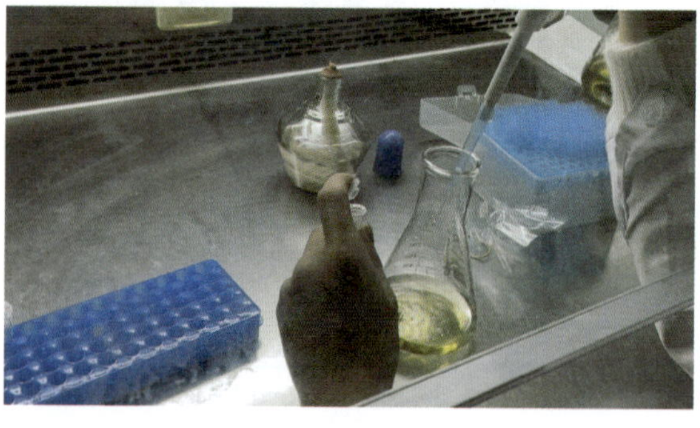

图 8-7 将大丽轮枝孢接种于 CM 液体培养基

4.2.4 大丽轮枝孢接种

采用蘸根接种法接种棉花。将 3～4 周龄的棉花幼苗(两片真叶完全展开)从塑料盆中取出,轻轻抖去根部的土壤,用自来水冲洗干净,然后把所有幼苗的根部完全浸泡于制备好的孢子悬浮液中(图 8-8),浸泡 30 min 后取出幼苗,并将浸泡后的棉花移栽至混合的无菌土(基质与蛭石按照 2∶1 比例进行混合)塑料盆中培养,在 25 ℃、16 h 光照/8 h 黑暗交替的光照恒温培养箱中继续培养。

图 8-8 大丽轮枝孢蘸根接种法接种棉花

4.2.5 观察侵染症状

在接种 7 d 后开始观察并记录接种后棉花上的症状,10 d 后可以观察到棉花叶片出现萎蔫、变黄(图 8-9),14 d 后可以观察到棉花叶片坏死、脱落,维管束变褐(图 8-10),症状图可参考 Klosterman 等(2009)。

图 8-9 大丽轮枝孢侵染棉花症状(1)

图 8-10 大丽轮枝孢侵染棉花症状(2)

4.3 非专性寄生病原菌物的人工接种与侵染过程观察——柑橘青霉病菌

4.3.1 观察柑橘青霉病病害标本和柑橘青霉病病原特征

柑橘青霉病常在运输过程中和储藏期发生,在市场或超市销售的柑橘果实也时常见到柑橘青霉病发生。柑橘青霉病菌从柑橘果实伤口侵入,发病部位初期果皮软化,呈水浸状,受外力极易破裂,随后在发病部位中部表面产生菌丝,逐渐形成一层白色的霜状霉层(菌丝体),然后霉层中部会产生青绿色的粉状物,即为分生孢子,其下为分生孢子梗,因为先产生菌丝体,而后形成分生孢子梗和分生孢子,所以发病部位外缘常形成一圈白色霉状物。环境条件适宜时,病斑扩展迅速，整个果面几天即可发病，果面布满分生孢子，整个果实呈湿腐状，若湿度降低，随后果实逐渐干瘪（图 8-11，二维码 8-4、二维码 8-5）。

二维码 8-4
柑橘青霉病症状

二维码 8-5
柑橘青霉病症状
（视频）

图 8-11　柑橘青霉病症状

利用挑针挑取培养皿中的柑橘青霉病菌和柑橘青霉病病果上的病原菌制作成临时显微玻片，利用显微镜观察柑橘青霉病菌形态。柑橘青霉病菌分生孢子梗无色，具隔膜，顶部 2～3 次分枝，呈帚状，顶端为瓶状小梗，上面串生分生孢子，分生孢子无色，单孢，近球形（图 8-12）。

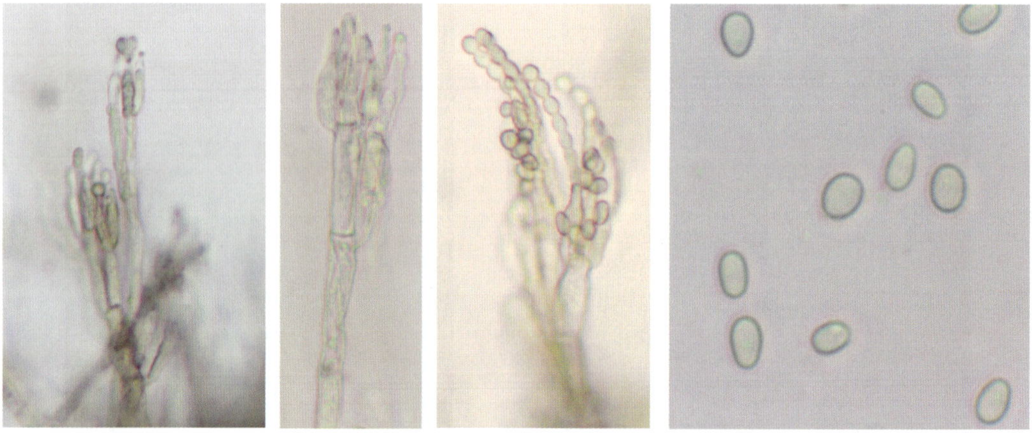

A　B　C　D

图 8-12　柑橘青霉病菌分生孢子梗和分生孢子

A、B. 分生孢子梗；C. 串生的分生孢子；D. 分生孢子

4.3.2　柑橘青霉病菌的接种

利用针刺伤口接种法进行柑橘青霉病菌的接种。每位学生接种处理 3 个柑橘或 1 个柑橘。具体接种方法如下：

（1）将要接种的健康柑橘利用 75%乙醇进行表面灭菌处理，风干后用于接种处理。

（2）在标签纸上做好标记，分别表示不接种对照、接种青霉病菌菌丝体处理、接种青霉病菌分生孢子处理。可以每个处理使用一个柑橘；也可以使用一个柑橘，利用记号笔从柑橘果梗与果实连接处向果蒂划线，将柑橘表面均匀分为三个部分，每一部分为一个处理区域。将标签纸贴于柑橘的果梗与果实连接处适当部位。

(3)利用无菌的接种针刺伤健康柑橘(处理区域中部)(扎孔 2～3 个),不接种柑橘青霉病菌,作为对照处理。

(4)先利用无菌的接种针刺伤健康柑橘(处理区域中部)(扎孔 2～3 个),再利用接种针挑取发病柑橘上的或培养皿培养的青霉病菌菌落中的青霉病菌菌丝体,接种在刺伤处,作为接种青霉病菌菌丝体处理。

(5)先利用无菌的接种针刺伤健康柑橘(处理区域中部)(扎孔 2～3 个),再利用接种针挑取发病柑橘上的或培养皿培养的青霉病菌菌落中的青霉病菌分生孢子,接种在刺伤处,作为接种青霉病菌分生孢子处理。

(6)将处理后的柑橘材料置于消毒容器塑料盒中,18～26 ℃下保湿培养,定期观察并记录结果。

4.3.3 接种后病害观察

接种后每日定时观察接种后柑橘的变化和柑橘青霉病发生过程,了解柑橘青霉病的侵染过程,并将观察结果进行记录(表 8-1)。图 8-13 和二维码 8-6 为柑橘青霉病菌接种后病害症状一次观察结果。

图 8-13 柑橘青霉病菌接种后病害症状一次观察结果

二维码 8-6
柑橘青霉病菌接种后病害症状一次观察结果

表 8-1 柑橘青霉病菌接种观察记录表

接种时间:　　　　　　接种人:

观察时间	症状(含病状和病征)			备注
	健康对照处理	接种菌丝体处理	接种分生孢子处理	

5 作业

(1)记录小麦条锈病菌接种的步骤、过程和注意事项，观察并记录接种后不同时间小麦植株出现的症状特征，分析接种小麦条锈病菌 18 d 后 *Triticum spelta* album 产生褪绿斑的生物学原因。

(2)记录大丽轮枝孢接种的步骤、过程和注意事项，观察并记录接种后不同时间棉花植株出现的症状特征。

(3)详细记录柑橘青霉病菌的接种方法，每日观察接种柑橘变化(包括病斑变化和病原物生长情况)，将观察结果记录在“柑橘霜霉病菌接种观察记录表”中，尝试比较接种菌丝体和分生孢子引起柑橘发生病害的侵染过程有什么不同，显微观察记录病原物形态特征，并对试验中出现的问题进行分析。

(4)专性寄生病原菌物和非专性寄生病原菌物在接种过程中有什么区别?

(5)除病原菌物的活性和致病性之外，影响潜育期的因素有哪些?

参考文献

Brown J K, Hovmøller M S, 2002. Aerial dispersal of pathogens on the global and continental scales and its impact on plant disease [J]. Science, 297(5581): 537-541.

Chen W, Wellings C, Chen X, et al, 2014. Wheat stripe (yellow) rust caused by *Puccinia striiformis* f. sp. *tritici* [J]. Molecular Plant Pathology, 15(5): 433-446.

Chen X, 2020. Pathogens which threaten food security: *Puccinia striiformis*, the wheat stripe rust pathogen [J]. Food Security, 12(2): 239-251.

Hornby D, 1998. Diseases caused by soilborne pathogens. In: The Epidemiology of Plant Diseases [M]. Dordrecht: Springer.

Klosterman S J, Atallah Z K, Vallad G E, et al, 2009. Diversity, pathogenicity, and management of *Verticillium* species [J]. Annual Review of Phytopathology, 47: 39-62.

Shaw W R, Catteruccia F, 2019. Vector biology meets disease control: using basic research to fight vector-borne diseases. NatureMicrobiology, 4(1): 20-34.

康振生，孙广宇，2022. 普通植物病理学 [M]. 北京：中国农业出版社.

李振岐，曾士迈，2002. 中国小麦锈病 [M]. 北京：中国农业出版社.

肖悦岩，季伯衡，杨之为，等，1998. 植物病害流行与预测 [M]. 北京：中国农业大学出版社.

许志刚，胡白石，2021. 普通植物病理学[M]. 5 版. 北京：高等教育出版社.

(李宇翔、王海光　编写)

思政小课堂：分工协作攻克小麦条锈病难题

小麦条锈病是由专性寄生真菌条形柄锈菌小麦专化型(*Puccinia striiformis* f. sp. *tritici*)引起的一种重要病害，其在我国发生范围广、流行性强、危害严重，多次发生大流行，给我国小麦安全生产和粮食安全造成了很大影响，该病害一直是我国小麦安全生产的重要威胁。党和国家领导人非常重视小麦条锈病的防控工作，多次指示要求做好条锈病研究和防控。2020年9月15日，小麦条锈病被我国农业农村部列入《一类农作物病虫害名录》(中华人民共和国农业农村部公告　第333号)。

20世纪70年代，我国成立了由中国农业科学院植物保护研究所牵头的全国小麦锈病和白粉病协作组，该协作组一直以来分工合作、联合攻关、指导病害防控、加强国际交流合作，为小麦条锈病的有效防控做出了重要贡献，为小麦安全生产保驾护航，"把论文写在祖国大地上"，取得了引人注目的成绩，协作组成为了全国农业科研大协作的典型。研究成果"中国小麦条锈病流行体系"获得1987年国家自然科学奖二等奖。研究成果"中国小麦条锈病菌源基地综合防治技术体系的构建与应用"获得2012年国家科学技术进步奖一等奖。曾士迈教授、李振岐教授、康振生教授先后当选为中国工程院院士，传为佳话。曾士迈院士在研究小麦水平抗病性、小麦条锈病定量流行学和大区流行规律及其计算机模拟等方面做出了突出贡献(肖悦岩、赵美琦，2000)。李振岐院士首创改造防空洞为"地下低温植物生长室"，为开展小麦条锈病研究创造了温度相对较低的环境条件，节省了大量资金和能源，在小麦条锈病流行规律、小麦品种抗条锈性丧失规律、小麦条锈病菌毒性变异机理、小麦条锈病综合治理等研究方面取得了重要成果(中国植物保护百科全书总编纂委员会综合卷编纂委员会，2022)。康振生院士带领团队深入田间和山沟开展调查研究，经过多次试验，攻克多个技术难题，取得了小麦条锈病研究历史上具有里程碑式意义的研究成果，发现自然条件下条锈病菌可在小檗上转主寄生、完成有性生殖过程，更新了过去对于小麦条锈病病害循环的认识(李晓春等，2017；方方等，2018)。

一直以来，党和国家领导人对我国农业生产和植保工作非常关心和重视，我国社会主义制度具有无比的优越性，这才为长期开展全国性科研大协作提供了保障(王海光，2021)。科研工作需要长期积累，需要团队合作攻关，需要科研工作者心怀"国之大者"、长期坚守、勇于担当、不畏艰苦、甘于奉献、求实创新。学生应该学习科学家精神，勇担时代责任，培养"大国三农"情怀，以强农兴农为己任，增强服务农业农村现代化、服务乡村全面振兴的使命感和责任感，努力成为"知农""爱农""强农"的创新人才。

参考文献

方方，鲁长国，李晓春，2018. 康振生：不忘初心 无问西东[J]. 科学中国人，(8)：26-30.

李晓春，付文婷，唐琳，2017. 赤子情怀绿色梦：记新晋中国工程院院士、西北农林科技大学教授康振生[J]. 科学新闻，(12)：57-59.

王海光，2021. 普通植物病理学课程思政元素挖掘和思政教学案例设计[J]. 天津农业科学，27(4)：72-81.

肖悦岩，赵美琦，2000. "植物医生"：记中国工程院院士曾士迈[J]. 湖南党史，(4)：50-52.

中国植物保护百科全书总编纂委员会综合卷编纂委员会，2022. 中国植物保护百科全书. 综合卷[M]. 北京：中国林业出版社.

（王海光　编写）

实验九

植物病原原核生物接种和侵染过程观察

提要：开展植物病原原核生物接种和侵染过程观察是植物原核生物病害研究中最重要的基础工作之一，有利于基于“柯赫氏法则”鉴定新发病害的病原物、已知病原物及致病基因敲除突变体的致病力测定等，为研究植物病原物的致病机制以及病害的致灾机理提供支撑。植物病原原核生物侵染植物的过程通常主要划分为接触期、侵入期、潜育期和发病期4个阶段。整个侵染过程是一个连续的过程，通常前三个阶段寄主植物并未出现明显症状，需要等到病害发展到发病期才可以观察到明显症状。本实验重点内容为学习植物病原原核生物几种常见的接种方法；学习并掌握水稻白叶枯病菌、水稻细菌性条斑病菌与大白菜软腐病菌接种过程以及植物细菌病害侵染过程的观察方法。

1 实验基础知识和原理

1.1 植物病原原核生物接种

接种是使病原物与寄主植物感病部位进行人工接触，创造条件使病原物侵入并诱致寄主植物发病的过程。接种是证病过程的重要步骤，在研究病原物致病性、发病规律、测定品种抗病性、药剂防病效果时都需要接种。因此，接种是植病工作者必须掌握的一项基本技术。植物病害种类众多，传染方式与侵染途径各异，因此所需要的接种方法也不相同。对于原核生物病原菌，许多接种方法是通用的，但是有些方法如拌种法，在原核生物病害接种中是几乎不使用的（方中达，1998）。

常见的植物病原原核生物接种方法有如下几种：

(1)喷雾法。将平板上培养的原核生物制成悬浮液喷布到叶面上，一般叶背效果更好，接种后保湿一段时间。悬浮液浓度在 $10^6 \sim 10^7$ CFU/mL 为宜。

(2)浸种法。将植物种子浸泡在病原菌悬浮液内一段时间后再播种。

(3)土壤接种法。将病原菌在播种前或者播种时拌在土壤中，或者直接在土壤里灌注菌液

（许文耀，2006）。

(4)针刺法。用接种针从琼脂斜面上挑取少量病原菌，穿刺叶片进行接种。

(5)剪叶法。用蘸有菌液的剪刀切伤叶片进行接种，然后保湿一段时间。

(6)注射法。将病原菌悬浮液用注射针注入寄主的幼嫩部分。

1.2 植物病原原核生物侵染过程

植物病原生物侵染过程指病原生物与寄主植物可侵染部位接触，并侵入寄主植物，在植物体内繁殖、扩散，导致植物显示发病症状的过程，简称“病程”。通常把侵染过程划分为 4 个阶段——接触期、侵入期、潜育期和发病期，这 4 个阶段是一个连续的病害发生过程（黄强，2008）。接触期指病原物从休眠状态转变为活跃的侵染状态，或者从休眠场所向寄主生长的场所移动以准备侵染寄主的阶段。侵入期指病原物与寄主接触侵入到建立寄生关系的阶段。潜育期指病原物与寄主建立了寄生关系到出现明显症状的阶段。这个阶段病原物必须繁殖更多的群体，同时逐渐发挥其作用，改变寄主植物的代谢功能，而寄主植物也在尽量限制病原物的寄生与掠夺，抵抗病原物的破坏作用。总体来说，潜育期是病原物与寄主进行一系列斗争的过程。发病期指出现症状直到生长期结束甚至植株死亡为止的整个阶段。症状出现后病害不断发展，病斑持续扩大（许志刚，2009）。植物病原细菌的侵染过程如图 9-1 所示。

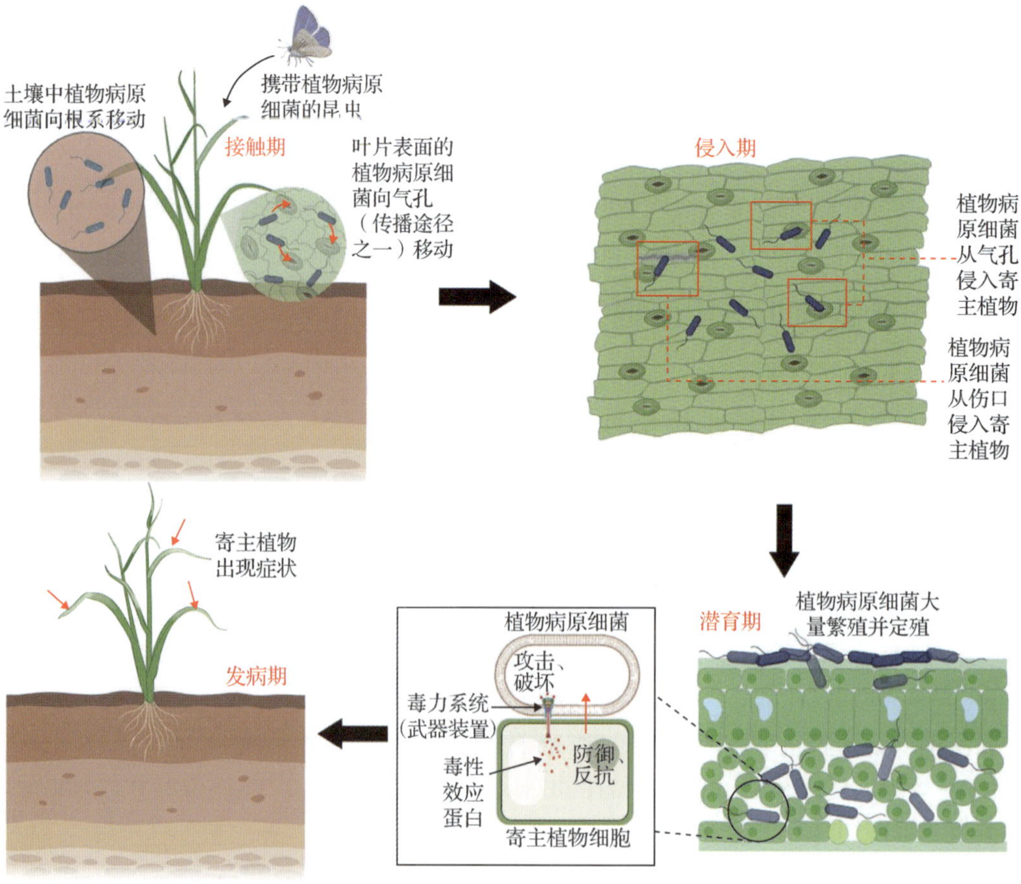

图 9-1　植物病原细菌的侵染过程

病原物的侵入途径有很多种，主要包括从角质层或表皮直接穿透侵入、从气孔等自然孔口和伤口等侵入，但是原核生物病原菌通常无法直接穿透角质层或表皮，只存在后两种侵入方式。关于侵入途径的观察，除可以使用扫描电镜直接观察外，还可以使用一般的试验方法进行证明。

1.2.1 从气孔侵入的观察

要观察病原菌从植物气孔侵入时，可以使用接种后连续切片的方式证明。例如，水稻白叶枯病菌（*Xanthomonas oryzae* pv. *oryzae*，*Xoo*）的一种观察方法是将采下的叶片洗净，放在保湿的培养皿中，用新鲜的菌液喷洒接种。接种的第二天将小块叶片表皮撕下，用革兰氏染色法染色后在显微镜下观察（方中达，1998）。

1.2.2 从其他自然孔口侵入的观察

其他的自然孔口如水孔、皮孔的侵入观察，也可以使用切片和接种的方式证明。

1）水孔侵入

对于从水孔侵入，如甘蓝黑腐病菌（*Xanthomonas campestris*），将甘蓝苗放在玻璃罩内一夜，如果在次日清晨观察到叶尖有水滴分泌，可用灭菌后的接种针蘸取少许细菌刺入水滴几次，细菌即可由水孔侵入。接种后经过一段时间可以将玻璃罩移走，逐日观察发病过程。

2）皮孔侵入

一些病原物会从植物的皮孔侵入，尤其是植物的地下部分，在湿度比较高的情况下更容易入侵，如马铃薯软腐病菌（*Pectobacterium carotovorum* subsp. *brasiliense*）以及一些真菌都是从皮孔入侵块茎，引起病害。许多果实的腐烂也与皮孔侵入有关，病原菌从皮孔侵入可以用接种和切片的方法进行证明。有时也可以从症状进行初步判断，因为在病斑的中央往往都是皮孔的位置，李子细菌性黑斑病菌（*Xanthomonas arboricola* pv. *pruni*）就是很好的例子，一般能观察到其造成的病斑圆心位于果实表面突起的皮孔处（戴良英，2001）。

1.2.3 从伤口侵入的观察

植物受到损伤后，失去了天然保护层，许多侵染能力较弱的病原菌得以侵入。证明从伤口侵入最简单的方法就是用没有损伤和有损伤的植物材料进行接种试验，根据病斑发生的位置可以基本确定是否为伤口侵入。

2 实验目的

（1）了解植物病原原核生物接种的不同方法。

（2）学习并掌握水稻白叶枯病菌、水稻细菌性条斑病菌和大白菜软腐病菌的接种过程。

（3）学习并掌握接种后对细菌病害侵染过程的观察方法。

3 实验材料和用具

3.1 实验材料

3.1.1 菌株

水稻白叶枯病菌(黄单胞菌属稻生黄单胞菌水稻致病变种,*Xanthomonas oryzae* pv. *oryzae*, *Xoo*)、水稻细菌性条斑病菌(黄单胞菌属稻生黄单胞菌条斑病变种,*Xanthomonas oryzae* pv. *oryzicola*, *Xoc*)、大白菜软腐病菌(胡萝卜果胶杆菌,*Pectobacterium carotovorum*)。

3.1.2 供试植株

感病水稻苗 IR24、大白菜苗。

3.2 试剂和培养基

无菌水、Nutrient Broth(NB)培养基、Luria Bertani(LB)培养基、Nutrient Agar(NA)培养基、Luria Agar(LA)培养基、75%乙醇和 95%乙醇等。

3.3 仪器设备与用品

移液器、超净工作台、酒精灯、离心机、摇床、分光光度计、恒温培养箱、高压灭菌锅、显微镜、9 cm 培养皿、接种环、玻璃摇菌瓶、平口剪刀、脱脂棉、海绵、保鲜膜、橡皮块、大头针、手术刀、滤纸、载玻片、盖玻片、胶头滴管和玻片夹等。

4 实验内容与方法

以水稻白叶枯病、水稻细菌性条斑病和大白菜软腐病 3 种常见的植物病原原核生物病害为例,进行植物病原原核生物的接种和侵染过程的观察。

4.1 剪叶法接种水稻白叶枯病菌

采用剪叶法进行水稻白叶枯病菌接种,方法主要参考自文献(方中达等,1957;赵严等,2018)。具体步骤如图 9-2 所示。

(1)提前 24 h 将健康的感病品种水稻置于 28 ℃的人工温室培养,相对湿度设定为 70%。同时,在 NA 固体培养基平皿上采用三区划线法活化水稻白叶枯病菌菌株,并置于 28 ℃恒温培养箱培养 48 h。

(2)取形态正常的单菌落接种到 50 mL 的 NB 液体培养基中,28 ℃,220 r/min 培养至 OD_{600} 值为 0.8~1.5。

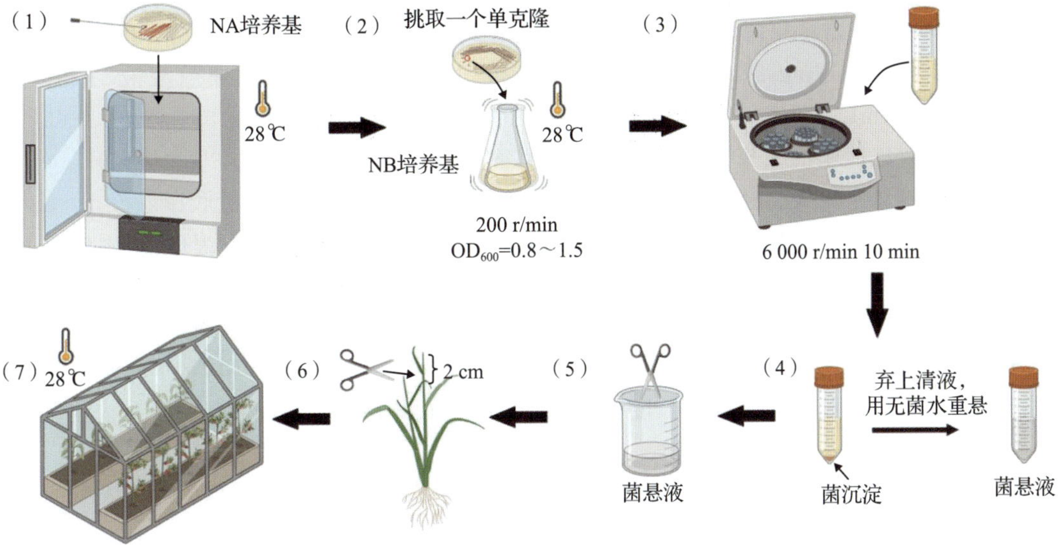

图 9-2　剪叶法接种水稻白叶枯病菌

(3)在 4 ℃条件下，6 000 r/min 离心 10 min。

(4)离心后弃去上清液，用无菌水将菌体配成悬浊液，稀释至 0.3×10^9 CFU/mL。

(5)用已消毒的平口剪刀蘸取菌悬液，蘸取时应张开剪刀，使刀刃沾到菌悬液。

(6)选用生长期为 5～6 周的健康的感病品种水稻苗，平置带菌剪刀，选择最上端 2 个叶片的叶尖，在距离叶尖 2.0 cm 处，垂直于主脉剪下叶尖，并用无菌脱脂棉蘸取菌悬液轻轻压在伤口上 4～6 s，接种后覆盖保鲜膜。

(7)接种后置于人工温室培养，在第 7 天和第 14 天调查水稻叶片发病情况，随后拍照并测量病斑长度，试验至少进行 3 个重复。

4.2　针刺法接种水稻细菌性条斑病菌

利用针刺法进行水稻细菌性条斑病菌接种，方法主要参考自文献(谢关林等，1990；赵严等，2018)。具体步骤如图 9-3 所示。

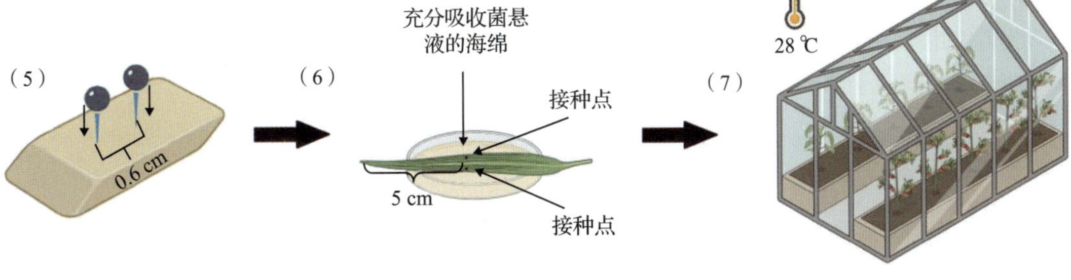

图 9-3　针刺法接种水稻细菌性条斑病菌

(1)～(4)步骤与图 9-2 中的(1)～(4)步骤相同

(1)在 NA 固体培养基平皿上活化水稻细菌性条斑病菌菌株，于 28 ℃恒温培养箱培养 48 h。

(2)挑取形态正常的单菌落接种到 50 mL 的 NB 培养基中，28 ℃，220 r/min 培养至 OD_{600} =0.8～1.5，6 000 r/min 离心 10 min，去上清液，用无菌水将菌体配成悬浊液，并稀释至 0.3×10^9 CFU/mL。

(3)将 2 枚已灭菌的大头针固定于橡皮块上备用，两针间距 0.6 cm。

(4)在培养皿中放置直径 9 cm、厚 2 cm 的已灭菌海绵，使海绵充分吸收菌悬液。

(5)选用健康的孕穗期水稻苗，将距叶尖 5 cm 处的水稻叶片放置于海绵皿上，用橡皮上的 2 枚大头针错开叶脉刺下，橡皮挤压海绵，保证针刺伤口接触到菌液，每株接种 2 片叶子。

(6)接种过程中根据需要适当补充海绵皿中的菌液。接种完毕后盖上保鲜膜保湿 24 h。

(7)水稻置于人工温室培养，28 ℃，相对湿度设定为 70%，在第 7 天和第 14 天调查水稻叶片发病情况，随后拍照并测量病斑长度。

4.3　活体接种大白菜软腐病菌

大白菜软腐病菌活体接种方法主要参考自文献(Ren，1995；Zhang et al.，2007；刘梦洋，2019)。具体步骤如图 9-4 所示。

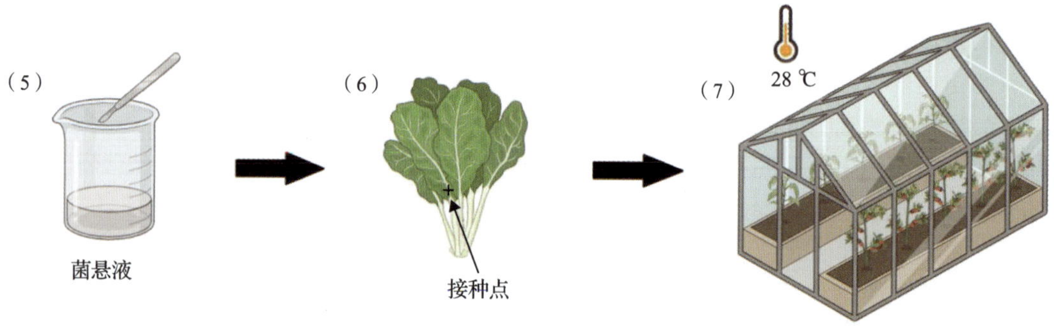

图 9-4　活体接种大白菜软腐病菌

(1)～(4)步骤与图 9-2 中的(1)～(4)步骤相同

(1)大白菜软腐病菌在 LB 平板上于 28 ℃恒温培养箱过夜培养。

(2)～(4)步骤与本实验 4.1 剪叶法接种水稻白叶枯病菌(2)～(4)步骤方法相同。

(5)用已消毒的手术刀片蘸取菌悬液，蘸取时使刀刃充分沾到菌悬液。

(6) 选用 6～8 片真叶的白菜幼苗，用带有菌悬液的灭菌刀片在从里至外第三片真叶叶柄处轻划 0.4 cm 的十字。

(7) 将人工接种大白菜软腐病菌的白菜苗放置于 28 ℃人工温室，相对湿度>90%，48 h 后观察并记录发病情况。

4.4　离体接种大白菜软腐病菌

大白菜软腐病菌离体接种方法主要参考自文献(谷春艳等，2009)。具体步骤如图 9-5 所示。

(1)大白菜软腐病菌在 LB 平板上于 28 ℃恒温培养箱过夜培养。

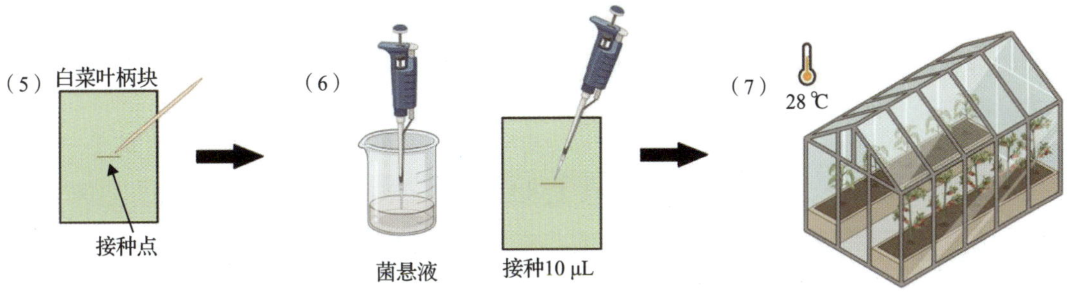

图 9-5　离体接种大白菜软腐病菌

(1)～(4)步骤与图 9-2 中的(1)～(4)步骤相同

(2)～(4)步骤与本实验 4.1 剪叶法接种水稻白叶枯病菌(2)～(4)步骤方法相同。

(5)选用新鲜的白菜,将叶柄裁成方块,用 75%乙醇进行表面消毒。用无菌牙签在白菜叶柄的表皮上划一道 5 mm 的细线。

(6)用移液器吸取 10 μL 菌悬液接种至上述白菜叶柄的表皮划线处。

(7) 将人工接种大白菜软腐病菌的离体白菜叶柄放置于 28 ℃人工温室,相对湿度>90%,6～24 h 后观察并记录发病情况。

4.5　病原细菌接种实验注意事项

进行以上接种实验时的注意事项如下:

(1)全程需严格无菌操作,以免造成污染。

(2)三区划线时,勿在同一片区域多次划线,否则无法生长出单克隆细菌。

(3)摇菌培养时间切勿过长,当菌液 OD_{600} 值大于 2.0 时,细菌已非最佳状态,须重新摇菌。

(4)每组应设有至少 3 个平行重复。

4.6　植物病原细菌侵染过程的观察

侵染过程被划分为接触期、侵入期、潜育期和发病期 4 个阶段,其是一个连续的过程。通常前 3 个阶段寄主植物并未出现症状,是微观的。以水稻白叶枯病、水稻细菌性条斑病和大白菜软腐病为例,用实物图展示不同植物细菌病害发病期的症状变化。

4.6.1　水稻白叶枯病

如图 9-6 所示,水稻白叶枯病发病时,往往叶尖先出现病斑,随后病斑变黄和扩展,最后蔓延覆盖整个叶片(陈洛等,2023)。

图 9-6　水稻白叶枯病不同时间症状(Wang et al.,2017)

4.6.2 水稻细菌性条斑病

如图 9-7 所示，水稻细菌性条斑病发病时，叶面上起初产生暗绿色针头状油点，随后扩展成黄绿色到黄褐色，受叶脉限制形成细条病斑，沿叶脉扩展（廖敦平等，2023）。

图 9-7 水稻细菌性条斑病不同时间症状（Su et al.，2018）

4.6.3 大白菜软腐病

如图 9-8 所示，离体接种大白菜软腐病菌后，发病初期形成水渍状微黄色病斑，随后发病区黏滑软化并腐烂（魏林，2023）。

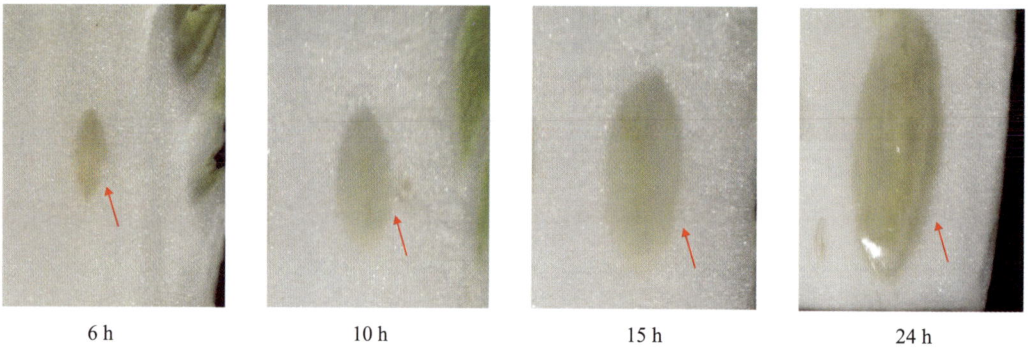

图 9-8 大白菜软腐病不同时间症状（陆艳，2023）

5 作业

3～4 人为一小组，选择其中一种植物病原原核生物进行接种，定期观察、记录植株发病全程。实验报告应包括病斑大小变化、组织镜检照片、发病植株照片、文字记录，讨论成功接种需要注意的问题，并对实验结果进行分析。

参考文献

Ren J，1995. Screening and identification of resistance to *Erwinia carotovora* in *Brassica rapa* crops [J]. Cruciferae Newsletter，17：86-87.

Su P，Song Z，Wu G，et al，2018. Insights into the roles of two genes of the histidine biosynthesis operon in pathogenicity of *Xanthomonas oryzae* pv. *oryzicola* [J]. Phytopathology，108(5)：542-551.

Wang J，Tian D，Gu K，et al，2017. Induction of *Xa10*-like genes in rice cultivar Nipponbare confers disease resistance to rice bacterial blight [J]. Molecular Plant-Microbe Interactions，30(6)：466-477.

Zhang S H，Yang Q，Ma R C，2007. *Erwinia carotovora* ssp. *carotovora* infection induced "defense lignin" accumulation and lignin biosynthetic gene expression in Chinese cabbage (*Brassica rapa* L. ssp. *pekinensis*) [J]. Journal of Integrative Plant Biology，49(7)：993-1002.

陈洛，朱稳，李雯慧，等，2024. 水稻白叶枯病抗性基因的研究及应用进展[J]. 作物杂志，(3)：1-7.

戴良英，高必达，李健强，2001. 李细菌性黑斑病病菌侵染过程研究[J]. 湖南农业大学学报(自然科学版)，27(4)：300-302.

方中达，任欣正，陈泰英，等，1957. 水稻白叶枯病及条斑病和李氏禾条斑病病原细菌的比较研究 [J]. 植物病理学报，3(2)，00 124.

方中达，1998. 植病研究方法 [M]. 3 版. 北京：中国农业出版社.

谷春艳，范加勤，杨雪，等，2009. 彩色马蹄莲细菌性软腐病菌的鉴定及其群体感应淬灭的研究[J]. 南京农业大学学报，32(3)：71-77.

黄强，2008. 植物病原物侵染过程的认识 [J]. 科技信息，(27)：656.

廖敦平，吴芋钢，古咸杰，等，2023. 眉山市东坡区水稻细菌性条斑病发生及防治策略[J]. 四川农业科技，(5)：67-69.

刘梦洋，2019. 大白菜 EMS 突变体叶色深绿及抗软腐病基因功能分析[D]. 保定：河北农业大学.

陆艳，2023. 南京市域野生大型真菌分离鉴定及产木质纤维素降解酶和抑菌物质能力的测定 [D]. 南京：南京农业大学.

魏林，2023. 大白菜软腐病的综合防治方法 [J]. 湖南农业，(2)：15.

谢关林，王汉荣，张祥华，等，1990. 水稻细菌性条斑病抗性测定中几个问题的探讨[J]. 浙江农业科学，(6)：289-291.

许文耀，2006. 普通植物病理学实验指导[M]. 北京：科学出版社.

许志刚，2009. 普通植物病理学[M]. 北京：高等教育出版社.

赵严，罗登杰，何圣贤，2018，等. 水稻细菌性条斑病 4 种接种方法的比较[J]. 亚热带农业研究，14(4)：242-246.

（邵小龙、钱国良　编写）

实验十

植物病毒接种和侵染过程观察

提要：植物病毒人工接种并观察病毒侵染过程，是病毒学研究中的重要环节。接种实验可以用于病毒致病性及致病机理研究、抗病品种筛选、病害发生规律研究，帮助制定合理有效的病毒病防控措施；同时，也为研究病毒侵染增殖、遗传变异等病毒学研究提供生物学材料，为植物病毒病防治提供理论基础。本实验重点内容为植物病毒人工接种的常用技术、技术原理和操作步骤，介绍植物病毒侵染过程的关键环节，希望学生能够掌握常用的人工接种技术，观察记录病毒病发病过程，了解病毒侵染过程中关键环节以及病毒与寄主植物的相互作用机制。

1 实验基础知识和原理

人工接种是指通过人工操作将病原物与寄主感病部位接触，创造条件使病原物侵入并诱导寄主发病。植物病毒是专性细胞内寄生的非细胞态生物，目前尚无法在无细胞培养基中进行体外培养。了解病毒的人工接种方法，明确接种后寄主发病过程，是植物病毒致病机理、病毒复制和遗传变异、植物病毒分类、植物病毒抗病品种筛选和鉴定及病毒防治药剂试验等研究中一项重要环节。植物病毒的接种方法选择因病毒类型和寄主植物而异。

对于病毒的研究，除了人工接种实验室研究观察之外，还需要走进田间地头。通过长时间持续对植物病毒各侵染发病阶段的观察，才能准确掌握病毒病田间发生流行规律、病害防治的关键技术和时期。我国著名病毒学家谢联辉院士致力于植物病毒科研和生产实践50余年，对植物病毒病，尤其是水稻病毒病的诊断、监测和防控做出了系统的、创造性的贡献。对水仙、甘薯、烟草、番茄、香蕉等植物病毒研究及防控实践也做出了重要贡献，阐明了其毒源种类、分布特征和致病机制，报道了这些作物的11个中国新记录毒源，并通过脱毒种苗应用、耕作管理强化提高了这些作物群体的免疫性以及从时空上限制介体的传毒能力，对这些作物病毒病的深入研究具有引领性作用，缓解了当时农业生产中植物病毒病控制盲目性的困境，促进了这些区域特色作物产业化的可持续发展。提出“以确保植物群体健康为核心的‘三本’植病生态调控”

新理念，建立了水稻病毒病生态调控模式并加以示范推广，深受广大农户和基层农业技术推广部门的欢迎，产生了巨大的经济、社会和生态效益。青年农林学生应以老一辈科学家精神为引领，做“知农”“爱农”“兴农”的新时代青年，敢于攻坚粮食安全的“卡脖子”问题，实现农业农村绿色可持续发展。

1.1 植物病毒接种

1.1.1 汁液摩擦接种

植物病毒为活体专性寄生物，需要在活的寄主细胞上以极轻微的伤口作为侵入细胞的途径。汁液摩擦接种方法就是通过金刚砂或硅藻土磨料摩擦植物表面产生微伤口，使用磷酸盐缓冲液研磨溶解发病组织汁液，增加病毒的稳定性和侵染性，然后用手指蘸取汁液在叶面轻轻摩擦，使病毒进入细胞内。除了涂抹发病组织汁液外，还可以通过涂抹制备的病毒基因组 RNA 或病毒粒体进行摩擦接种。

汁液摩擦接种选取的毒源十分重要。各种病毒在寄主植物体内定殖的部位不同，毒源植株各部位含有的病毒浓度差别很大。在叶片薄壁细胞中定殖引起花叶症状的病毒浓度较高，易于进行汁液摩擦接种，而只定殖于韧皮部，引致黄化、矮化的病毒浓度较低，不易摩擦接种成功。较老的毒源植株、生长及营养状况也会影响病毒侵染性。接种对象对于接种也是十分关键的。一般草本植物比木本植物、一年生草本植物比多年生草本植物容易接种成功；含有胶质、纤维及各种病毒抑制物质（如单宁、氧化多元酚等）的植物则较难接种成功。有些病毒材料在研磨过程中易被氧化而钝化，因此还需要加入少量缓冲液，常用的是 0.01 mol/L 的磷酸盐缓冲液（PBS，pH7.2），有时还加有 Na_2SO_3 或巯基乙醇（0.1%）、抗坏血酸等还原剂以保护病毒。

1.1.2 介体接种

自然界中病毒的媒介物很多，大多数植物病毒通过介体昆虫、螨类、线虫、菟丝子和菌物等在寄主植物个体间传播。全世界已发现的植物病毒中约有 80% 是由昆虫进行传播的。蚜虫、粉虱、叶蝉、飞虱、蓟马和木虱等昆虫是植物病毒病的主要传播介体（何海芳等，2020）。部分病毒无法直接利用摩擦接种的方式进行接种，可以借助自身的传毒介体昆虫刺吸、取食进行植物病毒接种。带毒的介体昆虫再取食时植物病毒会通过自身口针、唾液携带传毒到健康植物体内（Zhang et al.，2023）。介体传毒所需接毒时间和接毒介体昆虫数量根据病毒不同而异，传毒时还要注意介体带毒的循环周期和持久性。

根据介体昆虫获毒时间、传毒时间和病毒在介体内的停留时间，介体昆虫传毒模式大致分为非持久性传毒、半持久性传毒和持久性传毒 3 种。非持久性病毒可在昆虫口针处短暂停留，因此介体获毒时间仅数秒，在介体内保留数分钟即可传毒，蜕皮后昆虫脱毒。半持久性病毒可与前肠肠腔的几丁质结合，但不进入昆虫组织中，因此介体获毒时间为数分钟至数小时，在介体内保留时间为数小时，蜕皮后脱毒。持久性病毒侵入时，首先要被介体消化道的受体识别，而后侵入上皮细胞，并扩散至消化道肌肉层，部分病毒进入血淋巴或其他组织后侵入唾液腺，最后伴随昆虫唾液进入寄主韧皮部致病，完成一个循环周期（图 10-1）（Hogenhout et al.，2008；Ammar et al.，2009）。因此，持久性病毒在介体昆虫内保留时间常贯穿昆虫整个生命周期，昆虫蜕皮后仍带毒并具有传毒能力。按病毒能否在昆虫体内增殖，持久性传毒可分为增殖型和非增殖型(张洪祥等,2022)。

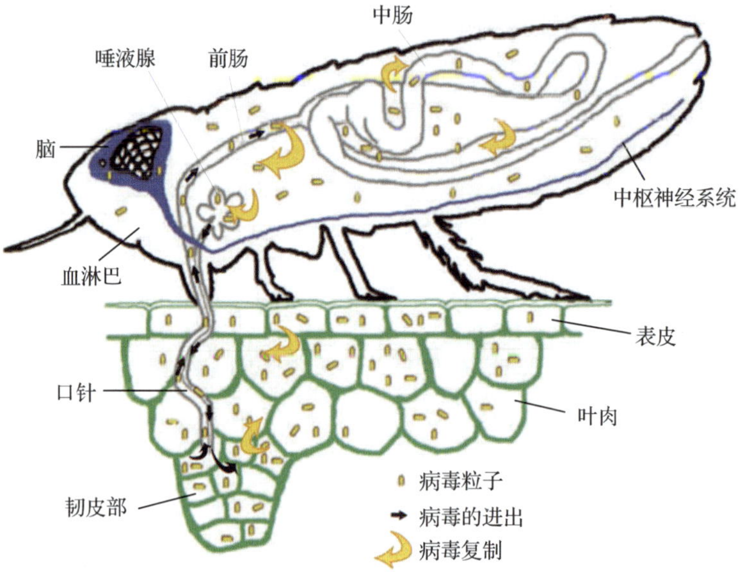

图 10-1 叶蝉持久性传毒示意图(Hogenhout et al.,2008)

1.1.3 农杆菌浸润法接种

侵染性克隆是病毒基因组全长 cDNA 克隆,通过合适的启动子,可以在体外或体内获得具有侵染性的病毒基因组转录本。为满足功能基因组学、病毒蛋白的复制和表达以及寄主与病毒相互作用等研究的需要,部分植物病毒已被成功构建侵染性克隆。侵染性克隆也被认为是设计抗病毒策略的病毒基因库和制备新病毒载体的重要材料来源。构建病毒侵染性克隆方法主要有 2 种:①在噬菌体 RNA 聚合酶启动子(T3、T7 或 SP6)的影响下合成体外侵染性转录本;②通过花椰菜花叶病毒(cauliflower mosaic virus,CaMV)35S 启动子在体内转录含有 cDNAs 的载体,表达侵染性病毒 RNA(图 10-2)。

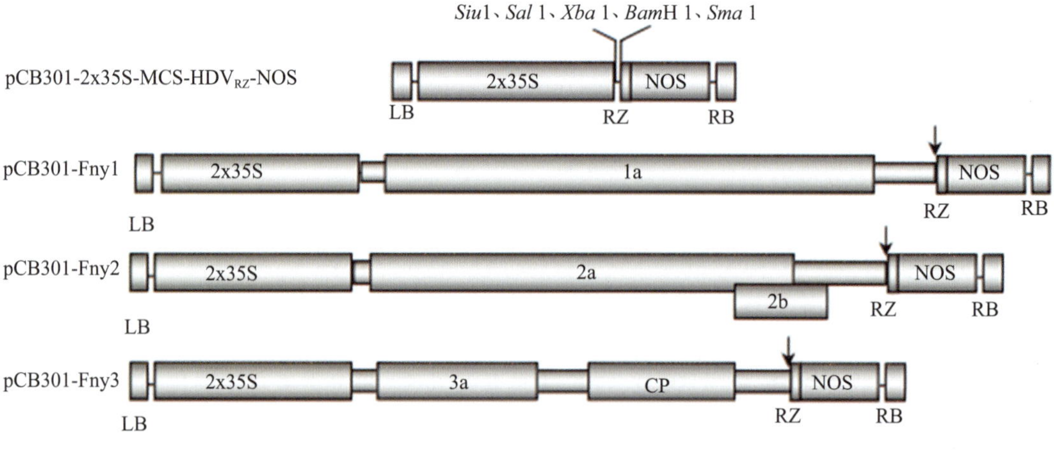

图 10-2 植物表达载体 pCB301-2x35S-MCS-HDVRZ-NOS 及农杆菌介导的 CMV Fny 侵染性克隆图谱(姚敏等,2011)

2×35S. 双增强子 35S 启动子;LB、RB. T-DNA 序列左臂和右臂;RZ. 核酶;stuI、SalI、XbaI、BamHI、SmaI. 多克隆酶切位点;1a、2a、2b、3a、CP. CMV 病毒蛋白基因;NOS. 终止子

将侵染性克隆导入植物细胞的技术有很多。可以通过机械摩擦接种、基因枪轰击等方法将有侵染性的病毒转录本导入植物体内。也可以通过农杆菌转化浸润的方法将病毒侵染性克隆转移到植物体内，该方法操作简单高效，病毒转录本在体内合成具有高度稳定性，适用于多种病毒接种，被广泛应用。农杆菌浸润法接种是将具有侵染性的全长病毒基因组插入到双元载体 Ti 质粒 T-DNA 区域然后导入植物。取代 T-DNA 的病毒 DNA 在体内转录出病毒 RNA 表达出参与复制和 RNA 沉默抑制的病毒编码蛋白，病毒复制启动，并随后在整个植物中转运，系统性侵染寄主植物(Prufer et al.，1995)。农杆菌浸润法使用注射器接种到接种植株叶片或茎中，携带有病毒侵染性克隆的农杆菌进入植物体内。对于一些单子叶植物的接种，可以通过真空吸根的方式农杆菌浸润接种植株根部接种病毒。

1.1.4 嫁接接种

凡能嫁接成活的植物都可以嫁接接种。嫁接接种的具体方法包括切接、芽接、靠接、块茎嫁接以及皮接等，以切接和芽接使用最为普遍。切接对木本植物和草本植物均适用。

菟丝子有广泛的寄主范围，可作为桥梁连接无法直接嫁接的寄主植物，进行传毒接种。把不带病毒的菟丝子种子播在病株周围土壤中，发芽后使菟丝子在病株上寄生，然后再让其蔓茎缠绕到健康植株上，保持到菟丝子侵染成功。不同种菟丝子的传毒能力不相同。

1.2 植物病毒侵染过程

侵染性病害的侵染过程一般包括接触期、侵入期、潜育期、发病期四个时期。植物病毒的侵染过程具体指病毒粒体侵入寄主活细胞、病毒核酸复制及表达至最后装配成子代病毒粒体，包括吸附、侵入、脱壳、复制、表达、装配和转运等环节，随后成熟的病毒粒体经胞间连丝或筛管移动，引起寄主植物系统发病(图 10-3)。植物病毒的侵染过程都是病毒与寄主成分相互作用的结果。以下是植物病毒侵染过程中几个重要组成部分。

1.2.1 吸附和侵入

植物病毒若要成功侵染首先需要接触到植物细胞。植物病毒没有病原菌物吸器等结构帮助进入植物细胞。大部分病毒会通过昆虫、线虫、细菌、真菌等介体、各种农事活动造成的微伤口进入寄主植物的细胞里。

1.2.2 脱壳

大多数病毒进入植物细胞的同时脱壳，病毒核酸释放。病毒脱壳后才能进行病毒基因的转录和表达。这一过程主要发生在细胞质内。

1.2.3 病毒核酸复制

核酸复制是传递遗传信息的中心环节，无论植物 DNA 或 RNA 病毒的复制过程都遵循半保留复制的原则。植物正链 RNA 病毒成功进入寄主细胞后，基因组 RNA 被释放到细胞质中，植物 RNA 病毒需要利用寄主核糖体编码依赖于 RNA 的 RNA 聚合酶(RNA-dependent RNA polymerase，RdRP)进行复制，植物 DNA 病毒则利用寄主的 DNA 聚合酶进行复制。专化的病毒 RdRp 与病毒基因组 RNA、寄主蛋白互作形成病毒复制复合体(virus replication complex，VRC)(Hyodo et al.，2016)。不同病毒会招募不同的细胞器如内质网、叶绿体、线粒体、内体和过氧化物体来形成 VRC 相关的膜结构。例如，马铃薯 Y 病毒会编码 6K 蛋白在内

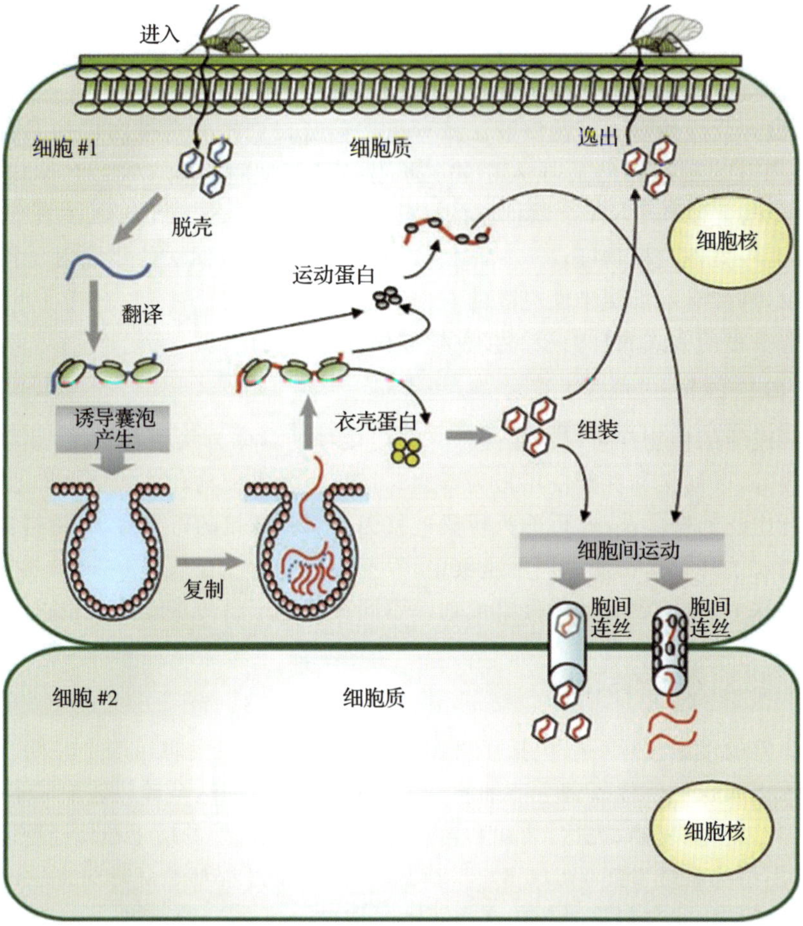

图 10-3 植物正单链 RNA 病毒复制、组装和细胞间移动示意图(Rao，2006)

质网出口位点诱导产生 6K 小泡，携带 VCR 转运靶向叶绿体，从而在叶绿体上融合并诱导叶绿体膜发生内陷(Wei et al.，2010)。VRC 利用原始基因组 RNA 作为模板，合成互补负链 RNA，然后以负链 RNA 为模板合成大量新的正链 RNA(Wang et al.，2012)。

1.2.4 植物病毒表达

植物病毒通常需要编码多种病毒蛋白，用于病毒生命周期中复制、翻译、移动和病毒包装等必不可少的生命过程。病毒蛋白表达完全依赖于寄主的翻译机制。对于 DNA 病毒，它们的病毒基因组进入细胞核，基因组转录物具有与细胞 mRNA 相同的特征。DNA 病毒 mRNA 的翻译是使用规范的核糖体扫描模型完成的。对于 RNA 病毒，它们的病毒基因组不进入细胞核，继续保持病毒基因组的特征。许多植物 RNA 病毒的基因组 RNA 缺乏 5′端帽子结构(m7GPPPN)和/或 3′端 poly(A)尾，而这些结构是保证 mRNA 被有效翻译的必要元件。一些 RNA 病毒基因组为多顺反子且可能存在基因重叠的情况，这与真核生物单顺反子 RNA 有明显的不同。病毒 RNA 上只有 5′末端第一个 ORF(open reading frame)可以直接被翻译，位于 3′端的内部开放阅读框被封闭。尽管大多数植物 RNA 病毒翻译元件和 mRNA 编码特性等方面与真核生物存在差异，植物病毒为解决蛋白编码形式区别于真核生物 mRNA 的限制，它们长期进化出转录水平（图 10-4）和翻译水平上（图 10-5）的多种策略，以完成病毒蛋白的表达，如多分体基因组策略、亚基因组策略、不依赖帽子翻译策略、翻译重新编码策略等（Geng et al.，2021）。

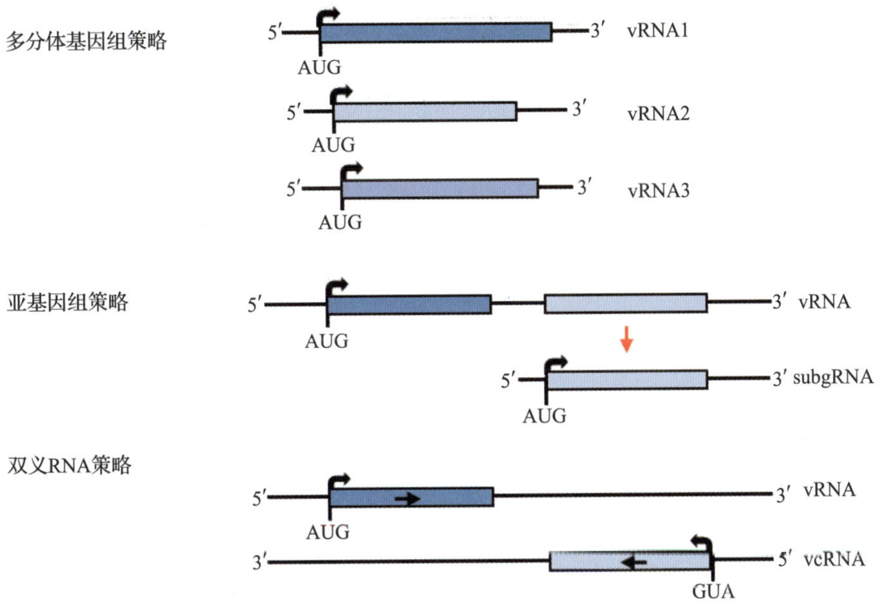

图 10-4 植物 RNA 病毒转录水平上的表达策略

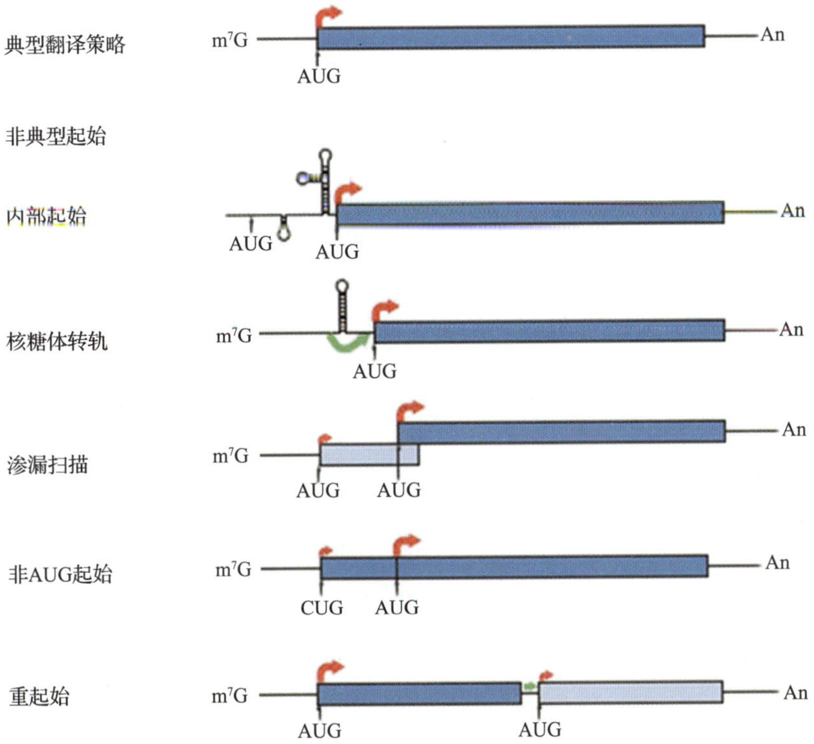

图 10-5 植物 RNA 病毒翻译水平上的表达策略（Firth and Brierley，2012）

非典型延伸和终止

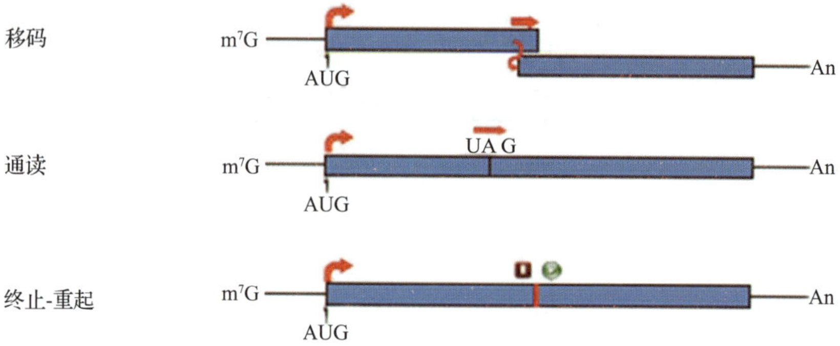

续图 10-5

1.2.5 植物病毒装配和转运

当细胞内的病毒衣壳蛋白(coat protein,CP)和基因组核酸浓度达到一定水平后,就会引发装配过程。子代病毒核酸与 CP 亚基进行组装,形成完整的子代病毒粒体。子代病毒粒体可不断繁殖或开始扩散转移。

植物病毒系统性运输的建立是实现成功侵染的标志。病毒系统性运输首先通过胞间连丝(plasmodesmata,PD)从最初侵染的细胞进入相邻细胞间,实现短距离局部运输(local movement),然后病毒从薄壁细胞进入维管束利用寄主的维管系统进行组织至组织间的长距离系统运输(systemic movement)(Navarro et al.,2019)。也有一些韧皮部限制的病毒通常跳过局部运输途径,通过传毒介体直接将其注射至韧皮部。胞间连丝最大排阻限只有 0.8～1.0 nm,不允许自由折叠的核酸通过。植物病毒移动需要病毒移动蛋白(movement protein,MP)通过与病毒基因组或完整病毒粒体、胞内运输通道及胞间连丝互作协助病毒移动。植物病毒细胞间运输除与 PD 有关外,还与细胞内膜系统及细胞骨架密切相关(Hong and Ju,2017;Pitzalis and Heinlein,2018)。植物病毒一旦到达维管束组织便可以开始快速地在植株体内进行长距离运输,并移动到植物分生组织或植物营养充足的部位。植物病毒常编码长距离运输相关的病毒蛋白,大多数病毒长距离运输需要 CP 和 MP 的共同调控。

2 实验目的

(1)学习掌握人工摩擦接种、介体传毒接种、农杆菌注射接种等几种常用植物病毒接种方法的关键技术原理和操作方法。

(2)观察并熟悉植物病毒的侵染过程,观察接种前后接种植株表型变化(坏死、变色、畸形)、发病时长、死亡时间等外观症状,并通过透射电子显微镜观察发病植株内部变化,使用分子检测方法检测病毒核酸、蛋白积累量变化情况。

3 实验材料和用具

3.1 植物材料

6～8 叶期健康的本氏烟和烟草花叶病毒（Tobacco mosaic virus，TMV）侵染发病的普通烟、黄瓜花叶病毒（Cucumber mosaic virus，CMV）侵染发病的本氏烟，蚜虫（不带任何病毒的健康无翅蚜，尽量不用有翅蚜）：桃赤蚜（*Myzus persicae*）、豆蚜（*Aphis crassivora*）和甘蓝蚜（*Brevicorgne brassicae*）等。

3.2 试剂

1×PBS 缓冲液（pH 7.2～7.4）、800 目金刚砂、CMV 侵染性克隆农杆菌菌液、农杆菌悬浮缓冲液、Kan^r/Rif^r 双抗性 LB 固/液体培养基。

3.3 仪器和用具

高速离心机、恒温振荡培养箱、紫外分光光度计、研钵、烧杯、1 mL 注射器、移液枪、培养皿、离心管、小毛笔、养虫笼、养虫罩、拟除虫菊酯、喷雾器、指形管、塑料封口膜、洗瓶。

4 实验内容和方法

4.1 烟草花叶病毒（TMV）汁液摩擦接种本氏烟（二维码 10-1）

二维码 10-1
人工摩擦接种法演示（视频）

4.1.1 灭菌

研钵冲洗干净并进行消毒灭菌处理。

4.1.2 研磨

取 TMV 侵染发病的本氏烟叶片 0.2 g，加入 0.01 mol/L 的 1×PBS（pH 7.2～7.4）缓冲液 2 mL，在灭菌的研钵中充分研磨成糊状。

4.1.3 摩擦

在健康本氏烟的幼嫩叶片上撒入少量的 800 目金刚砂粉末，佩戴干净的一次性手套，用手轻轻摩擦叶片表面，造成叶片的微小伤口。植株表面如有污物应先用自来水冲洗干净，晾干后再摩擦。

4.1.4 涂抹汁液

蘸取研磨好的病叶汁液，在供接种的植物叶面轻抹 2～3 次，充分涂抹至受伤叶片。注意摩擦要轻，不要来回擦，应单向地从叶基向叶尖方向抹，接种叶用手掌或手指托住，不要用力过大，更不能弄破叶片。接种后即可用洗瓶将叶面的病叶汁液和摩擦剂冲洗干净。需要注意的是，一定要将摩擦剂冲洗掉，否则将影响日后的症状观察。

4.1.5 标记

用铅笔在接种过的叶片尖端刺一小孔作为接种叶的记号。各组要用一盆植物作空白对照，即用缓冲液代替病叶汁液进行接种。用铅笔写好标签后插入花盆中，标签要注明：病毒标样代号、寄主符号、接种日期和接种者，例如，TMV、心叶烟、日/月/年、张三。

4.1.6 培养观察

接种过的烟草要放在 25 ℃、16 h 光照 8 h 黑暗交替条件下温室培养，记录发病时间、进行症状观察，填写植物病毒接种实验结果记录表（表 10-1）。接种后烟草与健康植株对比，每 2～3 d 观察记载一次发病情况，尤其要注意接种叶和新叶上的症状是否相同。为了提高接种的成功率，通常将待接种的植物幼苗放在黑暗处 8～10 h 后再接种。

表 10-1 植物病毒接种实验结果记录表

接种日期：　年　月　日　　　　调查日期：　年　月　日

接种病毒名称	接种植物名称	潜育期/d	发病症状描述及图片	发病率/%	病情指数

症状记载的常用符号如下：枯斑，ll；坏死，N；褪绿，Ch；斑驳，Mo；花叶，M；环斑，RS；脉明，Vc；蕨叶，F。例如，接种叶花叶、新叶无症状可记载为 M/—。

4.2 黄瓜花叶病毒(CMV)介体昆虫蚜虫取食接种本氏烟

4.2.1 饥饿处理

从隔离的养虫笼中收集无翅蚜，利用振落法使蚜虫跌落到大培养皿或白瓷盘中，用毛笔蘸取蚜虫收集在指形管或三角瓶中，纱布封口处理 4～6 h，对蚜虫进行饥饿处理。

4.2.2 饲毒

将病毒病叶摘下放在大培养皿中。取出饥饿蚜虫，抖落在病叶上，蚜虫稍经爬行后立即停住取食（头朝下，尾部朝上），也可将蚜虫直接挑放在感染 CMV 病株上饲毒。

4.2.3 接种

经取食 5～10 min 后，用毛笔轻触蚜虫的尾部，使蚜虫拔出口针，然后用毛笔将蚜虫挑起，移放到待接种植株 6～8 叶期本氏烟苗的心叶片上进行传毒接种，并用养虫罩罩住；也可将蚜虫挑放在特制的接虫纱罩中，然后将纱罩夹在供接种植株上部嫩叶的背面。植株放在温室中培养。对照组植株接种不带毒的蚜虫。24 h 后喷洒杀虫剂杀死蚜虫，移去养虫罩或接虫纱罩。

4.2.4 培养观察

将接种的烟苗保持在防虫条件下 25 ℃、16 h 光照 8 h 黑暗交替培养，接种后烟草与健康植株对比每 2～3 d 观察记载一次接种和新叶上发病情况，记录发病时间、进行症状观察。

4.3 黄瓜花叶病毒(CMV)农杆菌注射接种本氏烟(二维码 10-2)

4.3.1 农杆菌活化

将 CMV 基因组三条 RNA 链侵染性克隆的农杆菌分别在 Kan^r/Rif^r 双抗性固体培养基上划线稀释,培养皿倒置放于 28 ℃培养箱培养 2～3 d。

二维码 10-2
农杆菌注射接种法演示(视频)

4.3.2 摇菌

挑取农杆菌单菌落放入 2 mL Kan^r/Rif^r 双抗性 LB 中,28 ℃,220 r/min 过夜摇菌。取 200 μL 菌液加到 5 mL Kan^r/Rif^r 双抗性 LB 中,28 ℃,220 r/min,过夜摇菌。

4.3.3 诱导

28 ℃,6 000 r/min 离心 10 min,收集菌体,弃上清液;1 mL 农杆菌悬浮缓冲液重悬诱导菌体。

4.3.4 测量 OD_{600} 值

使用紫外分光光度计测量菌液的 OD_{600} 值。调整每条链菌液浓度 OD_{600} 值达到 1.2,CMV 侵染性克隆三条链等比例混合,使每条链 OD_{600} 值达到 0.4 左右,菌液混合后 28 ℃培养箱诱导 3 h 以上。

4.3.5 注射接种

准备 1 mL 一次性注射器从叶片背面注射接种 6～8 叶期本氏烟的 2 片对生叶,注射量达到叶片面积的 80%。每个处理重复接种 3 棵本氏烟。

4.3.6 培养观察

接种后的本氏烟放在温室 25 ℃、16 h 光照 8 h 黑暗交替条件下培养,与健康植株对比,持续观察植株发病症状并记录,并进行电镜观察和分子检测病毒。

5 作业

(1)简述汁液摩擦接种、昆虫介体传毒接种和农杆菌注射接种这三种方法的基本原理,并举例说明可以应用这些方法人工接种的植物病毒。

(2)人工摩擦接种植物病毒的关键操作有哪些?

(3)实验室中常用于病毒接种的指示植物有哪些?

(4)详细叙述一种植物病毒的侵染过程。

(5)在病毒的侵入期和潜育期,植物病毒如何进入到植物细胞?在植物细胞内,病毒会进行哪些生命过程?

(6)简述一种植物病毒侵染性克隆的构建策略。

(7)如何测定病毒/昆虫是持久性传播还是非持久性传播?请提出试验方案。

参考文献

Ammar E D, Tsai C W, Whitfield A E, et al, 2009. Cellular and molecular aspects of rhabdovirus interactions with insect and plant hosts [J]. Annual Review of Entomology, 54 (1): 447-468.

Dolja V V, Mcbride H J, Carrington J C, 1992. Tagging of plant potyvirus replication and movement by insertion of beta-glucuronidase into the viral polyprotein [J]. Proceedings of the National Academy of Sciences, 89(21): 10208-10212.

Firth A E, Brierley I, 2012. Non-canonical translation in RNA viruses [J]. Journal of General Virology, 93(7): 1385-1409.

Geng G, Wang D, Liu Z, et al, 2021. Translation ofplant RNA viruses [J]. Viruses, 13 (12): 2499.

Hogenhout S A, Ammar E D, Whitfield A E, et al, 2008. Insectvector interactions with persistently transmitted viruses [J]. Annual Review of Phytopathology, 46: 327-359.

Hong J S, Ju H J, 2017. Theplant cellular systems for plant virus movement [J]. The Plant Pathology Journal, 33(3): 213-228.

Hyodo K, Okuno T, 2016. Pathogenesis mediated by proviral host factors involved in translation and replication of plant positive-strand RNA viruses [J]. Current Opinion in Virology, 17: 11-18.

Navarro J A, Sanchez-Navarro J A, Pallas V, 2019. Key checkpoints in the movement of plant viruses through the host [M]//Virus Entry, Advances in Virus Research.

Pitzalis N, Heinlein M, 2018. The roles of membranes and associated cytoskeleton in plant virus replication and cell-to-cell movement [J]. Journal of Experimental Botany, 69 (1): 117-132.

Prüfer D, Wipf-Scheibel C, Richards K, et al, 1995. Synthesis of afull-length infectious cDNA clone of cucurbit aphid-borne yellows virus and its use in gene exchange experiments with structural proteins from other luteoviruses [J]. Virology, 214(1): 150-158.

Rao A L N, 2006. Genomepackaging by spherical plant RNA viruses [J]. Annual Review of Phytopathology, 44(1): 61-87.

Wang R, Li K, 2012. Host factors in the replication of positive-strand RNA viruses [J]. Biomedical Journal, 35(2): 111.

Wei T, Huan T S, Mcneil J, et al, 2010. Sequentialrecruitment of the endoplasmic reticulum and chloroplasts for plant potyvirus replication [J]. Journal of Virology, 84(2): 799-809.

Zhang L, Liu W, Wu N, et al, 2023. Southern rice black-streaked dwarf virus induces incomplete autophagy for persistence in gut epithelial cells of its vector insect [J]. PLOS Pathogens, 19(1): e1011134.

Zwart M P, Daròs J A, Elena S F, 2012. Effects ofpotyvirus effective population size in inoculated leaves on viral accumulation and the onset of symptoms [J]. Journal of Virology，86 (18)：9737-9747.

何海芳，李静静，张泽龙，等，2020. 我国植物病毒病及其昆虫介体研究概况 [J]. 华中昆虫研究，16(1)：3-21.

姚敏，张天奇，田志超，等，2011. 农杆菌介导的CMV侵染性克隆及2b缺失突变体构建 [J]. 中国农业科学，44(14)：3060-3068.

张洪祥，贾东升，陈倩，等，2022. 植物病毒经介体昆虫唾液腺水平传播至寄主韧皮部机制的研究进展及展望 [J]. 植物保护学报，49(1)：198-206.

韩召军，2001. 植物保护学通论 [M]. 北京：高等教育出版社.

（原雪峰、刘志菲　编写）

实验十一

植物病原菌物检测

提要：植物病原菌物检测主要分为传统检测方法和分子检测方法：传统检测方法主要包括症状观察、显微镜检测、分离培养、生物学检测等；分子检测方法主要包括 PCR、荧光定量 PCR、DNA 标记、酶联免疫吸附测定法（ELISA）、基因组/转录组测序分析等方法。本实验的重点内容是利用病原菌物的特异性引物开展 PCR 分子检测，要求学生明确植物病原菌物传统检测和分子检测的原理，掌握使用 PCR 技术进行病原菌物检测的方法，了解病原菌物检测的作用和意义。

1 实验基础知识和原理

植物病原菌物可以通过自然传播或介体传播的方式侵入植物并引发病害。植物病原菌物会干扰植物的正常生理生化功能，导致植物出现各种病理变化，严重危害植物健康，降低作物产量，进而影响经济的发展。据报道，全球主要农作物每年因病害而导致的平均损失占总产量的 10%～15%。除影响农作物产量外，植物病原菌物产生的有害物质，如黄曲霉毒素和 DON 毒素（deoxynivalenol，脱氧雪腐镰刀菌烯醇），可对人类和牲畜的生命安全构成严重威胁。对由病原菌物引起的植物病害进行诊断，查明引发病害的具体病原菌物种类，明确病害发生的原因，是了解菌物病害的基础，也是科学合理开展病害防控的前提；对无症状植物和植物生长环境中病原菌物及时监测可在病害流行前开展防控，同时也是病害预测预报的基础。植物病原菌物检测的常用方法包括基于病原物分离培养的柯赫氏法则、聚合酶链式反应、DNA 标记、环介导等温扩增等（McCartney et al.，2003）。

1.1 柯赫氏法则

柯赫氏法则（Koch's postulates）是病原物检测的经典方法，该方法目前已在植物病原物的检测以及许多人类和动物的疾病检测当中广泛应用。柯赫氏法则是由德国微生物学家柯赫和德国细菌学家勒夫勒于 1884 年共同提出的，并由柯赫在 1890 年修改后公布。

柯赫氏法则的内容主要分为以下 4 项：

①植物发病部位经常可以找到大量的病原物，而在健康的植物体中找不到这些病原物；

②病原物可被分离并在培养基中进行纯培养，纯培养即只有该种病原物而无其他微生物；

③纯培养的病原物应该接种至与病株相同品种的健康植株，并产生与病株相同的病害；

④从接种的病株上以相同的分离方法应能再分离出病原物进行提纯培养，其特征与原病株分离物完全相同。

如果完成以上步骤，并得到明确的结果，就可以证明分离出的病原物为某种病害的病原。柯赫氏法则作为细菌学研究的准则被继承下来，随着后人不断完善，现已成为侵染性病害的诊断和鉴定的常用方法。柯赫氏法则为建立病原学体系的研究方法打下了坚实的基础，使其成为一门独立的学科。虽然柯赫氏法则被誉为病原鉴定的“黄金法则”，但主要适用于可以在体外分离和培养的病原物，而对大量无法在体外分离培养的微生物，如病毒、类病毒、霜霉菌、白粉菌、锈菌等，往往无法完成柯赫氏法则的 4 个过程，而需要用其他的实验方法进行证明(Byrd and Segre，2016)。

1.2 聚合酶链式反应

聚合酶链式反应(polymerase chain reaction，PCR)，是一项利用 DNA 双链复制的原理，在体外复制特定 DNA 片段的核酸合成技术。通过这项技术，可以在短时间内大量扩增目的基因。DNA 体外扩增的实现首先基于 DNA 半保留复制原理，这是因为在复制过程中，双链 DNA 会被解链成单链，在适当的温度下，DNA 聚合酶能够利用引物结合到单链 DNA 上，然后按照碱基互补配对原则，引导游离的 dNTP 结合到单链上，最终形成一条新的双链 DNA，其中包括旧链和新合成的链(Erlich et al.，1991)。

一般的聚合酶链式反应通常包括 20～35 个循环，每个循环包含以下 3 个步骤：

1.2.1 变性阶段

在高温(93～98 ℃)下，双链 DNA 被分离，将连接两条 DNA 链的氢键打断。在第 1 个循环之前，通常需要加热一段时间以确保模板和引物完全分离，使其存在于单链形式。该步骤通常持续 1～2 min，然后机器控制温度进入循环阶段。

1.2.2 退火阶段

在 DNA 双链分离后，降低温度，使引物能够结合到单链 DNA 上。此阶段的温度通常低于引物的熔点 5 ℃。选择适当的退火温度非常重要，以确保引物能够正确结合到模板上。该步骤通常持续 1～2 min。一些新技术的融合型核酸聚合酶可能在此阶段的温度略高于引物的熔点 3～5 ℃，时间通常只需 5～10 s。

1.2.3 延伸阶段

从降温时引物结合的位置开始，DNA 聚合酶沿着 DNA 链合成互补链。此阶段的温度取决于所使用的 DNA 聚合酶。延长时间取决于聚合酶的特性和需要合成的 DNA 片段长度。

PCR能够特异性扩增某一DNA片段，具有特异性强、灵敏度高、操作简便、省时等特点，因此，在病原微生物的检测上，较传统方法具有很多优势，如检测的病原菌物不需要人工培养，可检测单个靶标分子，技术快速、通用，可用于常规方法研究较困难的植物病害，如类病毒、专性寄生病原菌的检测。

在PCR技术的基础上，可在反应体系中加入荧光基团，使PCR在扩增过程中实时监测DNA，这种技术称作实时荧光定量PCR(quantitative PCR，qPCR或real-time PCR)。与传统的终点法检测不同，qPCR允许在PCR扩增过程中收集数据。在qPCR中，反应的特征不再是在特定循环数后目标分子累计的扩增量，而是在循环中首次检测到目标扩增的时间点。因此，目标核酸的起始拷贝数越高，则会越快观察到荧光的显著增加。

在分析RNA的时候，可使用逆转录聚合酶PCR(reverse transcription PCR，RT-PCR)技术，它结合了逆转录和聚合酶链式反应2种方法。在RT-PCR中，RNA首先被逆转录酶逆转录成相应的互补DNA(complementary DNA，cDNA)，然后通过聚合酶链式反应对cDNA进行扩增。这种技术常用于研究基因表达、检测病毒RNA、分析转录本等领域。RT-PCR具有高灵敏度、高特异性和广泛的应用范围等优点。

目前，PCR及其相关技术已在各类植物病害中得到应用，近年来基于PCR的分子标记技术已应用在植物病原检测、植物病害诊断、病原菌遗传多样性研究、寄主抗病基因分析等领域。

1.3 DNA标记

DNA标记，又称为分子标记，是基于个体间DNA序列的变异而产生的。它直接反映了DNA水平的遗传变异。分子标记具有环境影响小、多态性高、数量丰富、表现为共显性等特点，因此在应用中得到了快速发展。根据技术手段和检测原理的不同，将常用的分子标记分为以下一些类型。

1.3.1 限制性片段长度多态性(restriction fragment length polymorphism，RFLP)标记

将DNA样品用限制性内切酶酶切，生成不同长度的DNA片段，然后利用凝胶电泳将这些片段分离出来，根据片段的长度差异进行分析。由于不同个体之间DNA序列的变异，同一限制性内切酶对不同个体的DNA样品可能会产生不同的片段长度，从而检测DNA序列的变异。

1.3.2 微卫星(simple sequence repeats，SSR)标记

基于DNA序列中的短重复单元(通常为1～6个碱基)的变异，通过凝胶电泳等方法分析PCR产物的大小差异。由于微卫星位点的长度多态性，不同个体之间的PCR产物会呈现出不同的片段长度，从而实现了对个体间遗传变异的检测和分析。这些重复单元在基因组中存在广泛分布，因此，微卫星标记具有高度多态性和遗传稳定性，可用于遗传多态性分析和个体检测。

1.3.3 单核苷酸多态性(single nucleotide polymorphisms，SNP)标记

单核苷酸多态性标记是由单个核苷酸的碱基变异引起的，如腺嘌呤(A)、胸腺嘧啶(T)、鸟嘌呤(G)和胞嘧啶(C)之间的替换。SNP标记的检测通常利用PCR扩增特定DNA区域，然后采用不同的方法来识别SNP位点的变异。这些方法包括序列分析、PCR扩增和

测序等。现代技术还包括高通量测序和基因芯片技术，可获取大规模 SNP 信息。SNP 标记已应用于基因组学、种质资源鉴定、群体遗传结构分析和个体检测中。

不同类型的 DNA 标记目前已广泛应用于病原菌物生理小种检测、病害诊断、病原物遗传结构分析等方面(Martinelli et al.，2015)。

1.4 环介导等温扩增

环介导等温扩增(loop-mediated isothermal amplification method，LAMP)技术是一种新型的核酸扩增技术，这项技术可以短时间内(1 h 内)在等温条件下将有限数量的 DNA 扩增到数百万份，标志着核酸扩增技术迈向了一个新的时代。

LAMP 技术的反应体系包含 dNTPs、Bst DNA 聚合酶、引物和 DNA 模板等成分。在等温条件下，Bst DNA 聚合酶与 4 或 6 种特异性引物结合于目标基因的不同区域，导致茎环状 DNA 扩增，形成长度不一的产物。LAMP 反应所用的引物包括 1 对外部引物(F_3 和 B_3)、1 对内部引物(FIP 和 BIP)，以及 1 对环引物。这些引物分别识别目标 DNA 的 6 个不同区域，多引物结合使 LAMP 技术具有高度的特异性。LAMP 反应主要包含以下步骤：

1.4.1 引物结合和 DNA 合成

LAMP 反应使用多个特异性引物，包括外部引物(F_3 和 B_3)、内部引物(FIP 和 BIP)以及环引物。这些引物在目标 DNA 的不同区域结合，并形成一个或多个特定的 DNA 复合物。

1.4.2 DNA 合成

在 Bst DNA 聚合酶的催化下，引物结合的 DNA 区域开始合成新的 DNA 链。Bst DNA 聚合酶具有高度的耐热性，在等温条件下可以持续地进行 DNA 合成。

1.4.3 茎环结构形成

DNA 合成的新链与模板 DNA 形成茎环结构。这些茎环结构会作为引物结合的起始点，并且会在反应中不断地增长。

1.4.4 DNA 扩增

茎环结构的不断扩增导致 DNA 的指数增加。由于每个茎环结构都可以作为新的引物结合位点，因此 LAMP 反应具有很高的扩增效率。

1.4.5 产物检测

LAMP 反应产生的 DNA 产物可以通过多种方式进行检测，包括测量荧光信号或使用凝胶电泳等技术。此外，LAMP 反应结果也可以通过比色检测法获取。在 LAMP 反应体系中加入特定染料，在反应结束后，如果目标样品中存在目标 DNA，样品的颜色将发生变化，而非目标样品的颜色则不会变化。

LAMP 技术目前已成功应用于植物病原菌物、细菌、病毒等病原微生物以及抗药性的检测，该技术具有高度特异性、高效性、简便性、高度敏感性、直接可视化、可靠性和多样性等优势，具有广泛的应用潜力(Notomi et al.，2015)。

2 实验目的

（1）了解植物病原菌物检测的方法。

（2）了解植物病原菌物分子检测的原理，理解分子检测的作用和意义。

（3）掌握利用 PCR 技术进行植物病原菌物分子检测的方法。

3 实验材料和用具

3.1 供试材料

尖孢镰孢萎蔫专化型（棉花枯萎病菌，*Fusarium oxysporum* f. sp. *vesinfectum*）、大丽轮枝孢（棉花黄萎病菌，*Verticillium dahliae*）、小麦条锈病菌（*Puccinia striiformis* f. sp. *tritici*）、小麦叶锈病菌（*P. triticina*）、小麦秆锈病菌（*P. graminis* f. sp. *tritici*）。

3.2 试剂

CTAB 溶液、氯仿-异戊醇（24∶1）、异丙醇、75%乙醇、TE 溶液、RNA 酶、10 倍 PCR 反应缓冲液、大丽轮枝孢特异性引物、dNTP、Taq DNA 聚合酶、$MgCl_2$、无菌水、DNA Ladder、10 倍电泳缓冲液、琼脂糖粉、核酸染料等。

3.3 实验仪器和用品

灭菌锅、研磨仪、研磨钢珠、水浴锅、PCR 扩增仪、电泳仪、电泳槽、紫外灯、紫外分光光度计、超净工作台、酒精灯、移液枪、移液枪头、研磨管、离心管、锥形瓶、吸水纸、一次性手套、牙签等。

4 实验内容和方法

4.1 棉花枯萎病和黄萎病的病原物分子检测

棉花枯萎病病原为尖孢镰孢萎蔫专化型（*Fusarium oxysporum* f. sp. *vesinfectum*）。在苗期，病害常呈现黄色网状斑，当气温降低时，可能出现紫红色或黄化的表现，而在阴雨天气转为晴朗并变暖时，则可能出现植株呈现青枯状的情况。成株期，受感染的棉花植株通常会出现矮缩生长，叶缘向下卷曲。夏季高温时，受病害影响的棉花植株可能会出现新枝叶生长畸形的情况。到了秋季，病情可能进一步加重，植株叶片自顶端向下枯死脱落，形成光秆，而在茎秆切开后，维管束可能会变成黑褐色（图11-1）（Davis et al.，2006）。

棉花黄萎病病原为大丽轮枝孢(*Verticillium dahliae*)。在棉花植株长到3～5片真叶时,症状开始显现(图11-2)。棉花现蕾后,田间发病情况会大量增加,在7—8月开花结铃期达到发病高峰。病害发生初期会在植株下部叶片的叶缘和叶脉间出现浅黄色斑块,随后逐渐扩展,导致叶色失绿、变浅。受感染的叶片表现出掌状斑驳,叶缘向上卷曲,从下往上逐渐脱落,只剩下顶部的少数小叶。病情加重时,整片叶片可能会枯焦破碎,只留下叶脉呈鸡爪状的叶痕,后期叶片会萎蔫、下垂、脱落,最终形成光秆。纵剖受感染的茎部,木质部上会产生浅褐色断续条纹。夏季暴雨后,还可能出现急性型萎蔫症状,导致棉株突然萎垂,叶片大量脱落(Klosterman et al.,2009)。

图11-1 棉花枯萎病侵染症状(Davis et al.,2006)

图11-2 棉花黄萎病侵染症状

棉花枯萎病和黄萎病均为菌物病害,在棉田中可以单独发生,也可能同时混合发生,造成双重危害。这两种病原物均能通过多种途径越冬,如种子、土壤和病残体,并在田间土壤中积累。病原物利用棉花幼苗根部的根毛、表皮和伤口侵入植株内部,并在耕作、施肥、灌溉或雨水的帮助下进行传播。棉花黄萎病和棉花枯萎病均会导致棉花植株出现枯黄、叶片凋落和干枯现象。因此,当无法通过田间症状识别棉花黄萎病的时候,可以通过引起病害的病原物分子检测进行区分。

4.1.1 尖孢镰孢和大丽轮枝孢的DNA提取

(1)提前将牙签、研磨管、离心管、研磨钢珠等在灭菌锅中灭菌备用。在超净工作台中用无菌牙签在生长尖孢镰孢和大丽轮枝孢的平板上分别刮取0.1 g菌丝,将菌丝转移至2 mL的研磨管中。研磨管中加入3颗无菌研磨钢珠,盖紧管盖后在液氮中放置10 min。

(2)将研磨管从液氮中取出,放置研磨仪中以60 Hz的频率振荡60 s将菌丝充分研磨破碎。向装入研磨好的样品的离心管中加入700 μL 2% CTAB溶液,充分混匀后放入60～65 ℃的水浴锅中水浴30～60 min,水浴期间每隔一段时间将离心管上下轻柔颠倒混匀,水浴完成后,取出研磨管晾至室温。

(3)加入700 μL氯仿-异戊醇(24∶1),上下颠倒10～20次混匀,室温静置2 min,10 000 r/min离心10 min。吸上清液至新的1.5 mL离心管中,加入等体积异丙醇,上下颠倒混合溶液,14 000 r/min离心10 min后,弃上清液。

(4)加入 75%乙醇 500 μL 进行漂洗,14 000 r/min 离心 5 min,弃上清液,重复 2~3 次后,将离心管开盖,放入通风橱中,充分晾干。晾干后加入 100 μL TE 溶液,使用移液枪反复吹打,溶解 DNA。最后加入 RNA 酶在 37 ℃烘箱中放置 30 min。

4.1.2 琼脂糖凝胶制备

(1)称取琼脂粉 1 g 倒入锥形瓶中,加入 10 mL 10 倍电泳缓冲液和 90 mL 蒸馏水配制成 1%琼脂糖凝胶。充分混匀后,在微波炉中加热溶解至凝胶澄清透明。

(2)在凝胶溶液里加入核酸染料染色液(万分之一浓度),充分混匀,加入凝胶槽并插上梳子,室温放置 30 min,待凝胶自然冷却后,将梳子拔出并将电泳胶放入电泳槽中(图 11-3)。

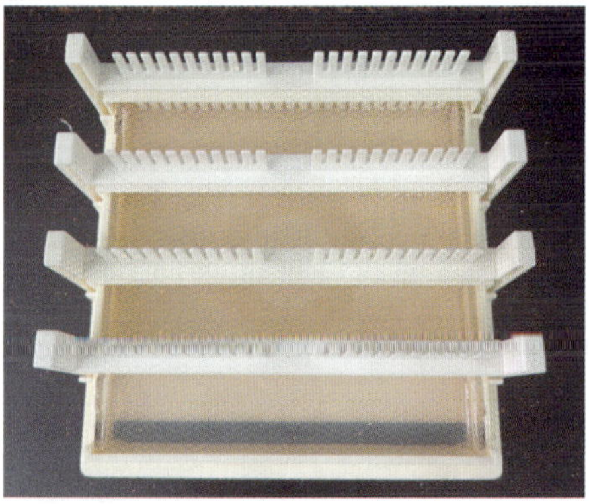

图 11-3 制备电泳凝胶

4.1.3 DNA 质量检测

(1)利用紫外分光光度计 NanoDrop 2 000 对提取的样品 DNA 浓度进行检测。提前用 TE 溶液对进样口进行清洗并作为空白对照校正,每个样品吸取 1 μL 上样检测,观察 OD(260 nm/280 nm)值和 DNA 的浓度值。若其 OD(260 nm/280 nm)值处于 1.8~2.0,DNA 的浓度值无异常,加 TE 溶液将样品 DNA 浓度稀释至 50 ng/μL,取 5 μL 电泳检测,其余放于−20 ℃备用(图 11-4)。

(2)用 1%的琼脂糖凝胶电泳检测 DNA 的质量,取 5 μL DNA 样品,加入 1 μL 6×Loading buffer,混匀后进行电泳,若出现一条清晰的电泳条带,无杂带且无严重拖尾现象,表示 DNA 质量较好;若电泳条带出现拖尾,则所提取的 DNA 质量较差,需重新提取(图 11-5)。

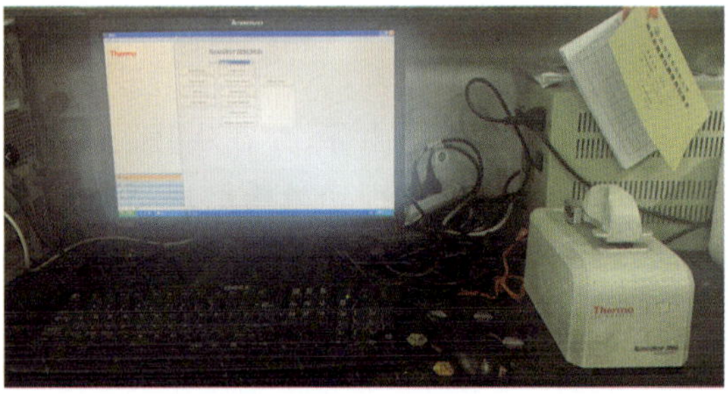

图 11-4 分光光度计检测 DNA 质量

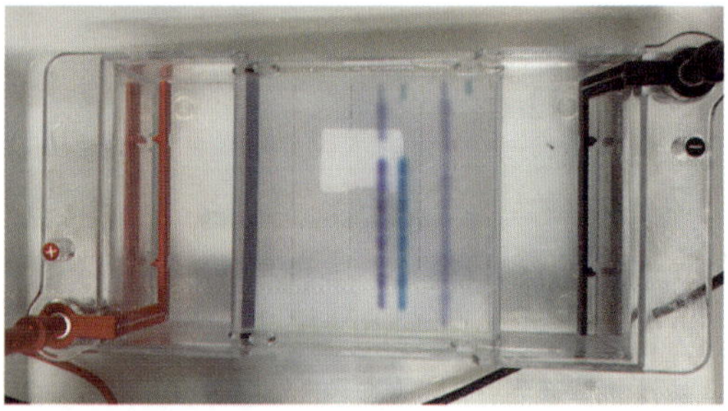

图 11-5 DNA 样品电泳检测

4.1.4 大丽轮枝孢特异性引物检测

(1)本实验选择 Vd-F929-947 和 Vd-R1076-1094 为上游和下游引物,扩增区域为基因间区(Bilodeau et al., 2012)。引物详细信息见表 11-1。

表 11-1 PCR 检测大丽轮枝孢特异性引物

引物名称	引物序列	扩增区域	产物大小
Vd-F929-947	CGTTTCCCGTTACTCTTCT	基因间区	160 bp
Vd-R1076-1094	GGATTTCGGCCCAGAAACT		

(2)PCR 的反应体系见表 11-2。

表 11-2 大丽轮枝孢特异性检测 PCR 体系 μL

试剂	体积
模板 DNA (50 ng/μL)	1.0
Taq 酶 (5 U/μL)	0.2
10 倍 PCR 反应缓冲液	2.5
$MgCl_2$(2.5 mmol/L)	1.6
dNTP (2.5 mmol/L)	2.0
上游引物 Vd-F929-947(10 μmol/L)	1.0
下游引物 Vd-R1076-1094(10 μmol/L)	1.0
无菌水	15.7
总体积	25.0

(3)制备 3%琼脂糖凝胶,将 PCR 扩增产物进行琼脂糖凝胶电泳后,在紫外灯下进行扩增产物检测。

4.2 小麦条锈病、叶锈病和秆锈病的病原物分子检测

小麦条锈病病原为条形柄锈菌小麦专化型(*Puccinia striiformis* f. sp. *tritici*),主要为害小麦叶片,发生严重时也会为害叶鞘、茎秆、穗部、颖壳、芒等部位。在苗期生长阶段感病小麦幼苗上会产生较多鲜黄色夏孢子堆,呈现不规则分布;成株期后,发病叶片形成与叶脉平行排列、小长条状的鲜黄色夏孢子堆(图 11-6),后期形成黑色冬孢子堆(Chen, 2005)。

图 11-6 小麦条锈病田间症状

小麦叶锈病病原为小麦隐匿柄锈菌(*P. triticina*),主要危害部位为小麦叶片,也能为害叶鞘,很少发生在茎秆或穗部。发病叶片上产生圆形或近圆形红褐色疹状夏孢子堆,夏孢子堆较小,不规则散生,多发生在叶片正面(图 11-7,二维码 11-1)。后期在叶背面散生黑色椭圆形的冬孢子堆(Bolton et al., 2008)。

小麦秆锈病病原为禾柄锈菌小麦专化型(*P. graminis* f. sp. *tritici*),主要为害小麦的茎秆和叶鞘,发生严重时也可为害叶片和穗部。侵染产生长椭圆形至狭长形、红褐色的夏孢子堆,孢子堆不规则散生,孢子堆周围表皮撕裂翻起(图 11-8),孢子堆可穿透叶片,导致叶正反面均出现孢子堆。后期发病部位长出黑色椭圆形至狭长形、散生、突破表皮的冬孢子堆(Singh et al., 2011)。

田间苗期发病严重的条锈病与叶锈病症状易混淆,而且有时还会出现多种锈病混发的情况。病害发生初期在发病部位都会形成褪绿黄斑,然后产生夏孢子堆,后期都会产生黑色冬孢子堆。因此,在田间无法准确判别这三种小麦锈病时,可以通过病原分子检测方法区分。

二维码 11-1
小麦叶锈病
田间症状
（由王海光提供）

图 11-7　小麦叶锈病田间症状
（由王海光提供）

A　B

图 11-8　小麦秆锈病田间症状
（引自 Zhao and Kang，2023，略有改动）
A. 茎秆上的夏孢子堆；B. 麦芒和颖片上的夏孢子堆

4.2.1　小麦条锈病菌、叶锈病菌和秆锈病菌的 DNA 提取

（1）在 CTAB 中加入 2%β-巯基乙醇，放入 65 ℃水浴锅中预热 45～60 min，异丙醇和 70%乙醇放入－20 ℃环境中预冷。

（2）在 2 mL 离心管中加入 300 mg 夏孢子、三颗经过高温灭菌的 3 mm 钢珠和 700 μL CTAB，使用 VORTEX 涡旋仪振荡 5 min。

（3）在 65 ℃水浴锅中加热 30～60 min，每 10 min 颠倒混匀一次。

（4）加入 700 μL 酚：氯仿：异戊醇（25：24：1），摇晃混匀 3 min 后放入 4 ℃离心机，10 000 r/min 离心 10 min。

(5)吸取上清液至 1.5 mL 离心管中，按 1∶1 比例再次加入酚:氯仿:异戊醇(25∶24∶1)，4 ℃离心机中 12 000 r/min 离心 10 min。

(6)再次吸取上清液至 1.5 mL 离心管中，按 1∶1 比例加入预冷处理过的异丙醇，颠倒混匀后放置−20 ℃冰箱中放置 1 h 以上，可过夜。

(7)将产物取出后放在常温环境中静置片刻，在 4 ℃离心机中 12 000 r/min 离心 10 min，可见白色沉淀，倒掉上清液。

(8)加入 700 μL 预冷处理过的 70%乙醇，在 4 ℃离心机中 12 000 r/min 离心 5 min，倒掉上清液。

(9)重复上一步骤后保留底部沉淀，在通风橱中晾干。

(10)加入 100 μL TE buffer 溶解 DNA，加入 RNA 酶在 37 ℃烘箱中放置 30 min。

4.2.2 琼脂糖凝胶制备

参照本实验 4.1.2 琼脂糖凝胶制备。

4.2.3 DNA 质量检测

参照本实验 4.1.3 DNA 质量检测。

4.2.4 小麦条锈病菌特异性引物检测

(1)本实验选择 PSF 和 PSR 为上游和下游引物(Zhao et al.，2007)，扩增区域为 ITS 区。引物详细信息见表 11-3。

表 11-3 小麦条锈病菌特异性检测引物

引物名称	引物序列	扩增区域	产物大小
PSF	GGATGTTGAGTGCTGCTGTAA	ITS	169 bp
PSR	TTGAGGTCTTAAGGTTAAAATTG		

(2)PCR 的反应体系见表 11-4。

表 11-4 小麦条锈病菌特异性检测 PCR 体系 μL

试剂	体积
模板 DNA (50 ng/μL)	1.0
2×Taq MasterMix	5.0
上游引物(10 μmol/L)	0.5
下游引物(10 μmol/L)	0.5
无菌水	3.0
总体积	10.0

(3)制备 3%琼脂糖凝胶，将 PCR 扩增产物进行琼脂糖凝胶电泳后，在紫外灯下进行扩增产物检测(图 11-9)。

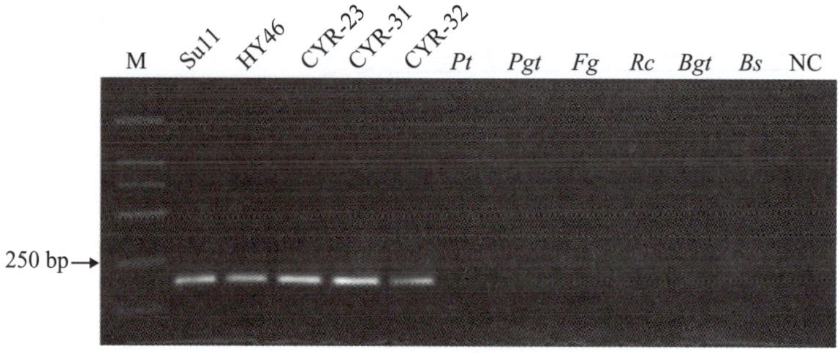

图 11-9 小麦条锈病菌特异性引物扩增片段凝胶电泳图

Su11、HY46、CYR-23、CYR-31、CYR-32 为小麦条锈病菌菌株；*Pt* 为小麦叶锈病菌菌株；*Pgt* 为小麦秆锈病菌菌株；*Fg* 为小麦赤霉病菌菌株；*Bgt* 为小麦白粉病菌菌株；*Bs* 为小麦纹枯病菌菌株；*Bs* 为小麦根腐菌菌株；NC 为阴性对照组

5 作业

(1)描述植物病原菌物的分子检测方法和操作步骤。

(2)比较棉花枯萎病和黄萎病的病原物分子检测凝胶电泳检测图，判断电泳图泳道中哪个为大丽轮枝孢，并说明理由。

(3)比较小麦条锈病、叶锈病和秆锈病的病原物分子检测凝胶电泳检测图，判断电泳图泳道中哪个为小麦条锈病菌，并说明理由。

(4)简述利用柯赫氏法则和 PCR 技术进行植物病原菌物检测的优缺点。

(5)如何避免凝胶电泳检测中出现的假阳性问题？

参考文献

Bilodeau G J, Koike S T, Uribe P, et al, 2012. Development of an assay for rapid detection and quantification of *Verticillium dahliae* in soil [J]. Phytopathology, 102(3): 331-343.

Bolton, M D, Kolmer J A, Garvin D F, 2008. Wheat leaf rustcaused by *Puccinia triticina* [J]. Molecular Plant Pathology. 9(5): 563-575.

Byrd A L, Segre J A, 2016. Adapting Koch's postulates [J]. Science, 351(6270): 224-226.

Chen X M, 2005. Epidemiology and control of stripe rust [*Puccinia striiformis* f. sp. *tritici*] on wheat [J]. Canadian Journal of Plant Pathology, 27(3): 314-337.

Davis R M, Colyer P D, Rothrock C S, et al, 2006. Fusarium wilt of cotton: population diversity and implications for management [J]. Plant Disease, 90(6): 692-703.

Erlich H A, Gelfand D, Sninsky J J, 1991. Recent advances in the polymerase chain reaction [J]. Science, 252(5013): 1643-1651.

Klosterman S J, Atallah Z K, Vallad G E, et al, 2009. Diversity, pathogenicity, and management of *Verticillium* species [J]. Annual Review of Phytopathology, 47: 39-62.

Martinelli F, Scalenghe R, Davino S, et al, 2015. Advanced methods of plant disease detection. A review [J]. Agronomy for Sustainable Development, 35: 1-25.

McCartney H A, Foster S J, Fraaije B A, et al, 2003. Molecular diagnostics for fungal plant pathogens [J]. Pest Management Science, 59(2): 129-142.

Notomi T, Mori Y, Tomita N, et al, 2015. Loop mediated isothermal amplification (LAMP): principle, features and future prospects [J]. Journal of Microbiology, 53(1): 1-5.

Singh R P, Hodson D P, Huerta-Espino J, et al, 2011. The emergence of Ug99 races of the stem rust fungus is a threat to world wheat production [J]. Annual Review of Phytopathology, 49: 465-481.

Zhao J, Kang Z S, 2023. Fighting wheat rusts in China: A look back and into the future [J]. Phytopathology Research, 5(1): 6.

Zhao J, Wang X J, Chen C Q, et al, 2007. A PCR-based assay for detection of *Puccinia striiformis* f. sp. *tritici* in wheat [J]. Plant Disease, 91(12): 1669-1674.

（李宇翔　编写）

实验十二
植物病毒检测

提要：植物病毒准确诊断与检测是预防和控制植物病毒病害的基础性工作。从 20 世纪后期至今，建立了许多更为简便、快捷、灵敏的血清学和分子生物学植物病毒检测方法，促进了病毒特性的描述和新病毒的发现，增强了植物病毒病的调控能力，为生命科学和农业生产做出了重要贡献。本实验重点内容为植物病毒检测原理、植物病毒检测方法、病毒检测技术操作流程，希望学生可以了解各类植物病毒的检测方法和原理，掌握血清学和分子生物学检测技术操作流程，能够在不同场景下运用检测方法对不同种类病毒病进行检测。

1 实验基础知识和原理

植物病毒的诊断与检测是植物病毒病防控的重要一环。高通量、高灵敏度的植物病毒检测方法是保障我国植物病毒检疫工作有效开展、维护国家生物安全的关键保障。植物病毒的诊断与检测内容包括病原病毒的致病症状、生物学特性、理化特性、血清学反应和核苷酸研究或测定等多个方面。现有植物病毒检测方法主要分为直接检测和间接检测两类。直接检测法是基于病毒组成成分，对病毒基因组 DNA/RNA 或病毒蛋白质进行检测。根据检测对象的不同，植物病毒直接检测法分为血清学测定法、分子生物学测定法、高通量测序技术鉴定法等。间接检测法是基于病毒的致病症状、生物学特性和理化性质，包括标本/田间诊断法、生物学测定法、电子显微镜测定法等。随着科技的进步，利用光学传感技术进行病毒检测也已取得较大进展(Heim et al.，2019)。一般来说，选择使用何种方法进行病毒检测，必须根据已知的病毒特性、现有技术、检测目标和检测条件而定。根据检测的目的不同采用的检测策略也不同。本实验主要介绍植物病毒的血清学测定法和核酸分子检测。

1.1 血清学测定法

血清学测定法是基于抗原-抗体特异性结合反应的原理进行检测的。将提纯的植物病毒及其病毒基因产物作为抗原注射到脊椎动物的体内，刺激脊椎动物免疫系统产生特异性免疫应答，诱导 B 型白细胞分泌特殊免疫球蛋白，这类特殊免疫球蛋白被称为抗体。含有抗体的血清称为免疫血清或抗血清。抗原和抗体之间发生的各种反应称作血清学反应。由于抗原与抗体的反应具有高度的特异性，血清学反应是专化的，抗体只能与相关病毒发生反应，不需要对待测样品进行纯化处理。血清学反应迅速，在几天或几小时内即可完成对病毒进行定量和定性分析。大多数的血清学反应可以用于检测植物病毒。传统的血清学检测方法包括试管沉淀实验（图 12-1）、微孔板沉淀实验（图 12-2）、琼脂双扩散实验（图 12-3）等，这些方法都是对抗原和抗体反应沉淀物的直接观察，但因需要的抗原和抗体的量较大且灵敏性差而逐渐被淘汰。目前，植物病毒检测中常使用的血清学测定方法主要有酶联免疫吸附测定法（enzyme linked immunosorbent assay，ELISA）、免疫标记试纸条测定法、免疫点吸附测定法（immune dot-blotting）、免疫印迹法（immune blotting）等。以下介绍几种常用的血清学测定法。

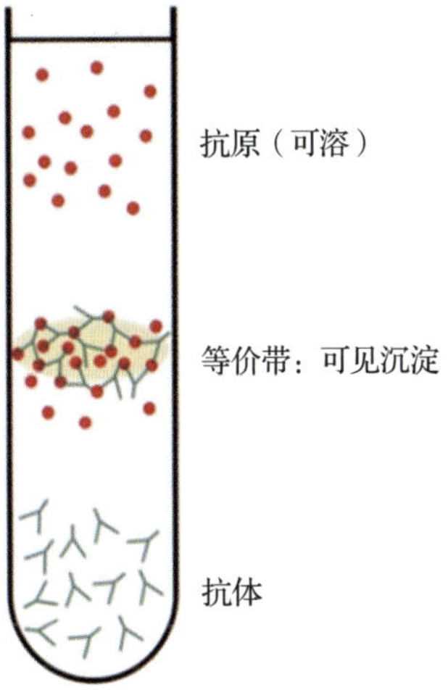

图 12-1 试管沉淀实验（Bhat and Rao，2020）

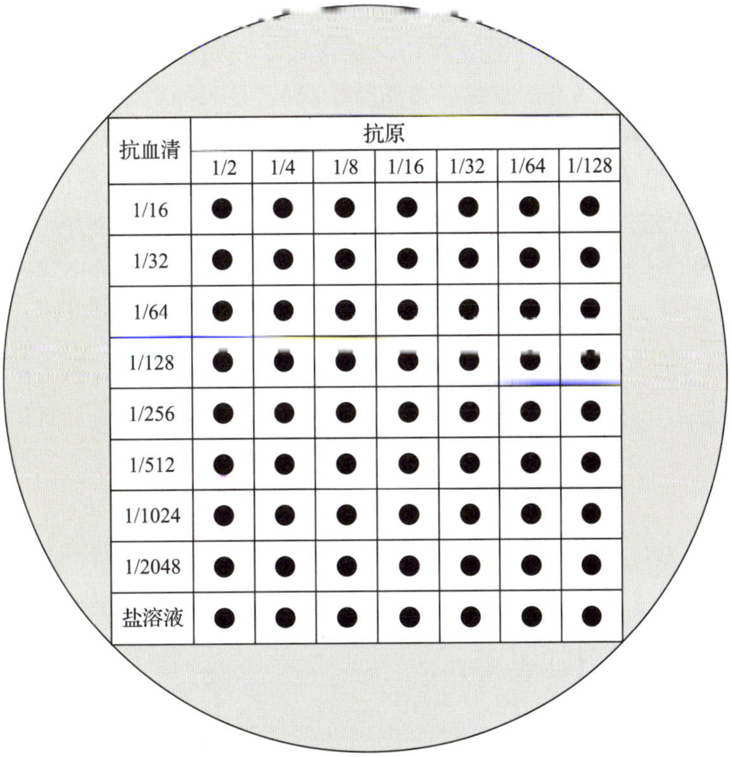

图 12-2 微孔板沉淀实验（Bhat and Rao，2020）

抗原和抗血清分别进行 2 倍稀释成 1/2、1/4、1/8、1/16、1/32、1/64、1/128 和 1/16、1/32、1/64、1/128、1/256、1/512、1/1024、1/2048 及盐溶液，进行结合沉淀实验

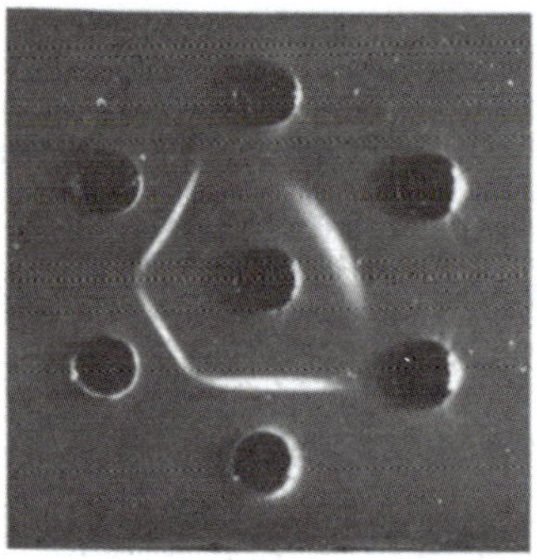

图 12-3 琼脂双扩散实验(Bhat and Rao, 2020)

1～6. 不同浓度抗体与抗原进行的琼脂双扩散实验

1.1.1 酶联免疫吸附测定法(ELISA)

酶联免疫吸附测定法(ELISA)是最常用的血清学病毒检测方法之一，具有简便性、广适性和高灵敏性特点。其原理是利用抗原能够和对应的抗体发生特异性结合，同时通过检测偶联到抗体上的酶催化底物的显色反应强度，完成抗原-抗体复合物的检测、定性观测、定量测定。ELISA 检测主要分为 3 个部分：一是先将待测病毒样品或病毒抗体捕获，并固定到固相载体上；二是加入待测病毒抗体或待测植物病毒样品检测；三是酶标抗体(酶标记的病毒抗体或第二抗体)上带有的共轭酶(常用的酶是辣根过氧化物酶和碱性磷酸酶)将其底物转化为有色产物，就可灵敏地呈现出抗原-抗体反应的发生。产物的量与标本中抗原的量成正比，因此，可以通过测量颜色的深浅进行定性或定量分析。根据不同的捕获和检测方法，ELISA 分为直接法、间接法、双抗夹心法和竞争法(图 12-4)(Ashfield et al., 2022; Popli, 2023)。

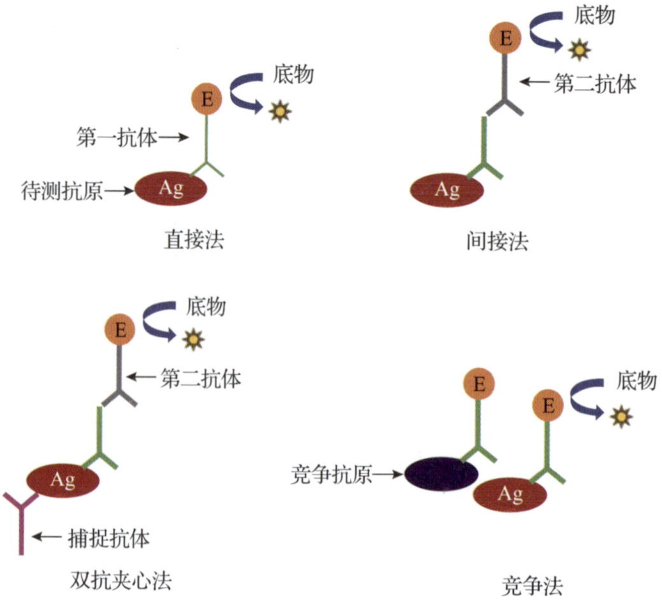

图 12-4 ELISA 检测示意图

1)直接法

直接法只涉及一种抗体，是最简单的 ELISA 形式。抗原附着在酶标板孔底部，用于检测的抗体带有共轭酶，通过抗体携带共轭酶对其底物作用产生的颜色变化进行病毒检测，在一段时间后通过化学方法终止酶活性后，在分光光度计中读取显色。

2)间接法

间接法涉及两种抗体，其原理是将抗原连接到固相载体上，然后加入待测样品。如果样品中含有与抗原相应的抗体，抗体就会与抗原结合形成固相抗原-抗体复合物，加入酶标记的第二抗体（针对待测抗体的抗体），与固相免疫复合物中的抗体结合，形成固相抗原-抗体-酶标二抗复合物。最后，加入底物溶液，酶会催化底物反应生成有色产物，通过比色法测定其含量。

3)双抗夹心法

双抗夹心法主要用于检测比较大的生物分子及颗粒性抗原，是胶体金试纸条上最常用的检测方法。该方法涉及两种抗体，其原理是特定的抗体首先被固定在固相载体（如微孔板）上，形成固相抗体，当待检样品加入时，若样品中含有可与之结合的抗原，则会与固相抗体反应，形成固相抗原-抗体复合物。随后，加入酶标二抗，与固相抗原-抗体复合物中的抗原特异性结合，形成一个类似“三明治”的抗体-抗原-抗体结构复合物。最后，加入酶反应的底物，底物在酶的催化下发生颜色反应，生成有色产物。

4)竞争法

小分子物质太小，难以找到两个结合位点供两个抗体同时结合，通常不易获得可用于双抗夹心法检测的抗体，因此对小分子抗原的血清学检测常通过竞争法实现。竞争法基本原理是先在固相载体上（如微孔板）预先包被抗原，然后加入已知浓度的带有标记抗体和待测样品。如果待测样品中含有能够与包被抗体特异性反应的抗原，待测样品中的抗原会与包被抗原竞争标记抗体，加入标记物的显色底物后的颜色变化就会出现差异。通过检测反应后的信号（如颜色变化），可以推断出待测样品中抗原的有无和浓度。

1.1.2 免疫印迹法

免疫印迹法的原理与酶联免疫吸附法相似。不同的是，所用的固相载体是硝酸纤维素膜，酶底物作用后在硝酸纤维素膜上形成着色沉淀而使膜着色。根据处理样品和印迹方法的不同，免疫印迹法又分为 Western 免疫印迹法（Western blotting）、斑点印迹法（dot blotting）、免疫组织印迹法（tissue blotting）。Western 免疫印迹法通过蛋白胶凝胶电泳将待测病毒样品中的蛋白质根据分子量大小分离开，然后转移到硝酸纤维素膜上，再进行酶联免疫反应显示病毒蛋白带。斑点印迹法是将高温变性处理过的待测病毒样品直接点到硝酸纤维素膜上再进行酶联免疫测定的方法。免疫组织印迹法是将植物组织（嫩枝、叶柄或叶片的横切面）直接印迹到硝酸纤维素膜上进行酶联免疫测定的方法（Kurien，2021；谢联辉，2022）。

1.1.3 免疫胶体金技术

免疫胶体金技术是以胶体金作为示踪标志物，应用于抗原抗体的一种新型免疫标记技术。免疫胶体金试纸条（图 12-5），从右往左依次为样品垫、结合垫、硝酸纤维素膜、吸水垫。①样品垫，检测样品滴加位置，对检测样品具有一定的过滤和缓冲作用，降低样品中离子强度或者酸碱度对检测结果的干扰。②结合垫，也叫金标垫，将胶体金标记抗体通过干燥固定在玻璃纤维素膜上，用于追踪抗体与抗原的结合反应。③硝酸纤维素膜，膜上预先包被上检测线（T 线）

和质控线(C线),能够与胶体金标记物发生免疫反应相结合,使胶体金在检测线发生聚集,根据检测线的显色状况进行判读结果。④吸水垫,通过吸水作用使液体样品向上流动,带动结合垫上的金标抗体向上移动,从而与检测线的抗原发生反应。根据不同免疫学方法设计制作的金标试纸条在包被成分、检测原理及判断标准方面有所不同。

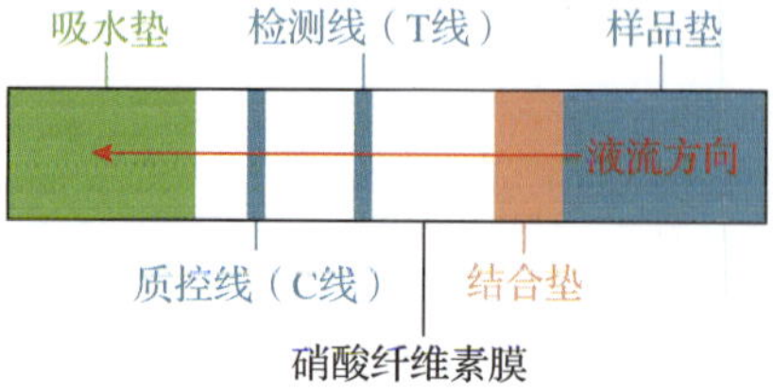

图 12-5 免疫胶体金试纸条示意图

1)间接法试纸条

对于间接法试纸条,结合垫上包被的是带有胶体金标记的抗原,金标抗原可以与抗体非特异性结合,硝酸纤维素膜上的T线处包被固定的是可以与待测抗体特异性结合的抗原,C线处包被固定的是可以与金标抗体特异性结合的抗体。间接法试纸条的具体反应原理及结果评判标准见表12-1。

表 12-1 间接法试纸条反应原理及结果评判标准

待测样品	样品到达结合垫	样品到达T线	样品到达C线	结果
含待测抗体	待测抗体与结合垫上的金标抗原非特异性结合	与结合垫上的金标抗原非特异性结合的待测抗体被T线上的抗原捕获,胶体金聚集显色	金标抗原被抗体特异性结合,胶体金聚集显色	2条线
不含待测抗体	不发生反应	T线上的抗原捕获不到抗体,T线不显色	金标抗原被抗体特异性结合,胶体金聚集显色	1条线

2)双抗夹心法试纸条

双抗夹心法试纸条涉及两种抗体:一种抗体用胶体金标记固定在结合垫上;另一种可与待检测抗原发生特异性结合的抗体,包被固定在T线处,C线处包被的是可以与金标抗体特异性结合的二抗。双抗夹心法试纸条的具体反应原理及结果评判标准见表12-2。

表 12-2 双抗夹心法试纸条反应原理及结果评判标准

待测样品	样品到达结合垫	样品到达T线	样品到达C线	结果
含待测抗原	待测抗原与结合垫上的金标抗体非特异性结合	与结合垫上的金标抗体非特异性结合的待测抗原被T线上的特异性抗体捕获结合,胶体金聚集显色	游离的金标抗体被二抗特异性结合,胶体金聚集显色	2条线
不含待测抗原	不发生反应	T线上的抗体捕获不到抗原,T线不显色	游离的金标抗原被二抗特异性结合,胶体金聚集显色	1条线

3)竞争法

竞争法涉及两种抗体,其中一种抗体用胶体金标记固定在结合垫上,可以与待检测抗原结合，待检测抗原偶联大分子物质后包被固定在 T 线处，能够与金标抗体特异性结合的二抗包埋固定在 C 线处。竞争法试纸条的具体反应原理及结果评判标准见表 12-3。

表 12-3 竞争法试纸条反应原理及结果评判标准

待测样品	样品到达结合垫	样品到达 T 线	样品到达 C 线	结果
含待测抗原	待测抗原与结合垫上的金标抗体结合，金标抗体的结合位点被占	金标抗体已与待检测抗原特异性结合，无法与 T 线上的特异性抗原结合固定，胶体金不能聚集显色	游离的金标抗体被二抗特异性结合，胶体金聚集显色	1 条线
不含待测抗原	不发生反应，金标抗体与待测抗原的结合位点空闲	金标抗体被 T 线上的抗原捕获，胶体金聚集显色	游离的金标抗原被二抗特异性结合，胶体金聚集显色	2 条线

1.2 核酸分子检测

核酸分子检测是对病毒核酸序列进行检测的方法，较其他检测方法更加灵敏，被广泛应用于病毒检测。目前，常用于植物病毒的核酸检测技术主要是聚合酶链式反应测定法(又称聚合酶链式反应，polymerase chain reaction，PCR)、逆转录 PCR、实时荧光定量 PCR、重组酶聚合酶扩增技术、多重 PCR、环介导等温扩增技术和核酸分子杂交(核酸杂交、基因芯片)技术等。

1.2.1 聚合酶链式反应(PCR)

聚合酶链式反应(PCR)是一种用于放大扩增特定的 DNA 片段的分子生物学技术，它可看作是生物体外的特殊 DNA 复制，PCR 的最大特点是能将微量的 DNA 大幅增加，PCR 技术的特异性依赖于与靶序列两端互补的寡核苷酸引物。PCR 由变性—退火—延伸三个基本反应步骤构成(图 12-6)。

1)模板 DNA 的变性

模板 DNA 经加热至 95 ℃左右一定时间后，使模板 DNA 双链或经 PCR 扩增形成的双链 DNA 解离，使之成为单链，以便它与引物结合，为下轮反应做准备。

2)模板 DNA 与引物的退火(复性)

模板 DNA 经加热变性成单链后，温度降至 55 ℃左右，引物与模板 DNA 单链的互补序列配对结合。

3)引物的延伸

DNA 模板-引物结合物在 72 ℃、DNA 聚合酶(如 TaqDNA 聚合酶)的作用下，以 dNTP 为反应原料，靶序列为模板，按碱基互补配对与半保留复制原理，合成一条新的与模板 DNA 链互补的半保留复制链。

重复循环变性—退火—延伸三个过程就可获得更多的“半保留复制链”，而且这种新链又可成为下次循环的模板。PCR 每完成一个循环需要 2～4 min，2～3 h 就能将待扩增目的基因扩增放大几百万倍(王晓囡，2019)。

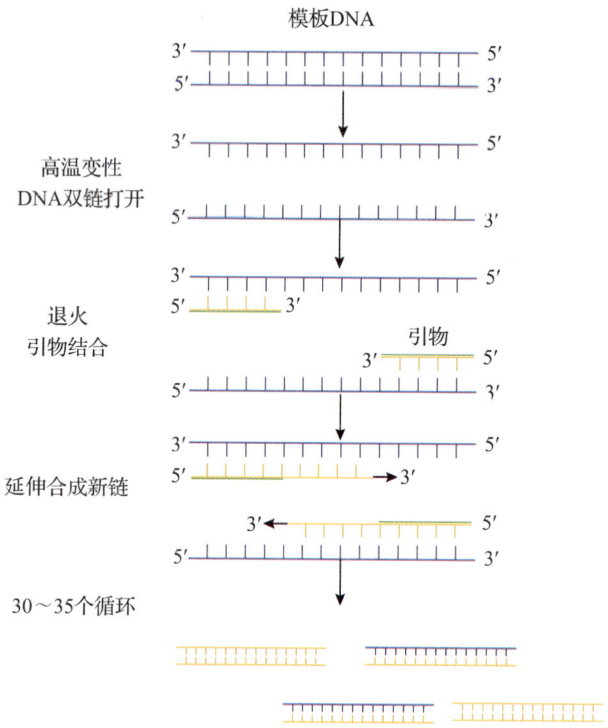

图 12-6　**PCR 原理示意图**

1.2.2　逆转录 PCR

逆转录 PCR(reverse transcription PCR,RT-PCR),也称反转录 PCR,是核酸检测方法中较为常用的一种方法。其原理是首先通过反转录酶从 RNA 合成 cDNA(图 12-7),再以 cDNA 为模板进行聚合酶链式反应(PCR)扩增合成目的 DNA 片段。通过扩增片段的有无、大小和序列比对判断病毒的种类。对于未知病毒,可以通过 RT-PCR 获得全基因组测序序列,并进行新病毒鉴定以及进化分析。

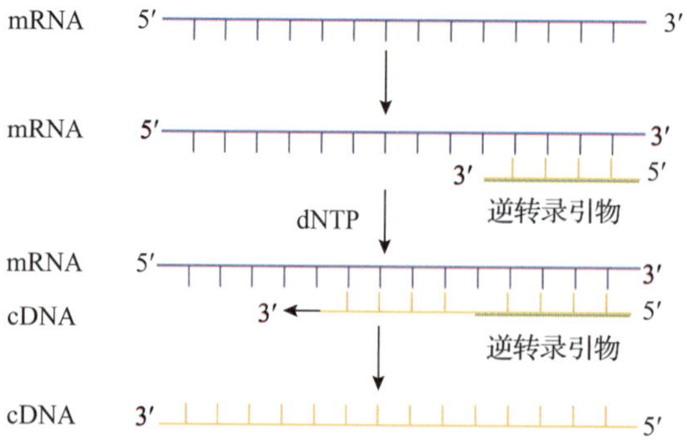

图 12-7　**逆转录(RT)反应原理示意图**

1.2.3　实时荧光定量 PCR

实时荧光定量 PCR 技术在常规 PCR 技术基础上,加入荧光染料或标记探针,根据荧光信号的累积对反应过程进行实时监控,以实现对起始模板的精确定量的技术。与常规 PCR 相比，实时荧光定量 PCR 具有灵敏度高、特异性强、实时检测等优点。

1.2.4 重组酶聚合酶扩增(RPA)

重组酶聚合酶扩增(recombinase polymerase amplification，RPA)是模拟噬菌体核酸体内复制机理，在 37～42 ℃等温条件下，由重组酶和 DNA 聚合酶和 DNA 单链结合蛋白的参与，重组酶与引物结合形成核酸蛋白复合物，在双链 DNA 中寻找同源序列。同源重组酶的链置换活性将引物插入同源位点。单链结合蛋白与置换 DNA 链结合，防止进一步替换。重组酶从核酸蛋白复合物中解离，引物与 DNA 聚合酶结合，按照模板序列扩增核酸分子。RPA 反应成本低且高效，10～15 min 即可完成反应。

1.2.5 环介导等温扩增

环介导等温扩增(loop-mediated isothermal amplification，LAMP)是在 2000 年由日本学者 Notomi 等(2000)提出的一种核酸扩增技术。该技术自建立以来，被广泛应用于病原物的检测，解决了传统检测技术中设备昂贵、程序复杂等问题，成了目前核酸检测的常用技术之一。逆转录环介导等温扩增法是在 LAMP 方法基础上添加了反转录酶，把反转录和扩增在同一温度下进行的核酸扩增反应，该技术现已广泛应用于人、动物、植物、病原物的基因检测(金鑫等，2016；焦文强等，2009)。

LAMP 技术的原理是利用 DNA 链置换聚合酶在 60～65 ℃时能通过特异性识别靶序列 6 个区域的 4 条引物对核酸进行扩增，按照反应顺序可将其大致分为反应的起始阶段和循环扩增阶段。该技术选用的 BstDNA 聚合酶具有链置换功能，可根据设计的 2 对特异性引物，在 60～65 ℃恒温条件下扩增基因组 DNA，在引物作用下在特异性结合区域进行复制合成 DNA 单链，再反复循环合成新的茎环状链生成大量 DNA 混合物，从而实现高效扩增目的基因。

LAMP 技术反应时间短，通常反应 60 min 便可得到扩增结果，其反应过程中不需要经过 PCR 反应中模板的变性、退火、延伸的步骤以及凝胶电泳观察结果的过程，具有简单、快速、高效等特点。

1.2.6 核酸分子杂交

核酸分子杂交是基于 DNA/RNA 分子碱基互补配对的原理，用特异性的核酸探针与待测样品的 DNA 或 RNA 形成杂交分子的过程。其具体方法是用一种预先分离纯化的已知序列的 DNA 或 RNA 片段，通过同位素或荧光标记等方式制备探针，用该探针与待诊断的 DNA 或 RNA 病毒样品杂交。通过探针与病毒样品的杂交反应即可确定其同源性的高低，从而识别不同病毒甚至病毒不同株系。常见的核酸分子杂交技术有 Northern 杂交、Southern 杂交、点杂交、细胞原位杂交、生物芯片等。由于该方法较常规检测方法有较高灵敏度和较强特异性，已广泛应用于多种植物病害检测中。

2 实验目的

(1)了解目前实验室常用植物病毒检测方法以及具体的技术。

(2)掌握常用病毒检测的血清学和核酸分子病毒检测技术的基本原理和操作流程。

(3)学习和掌握如何检测鉴定植物病毒病的病原病毒，为植物病毒病防治奠定基础。

3 实验材料和用具

3.1 实验材料

黄瓜花叶病毒(Cucumber mosaic virus,CMV)侵染发病的本氏烟、健康的本氏烟、大肠杆菌感受态、家兔(2～3 kg,最好是雄兔)。

3.2 试剂

Tranzol RNA 提取缓冲液、氯仿、PCR 引物、特异性逆转录 R 引物、反转录酶试剂盒、2×Taq Master Mix DNA 聚合酶混合物、ddH_2O、抗原包被缓冲液、封闭缓冲液、PBST 缓冲液、CMV 第一抗体、酶标二抗 AP-A、显色液、DNA 内切酶、DNA 连接酶、异丙基-β-D-硫代半乳糖苷 IPTG、SDS-PAGE 凝胶。

3.3 实验仪器和用具

PCR 仪、金属浴、水浴锅、恒温培养箱、酶标仪、低温冷冻离心机、电泳仪、研钵、移液枪、PCR 管、1.5 mL 离心管、酶联板、注射器(5 mL)、针头(5 号、21 号)、载肽片、试管、剪刀、纱布、氨苄抗性固体和液体培养基。

4 实验内容和方法

4.1 抗血清的制备

4.1.1 抗原制备

1)蛋白表达载体 pET-22b-CP 构建

PCR 反应扩增得到带有酶切位点的黄瓜花叶病毒 CMV 的外壳蛋白(coat protein,CP)基因片段(PCR 方法步骤详见本实验 4.3.3),通过酶切连接,将 CP 基因定向插入 pET-22b(+)载体 BamHI/SacI 位点间,转化到大肠杆菌 DH5α,筛选重组质粒并进行酶切鉴定和测序分析。

2)CMV-CP 蛋白在大肠杆菌中的表达

将克隆鉴定的 pET-22b-CP 重组质粒转化到大肠杆菌 BL21(DE3)中,挑取单菌落至氨苄抗性的 LB 培养基中,转接培养至 OD_{600} 值为 0.5～0.8,经 IPTG 诱导下 37 ℃培养 6 h,离心收集菌体,使用 1×SDS 凝胶上样缓冲液重悬菌体,100 ℃水浴变性处理。

3)免疫抗原制备

用 SDS-PAGE 电泳分离目的蛋白,用冰冷的氯化钾进行凝胶染色,切下含有 CP 蛋白带的胶块(24 kDa)，使用液氮研磨碎后使用 PBS 溶解，加入等体积弗氏不完全佐剂，乳化完全作为免疫抗原。

4.1.2 免疫注射家兔

免疫前从家兔身上采集少量血液，作为对照血清(采集方法与静脉注射相似，将兔子固定，用注射器针头在耳缘静脉末梢附近插入慢慢抽出血液约 3 mL，分离血清)。

采用背部多点皮下注射的方法免疫家兔。在 3 个点上注射总量 1～3 mL 制备好的免疫抗原，连续注射 3 次，间隔 1 周，注射最后一次 2～3 周后试采血约 3 mL(采血方法同采对照血清)。根据抗体滴度，采全血。若抗体滴度达不到预期，须加强注射 1～2 次。采全血可以通过心脏采血或颈动脉放血。

4.1.3 抗血清的分离、保存

血液收集在大口的试管或三角瓶中，在室温或 37 ℃温箱中静置 0.5～1.0 h 后，用无菌细玻棒沿瓶壁将血块与瓶壁分离，转入冰箱中过夜，让血清充分析出，用无菌吸管和毛细滴管分出血清。若血清中带有红细胞，则需装入无菌离心管中离心(3 000 r/min，20 min)。将血清吸入三角瓶或试管中，去掉红细胞。由于血清很难保持无菌，应该储藏在冰箱中，温度越低越好。为了安全，最好在血清中加入防腐剂，如在 10 mL 血清中加入 1∶250 的硝酸苯汞溶液 0.25 mL。然后将抗血清分装至离心管中，超低温保存。

4.1.4 抗体效价测定

使用不加佐剂的免疫抗原稀释 100 倍包被酶联板，对抗血清进行 10 倍系列稀释，使用间接 ELISA 法测定抗血清效价。

4.2 间接 ELISA 法检测黄瓜花叶病毒 CMV(二维码 12-1)

4.2.1 包被抗原

取发病植株叶片和健康植株叶片各 0.2 g，加入 2 mL 抗原包被缓冲液研磨，12 000 r/min 离心 2 min 取上清液，100 μL 依次上样到酶联板上，每个样品 2 个重复，用铝箔纸覆盖后放置 37 ℃孵育 4 h。阳性对照为提纯的病毒蛋白，阴性对照为健康植株样品，空白对照为抗原包被缓冲液。

二维码 12-1
ELISA 操作流程
(视频)

4.2.2 洗板

快速甩干酶联板中的样品后，每孔加入 PBST 200 μL 清洗酶联板，洗涤 4 次，每隔 30 s 进行 1 次。

4.2.3 封闭

加入封闭缓冲液，37 ℃孵育 2 h 或 4 ℃孵育过夜。

4.2.4 加一抗

按照 1∶2 000 的比例将抗体加至封闭缓冲液中稀释，混匀。加入酶联板中，每孔 100 μL，用铝箔纸覆盖后放置 37 ℃孵育 2 h。

4.2.5 洗板

重复本实验步骤 4.2.2。

4.2.6 加二抗

按照 1∶50 000 的比例将酶标二抗 AP-A 加至封闭缓冲液中稀释，混匀。加入酶联板中，每孔 100 μL，用铝箔纸覆盖后放置 37 ℃孵育 1 h。

4.2.7 洗板

重复本实验步骤 4.2.2。

4.2.8 显色反应

在酶联板中加入显色液，每孔 100 μL，放置 37 ℃避光显色 15～60 min，后每孔加入 50 μL 2 mol/L NaOH 终止显色反应。

4.2.9 读数

酶标仪 OD_{405} 处读取 OD 值；I/H＝（待测样品 OD_{405}—空白对照 OD_{405}）/（阴性样品 OD_{405}—空白对照 OD_{405}）≥3 判断为阳性反应。

4.3 RT-PCR 法检测黄瓜花叶病毒 CMV(二维码 12-2)

4.3.1 提取植物总 RNA

取发病植株叶片和健康植株叶片约 0.1 g 叶组织液氮研磨至粉末，取适量粉末转移到 1.5 mL离心管中；加入 1 mL Tranzol RNA 提取液混匀，静置 5 min，加入 200 μL氯仿混匀，静置 3 min，4 ℃ 13 000 r/min，离心 15 min，取上清液 450 μL；加入 500 μL 异丙醇混匀，－20 ℃沉淀 2 h；4 ℃ 13 000 r/min 离心 15 min，弃上清液；加入 650 μL 75％乙醇，洗涤沉淀，4 ℃ 13 000 r/min 离心5 min，弃上清液；超净工作台晾干，30 μL ddH_2O 回溶 RNA。

二维码 12-2
RT-PCR 操作流程
（视频）

4.3.2 cDNA 合成

取 2.0 μL 植物总 RNA 与 2.0 μL 10 mmol/L 逆转录 R 引物、1.0 μL 2.5 mmol/L dNTP 混合，65 ℃加热 5 min 变性处理后立即插到冰上，冰浴 2 min，再加入逆转录酶混合体系[0.5 μL Evo M-MLV RTase(200 U)、4.0 μL 5×RTase Reaction Buffer、RNase Inhibitor 0.5 μL、11 μL ddH_2O]，42 ℃条件下反应 30 min，70 ℃酶变性处理 15 min，反应结束放到冰上。

4.3.3 PCR 扩增

取 1.0 μL RT 产物，PCR 扩增引物 F 引物和 R 引物各 0.5 μL，以及 10.0 μL 2×Taq Master Mix DNA 聚合酶混合物、8.0 μL ddH_2O，加入 PCR 管中，离心混匀，放入 PCR 仪进行反应。PCR 反应条件：95 ℃预变性 3 min；95 ℃变性 15 s；退火反应 15 s；72 ℃延伸反应；30 个循环反应；72 ℃彻底延伸反应 2 min；12 ℃保存。

4.3.4 琼脂糖凝胶电泳

根据 DNA Marker 条带判断扩增得到的 DNA 条带是否符合目的片段大小。切取目的条带，进行 DNA 测序，与 CMV CP 基因核酸序列比对。

5 作业

(1)植物病毒病的综合诊断鉴定方法有哪些?
(2)植物病毒直接检测法和间接检测法各自的优缺点有哪些?
(3)ELISA实验结果准确需要哪些注意事项?
(4)如何设计RT-PCR引物?
(5)PCR反应的退火温度和延伸时间如何计算?
(6)简述免疫胶体金标记试纸条测试原理及制作流程。
(7)田间病毒快速检测技术有哪些?

参考文献

Ashfield R, Oli A N, Esimone C, et al, 2022. Vaccinology and Methods in Vaccine Research [Z/OL]//Elsevier eBooks. New York: Academic Press. http://dx.doi.org/10.1016/c2020 0 04049-1.

Heim R H J, Carnegie A J, Zarco-Tejada P J, 2019. Breaking down barriers between remote sensing and plant pathology [J]. Tropical Plant Pathology, 44(4): 398-400.

Jalali M, Zaborowska J, Jalali M, 2017. The polymerase chain reaction [M]//Basic Science Methods for Clinical Researchers. New York: Academic Press.

Kurien B T, 2021. Localizing Proteins by Tissue Printing[M/OL]//Techniques in Life Science and Biomedicine for the Non-Expert, Western Blotting for the Non-Expert. Cham, Switzerland: Springer. http://dx.doi.org/10.1007/978-3-030-70684-5_18. DOI: 10.1007/978-3-030-70684-5_18.

Notomi T, Okayema H, Maaubuchi H, 2000. Loop-mediated isothermal amplification of DNA [J]. Nucleic Acids Research, 28(12): 61-63.

Popli S, 2023. The molecular techniques to identify plant host-virus interactions and their implications on transmission [M]//Plant RNA Viruses. New York: Academic Press. http://dx.doi.org/10.1016/b978-0-323-95339-9.00026-0. DOI: 10.1016/b978-0-323-95339-9.00026-0.

Vaccinology and Methods in Vaccine Research [Z/OL]//Elsevier eBooks. (2022-01). http://dx.doi.org/10.1016/c2020-0-04049-1. DOI: 10.1016/c2020-0-04049-1.

Wang Y M, Ostendorf B, Gautam d, et al, 2022. Plant Viral disease detection: From molecular diagnosis to optical sensing technology—A multidisciplinary review [J]. Remote Sensing, 14(7): 1542.

焦文强,殷相平,柳纪省,2009. 环介导等温扩增技术原理及其在检测诊断病原微生物中的应用 [J]. 生物技术通报, 25(9): 50-53.

金鑫,张艳慧,唐萌,等,2016. 柑橘病毒类病害诊断技术研究进展 [J]. 园艺学报, 43(9):

1675-1687.

王晓园，2019. 多重聚合酶链式反应技术研究和应用 [D]. 苏州：苏州大学.

谢联辉，2022. 植物病原病毒学[M]. 2 版. 北京：中国农业出版社.

（原雪峰、刘志菲　编写）

实验十三

种子携带病原物检测与种子处理

提要：种子是农作物生产的基础，种子中是否含有病原物直接关系到农作物的生长和产量。种子携带病原物检测是种子健康检验的重要部分。通过种子携带病原物检测，可以及时发现并消除携带病原物的种子，从而避免病害的发生和传播，保障农业生产的安全；对种子进行处理，可以杀死种子携带的病原物，减轻病原物对农作物的危害。同时，处理后的种子发芽率高、抗病性强，有助于提高农作物整体品质和产量。种子携带病原物检测与种子处理是种子流通和农业生产中不可或缺的重要环节，通过科学的检测和处理措施，可以保障农业生产的安全和效益，为农业可持续发展提供有力保障。本实验重点内容是种子携带病原物检测与种子处理方法，希望学生认识到种子携带病原物检测与种子处理的重要性，掌握种子携带病原物检测方法和种子处理方法。

1 实验基础知识和原理

种子是农业生产最重要的生产资料之一，种子是否健康直接关系到农业生产能否丰产，影响农业生产安全、生物安全和生态环境安全。许多植物病原物是可以通过寄主植物种子传播的。因此，优良种子的必备条件是纯度好，发芽率高，饱满而均匀，不携带病原物。可见，种子调运时和播种前，认真做好种子检验和种子处理工作，在国际贸易中加强植物检疫，对于杜绝危险性病原物的传播和蔓延、减少病害的发生、保障农业生产安全、保障生物安全和生态环境安全都具有重要意义。种子携带病原物检测是实施植物检疫的常用手段。植物病原物与植物种子之间的结合关系，因病害种类、病原物种类、植物种类等不同而异（王生荣，2013）。

1.1 种子携带病原物检测方法

种子携带病原物检测的方法有多种。常用的种子携带病原物检测方法主要有以下几种：

1.1.1 肉眼检验法

肉眼检验法主要是指用肉眼和 10 倍放大镜观察种子外表有无缺刻，有无病斑，有无变色，初步判断种子是否染病以及带菌率、黑胚率的高低等。这种方法主要适用于检测种子中夹杂的较大病原物、菌(虫)瘿、菌核、寄生性种子植物的种子以及种子患病变色的病害。

1.1.2 洗涤检验法

洗涤检验法是植物种子带菌的一种很重要的检验方法。对于种子表面所附带的不易被肉眼看见的病原菌孢子,通常可采用洗涤检验法(许志刚,2008)。这种方法除适用于一般的种子外部带菌检验外,还可以用于检验植物其他繁殖器官表面及包装材料附着的病原物。从洗涤液中可检验出种苗带菌(病)的种类,也可以测定病原物含量(带菌率)。因此,洗涤检验法是种子带菌检验的常用方法,也是在种子检验过程中经肉眼检验后需要再做的第二种操作方法。通过洗涤检验,可以检查种子的内部或表面的带菌情况,决定该种子是否可作为播种材料;经过种子带菌检验后,可以决定该种子是否需要处理以及处理的方法;通过种子带菌检验,可以确定当年种子的带菌程度,以作为预测预报当年病害发生情况的依据之一。

1.1.3 噬菌体检验法

寄生在细菌细胞内的病毒称为噬菌体,噬菌体可以吸附在死亡的细菌表面但不能增殖。噬菌体有寄主专化性,一种噬菌体通常只能侵染一种细菌的个别株系或亲缘关系相近的种类。利用噬菌体的这一特性,可以检测寄主细菌有无和数量多少。

1.1.4 分离培养检验法

分离培养检验法通常分为吸水纸检测法和培养基检测法等。吸水纸检测法是将种子置3层无菌滤纸的培养皿中,在底部加入5 mL水溶性0.2%(w/v)的2,4-滴钠盐溶液浸润滤纸以抑制种子发芽。培养基检测法则选用合适的培养基和分离方法检测种子不同部位携带病原物情况,对微生物进行分离培养,再根据微生物的菌落形状、颜色、产孢形式及孢子形态,或者革兰氏染色、鞭毛染色和生理生化等对微生物进行鉴定。

1.1.5 血清学检验法

血清学检测主要是需要制备具有专化性的抗体(抗血清),利用抗原-抗体反应即可检测样品中有无目标生物存在。最常用的检测方法有凝胶扩散试验、乳胶凝集试验、酶联免疫分析、斑点免疫技术检验和免疫电镜技术等。血清学检验法不仅专化性强,而且十分灵敏。

酶联免疫吸附测定法(enzyme-linked immunosorbent assay,ELISA)是一种常用的血清学检验法,其基本原理是把抗原、抗体的特异性免疫反应和酶的高效灵敏的催化反应有机地结合起来,即通过化学的方法将酶标记在抗体或抗原上,然后将它与相应的抗原或抗体起反应,形成酶标记的免疫复合物。结合在免疫复合物上的酶,在遇到相应的底物时,就催化无色的底物生成有色的产物。这样就可根据颜色的有无和深浅,进行定性分析和定量分析。

目前,ELISA法主要有6种方式,即直接法、间接法、夹心法、竞争法、酶抗酶法和双抗体夹心法,其中,以双抗体夹心法在植物病毒抗原测定上应用最广泛。ELISA法的检验结果可用肉眼观察,也可测定405 nm(碱性磷酸酶法)或450 nm(过氧化物酶法)波长处的吸光值(二维码13-1)。

二维码 13-1
苜蓿花叶病毒
ELISA检测(视频)
(由刘佳、徐秉良提供)

1.1.6 分子生物学检验方法

分子生物学技术具有使用简单、快速高效、特异性好等优点。聚合酶链式反应(polymerase chain reaction,PCR)是体外酶促合成特异 DNA 片段的一种方法,是常用的分子生物学技术之一(董伟,2017)。

典型的 PCR 由高温变性模板、引物与模板退火、引物沿模板延伸 3 步反应组成一个循环,通过多次循环反应,使目的 DNA 得以迅速扩增。其主要步骤:将待扩增的模板 DNA 置高温下(通常为 93～94 ℃)使其变性解成单链;人工合成的两个寡核苷酸引物在其合适的复性温度下分别与目的基因两侧的 2 条单链互补结合,2 个引物在模板上结合的位置决定了扩增片段的长短;耐热的 DNA 聚合酶(Taq 酶)在 72 ℃将单核苷酸从引物的 3′端开始掺入,以目的基因为模板从 5′到 3′方向延伸,合成 DNA 的新互补链。PCR 能快速特异扩增任何已知目的基因或 DNA 片段,并能轻易在皮克(pg)水平起始 DNA 混合物中的目的基因扩增达到纳克、微克、毫克级的特异性 DNA 片段。因此,PCR 技术一经问世就被迅速而广泛地用于分子生物学的各个领域。

植物病原菌检测中应用最广泛的是 ITS-PCR(internal transcribed spacer-polymerase chain reaction)技术,该技术利用真菌的核糖体基因 ITS 序列在种间的高度变异性和种内的稳定性,针对 ITS 区设计特异性引物进行特异性 PCR 扩增,可直接通过分析 ITS 序列对真菌进行分类鉴定,也可针对 ITS 序列设计特异性引物进行特定病原菌检测,是国际上对病原菌分类鉴定、监测及病害诊断使用最广泛的分子技术。

1.2 种子处理的方法

农作物种子在收获或贮运过程中,非常容易出现损伤、病原物滋生的情况。为避免这些因素对种子的影响,种子播种之前需要做好种子处理,保证种子发芽率。并且,在植物检疫过程中,发现种子携带病原物,有时也需要对种子进行处理。种子处理方法有多种,应该根据种子种类、携带病原物种类、处理后种子用途等选择适宜的种子处理方法。

1.2.1 物理方法

种子物理处理方法是通过物理作用将种子中的病种、破损种子、杂质等去除,进行无害化处理,杀死种子携带的病原物。通过物理方式让种子吸收膨胀,提高种子酶活性,帮助种子萌芽,从而提高种子的成活率和农作物的产量(严寒,2021;张峰,2021)。主要有以下方法:

1)机械损伤处理

对于皮厚、紧硬不易透水的种子,可通过机械损伤处理,擦伤种皮,增加种子透性,使其能正常吸水,为种子发芽创造条件。机械损伤主要的处理方式有沙子和种子混合、砂纸打磨、人工脱壳处理等处理方式。此法适用于种植规模小、用种量少的情况,在大规模种植栽培条件下具有一定的局限性。

2)浸种

浸种可以软化种皮,增强种皮的通透性,同时也可以浸出种子内部抑制发芽的物质,促进种子快速、整齐萌发,具体的方法有冷水浸种、温水浸种、热水浸种和冷热水变温交替浸种,可杀死种子表面和种子内部的病原物。此方法操作简便快捷,适用范围广,在实际生产中应用较多。

3)层积处理

层积处理是将种子与湿沙按一定比例混合,在不同温度环境下处理相应时间的一种打破种子休眠的处理方式。适用于需要形态后熟、生理后熟时间较长的种子。

4)超声波处理

超声波是频率高达 20 000 Hz 以上的声波，通过超声波处理种子，可以杀死种子携带的病原物，促进种子发芽，加速幼苗生长。此法的操作对设备条件的要求较高，推广范围较窄，但在濒危药用植物繁育方面具有一定的应用前景。

5)磁场处理

将种子置于磁场环境中，进行磁化处理，可以杀死种子携带的病原物，种子通过吸收铁磁性、顺磁性物质等，激活种子活性。当前该方式广泛地运用到水稻、小麦等粮食作物的种子处理中。

6)射线处理

运用 X 射线、γ 射线、α 射线等进行种子照射，可以起到灭菌效果，改变种子遗传性能。当前该技术广泛运用于水稻、小麦、大豆等作物中，效果比较好。

7)等离子体种子技术

模拟航天育种中宇宙等离子体射线对种子影响的物理原理。等离子体机可模仿太空的部分等离子环境，形成一个光、电、磁以及活性离子的局部环境，植物种子通过这种环境处理，可杀死携带的病原物，加速植物酶的转化，激活种子的生命力，增强可溶性糖和可溶性蛋白质含量，使作物从种子萌发到成熟结果的整个生长周期都具有生长优势，从而增加农作物产量，改善农作物品质。

1.2.2 化学方法

化学处理方法是常用的方式，使用杀菌剂、杀线虫剂、植物生长调节剂等药剂进行种子处理，如拌种、浸种等。福美双、多灵菌等农药可用于玉米、小麦等作物的浸种。另外，可以运用植物生长调节剂促进植物生长发育，如乙烯、生长素、多效唑等植物生长调节剂当前在玉米、油菜等农作物中广泛使用（周孟飞，2020；严寒，2021；张峰，2021）。

1)化学药剂处理

化学药剂处理不仅可以帮助种子突破种皮障碍，还具有杀菌作用。此方法应用范围较广，但随着绿色生产和环境保护意识的提高，化学药剂的成分也许会发生一些变化。

2)生长调节剂处理

生长调节剂处理适用于需要形态后熟和生理后熟、含有发芽抑制物的中药材种子，可使种子内部发生一系列生理变化，缩短休眠期，促进萌发。

3)生物农药处理

生物农药处理是用生物活体和/或其代谢产物制成商品的生物源制剂，包括微生物源、植物源和动物源制剂等，通过拌种、浸种、包衣等方式对种子进行处理。例如，EM（effective microorganisms）微生物菌剂和光合微生物菌剂浸种、微生物诱导剂拌种、微生物包衣剂等。

4)种子包衣和丸粒化

种子包衣和丸粒化是在传统浸种、拌种的基础上发展起来的一项种子处理技术，通过在种子表面黏附某些非种子物质材料，以改善种子播种时的性能。丸化种子与包衣种子的主要区别在于体积是否加大。种子包衣技术已经成功应用在棉花、玉米、大豆、小麦、水稻、花生等大田作物中；种子丸化技术主要用于种子粒小且不规则的种子，如油菜、甜菜、牧草、花卉及蔬菜种子。目前广泛研究和利用的种子包衣及丸衣化处理是在种衣材料中加入微量元素、杀菌剂、生长调节剂、过氧化物、保水剂以及适量的聚合物等有效成分后处理种子，具有省工省种、杀菌杀虫、确保苗齐苗壮及促进作物生长的作用，并有利于机械化作业。

2 实验目的

(1)了解种子携带病原物检验的方法和种子携带病原物的情况，学习噬菌体检验、贝曼漏斗检验、分离培养检验方法，掌握肉眼检验法、洗涤检验法和分子生物学检验方法。

(2)掌握种子处理的方法。

3 实验材料和用具

3.1 实验材料

混有寄生性种子植物种子的待检种子、受黑粉菌污染的小麦种子、感染水稻干尖线虫(*Aphelenchoides besseyi*)的水稻种子、携带水稻白叶枯病菌(稻黄单胞菌 *Xanthomonas oryzae*)和健康的水稻种子、玉米种子、辣椒种子、禾谷镰孢(*Fusarium graminearum*)。

3.2 试剂

无菌水、Buffer A 溶液、Buffer B 溶液、2 × Taq PCR Master Mix Ⅱ提取试剂盒等。

3.3 实验仪器和用品

白瓷盘、托盘天平、离心机、三角瓶、离心试管、血球记数板、盖玻片、显微镜、玻璃棒、测微尺、PCR 仪、移液枪、PCR 管、电泳仪、凝胶成像系统等。

4 实验内容和方法

4.1 利用肉眼检验法进行种子携带病原物检测

将混有寄生性种子植物种子的待检种子样品混样后，置于光滑的平面上(白瓷盘)，厚度为 1.5～5.0 cm，并按对角线划分为 4 个等面积的三角区。任取 2 个对称三角区的样品，混匀后作为 1 份平均样品，并将该平均样品按此方法继续分样，则得到试验样品(图 13-1)。称取 2 个对角线所有试验样品，倒在白纸上挑出病粒、菌核和寄生性种子植物种子等，并进行称重，利用式(13-1)计算待检种子中病粒、菌核和寄生性种子植物种子含量(%)。

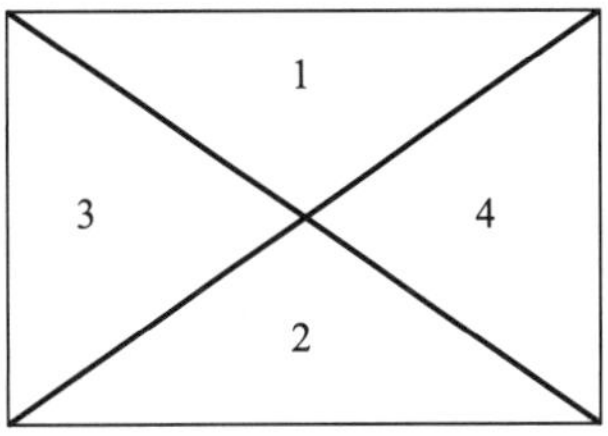

图 13-1 种子健康检验时的对角线取样法

$$\text{病粒、菌核和寄生性种子植物种子含量}=\left(\frac{\text{待检种子中病粒、菌核和寄生性种子植物种子的重量}}{\text{待检种子样品总重量}}\right)\times 100\% \quad (13\text{-}1)$$

4.2 利用洗涤检验法进行种子带菌检测

以小麦种子(可以人为加入黑粉菌的冬孢子)为例,具体操作如下:

(1)称取 5 g 小麦种子,数出 5 g 种子的总粒数,将种子置于三角瓶中,注入灭菌水 10 mL,振荡 5 min,将洗涤液倒入有刻度的离心管中,用离心机 2 000～4 000 r/min 离心 5 min,去上清液,留 2 mL 在离心管内,用滴管吸打再次振荡成悬浮液备用。

(2)用滴管吸取一滴充分混匀的悬浮液,滴放于血球计数板的中央,加盖玻片后在低倍镜上依次检查 10 个视野,确定病原菌孢子的种类,记录每个视野的孢子数。计算每毫升悬浮液中的孢子数、每克种子所携带的孢子数、每粒种子所携带的孢子数。

血球计数板是一块特制加厚的载玻片(图 13-2),在计数板的中央刻有高度精确而纤细的刻线,组成不同大小的方格。中间方格为血球计数室,适合孢子计数,每个大格边长为1 mm,面积为 1 mm^2,深度为 0.1 mm,所以,每个大格的体积为 0.1 mm^3,每个小格边长为0.05 mm,面积则为 0.0 025 mm^2 = 1/400 mm^2(图 13-3)。

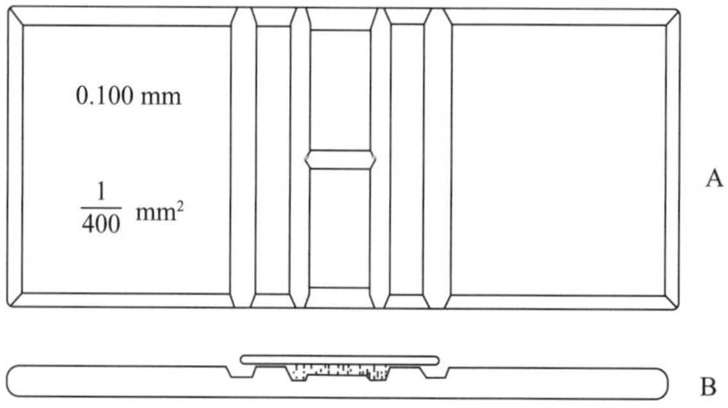

图 13-2 血球计数板示意图

A. 血球计数板的正面;B. 血球计数板侧面

血球计数板计数法,一般计数 4 个角和中央的 4 个角和中间 5 个中方格(每个中方格 16 个小格)共 80 个小方格里的孢子数。计数重复 3 次,取其平均值。将孢子数分别带入式 13-2 至式 13-5,计算:

$$\text{每毫升孢子数量}=\text{每小格孢子数}\times 4\ 000\times 1\ 000=\text{每个小格孢子数}\times 4\ 000\ 000 \quad (13\text{-}2)$$

$$\text{每毫升悬浮液中的孢子数}=\frac{80\text{ 小格孢子数}\times 4\times 10^6}{80} \quad (13\text{-}3)$$

$$\text{每克种子所携带的孢子数}=\frac{5\text{ g 种子所携带的孢子数}}{5} \quad (13\text{-}4)$$

$$\text{每粒种子所携带的孢子数}=\frac{5\text{ g 种子所携带的孢子数}}{\text{总粒数}} \quad (13\text{-}5)$$

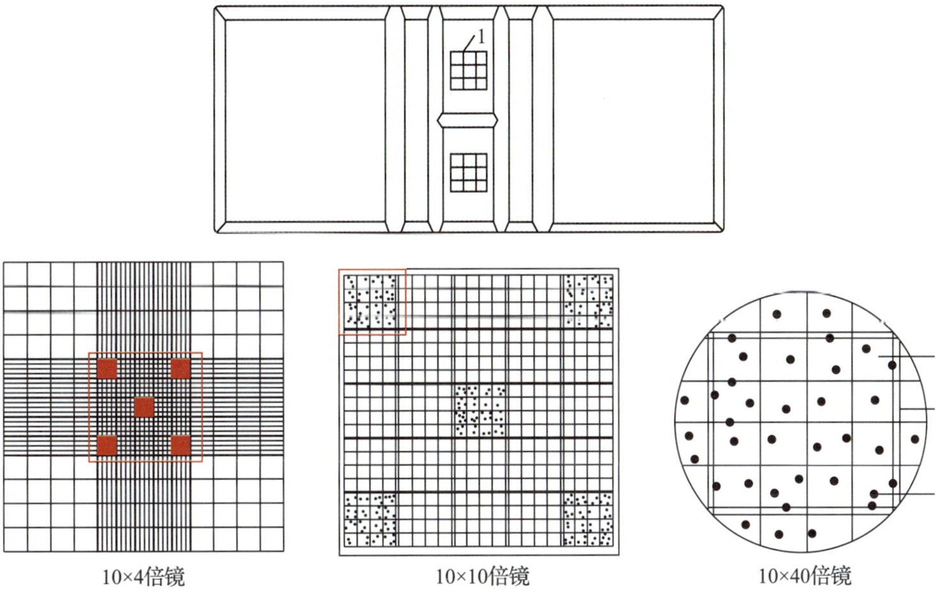

图 13-3　血球计数板上不同倍数下放大的血球计数室的刻线

4.3　利用噬菌体检验法进行带菌检测

现以水稻白叶枯病菌的检测为例。研究指出，水稻白叶枯病菌和噬菌体主要存在于水稻颖壳内，因此以颖壳作为检测对象。检测时，首先利用脱颖壳器除去米粒和胚部，将颖壳剪碎加水研磨，得到其提取液，加入过量的噬菌体，然后加入抗血清中和游离的噬菌体，样品中剩下的是分别被活的和死的细菌吸附的噬菌体，将样品在加有水稻白叶枯病菌的琼胶培养基的平板上测定，吸附噬菌体的死细菌不能形成噬菌斑，只有吸附噬菌体的活细菌才能形成噬菌斑，由此可以推算稻种内活的水稻白叶枯病菌的数目（方中达，2007）。具体操作方法如下：

（1）各取 30 g 带病和健康的水稻种子，脱壳，并用剪刀剪碎谷壳。

（2）将剪碎的谷壳加入 20 mL 肉汁胨培养液，置于研钵内研磨浸泡 30 min，用粗滤纸过滤，将滤液 4 000 r/min 离心 30 min，使细菌沉降。

（3）用吸管吸去部分上清液，留下沉液 2 mL，用玻璃棒使沉淀重新悬浮，并倒入装有玻璃球的灭菌小三角瓶中，振荡 5 min，使细菌分散，再加入 0.2 mL 噬菌体悬浮液（菌种根据实验室保藏定），置 30 ℃吸附 10 min。

（4）在以上混合液中加 2 mL 抗血清（1∶80），30 ℃下中和噬菌体 5 min。

（5）立即加入 16 mL 0.1%蛋白胨液稀释，停止中和反应。

（6）取 1 mL 混合液，用双层琼胶平板法测定（重复 3～5 皿），在 28 ℃中培养 12 h 后，按照式 13-6 计数噬菌斑。

$$\text{每克病种中的活菌数}=\text{每克病种的噬菌斑数}=\frac{(\text{病种平均每皿噬菌斑数}-\text{无病种平均噬菌斑数})\times 20}{30} \qquad (13\text{-}6)$$

式中：20 是指反应体系为 20 mL；30 是指种子质量为 30 g。

应当注意，种子上带的病原菌和噬菌体的存活率，随着储藏时间的延长而逐渐降低。带病种子上的噬菌体，在刚收获时最多，以后逐渐减少，因此，实验时，选取的水稻种子最好是收获3个月内的种子。

4.4 利用贝曼漏斗检验法进行种子携带病原线虫检测

将玻璃漏斗(直径10～15 cm)架在铁架上，下面接一段10 cm左右的橡皮管，橡皮管上装一个弹簧夹(见“实验六　植物病原线虫和寄生性种子植物及其所致病害”)。把水稻干尖线虫病的水稻种子样品用纱布包好，放在盛有清水的漏斗中，经过12～24 h后，由于趋水性和本身的重量，水稻干尖线虫离开水稻种子，在水中游动，最后沉降到漏斗底部的橡皮管的夹子处。这时轻轻打开夹子，放下5 mL水样，即可见到线虫。如果线虫数量少，也可用离心机1 500 r/min离心5 min，再检查有无线虫。

4.5 分子生物学检验方法

玉米种子中禾谷镰孢分子检测(朱倩丽，2023)的具体步骤如下：

4.5.1 样品制备

禾谷镰孢活化后培养15 d后制备浓度约为3×10^4个/mL的孢子悬浮液，取15 g健康玉米种子(约45粒)放入50 mL离心管中，加入200 μL孢子悬浮液，振荡混匀，完成接菌。

4.5.2 样品总DNA的提取

向装有15 g带菌玉米种子及装有15 g健康玉米种子的50 mL离心管中分别加入灭菌水至40 mL刻度线，振荡均匀后浸泡4 h，然后将浸出液于3 000 r/min离心10 min，弃上清液，取离心后的沉淀，以NaOH裂解法快速提取DNA，即取适量沉淀至PCR管中，加入50 μL Buffer A溶液，PCR仪内95 ℃温育10 min，向PCR管内加入50 μL Buffer B溶液，轻轻振荡混匀，得到含有gDNA的溶液，不可长时间保存(不能超过14 d)，应尽快使用。

4.5.3 PCR扩增及检测

以报道的禾谷镰孢的特异性引物HG-F：AGAATGGAGCTACCAACGGC；HG-R：GCAGGGTTTGAATCCGAGAC进行PCR扩增，扩增片段大小为328 bp。扩增体系(参照2×Taq PCR Master Mix II说明书)为25.0 μL，包括：2×Taq Master Mix 12.5 μL，上下游引物各1.0 μL，模板1.0 μL，补足灭菌水至25.0 μL。扩增条件：94 ℃预变性3 min；94 ℃变性30 s，60 ℃复性30 s，72 ℃延伸23 s，共35个循环；72 ℃总延伸5 min；4 ℃保存。而未接菌的健康种子作为对照，利用1%琼脂糖电泳检测PCR产物，结束后在凝胶成像系统上观察结果并拍摄。

4.6 使用温汤浸种处理方法进行辣椒种子处理

使用温汤浸种处理方法进行辣椒种子处理，具体步骤如下：

(1)将辣椒种子100粒放在烧杯中，常温水中浸泡15 min。

(2)转入51～55 ℃的温汤热水中，水量为种子量的5～6倍。为使种子受热均匀，要不断搅动，并及时补充热水，使水温维持在所需温度范围内达15 min。

(3)不断搅拌，让水温逐渐下降至 30 ℃，继续浸泡 5～6 h。

5 作业

(1)计算待检种子中病粒、菌核和寄生性种子植物种子的含量。

(2)整理洗涤检验的结果，推算每毫升悬浮液中的孢子数、每克种子所携带的孢子数、每粒种子所携带的孢子数。

(3)整理玉米种子带菌 PCR 检测结果，提交 PCR 产物扩增后的胶图。

参考文献

董伟，2020. 我国大豆种子携带微生物多样性研究 [D]. 沈阳：沈阳农业大学.

方中达，2007. 植病研究法 [M]. 3 版. 北京：中国农业出版社.

王生荣，2013. 普通植物病理学实验 [M]. 北京：北京大学出版社.

许志刚，2008. 植物检疫学 [M]. 3 版. 北京：高等教育出版社.

严寒，李菲，2021. 农作物种子处理方法的进展研究 [J]. 新农业，(3)：79.

张峰，史玉宝，曾燕，等，2021. 中药材种子处理方法研究进展 [J]. 安徽农业科学，49(7)：1-3，7.

周孟飞，2022. 农作物种子处理方法的进展研究 [J]. 农业与技术，40(19)：34-35.

朱倩丽，赵官涛，王露，等，2023. 基于巢式 PCR 技术对玉米种子携带禾谷镰刀菌的检测体系 [J]. 草业科学，40(9)：2257-2265.

（刘佳　编写）

实验十四
植物病害定量调查方法和季节流行动态基本模型的应用

提要：开展植物病害定量调查和病害季节流行动态研究，有利于了解病害发生情况，为病害预测提供基础信息，有利于开展有效的病害管理。并且，在研究病原-寄主植物互作和抗病育种中，病害发生严重程度是需要进行调查的一种重要表型。本实验重点内容为植物病害定量调查方法、病害定量调查指标、植物病害时间动态、病害流行曲线或病害进展曲线、描述季节流行动态的基本模型及其应用，希望学生可以掌握病害定量调查方法、病害定量调查指标的评估方法、描述季节流行动态的基本模型的构建和应用方法。

1 实验基础知识和原理

植物病害不仅影响植物产品产量和质量，威胁国家粮食安全，而且会破坏生态环境，并且不适当的病害防控措施的使用也会产生生态环境问题，影响生态文明建设。通过植物病害定量调查和流行规律研究，才能了解病害发生情况，从而制定绿色、有效的病害管理策略和措施，做到“人与自然和谐共生”，促进农业的绿色、高质量发展。

1.1 植物病害定量调查

开展植物病害调查对于了解病害发生情况和流行动态，开展病原-寄主植物互作研究和病害管理具有重要意义。通过病害调查，可以了解病害发生地点、病害发生时间、病害时空发生/流行动态以及病原-寄主植物互作产生的表型，可以为抗病育种、病害预测预报、病害防治奠定基础。

一般情况下，植物病害调查是依靠人工肉眼观察进行的，调查人员需要到发病现场进行观察、记录病害的发生情况。随着科技的发展，“3S”[全球导航卫星系统(global navigation satellite system，GNSS)、遥感(remote sensing，RS)、地理信息系统(geographic information system，GIS)]技术、近红外光谱技术、传感器技术、互联网技术、计算机视觉和图像识别技术等在病害调查研究中得到了应用(王海光，2022)，有些技术在实际的田间病害调查中已经发挥了重要作用，提高了病害调查的准确性和效率，并且方便了调查数据的传输、存储、处理和使用。但是，在实际的植物病害调查中，尤其是在大田病害调查中，仍以人工肉眼观察调查为主。

1.1.1 植物病害调查的内容和方法

开展植物病害调查时，应该明确病害调查目的和调查内容，然后按照一定的调查方法开展调查。对于有些植物病害，为了规范化调查，已经有相应的病害调查方法、规范或标准，需要严格按照调查方法、规范或标准开展病害调查，以保障调查的规范化和标准化，便于调查数据的使用、交流和共享。

1)植物病害调查内容

植物病害调查通常分为一般调查和系统调查(马占鸿，2019)。

(1)一般调查。是一种了解田间病害发生和危害程度以确定是否需要采取防治措施进行病害防治的调查方法。这种病害调查一般称为普查，调查内容一般包括病害发生量/普遍率、严重程度、地区分布等。一般调查对调查精度要求不高，一般采用踏查目测的方法，尽可能获得大面积的病害发生信息，并需要注意调查取样点的随机性和代表性。

(2)系统调查。为了系统了解病害种群数量或密度动态变化和发病速度，应该采用系统调查，选择一定的调查地点(或植物单元)，按照一定的时间序列进行病害调查。开展系统调查，应该按照一定的调查方法、规范或标准，对一定的调查对象，间隔一定的时间开展多次调查，应该注意调查的代表性、规范性和标准性。

在开展病害调查时，通过一般调查了解植物病害大范围的发生情况，通过系统调查系统了解病害发生动态，这两种调查形式相互结合，可以更加全面地了解病害发生情况。通过多次病害调查，可以积累病害发生数据，有利于病害的管理。

2)植物病害调查取样方法

开展病害调查时，应该明确如何进行取样、取样量等问题，掌握病害调查取样方法，保证调查点和调查对象的代表性。病害调查取样方法的选择一般是依据病害种类、调查目的和调查内容、病害的田间发生规律等进行的。

由于植物病害的扩展和传播，在田间会形成一定的空间格局(spatial pattern)、病害格局(disease pattern)、空间分布型(spatial distribution pattern)或田间传播图式(spatial pattern of disease spread)，即病害在某一时刻在一定空间范围内形成的发生数量或严重程度的分布形式(肖悦岩等，1998)。在开展病害调查时，所利用的调查取样方法应该适合病害的空间格局、空间分布型或田间传播图式，调查取样才会具有代表性。

一般来说，植物病害在田间主要通过中心式传播/流行或弥散式传播/流行不断扩展和传播，会形成多种类型的空间格局、病害格局、空间分布型或田间传播图式，主要有 4 种，包括随机分布(泊松分布)、均匀分布(二项分布)、核心分布(奈曼分布)、嵌纹分布(负二项分布)，后两种属于聚集分布(图 14-1)(李光博等，1990)。针对不同的空间格局、病害格局、空间分布型或田间传播图式，应该采用不同的病害调查取样方法。常用的病害调查取样方法有随机取样法、五点取样法、“Z”形取样法、平行线取样法、对角线取样法、棋盘式取样法等(图 14-2)。

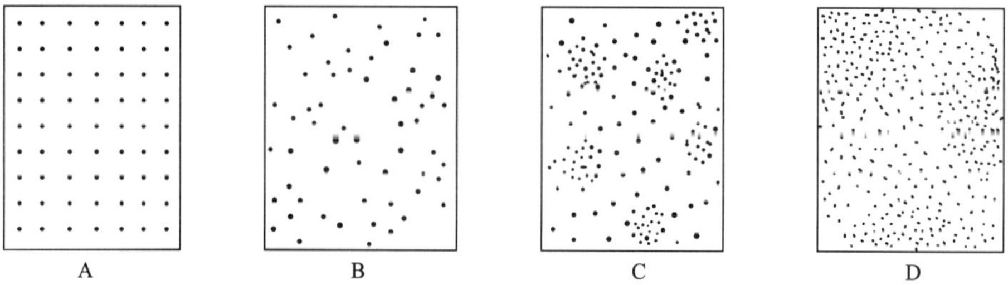

图 14-1　植物病害空间格局模式图(仿李光博等，1990)

A. 随机分布;B. 均匀分布;C. 核心分布;D. 嵌纹分布

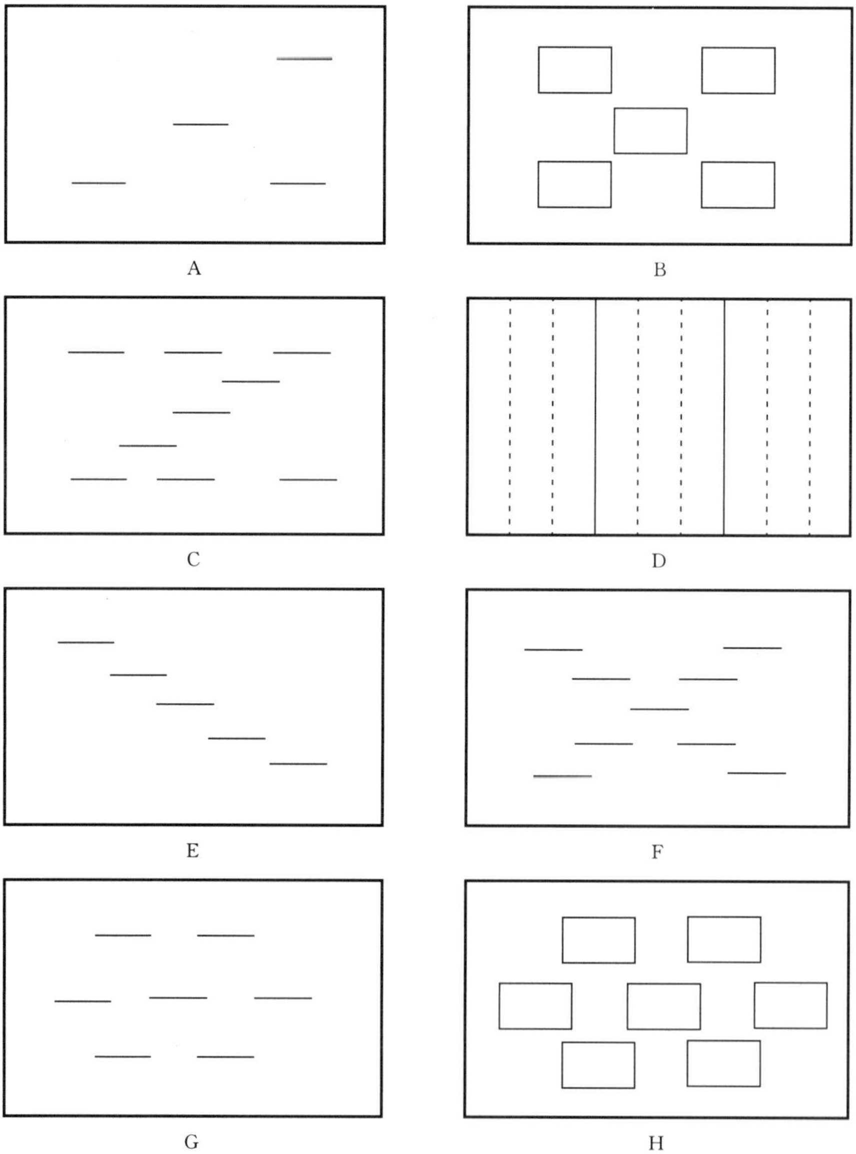

图 14-2　植物病害调查取样方法示意图(仿胡小平,2022)

A、B. 五点取样法;C."Z"形取样法;D. 平行线取样法;E. 单对角线取样法;
F. 双对角线取样法;G、H. 棋盘式取样法一般来说，均匀分布的病害可以利用各种调查取样方法，随机取样法适用于随机分布的病害，五点取样法适用于随机分布的病害，“Z”形取样法适用于嵌纹分布的病害，平行线取样法适用于核心分布的病害，对角线取样法适用于随机分布的病害，棋盘式取样法适用于随机分布或核心分布的病害（胡小平，2022）。

本实验要求学生掌握病害空间格局、病害格局、空间分布型或田间传播图式的类型以及取样方法，对于病害空间格局、病害格局、空间分布型或田间传播图式的确定方法和取样数量不再详述，请参考相关资料。

1.1.2　植物病害调查指标

植物病害定量调查是开展植物病害流行学研究的基础。在对病害调查时，一般会调查病害的普遍率（incidence）、严重度（severity）、病情指数（disease index）；在开展病原-寄主互作和抗病育种研究时，反应型（infection type）往往是一个很重要的调查指标。

1）普遍率

普遍率一般称为发病率，表示植物病害发生的普遍程度。普遍率一般是用调查发病的植物个体或器官占所调查植物个体或器官总数的百分率进行表示的。在病害实际调查中，依据所调查植物个体或器官的不同，普遍率往往具有不同名称，如病株率、病叶率、病果率、病穗率等。有时，若以田块为单位，调查发病田块数量占所调查田块总数量的百分率，在这种情况下，普遍率可称为病田率，若以一个田块中的取样点为单位，调查发病取样点数量占所调查取样点总数量的百分率，在这种情况下，普遍率可称为病点率。

普遍率可以利用式（14-1）计算：

$$I=\frac{n}{N}\times 100\% \tag{14-1}$$

式中：I 为普遍率；n 为发病的调查对象数量；N 为调查对象总数量。

例如，在进行田间稻瘟病调查时，在一个试验小区中随机调查总计 200 张叶片，其中 100 张叶片发生了稻瘟病，则将数据代入式（14-1），得

$$I=\frac{100}{200}\times 100\%=50\%$$

因此，所调查试验小区稻瘟病的普遍率为 50%。

普遍率仅可表示所调查群体病害发生的普遍程度，不能表示植物个体或器官发病的严重程度，不能表示发病田块或发病点的植物发病严重程度。在普遍率相同情况下，病害严重程度和植物所遭受的损失可能具有很大差异。例如，图 14-3 中所示为 2 片发病植物叶片，图14-3A 中叶片上仅有 1 个病斑；图 14-3B 中叶片上有多个病斑，并且病斑面积较大。这两张叶片病害严重程度明显不同，但是在进行普遍率评估时，其均作为一张发病植物叶片处理。由此可见，为了更真实、全面地对植物病害进行定量评估，仅仅使用普遍率这一指标是不行的。

2）严重度

严重度表示植株个体或器官发病的严重程度。其一般用植物个体或器官的发病面积占植物个体或器官总面积的比率表示，有时也用定性描述的方法表示严重度。此外，严重度有时可

用于表示调查试验小区或田块水平上的病害发生程度。利用分级法表示严重度，也就是将发病的严重程度由轻到重划分出若干个级别，分别利用各个级别的代表值或发病面积所占比率(分数或百分率)表示。例如，在我国农业行业标准《小麦抗病虫性评价技术规范　第6部分：小麦抗黄矮病评价技术规范》(NY/T 1443.6—2007)中，小麦黄矮病成株期严重度划分为5个级别(表14-1)，严重度1级、2级、3级、4级、5级的代表值分别为1、2、3、4、5；在我国国家标准《小麦条锈病测报技术规范》(GB/T 15795—2011)中，小麦条锈病严重度是用发病叶片上病斑面积占叶片总面积的百分率表示的，共划分8个级别，即1%、5%、10%、20%、40%、60%、80%、100%。在小麦条锈病严重度划分时，须注意的是，在严重度级别为100%情况下，并不是叶片上布满了夏孢子堆，只是说此种情况下叶片上已经不能再容下更多的夏孢子堆。为了更形象地表示病害严重度级别，已有不少植物病害的严重度标准图，例如，商鸿生等(1990)制作了小麦条锈病各个严重度级别的标准图(图14-4)，以供在进行小麦条锈病严重度评估时进行参考。

图14-3　两片发病的植物叶片(A和B)

图中黑色斑块代表病斑

表14-1　小麦黄矮病成株期严重度划分标准

严重度分级	分级标准
1级	部分叶片尖端变黄
2级	旗叶下1～2片叶叶尖黄化
3级	旗叶黄化面积占旗叶总面积的1/2以下，其他叶片黄化面积占总叶面积1/2以下
4级	旗叶黄化面积占旗叶总面积的1/2以上，其他叶片黄化面积占总叶面积1/2及以上
5级	几乎所有叶片完全黄化，植株矮化显著，穗变小甚至不抽穗

注：引自《小麦抗病虫性评价技术规范　第6部分：小麦抗黄矮病评价技术规范》(NY/T 1443.6—2007)，中华人民共和国农业部2007年9月14日发布，2007年12月1日实施。

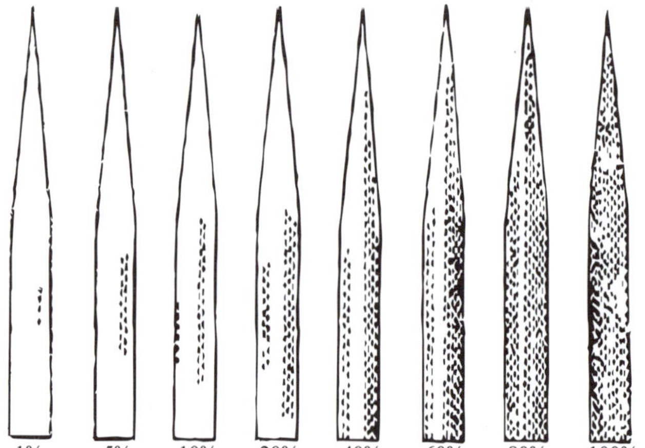

图14-4　小麦条锈病严重度分级标准图(商鸿生等，1990)

为了植物病害信息交流和数据共享，已经制定了多种植物病害的严重度分级标准。在植物病害的严重度调查时，应当严格按照相应病害的严重度分级标准进行。若某一植物病害尚无现行的严重度分级标准，可以参照该病害的有关文献中报道的方法进行严重度调查；若文献中尚无报道该病害的严重度分级方法，则可参照类似的其他植物病害的严重度分级标准或相关文献报道的严重度分级方法。为了保障植物病害严重度调查结果的可靠性，调查人员必须经过训练，熟练掌握病害严重度分级方法之后才能开展实际的病害严重度调查，并且在病害严重度调查时，尽量由同一位熟练的调查人员进行，以降低误差。

若获得多个发病植物个体或器官的严重度调查数据，则可按照式(14-2)计算平均严重度($\overline{S}$)：

$$\overline{S}=\frac{\sum_{i=1}^{m}(x_i\times S_i)}{\sum_{i=1}^{m}x_i} \tag{14-2}$$

式中：$\overline{S}$ 为平均严重度；m 为调查所用分级标准中严重度的级别数；i 为发病植物个体或器官的严重度级别；x_i为严重度为 i 级的植物个体或器官数量；S_i 为严重度为 i 级的严重度代表值或发病面积所占比率。

［例 14-1］ 我国农业行业标准《玉米大斑病测报技术规程》(NY/T 3546—2020)中将单株玉米大斑病严重度根据病斑大小和发生危害部位分为 5 级：①1 级，植株中下部叶片有零星病斑；②3 级，植株中下部叶片有少量病斑；③5 级，植株中下部叶片有大量病斑，上部叶片有零星或少量病斑；④7 级，植株中下部叶片部分枯死，上部叶片有部分病斑；⑤9 级，植株中下部叶片大部分枯死，上部叶片有大量病斑，少数枯死。

按照上述玉米大斑病严重度分级标准调查一个取样点的玉米大斑病发生情况，该取样点共调查 10 株玉米，其中，健康植株 2 株，严重度 1 级的 5 株，严重度 3 级的 2 株，严重度 5 级的 1 株，请计算该取样点玉米大斑病的平均严重度。

玉米大斑病调查所用严重度分级标准中严重度是利用各个严重度级别的代表值表示的，故将调查获得数据代入式(14-2)，得

$$\overline{S}=\frac{5\times1+2\times3+1\times5+0\times7+0\times9}{5+2+1+0+0}=2$$

因此，所调查取样点玉米大斑病的平均严重度为 2。这里需要注意的是，式(14-2)中的分母应该是取样点发生玉米大斑病的植株总数，而不是所调查玉米植株总数。

［例 14-2］ 在一个小麦白粉病发病点，按照我国农业行业标准《小麦白粉病测报调查规范》(NY/T 613—2002)中的严重度分级标准调查发病叶片严重度，在这一标准中，小麦白粉病严重度是以发病叶片上病斑菌丝层覆盖叶片面积占叶片总面积的比率表示的，共划分 8 个级别，即 1%、5%、10%、20%、40%、60%、80%、100%，共调查 100 张叶片，其中，健康叶片 50 张，严重度 1%的叶片 20 张，严重度 5%的叶片 10 张，严重度

10%的叶片 10 张，严重度 20%的叶片 10 张，请计算该发病点小麦白粉病的平均严重度。

小麦白粉病调查所用严重度分级标准中严重度是利用各个严重度级别发病面积所占比率表示的，故将调查获得数据代入式(14-2)，得

$$\overline{S}=\frac{20\times1\%+10\times5\%+10\times10\%+10\times20\%+0\times40\%+0\times60\%+0\times80\%+0\times100\%}{20+10+10+10+0+0+0+0}$$

$$=7.4\%$$

因此，所调查发病点小麦白粉病的平均严重度为 7.4%。这里需要注意的是，式(14-2)中的分母应该是所调查发生小麦白粉病的叶片总数，而不是所调查小麦叶片总数。

3)病情指数

病情指数是表示植物群体水平上病害发生严重程度的一个指标，其综合了普遍率和严重度两个指标。利用病情指数可以更加全面、综合地反映植物群体的发病严重程度。病情指数计算方法依严重度的表示方法而定。

当严重度用各个严重度级别的代表值表示时，病情指数按照式(14-3)计算：

$$DI=\frac{\sum_{i=1}^{m}(x_i\times S_i)}{N\times S_{max}}\times100 \tag{14-3}$$

式中：DI 为病情指数；m 为调查所用分级标准中严重度的级别数；i 为发病植物个体或器官的严重度级别；x_i 为严重度为 i 级的植物个体或器官数量；S_i 为严重度为 i 级的严重度代表值；N 为所调查植物个体或器官总数量；S_{max} 为调查所用分级标准中最高一级严重度的代表值。

当严重度用各个严重度级别发病面积所占比率表示时，病情指数按照式(14-4)计算：

$$DI=I\times\overline{S}\times100 \tag{14-4}$$

式中：DI 为病情指数；I 为普遍率；$\overline{S}$ 为平均严重度，其按照式(14-2)计算获得。

［例 14-3］ 为了调查某一田块中水稻某一品种稻瘟病(叶瘟)发病情况，根据我国国家标准《稻瘟病测报调查规范》(GB/T 15790—2009)中的严重度分级标准进行调查。①1 级，病斑少而小，病斑面积占叶面积 1%以下；②2 级，病斑小而多，或大而少，病斑面积占叶片面积的 1%～5%；③3 级，病斑大而较多，病斑面积占叶片面积 5%～10%；④4 级，病斑大而多，病斑面积占叶片面积 10%～50%；⑤5 级，病斑面积占叶片面积 50%以上，全叶将枯死。共调查 400 张叶片，其中，健康叶片 200 张；1 级 140 张叶片；2 级 40 张叶片；3 级 20 张叶片。请计算该田块稻瘟病的普遍率和病情指数。

因为稻瘟病(叶瘟)调查所用严重度分级标准中严重度是利用各个严重度级别的代表值表示的，所以将调查获得数据代入式(14-1)和式(14-3)，得

$$I=\frac{140+40+20}{400}\times100\%=50\%$$

$$DI=\frac{140\times1+40\times2+20\times3+0\times4+0\times5}{400\times5}\times100=14$$

因此，所调查田块稻瘟病的普遍率为50%，病情指数为14。这里需要注意的是，式(14-3)中的S_{max}应该是稻瘟病(叶瘟)调查所用分级标准中严重度最高级别5级的代表值5，而不能使用调查获得数据中严重度最高级别3级的代表值3。

[例 14-4] 为了研究品种混种对小麦条锈病发生的影响，在试验小区内利用"五点取样法"进行病情调查，依据我国国家标准《小麦条锈病测报技术规范》(GB/T 15795—2011)中严重度分级标准进行所调查发病叶片的严重度评估，在这一标准中，根据发病叶片上病斑面积占叶片总面积的百分率将严重度划分8个级别，即1%、5%、10%、20%、40%、60%、80%、100%，一个取样点共调查100张叶片，其中，健康叶片50张，严重度1%的叶片20张，严重度10%的叶片20张，严重度20%的叶片10张，请计算该取样点小麦条锈病的普遍率和病情指数。

因为小麦条锈病调查所用严重度分级标准中严重度是利用各个严重度级别发病面积所占比率表示的，所以将调查获得数据代入式(14-1)和式(14-2)，得

$$I=\frac{20+20+10}{100}\times100\%=50\%$$

$$\overline{S}=\frac{20\times1\%+0\times5\%+20\times10\%+10\times20\%+0\times40\%+0\times60\%+0\times80\%+0\times100\%}{20+0+20+10+0+0+0+0}$$

$$=8.4\%$$

再将计算获得的普遍率I和平均严重度$\overline{S}$代入式(14-4)，得

$$DI=50\%\times8.4\%\times100=4.2$$

因此，所调查取样点小麦条锈病的普遍率为50%，病情指数为4.2。

4)反应型

反应型，又称侵染型，是指根据植物过敏性坏死反应情况、病斑性状和产生子实体情况等划分的类型，用以表示植物品种的抗病程度。例如，小麦对条锈病的反应型按0、0;、1、2、3、4六个类型划分(表14-2)，各类型可附加"+"或"−"号，来表示偏重或偏轻于相应类型，用以表示不同小麦对条锈病的抗性程度。反应型是在研究病原-植物互作和抗病品种选育中常需要调查的一个重要指标。在调查植物对某一病原菌侵染所引致的反应型时，应该按照相应的反应型调查标准进行。

表 14-2 小麦对小麦条锈病菌的反应型级别和相应症状描述

反应型	症状描述
0	叶上不产生任何可见症状
0;	叶上产生小型枯死斑，不产生夏孢子堆
1	叶上产生枯死条点或条斑，夏孢子堆很小，数目很少

续表 14-2

反应型	症状描述
2	夏孢子堆小到中等大小、较少，其周围叶组织枯死或显著褪绿
3	夏孢子堆较大、较多，其周围叶组织有褪绿现象
4	夏孢子堆大而多，周围不褪绿

注：引自《小麦抗病虫性评价技术规范　第 1 部分：小麦抗条锈病评价技术规范》(NY/T 1443.1—2007)，中华人民共和国农业部 2007 年 9 月 14 日发布，2007 年 12 月 1 日实施。

1.2　季节流行动态基本模型及其应用

1.2.1　植物病害流行时间动态和病害流行曲线

植物病害流行时往往会造成严重损失。植物病害流行(plant disease epidemic)是植物群体发病的过程和现象。一般来说，植物病害流行是指植物病害在一定时间内大范围地快速扩散、大面积发生，造成植物生长严重受损、植物产品产量或品质大幅度降低的过程和现象。植物病害流行是植物病害在时间和空间上动态变化的过程。

植物病害流行时间动态(temporal dynamic of epidemic)是植物病害在数量或发病严重程度上随时间进展发生的变化，是植物病害流行学研究的重要内容，具有重要的理论价值和实际应用价值。根据研究时间跨度和时间单位，植物病害流行时间动态可划分为病程进展动态、季节流行动态和逐年流行动态：病程进展动态是病原物一个世代或在单循环过程中的发展动态；季节流行动态是病害在一个生长季节中的发展动态；逐年流行动态是病害在年度间的变化动态。季节流行动态是研究较多的一个层次。

若对植物病害进行多次调查，获得病害数量与时间对应的数据，然后以时间为横坐标，以病害数量为纵坐标，可绘制病害数量随时间变化的曲线，该曲线称为病害流行曲线或病害进展曲线(disease progress curve)。病害流行曲线或病害进展曲线的斜率反映了病害数量在瞬时间的变化，是病害的流行速率。流行速率是定量研究病害进展动态的重要变量，其与寄主植物、病原、环境、人类干预等因素有关，可依据与之有关的因素构建数学模型[式(14-5)]，计算流行速率。

$$r = f(x_1, x_2, \cdots, x_n) \tag{14-5}$$

式中：r 为流行速率；x_n 为与 r 有关的第 n 个因素。

若病害流行曲线或病害进展曲线是在一个生长季节中通过病害调查绘制的，则可称之为季节流行曲线。季节流行曲线描述了植物病害的季节流行动态，形象地表示了植物病害在一个生长季节内的流行动态。季节流行曲线的形式受到病害种类、寄主植物、病原、环境、人类干预等多种因素的影响，主要有 S 形、单峰形、多峰形三种形式。若一种病害在一个生长季节中只有一个发病高峰，病情随时间而不断增长，当病情达到最高值或饱和点时，寄主植物群体不再增长，该病害的季节流行曲线呈 S 形(图 14-5)，例如春季小麦条锈

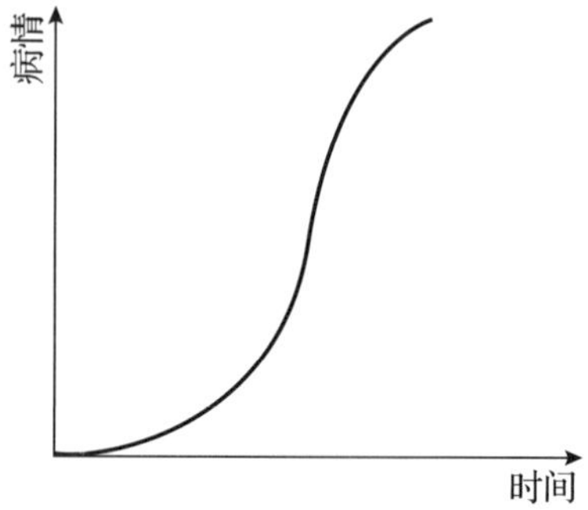

图 14-5　植物病害季节流行 S 形曲线

病、小麦白粉病、马铃薯晚疫病、黄瓜霜霉病等。S形曲线是植物病害季节流行曲线的最常见和最基本形式。

1.2.2 描述季节流行动态的基本模型

可用于定量描述植物病害流行的数学模型有多种，其中，指数增长模型（exponential growth model）和逻辑斯蒂增长模型（logistic growth model）是描述多循环病害季节流行动态的 2 个基本模型。

1）指数增长模型

指数增长模型可用下式(14-6)进行表示：

$$x_t = x_0 e^{r_e t} \tag{14-6}$$

式中：x_0为 $t=0$ 时的病情，即初始病情；x_t为 t 时的病情；r_e为病害指数增长速率（曾士迈、杨演，1986）。该模型描述的季节流行曲线是J形曲线（图 14-6）。

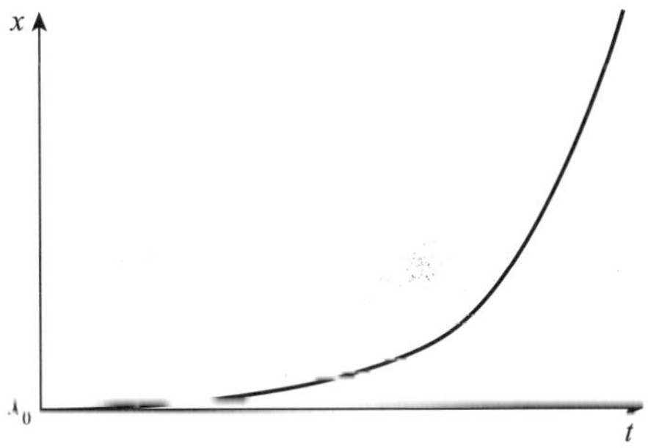

图 14-6 指数增长模型曲线

若已知 t_1时的病情 x_1和 t_2时的病情 x_2，则 r_e可用式(14-7)计算：

$$r_e = \frac{1}{t_2 - t_1}(\ln x_2 - \ln x_1) \tag{14-7}$$

另外，可以依据与 r_e有关的因素，构建数学模型，利用式(14-5)计算获得 r_e。

在获得 r_e的情况下，将 r_e和 t 时的病情 x_t代入指数增长模型[式(14-6)]，可求得 x_0，再将 x_0和 r_e代入指数增长模型[式(14-6)]，则可获得描述该病害季节流行动态的指数增长模型。

在获得 r_e的情况下，并且已知 t_1时的病情 x_1，则可获得指数增长模型[式(14-8)]：

$$x_t = x_1 e^{r_e(t-t_1)} \tag{14-8}$$

式中：x_t为 t 时的病情。

若对指数增长模型[式(14-6)]取对数，则可以获得指数增长模型的线性化形式[式(14-9)]：

$$\ln x_t = \ln(x_0) + r_e t \tag{14-9}$$

在获得一组病情和对应时间的调查数据情况下，可以利用线性回归的方法，获得式(14-9)的常数项和 r_e，然后代入式(14-9)，则可获得指数增长模型的线性化方程，或者利用常数项求得 x_0，再将 x_0和 r_e代入指数增长模型[式(14-6)]，则可获得描述该病害季节流行动态的指数增长模型。

指数增长模型的假设是可供病原侵染的寄主植物组织不受限制，是无限的，只考虑新发病组织的产生而不考虑病组织的消亡和报废，环境条件是稳定的，病害增长速率是恒定不变的且不随时间而改变（肖悦岩等，1998）。由模型假设可知，指数增长模型仅适用于可供病原侵染的寄主植物组织较多时的病害流行前期/早期，随着病害发展，可供病原侵染的寄主植物组织越来越少，病害增长会受到抑制，这种情况下就需要使用逻辑斯蒂增长模型描述病害流行过程。

2)逻辑斯蒂增长模型

逻辑斯蒂增长模型,又称自我抑制性方程,其可用式(14-10)进行表示:

$$\frac{x_t}{1-x_t}=\frac{x_0}{1-x_0}e^{rt} \tag{14-10}$$

式中:x_0为$t=0$时的病情;x_t为t时的病情;r为表观侵染速率(apparent infection rate)(曾士迈、杨演,1986)。该模型描述的季节流行曲线是S形曲线(图14-7)。

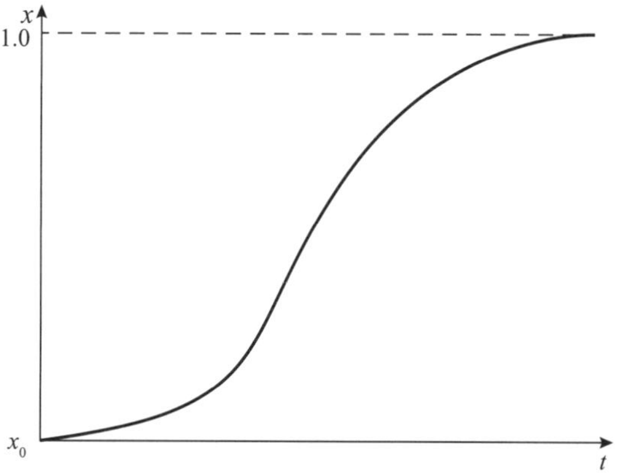

图 14-7 逻辑斯蒂增长模型曲线

若已知t_1时的病情x_1和t_2时的病情x_2,则r可用式(14-11)计算:

$$r=\frac{1}{t_2-t_1}\left(\ln\frac{x_2}{1-x_2}-\ln\frac{x_1}{1-x_1}\right) \tag{14-11}$$

另外,可以依据与r有关的因素,构建数学模型,利用式(14-5)计算获得r。

在获得r的情况下,将r和t时的病情x_t代入逻辑斯蒂增长模型[式(14-10)],可求得x_0,再将x_0和r代入逻辑斯蒂增长模型[式(14-10)],则可获得描述该病害季节流行动态的逻辑斯蒂增长模型。

若对逻辑斯蒂增长模型[式(14-10)]取对数,则可以获得逻辑斯蒂增长模型的线性化形式[式(14-12)]:

$$\ln\left(\frac{x_t}{1-x_t}\right)=\ln\left(\frac{x_0}{1-x_0}\right)+rt \tag{14-12}$$

在获得一组病情和对应时间的调查数据情况下,可以利用线性回归的方法,获得式(14-12)的常数项和r,然后代入式(14-12),则可获得逻辑斯蒂增长模型的线性化方程,或者利用常数项求得x_0,再将x_0和r代入逻辑斯蒂增长模型[式(14-10)],则可获得描述该病害季节流行动态的逻辑斯蒂增长模型。

本实验仅介绍了用于描述植物病害季节流行动态的指数增长模型和逻辑斯蒂增长模型2个基本模型,实际上,病害增长过程是非常复杂的,有时利用这两个基本模型并不能很好地描述季节流行曲线,可以构建其他的增长模型,如冈珀茨模型(Gompertz model)、理查德模型(Richards model)、韦布尔模型(Weibull model)等,对于其他模型的构建方法可以参考植物病害流行学相关教材和文献资料,本实验不再进行介绍。

1.2.3 季节流行动态基本模型的两个主要应用

利用描述植物病害季节流行动态的基本模型，可以预测某一时间植物病害的病情、植物病害达到某一病情所需时间，根据模型在植物病害达到某一病情所需时间方面的应用，可以推算植物病害防治适期。

1)病情预测

利用指数增长模型和逻辑斯蒂增长模型可以开展植物病害发生程度的预测，但是在应用时，应该注意指数增长模型只能在发病初期/早期(病情小于 0.05)，可供病原侵染的寄主植物组织很多，病害增长自我抑制作用很小时才能应用，当病情增长到一定程度后，若应用指数增长模型，会严重偏离实际，而应使用逻辑斯蒂增长模型。

对于指数增长模型，若已知初始病情 x_0 和病害指数增长速率 r_e，则可以利用式(14-6)计算 t 时的病情。若用 x_1 和 x_2 分别表示 t_1 和 t_2 时的病情，则指数增长模型的线性化形式可以转变为式(14-13)。

$$\ln x_2 = \ln x_1 + r_e(t_2 - t_1) \tag{14-13}$$

利用式(14-13)，在已知病害指数增长速率 r_e 和某一时间 t_1 的病情 x_1 情况下，可对 t_2 时的病情 x_2 进行预测。进一步转换，在已知病害指数增长速率 r_e 和某一时间 t_1 的病情 x_1 情况下，可利用式(14-8)对 t_2 时的病情 x_2 进行预测。

对于逻辑斯蒂增长模型，若已知初始病情 x_0 和表观侵染速率 r，则可以利用式(14-10)计算 t 时的病情。若用 x_1 和 x_2 分别表示 t_1 和 t_2 时的病情，则逻辑斯蒂增长模型的线性化形式可以转变为式(14-14)。

$$\ln\left(\frac{x_2}{1-x_2}\right) = \ln\left(\frac{x_1}{1-x_1}\right) + r(t_2 - t_1) \tag{14-14}$$

式(14-14)可以转化为

$$x_2 = \frac{\frac{x_1}{1-x_1}\times e^{r(t_2-t_1)}}{1+\frac{x_1}{1-x_1}\times e^{r(t_2-t_1)}} \tag{14-15}$$

利用式(14-15)，在已知病害表观侵染速率 r 和某一时间 t_1 的病情 x_1 情况下，可对 t_2 时的病情 x_2 进行预测。

[例 14-5] 若某一田块中马铃薯晚疫病的初始病情为 0.000 1，病害日增长速率为 0.25，请分别利用指数增长模型和逻辑斯蒂增长模型预测 30 d 后的病情。

利用指数增长模型进行病害预测时，初始病情 x_0 为 0.000 1，病害指数增长速率 r_e 为 0.25，$t=30$，代入式(14-6)，则有

$$x_{30} = 0.000\,1 \times e^{0.25\times 30} \approx 0.18$$

利用逻辑斯蒂增长模型进行病害预测时，初始病情 x_0 为 0.000 1，表观侵染速率 r 为 0.25，$t=30$，代入式(14-10)，则有

$$\frac{x_{30}}{1-x_{30}}=\frac{0.0001}{1-0.0001}e^{0.25\times 30}$$

得：$x_{30}\approx 0.15$。

因此，利用指数增长模型进行病害预测时，30 d 后的病情约为 0.18；利用逻辑斯蒂增长模型进行病害预测时，30 d 后的病情约为 0.15。

[例 14-6] 若某一田块中小麦白粉病接种后 20 d 和 30 d 的病情分别为 0.01 和 0.08，请分别利用指数增长模型和逻辑斯蒂增长模型预测接种 40 d 后的病情。

利用指数增长模型进行病害预测时，首先计算病害指数增长速率 r_e，将接种后 20 d 和 30 d 分别作为 t_1 和 t_2，相应的病情 0.01 和 0.08 分别作为病情 x_1 和病情 x_2，则将数据代入式(14-7)，得

$$r_e=\frac{1}{30-20}\times(\ln 0.08-\ln 0.01)$$

然后，将 $t_1=20$、t_1 时的病情 $x_1=0.01$、r_e 代入式(14-8)，则有

$$x_{40}=0.01\times e^{\frac{1}{30-20}\times(\ln 0.08-\ln 0.01)\times(40-20)}=0.64$$

或者，将接种后 30 d 作为 t_1，将相应的病情 0.08 作为 t_1 时的病情 x_1，将接种后 40 d 作为 t_2，将 t_1、x_1、r_e、t_2 相应数据代入式(14-8)，则有

$$x_{40}=0.08\times e^{\frac{1}{30-20}\times(\ln 0.08-\ln 0.01)\times(40-30)}=0.64$$

因此，利用指数增长模型进行病害预测时，接种 40 d 后的病情为 0.64。

利用逻辑斯蒂增长模型进行病害预测时，首先计算表观侵染速率 r，将接种后 20 d 和 30 d 分别作为 t_1 和 t_2，相应的病情 0.01 和 0.08 分别作为病情 x_1 和病情 x_2，则将数据代入式(14-11)，得

$$r=\frac{1}{30-20}\times\left[\ln\left(\frac{0.08}{1-0.08}\right)-\ln\left(\frac{0.01}{1-0.01}\right)\right]$$

然后，将 $t_1=20$、t_1 时的病情 $x_1=0.01$、r 代入式(14-15)，则有

$$x_{40}=\frac{\frac{0.01}{1-0.01}\times e^{\frac{1}{30-20}\times\left(\ln\frac{0.08}{1-0.08}-\ln\frac{0.01}{1-0.01}\right)\times(40-20)}}{1+\frac{0.01}{1-0.01}\times e^{\frac{1}{30-20}\times\left(\ln\frac{0.08}{1-0.08}-\ln\frac{0.01}{1-0.01}\right)\times(40-20)}}\approx 0.43$$

或者，将接种后 30 d 作为 t_1，将相应的病情 0.08 作为 t_1 时的病情 x_1，将接种后 40 d作为 t_2，将 t_1、x_1、r_e、t_2 相应数据代入式(14-15)，则有

$$x_{40}=\frac{\frac{0.08}{1-0.08}\times e^{\frac{1}{30-20}\times\left(\ln\frac{0.08}{1-0.08}-\ln\frac{0.01}{1-0.01}\right)\times(40-30)}}{1+\frac{0.08}{1-0.08}\times e^{\frac{1}{30-20}\times\left(\ln\frac{0.08}{1-0.08}-\ln\frac{0.01}{1-0.01}\right)\times(40-30)}}\approx 0.43$$

因此，利用逻辑斯蒂增长模型进行病害预测时，接种 40 d 后的病情约为 0.43。

2)病害防治适期预测

在开展植物病害防治时，为了获得最大的经济效益、生态效益和社会效益，往往会制定相应病害的防治指标(经济阈值)，根据防治指标确定病害防治适期，将病害控制经济损失水平之下。利用描述植物病害季节流行动态的 2 个基本模型，在已知病害增长速率 r_e 和表观侵染速率 r 以及某一时间的病情情况下，可以预测病害发展达到病害防治指标所需要的时间，即预测在什么时间采取防治措施或病害防治适期。

对于指数增长模型，式(14-13)可以转换为式(14-16)。

$$t_2 = \frac{\ln x_2 - \ln x_1}{r_e} + t_1 \text{ 或 } t_2 = \frac{1}{r_e}(\ln x_2 - \ln x_1) + t_1 \tag{14-16}$$

式中：x_1 和 x_2 分别表示 t_1 和 t_2 时的病情，r_e 为病害指数增长速率。根据式(14-16)，在已知病害增长速率 r_e 和 t_1 时的病情 x_1 情况下，即可计算获得病害发生严重程度达到 x_2 时所需时间 t_2，若将防治指标作为 x_2，则可计算获得病害发展达到防治指标所需时间 t_2，t_2 即病害的防治适期。

对于逻辑斯蒂增长模型，式(14-14)可以转换为式(14-17)。

$$t_2 = \frac{\ln\left(\frac{x_2}{1-x_2}\right) - \ln\left(\frac{x_1}{1-x_1}\right)}{r} + t_1 \text{ 或 } t_2 = \frac{1}{r}\left[\ln\left(\frac{x_2}{1-x_2}\right) - \ln\left(\frac{x_1}{1-x_1}\right)\right] + t_1 \tag{14-17}$$

式中：x_1 和 x_2 分别表示 t_1 和 t_2 时的病情，r 为表观侵染速率。根据式(14-17)，在已知表观侵染速率 r 和 t_1 时的病情 x_1 情况下，即可计算获得病害发生严重程度达到 x_2 时所需时间 t_2，若将防治指标作为 x_2，则可计算获得病害发展达到防治指标所需时间 t_2，t_2 即病害的防治适期。

[例 14-7] 若某一种植物病害的防治指标为 0.05，已知该病害的日增长速率为 0.20，进行田间调查时发现该病害的病情为 0.000 1，请分别利用指数增长模型和逻辑斯蒂增长模型预测需要多少天病害能够达到防治指标？

将进行田间调查时病害的病情 0.000 1 作为 x_1，t_1 为 0，将病害防治指标 0.05 作为 x_2，达到防治指标需要的天数为 t_2，将日增长速率 0.20 作为 r_e 或 r，分别代入式(14-16)或式(14-17)，则有

$$t_2 = \frac{\ln 0.05 - \ln 0.000\ 1}{0.20} + 0 \approx 31.07$$

$$t_2 = \frac{\ln\left(\frac{0.05}{1-0.05}\right) - \ln\left(\frac{0.000\ 1}{1-0.000\ 1}\right)}{0.20} + 0 \approx 31.33$$

因此，当分别利用指数增长模型和逻辑斯蒂增长模型进行预测时，病害均需要 32 d 达到防治指标。

注意：在构建描述病害流行曲线或病害进展曲线的增长模型时，“病情”可以是普遍率或病情指数，有时也可以是平均严重度。当“病情”为病情指数时，若病情指数用 0～1 数据表示时，则可以直接用于模型构建和应用；若病情指数用 0～100 数据表示时，则需除以 100 后再用于模型构建和应用。

2 实验目的

（1）学习并掌握植物病害定量调查的方法和调查内容。

（2）学习、熟悉和掌握描述植物病害季节流行动态的基本模型及其构建方法和应用。

3 实验材料和用具

本实验需要科学计算器，可携带具有科学计算功能的电子计算器，也可利用智能手机、笔记本电脑、平板电脑等自带的科学计算器。

4 实验内容

（1）根据实验基础知识和原理部分提供的实例或任课教师提供的植物病害调查数据，练习计算普遍率、平均严重度和病情指数。

（2）根据实验基础知识和原理部分提供的实例或任课教师提供的植物病害调查数据，建立描述病害季节流行动态的基本模型，并应用所建立的模型进行病情预测和病害防治适期预测。

5 作业

（1）调查一个田块中某种植物的一种叶部病害发生情况，该病的分级标准为：①1 级，叶片病斑少于 5 个；②2 级，叶片病斑小而多于 5 个；③3 级，叶片病斑大而小；④4 级，叶片病斑大而多。随机取样调查共 500 片叶，其中，健康叶片 100 片，1 级叶片 100 片，2 级叶片 250 片，3 级叶片 50 片，请计算这一田块中该病的普遍率和病情指数。

（2）假设田间一作物某种叶部病害的初始病叶率为 0.001%，30 d 后病叶率发展到 4.5%，再经过 20 d 病叶率达到 80%。尝试分别利用指数增长模型和逻辑斯蒂增长模型计算前 30 d 和后 20 d 的病害日增长率（流行速率），并基于计算所得的病害日增长率（流行速率），以前一期的病情作为基础，分别利用指数增长模型和逻辑斯蒂增长模型预测后一期的病情。比较基于这两种模型的预测结果，分析预测结果是否符合实际。

（3）若某一种植物病害的防治指标为 0.05，通过田间调查，发现一个田块中该病害目前的病情为 0.000 1，并且已知病害日增长速率为 0.25，请分别利用指数增长模型和逻辑斯蒂增长模型预测这一田块中该病害需要经过多少天达到防治指标，适合采取防治措施。

参考文献

陈万权，刘太国，陈巨莲，等. 小麦抗病虫性评价技术规范第 6 部分：小麦抗黄矮病评价技术规范. 中华人民共和国农业行业标准(NY/T 1443.6—2007)[S]，中华人民共和国农业部 2007 年 9 月 14 日发布，2007 年 12 月 1 日实施.

陈万权，刘太国，陈巨莲，等. 小麦抗病虫性评价技术规范第 1 部分：小麦抗条锈病评价技术规范. 中华人民共和国农业行业标准(NY/T 1443.1—2007)[S]，中华人民共和国农业部 2007 年 9 月 14 日发布，2007 年 12 月 1 日实施.

胡小平，2022. 植物病虫害测报学 [M]. 北京：科学出版社.

姜玉英，曾娟，商鸿生，等. 小麦条锈病测报技术规范. 中华人民共和国国家标准(GB/T 15795—2011)[S]，中华人民共和国国家质量监督检验检疫总局、中国国家标准化管理委员会 2011 年 9 月 29 日发布，2011 年 12 月 1 日实施.

李光博，曾士迈，李振歧，1990. 小麦病虫草鼠害综合治理[M]. 北京：中国农业科技出版社.

刘杰，姜玉英. 张振铎，等. 玉米大斑病测报技术规程. 中华人民共和国农业行业标准(NY/T 3546—2020)[S]，中华人民共和国农业农村部 2020 年 3 月 20 日发布，2020 年 7 月 1 日实施.

刘万才，姜玉英. 张跃进，等. 小麦白粉病测报调查规范. 中华人民共和国农业行业标准(NY/T 613—2002)[S]，中华人民共和国农业部 2002 年 12 月 30 日发布，2003 年 3 月 1 日实施.

马占鸿，2019. 植病流行学[M]. 2 版. 北京：科学出版社.

商鸿生，任文礼，王素梅，1990. 小麦条锈病严重度分级标准图的探讨 [J]. 植物保护，16(1)：31.

王海光，2022. 智慧植保及其发展建议 [J]. 中国农业大学学报，27(10)：1-21.

王建强，夏冰，刘宇. 稻瘟病测报调查规范. 中华人民共和国国家标准(GB/T 15790—2009)[S]，中华人民共和国国家质量监督检验检疫总局、中国国家标准化管理委员会 2009 年 3 月 27 日发布，2009 年 10 月 1 日实施.

肖悦岩，季伯衡，杨之为，等，1998. 植物病害流行与预测 [M]. 北京：中国农业大学出版社.

曾士迈，杨演，1986. 植物病害流行学 [M]. 北京：农业出版社.

（王海光　编写）

实验十五

基于图像处理技术的植物病害严重度评估和病原孢子自动计数

提要:定量研究是植物病理学的重要研究方法。开展植物病理学定量研究对于了解植物病害流行规律,探明寄主植物、病原、环境、人类干预之间的关系,开展有效的植物病害管理等具有重要意义。植物病害严重度评估和病原孢子计数是植物病理学定量研究中经常开展的工作。但是,常规的植物病害严重度评估和植物病原孢子计数主要依靠人工进行,费时、费力,并且容易产生误差。科学技术的发展促进了植物病害严重度评估和植物病原孢子计数方法的发展。本实验基于图像处理技术实现植物病害严重度评估和植物病原孢子自动计数,重点内容为基于图像处理技术实现植物病害严重度评估和病原孢子自动计数的基本思路和工作流程、基于 ImageJ 软件实现植物病害严重度评估和病原孢子自动计数的方法,希望学生可以了解植物病害严重度评估方法和植物病原孢子计数方法,掌握基于图像处理技术的植物病害严重度评估方法和植物病原孢子计数方法并可以熟练应用。

1 实验基础知识和原理

植物病理学研究不仅包括定性研究,还包括大量的定量研究,只有通过定量研究才能更深入地认识植物病害系统,认识植物病害系统中的寄主植物、病原、环境和人类干预及其相互作用,才能更深入认识植物病害发生和流行规律,才能更有效地进行植物病害管理。植物病害严重度评估和病原定量评估是植物病理学定量研究的重要内容,对于植物病害表型测定、病害系统的监测、病害预测和病害防治均具有重要意义。

进行植物病害严重度评估和病原定量评估已有多种方法,当然,最传统和最常用的方法仍然是依靠人工进行的。科技的发展为植物病害严重度评估和病原定量评估提供了便利,尤其是图像处理技术等信息技术的发展,为准确、快速、便捷地进行植物病害严重度评估和病原定量评估提供了技术支撑,相关方面的进步促进了植物病害严重度评估和病原定量评估的数字化、网络化、智能化发展(王海光,2022)。在植物病理学领域,图像处理技术主要在目标定性识别、目标检测、定量评估等方面应用较多,并且发挥着日益重要的作用。基于图像处理技术,已经实现了小麦、水稻、玉米等多种植物病害的识别,并且已有多个应用程序(application,App)被开发和使用。相较于在病害识别方面的应用,虽然基于图像处理技术开展了一些病害严重度评估和病原定量评估研究,并且开发一些评估系统,但是应用仍较少。图像处理技术在植物病理学定量研究中日益受到重视。

1.1 图像处理技术

图像是信息的直观体现,蕴含着丰富的信息。这里不再详细介绍图像的基础知识,感兴趣的学生可以查找相关文献资料进行学习。

随着科学技术的发展,图像获取日益便利,图像分辨率逐渐增高,网络技术的发展使得图像传输速度有了极大提高,图像处理技术得到广泛应用,尤其是随着深度学习的发展和应用,图像处理技术在多个领域发挥着重要作用,促进了相关产业和研究的发展。图像处理技术是对获得的图像进行处理、分析、获取感兴趣目标信息的一种技术。图像处理技术涉及图像增强、图像分割、图像特征提取、图像识别、图像目标检测和计数等多种技术,可以利用多种计算机工具和软件实现对获取图像的处理,例如,广泛使用的图像处理软件 Adobe Photoshop,在科学研究中常用的软件 MATLAB 和 ImageJ,以及 Python 和 R 等计算机编程语言。在传统图像处理中,需要单独利用算法进行图像特征提取,然后进行图像识别、目标检测和计数等,而深度学习的发展使得图像特征提取自动化,可以自动进行图像处理。图像处理技术可以用于处理各种类型的植物病害图像和植物病原图像,近年来深度学习的快速发展,更是促进了图像处理技术在植物病害图像和植物病原图像处理中的应用,使得相关研究日益增多。

基于图像处理技术的植物病害识别所需要的技术比较复杂,不便于在一次实验课上完成,若读者对基于图像处理技术进行植物病害识别感兴趣,可以参考相关文献,这方面的文献资料非常多。如果仅仅是为了运用可以识别植物病害的应用软件,可以利用智能手机在正规应用商店下载安装使用,这方面的 App 已有不少,如"慧植农当家"等。因此,这里不再对基于图像处理技术的植物病害识别进行赘述。

1.2 植物病害严重度评估方法和病原孢子计数方法

1.2.1 植物病害严重度评估方法

在开展植物病害调查的过程中,一般主要调查指标有普遍率(incidence)、严重度(severity)、病情指数(disease index)等。严重度是用于描述单个植物或器官等调查植物单元发病严重程度的指标。一般来说,依据所调查植物单元发病面积占所调查植物单元总面积的比率(以百分率或分数等形式表示),有时也依据病害引起的症状特征或损失等进行定性描述,利用分级法按照从轻到重分为不同级别的严重度,用于表示植物病害的严重程度。一般应该严格按照植物病害严重度分级标准进行相应病害严重度的调查和评估。关于严重度的具体调查和评估方法以及平均严重度的计算方法,参见"实验十四 植物病害定量调查方法和季节流行动态基本模型的应用"。

目前,植物病害严重度评估主要是依靠有经验的人员利用人工肉眼观察法进行,此外,也可利用网格纸测定法、纸样称重法、基于普遍率的严重度估测方法，以及基于图像处理技术、遥感技术、近红外光谱技术等的方法进行严重度级别评估（Jiang et al.，2022；2023）。人工肉眼观察法费时费力，并且，由于视觉和经验的影响，在利用该方法进行病害严重度评估时，不同调查人员对同一发病植物单元可能给出不同严重度级别的结果，利用该方法获得比较准确的评估结果并非易事。因此，调查人员必须经过训练，熟练掌握病害严重度分级方法之后才可开展实际病害严重度评估，以保障结果的可靠性。网格纸测定法和纸样称重法操作烦琐、费时、费力。基于植物病害的普遍率进行严重度估测的前提是建立普遍率和严重度之间的定量关系（*I-S* 关系），但是，*I-S* 关系受到病害种类、普遍率大小、病斑分布情况等影响（董金琢等，1990），基于普遍率的严重度估测方法的应用受到很大限制。基于遥感技术和近红外光谱技术的植物病害严重度评估仍处于研究阶段，并且相关方法所用仪器价格较高，实际可应用性不高，相关严重度评估方法在实际生产中应用很少。随着图像获取和图像处理技术的发展，基于图像处理技术的植物病害严重度评估在研究与实际应用中逐渐增多（王海光，2022）。

1.2.2 植物病原孢子计数方法

植物病原定量评估涉及菌源数量、菌物产孢量、病原传播过程中空气中病原密度、到达植物受侵染部位的病原数量、寄主植物体内病原数量等。开展菌物病害研究和管理，经常需要对病原孢子进行计数。病原孢子计数方法有两种类型，即直接计数方法和间接计数方法。直接计数方法就是对获得的病原孢子借助显微镜进行计数处理，主要利用人工显微观察法进行。病原孢子相对较小，并且有时获得的孢子数量较大，长时间进行显微观察计数容易造成眼睛疲劳，因此，利用人工显微观察法进行病原孢子计数是一个比较费时、费力的工作，同时该方法容易产生较大计数误差。间接计数方法是通过测定与病原孢子数量有关的指标，对病原孢子数量进行评估，一般有两种具体的方法：一种是将病原孢子接种至感病植物后调查产生的病斑数量，根据产生的病斑数量评估病原孢子数量；另一种是利用分子生物学方法，对获得的病原孢子 DNA 进行定量测定，从而间接对病原物孢子数量进行估测。随着信息技术的发展，可以在利用直接计数方法进行病原孢子计数的同时，利用显微拍照技术获取病原孢子的显微图像，然后利用图像处理技术实现病原孢子自动计数，可以提高病原孢子计数准确率和工作效率（李小龙等，2013；Li et al.，2017；王海光，2022）。并且，随着物联网技术的发展，可以通过远程显微拍照，对捕获的病原孢子进行自动计数处理。

1.3 基于图像处理技术的植物病害严重度评估

1.3.1 基于图像处理技术的植物病害严重度评估的主要思路和工作流程

基于图像处理技术进行植物病害严重度评估，主要有 2 个思路：一个思路是基于所提取的病害图像特征建立识别模型进行病害严重度的判别（鲍文霞等，2021）；另一个思路是通过病斑分割、病斑面积和植物单元总面积（或病斑像素和植物单元总像素）计算，获取病斑面积占植物单元总面积的比率，将比率与病害严重度分级标准相对照，确定待评估发病植物单元的严重度级别，从而实现病害严重度评估（李冠林等，2011；Li et al.，2013；Pethybridge and Nelson，2015；Olivoto et al.，2022）。基于第一个思路，目前主要有 2 种方法：一种方法是对获取的发病植物单元图像进行预处理、图像特征提取、图像特征选择、基于机器学习的严重度评估模型构建，以确定待评估发病植物单元的严重度级别；另一种方法是对获取的发病植物单元图像进行预处理、基于深度学习的严重度评估模型构建，以确定待评估发病植物单元的严重度级别。有时，获取的发病植物单元图像不需要进行预处理，可以直接利用这两种方法进行严重度评估。基于图像处理技术的植物病害严重度评估流程如图 15-1 所示。

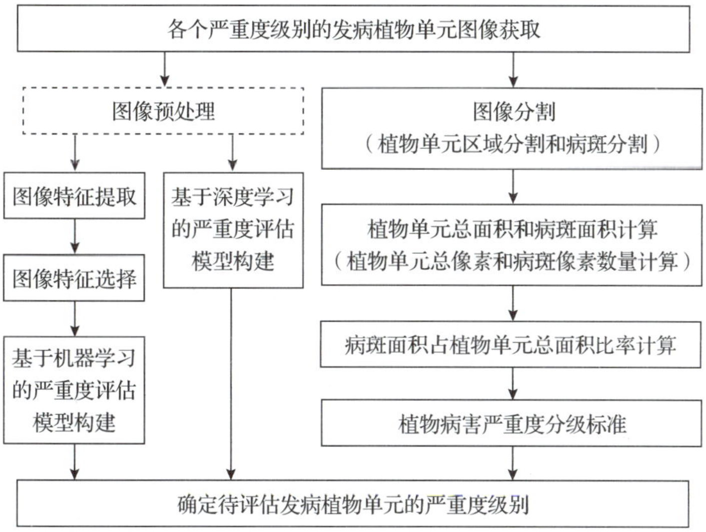

图 15-1　基于图像处理技术的植物病害严重度评估流程

由于基于第一个思路的植物病害严重度评估需要构建严重度评估模型，过程相对复杂，本实验不再介绍基于第一个思路的植物病害严重度评估具体实现实例，若学生对这方面感兴趣，可以参考相关的文献资料，已经正式发表的相关文献资料比较丰富。基于第二个思路，可以按照图 15-1 所示流程，通过计算机编程实现植物病害严重度评估，也可以借助 ImageJ、Adobe Photoshop 等图像处理软件进行植物病害严重度评估，也可利用专门的软件，如 APS Assess（Lamari，2008）、LeafDoctor（Pethybridge and Nelson，2015）、R 软件包 pliman（Olivoto et al.，2022）等开展植物病害严重度评估。本实验基于第二个思路利用 ImageJ 软件实现植物病害的严重度评估。

受获取图像时所用设备、环境条件、植物生长状态等多方面的影响，获取的发病植物单元图像会存在多种情况，例如，有的图像中背景非常复杂，有的图像中背景比较单一；有的图像中含有一种病害的病斑，有的图像中含有多种病害的病斑；有的图像中病害的病斑比较规则，呈圆形或椭圆形，而有的图像中病害的病斑非常不规则；有的图像中背景、发病植物单元、病斑之间的区分度非常明显，有的图像中则区分度不大。因此，利用图像处理技术进行植物病害严重度评估，应该根据情况使用相关的技术。

从具有背景的发病植物单元图像中获得发病植物单元面积和病斑面积，需要对图像进行分割处理，分割获得发病植物单元图像和病斑图像，然后再获得发病植物单元面积和病斑面积或发病植物单元像素数量和病斑像素数量，然后获得病斑面积占发病植物单元面积的比率，进而对照严重分级标准或方法进行发病植物单元的严重度评估。

将发病植物单元和病斑从获得的具有背景的发病植物单元图像中分割出来，实际上是将发病植物单元和病斑分别作为感兴趣区域（region of interest，ROI）进行分割处理，可以利用多种图像分割方法，例如 K-means 聚类算法，也可以将深度学习应用于图像分割中。利用图像处理软件或通过编程，可以实现图像的手动分割、半自动分割和自动分割。

1.3.2 基于 ImageJ 软件的植物病害严重度评估

1) ImageJ 软件的下载、安装和学习资源

ImageJ 是一个在科研领域应用非常广泛的免费图像处理软件，其是由美国国立卫生研究院(National Institutes of Health，NIH)基于 Java 开发的，简便易用，适合不懂编程人员使用，最初版本发布于 1997 年，目前最新版本为 ImageJ2(Rueden et al.，2017)，可以在 Windows、Mac OS、Mac OS X、Linux 等操作系统上运行。目前，已经开发了很多可应用于 ImageJ 软件的插件。在应用 ImageJ 软件时，可以根据需要手动安装相应的插件。本实验中应用的是自动包含了各种插件的 ImageJ 软件的一个版本 Fiji。Fiji 其实就是“Fiji is just ImageJ“的首字母缩写形式。

ImageJ 和 Fiji 软件可以通过访问网址 https://imagej. net/downloads 进行选择下载(图 15-2)，在打开的页面上点击 Fiji 图标或按钮，即可打开 https://imagej. net/software/fiji/downloads，如图 15-3 所示，从此页面上根据所使用计算机操作系统下载本实验所用 Fiji 软件的相应版本。本实验以所使用的 64 位 Windows 操作系统为例，选择下载 Windows 64-bit，点击 Windows 64-bit 右侧的下载网址即可进行下载。下载完成后，可以获得一个名为 fiji-win64. zip 的压缩包，如图 15-4 所示。对压缩包进行解压缩，可以获得一个名为 fiji-win64 的文件夹，打开该文件夹，可以看到一个名为 Fiji. app 的文件夹，打开 Fiji. app 文件夹，可以看到此文件夹中包含的多个文件夹和文件，如图 15-5 所示。

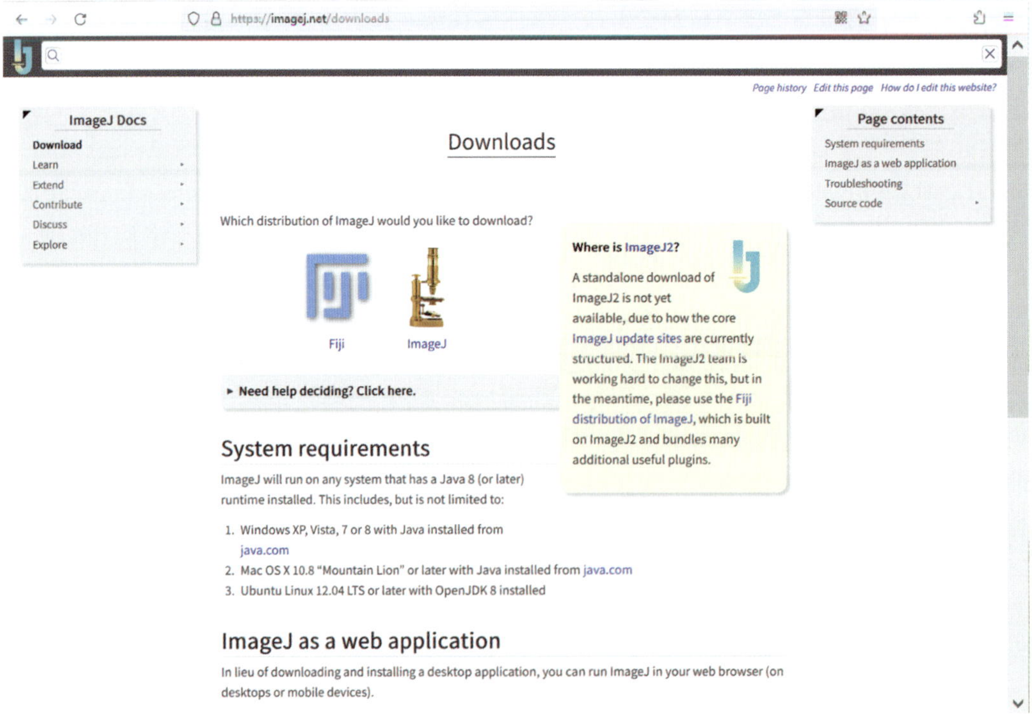

图 15-2 ImageJ 网站软件下载页

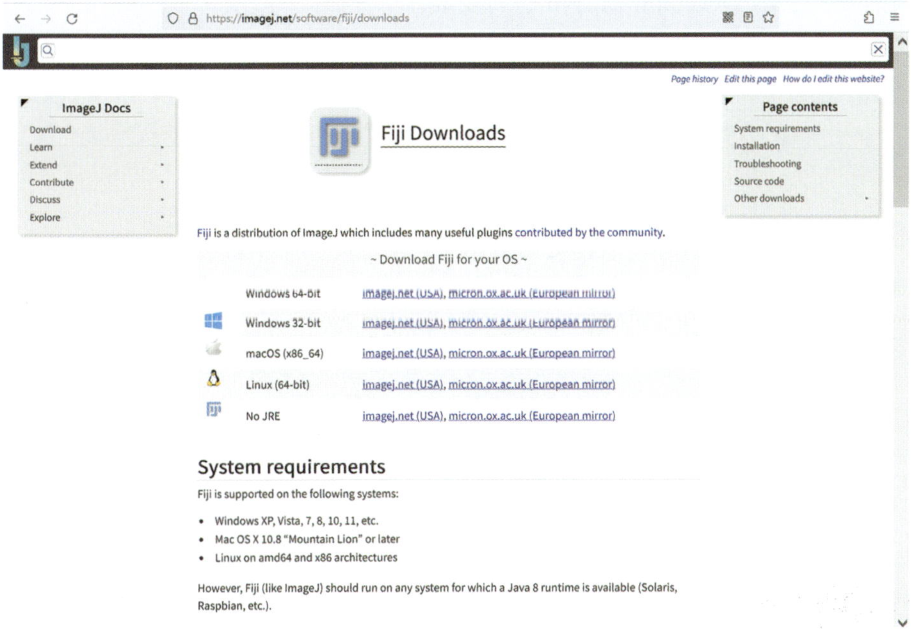

图 15-3　ImageJ 网站中 Fiji 软件下载页

图 15-4　下载的 Fiji 软件压缩包 fiji-win64. zip

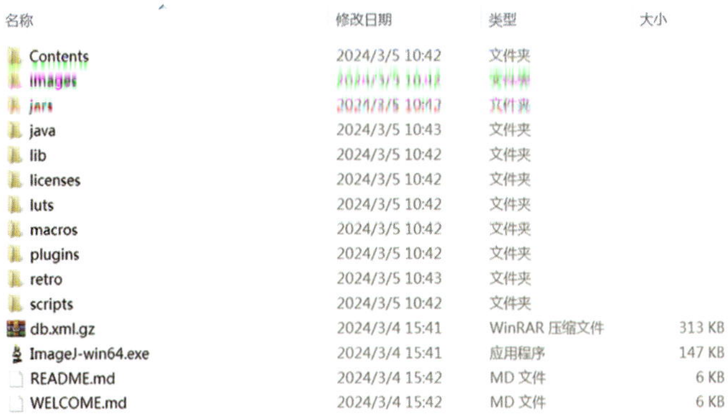

图 15-5　Fiji 软件压缩包 fiji-win64. zip 解压缩后文件夹包含的文件夹和文件

Fiji 软件不需要安装，点击 Fiji. app 文件夹中的 ImageJ-win64. exe 即可启动运行 Fiji 软件。Fiji 软件打开后的界面如图 15-6 所示，即表明 Fiji 软件可以正常运行。这里需要注意的是，压缩包解压缩之后的存储路径中不能有中文命名的文件夹。另外，由于 ImageJ 和 Fiji 软件的运行需要 Java 环境，若所用计算机中的 Java 版本太低(低于 Java 8)，可能会导致 ImageJ 和 Fiji 软件不能运行，可以从网址 https://www. oracle. com/java/technologies/downloads/

下载最新版本的 JDK Development Kit 进行安装。

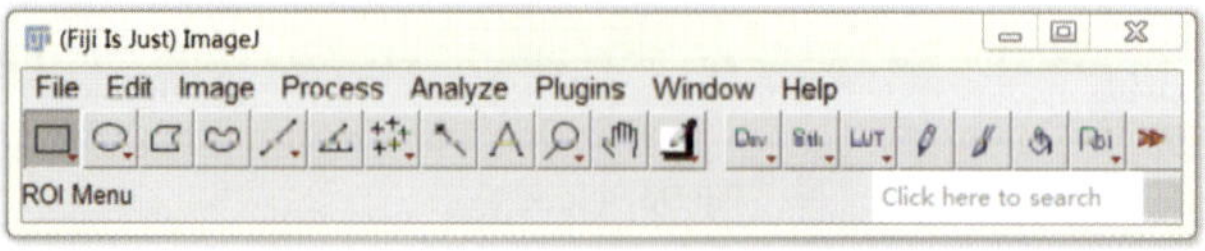

图 15-6 Fiji 软件的使用界面(主窗口)

Fiji 软件启动后,有时会弹出软件更新对话框,如图 15-7 所示,提示现在是否对 Fiji 软件进行更新,有三个选项,即"Yes,please""Never""Remind me later",用户可以根据需要进行选择。

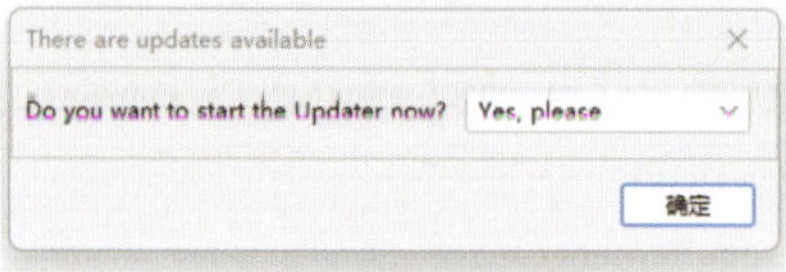

图 15-7 Fiji 软件提示更新对话框

此外,可以使用软件 ImageJ 的网页版 ImageJ. JS,无须进行下载和安装,在个人电脑和移动端(智能手机或平板电脑)利用浏览器打开网址 https://ij. imjoy. io/即可使用,非常方便,使用界面如图 15-8 所示。

图 15-8 ImageJ 软件的网页版 ImageJ. JS 使用界面

Fiji 软件下载网页左边的 ImageJ Docs 中包含有软件使用指导、插件介绍以及在学习软件过程中遇到困难寻求帮助的方式,在学习时,可以将网页进行收藏,以方便访问。也可以通过 Fiji 软件使用界面中的 Help 菜单下的 ImageJ Website 打开网址 https://imagej. net/ij/,如图 15-9 所示。点击 Documentation,打开新的网页,如图 15-10 所示,在此网页中包含了 ImageJ 软件的介绍、安装、使用指南、社区等,可以根据需要了解和学习该软件。知乎网站上有中文的"ImageJ 实用教程",本实验在实现示例的过程中就参考了该教程,可以通过网址 https://

图 15-9 Fiji 软件 Help 菜单中打开的 ImageJ 网站主页面

zhuanlan.zhihu.com/c_1069243926476673024 进行访问，了解和学习该软件。此外，网络上有很多的介绍 ImageJ 软件使用的文章和视频，感兴趣的学生可以在网络上搜索相关资料用于学习和软件使用过程中疑难问题解答。

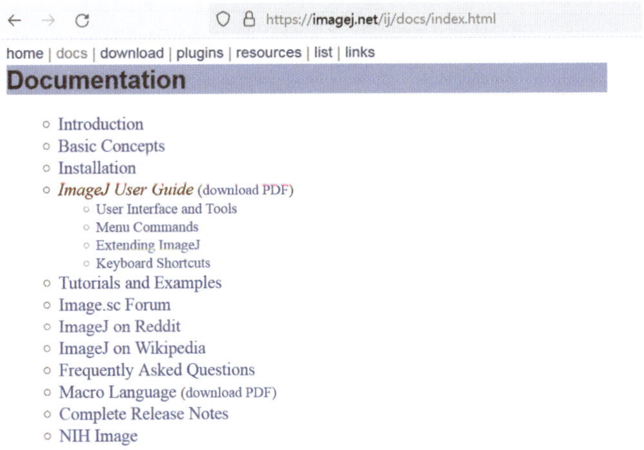

图 15-10　Fiji 软件 Help 菜单中打开的 ImageJ 网站文件(Documentation)页面

2)基于 Fiji 软件的植物病害严重度评估实现——以葡萄霜霉病为例

本实验以葡萄霜霉病发病叶片为对象，利用 Fiji 软件实现发病叶片的严重度评估，具体步骤如下：

(1)启动打开 Fiji 软件。双击 Fiji 解压缩之后 Fiji.app 文件夹中的 ImageJ-win64.exe，启动打开 Fiji 软件，如图 15-6 所示。如果使用的是 Fiji 软件的其他版本，可以根据实际情况打开软件。

(2)点击菜单 File→Open，找到需要进行病害严重度评估的发病植物单元图像，将图像打开，例如示例中的葡萄霜霉病图像 1.jpg(李冠林等，2011)，如图 15-11 所示。将需要进行病害严重度评估的发病植物单元图像直接拖动到 Fiji 软件使用界面也可以打开图像。

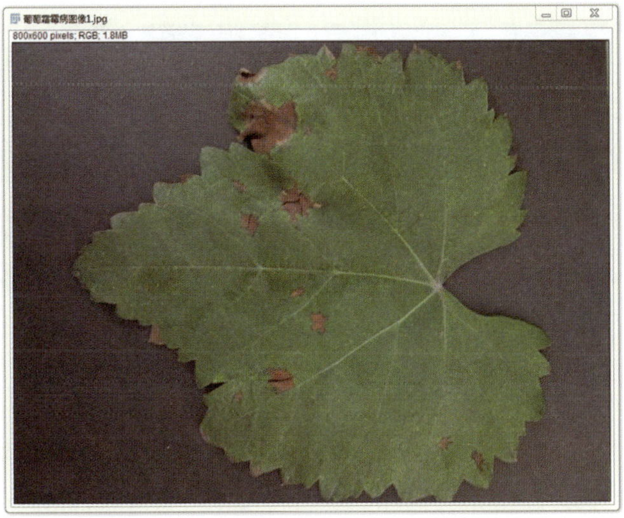

图 15-11　Fiji 软件打开的葡萄霜霉病图像

(3)点击 Analyze→Set Measurements,弹出 Set Measurements 对话框,勾选 Area 选项,设置对面积进行测量,勾选 Min & max gray value 和 Mean gray value 选项,并且勾选 Limit to threshold 选项,限定对阈值(Threshold)内的区域进行测量,如图 15-12 所示。

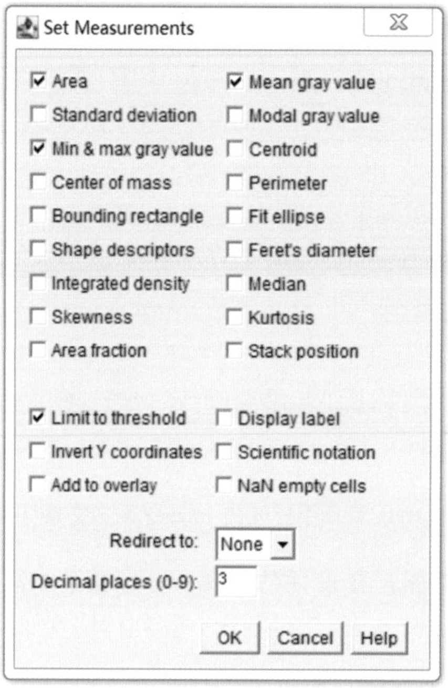

图 15-12　在 Set Measurements 对话框中设置测量 Area(面积)

(4)打开的葡萄霜霉病图像是 RGB 图像,点击菜单 Image→Color→Split Channels,将打开的 RGB 图像分割出 R、G、B 三个通道图像,如图 15-13 所示,可见 R 通道图像中病斑与背景之间的区分度最大,将该通道图像用于病斑分割;G 通道图像中叶片与背景之间的区分度最大,将该通道图像用于叶片分割。

A　　B　　C

图 15-13　葡萄霜霉病图像的 R、G、B 三个通道图像

A. R 通道图像;B. G 通道图像;C. B 通道图像

(5)选择 G 通道图像,点击菜单 Image→Adjust→Auto Threshold,弹出 Auto Threshold 对话框,Method 选项选择 Try all,勾选 White objects on black background,如图 15-14 所示,然后点击 OK,弹出阈值调整结果图像,如图 15-15 所示,可见第 3 个图像所示的阈值调整后的

结果较好。因此，再次点击菜单 Image→Adjust→Auto Threshold，弹出 Auto Threshold 对话框后，Method 选项选择 Huang2，勾选选项不变，仍选择 White objects on black background，然后点击 OK，弹出阈值调整后的二值化图像，如图 15-16 所示。

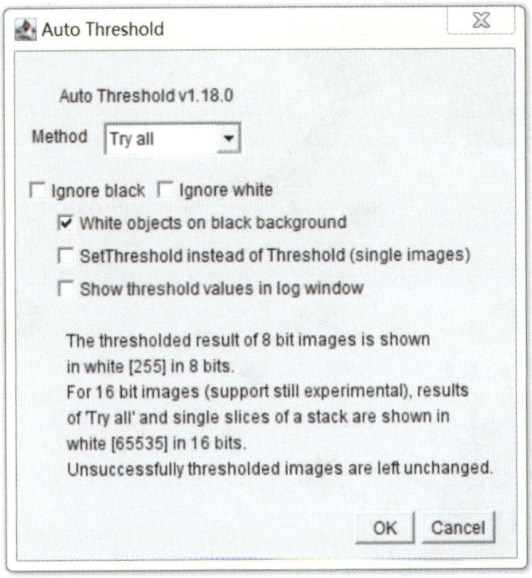

图 15-14　Auto Threshold 对话框

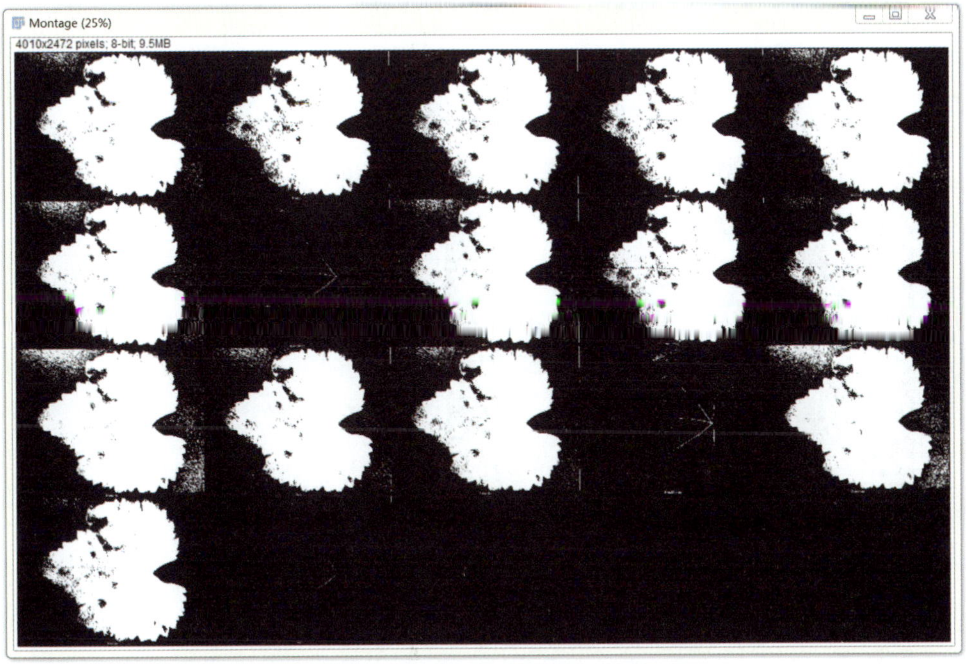

图 15-15　Auto Threshold 阈值调整结果图像

(6)阈值调整后获得的二值化图像中残留一些背景，点击 Process→Noise→Remove Outliers，弹出 Remove Outliers 对话框，勾选 Preview，可以即时看到设置参数后的结果变化，去除残留的背景，结果如图 15-17 所示。

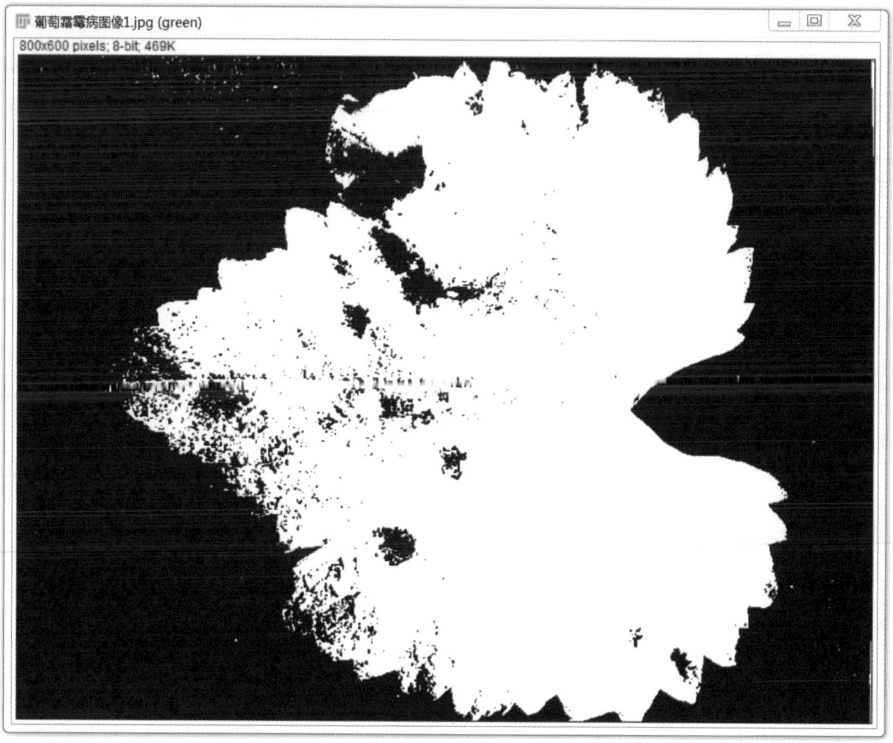

图 15-16　利用 Auto Threshold 采用 Huang2 方法阈值调整处理后的二值化图像

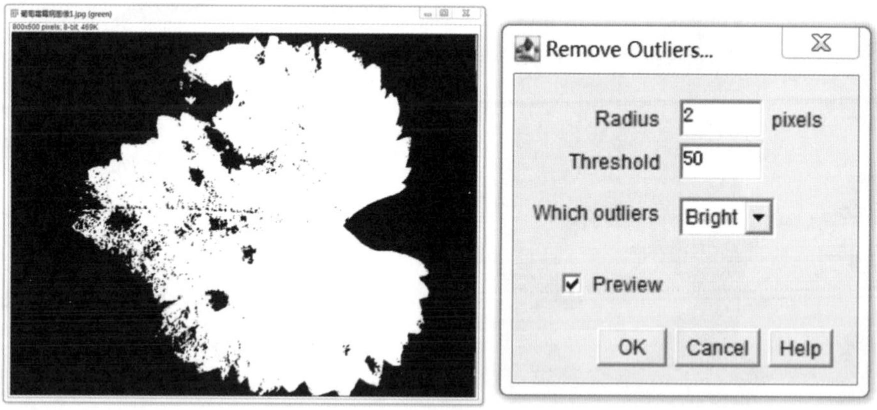

图 15-17　Remove Outliers 对话框参数和选项设置以及去除残留背景结果

(7)点击工具栏上的颜色选择器(Color Picker)按钮,吸取背景颜色(黑色),然后点击工具栏上的笔刷工具或画笔工具(Paintbrush Tool)按钮,利用 Paintbrush Tool 清除图像中仍残留的背景,结果如图 15-18 所示。

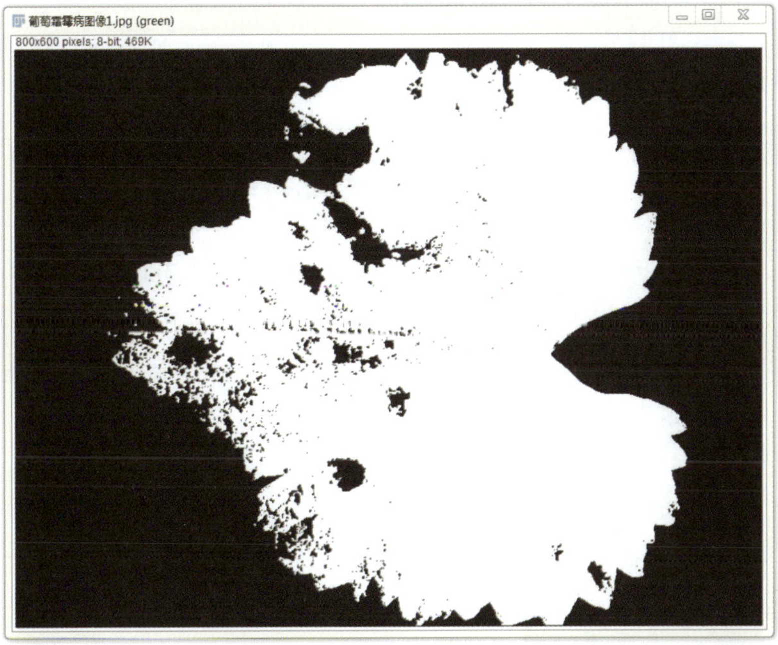

图 15-18 利用笔刷工具(Paintbrush Tool)去除残留背景结果

(8)打开葡萄霜霉病图像 1.jpg,选择利用 Paintbrush Tool 去除残留背景后的图像,点击工具栏上的 Color Picker 按钮,吸取叶片颜色(白色),然后点击工具栏上的 Paintbrush Tool 按钮,对照打开的葡萄霜霉病图像 1.jpg,利用 Paintbrush Tool 将叶片边缘轮廓未封闭的地方进行封闭处理,结果如图 15-19 所示。

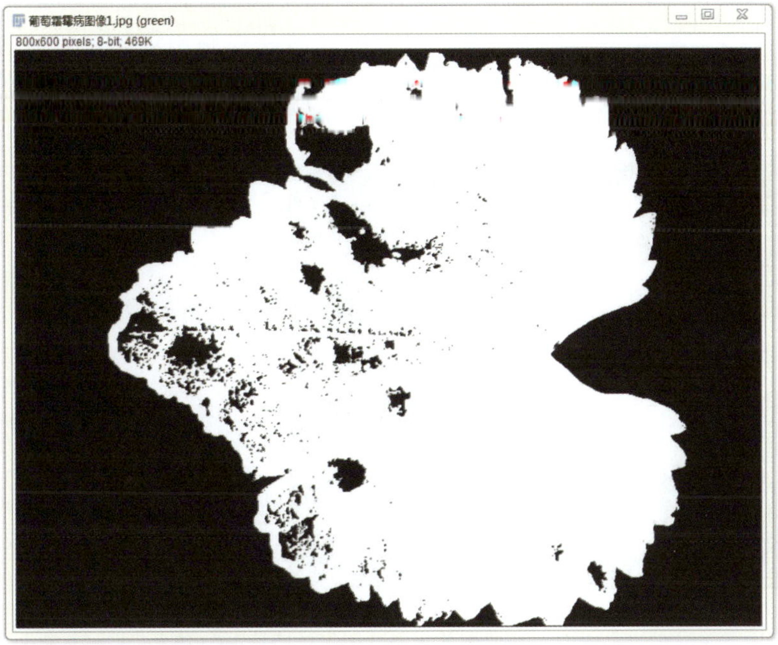

图 15-19 利用笔刷工具(Paintbrush Tool)封闭叶片边缘轮廓结果

(9)点击 Process→Binary→Fill Holes,将叶片中的空洞填充,得到叶片的分割图像,结果如图 15-20 所示,可见叶片中的空洞已经被填充,若尚有未填充的地方,可以按照步骤(8)中的方法再进行处理,之后再进行空洞填充,直到叶片中的空洞被完全填充。

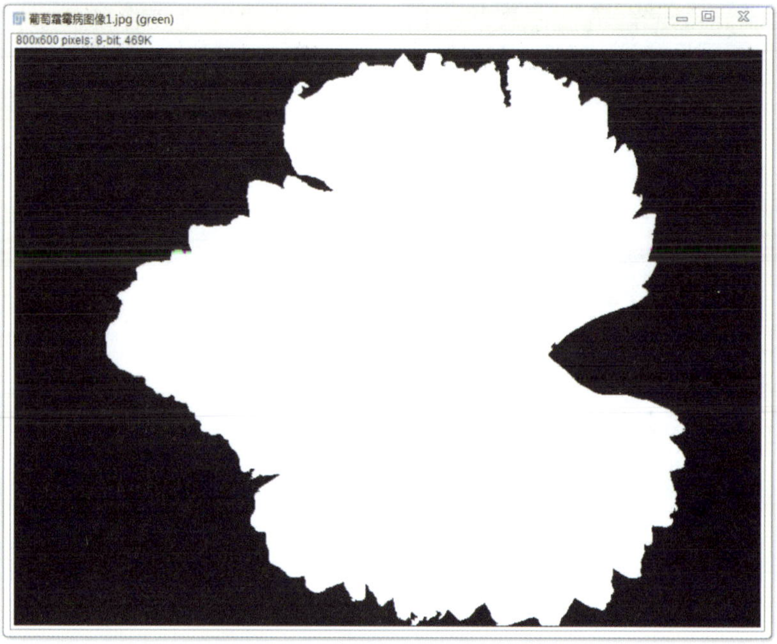

图 15-20　图像中叶片空洞填充结果

(10)点击 Edit→Selection→Create Selection,再点击 Edit→Selection→Add to Manager,获取叶片 ROI,弹出 ROI Manager 对话框,如图 15-21 所示。可以将获取的 ROI 进行重命名,在 ROI Manager 对话框上,点击 Rename 按钮,在弹出的对话框中将 ROI 重命名为“Leaf”,结果如图 15-22 所示。

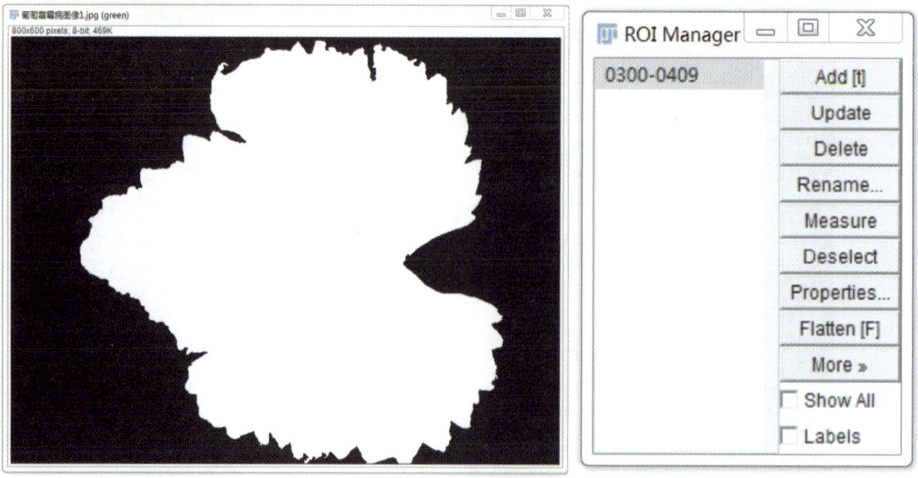

图 15-21　获取葡萄霜霉病图像中叶片 ROI 结果

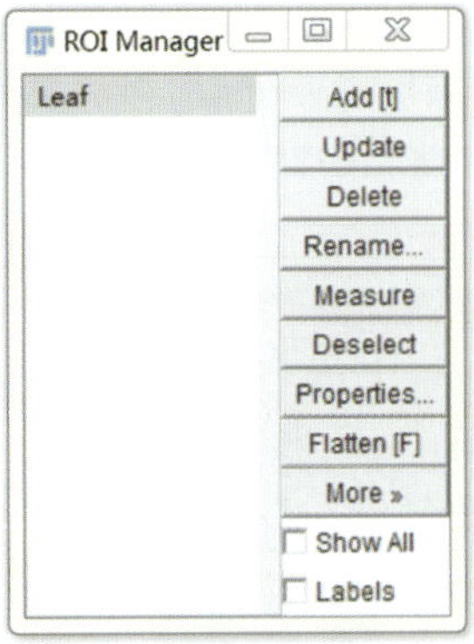

图 15-22　获取葡萄霜霉病图像中叶片 ROI 重命名为“Leaf”

(11)在 R 通道图像中选择叶片 ROI“Leaf”,结果如图 15-23 所示,点击 Edit→Clear Outside,去除 R 通道图像中叶片外背景,结果如图 15-24 所示。

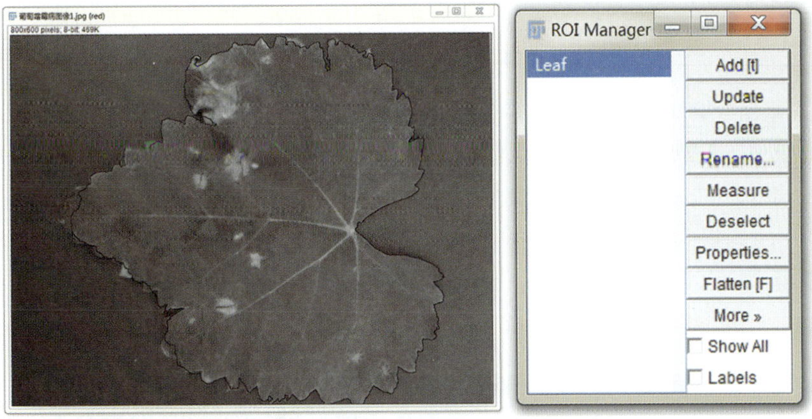

图 15-23　在葡萄霜霉病图像 R 通道图像中选择叶片 ROI“Leaf”结果

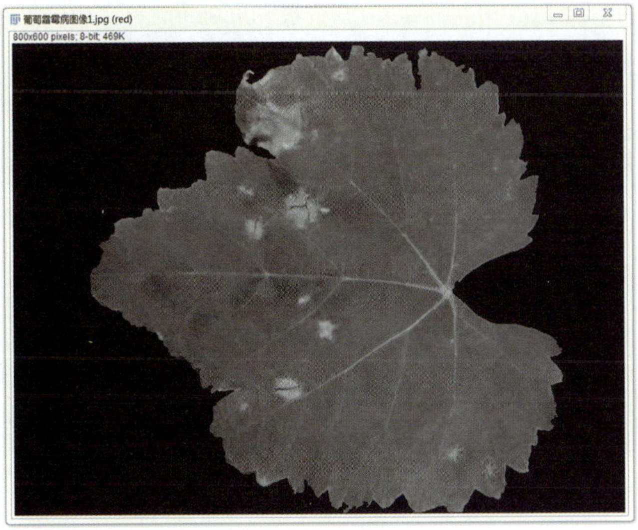

图 15-24　葡萄霜霉病图像 R 通道图像中去除叶片外背景结果

(12)点击菜单 Image→Adjust→Threshold，进行阈值调整，利用红色(Red)表征病斑，红色区域代表被选中的病斑，勾选 Dark background，可以利用自动(Auto)阈值方法或者拖动调整阈值，直到选中病斑，并且背景相对较少，结果如图 15-25 所示。

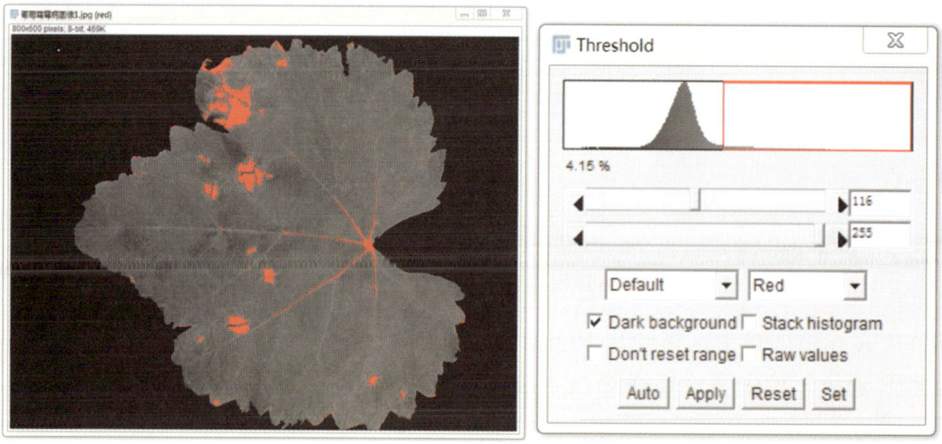

图 15-25 葡萄霜霉病图像 R 通道阈值调整结果

(13)由于葡萄叶片叶脉的影响，图 15-25 中将部分叶脉选择作为病斑处理，需要将所选择的叶脉去除。点击阈值调整窗口中的 Apply，图像即转为二值化图像，如图 15-26 所示。点击工具栏上的 Color Picker 按钮，吸取背景颜色(黑色)，然后点击工具栏上的 Paintbrush Tool 按钮，对照打开的葡萄霜霉病图像 1.jpg，利用 Paintbrush Tool 清除图像中多余的叶脉等，结果如图 15-27 所示。

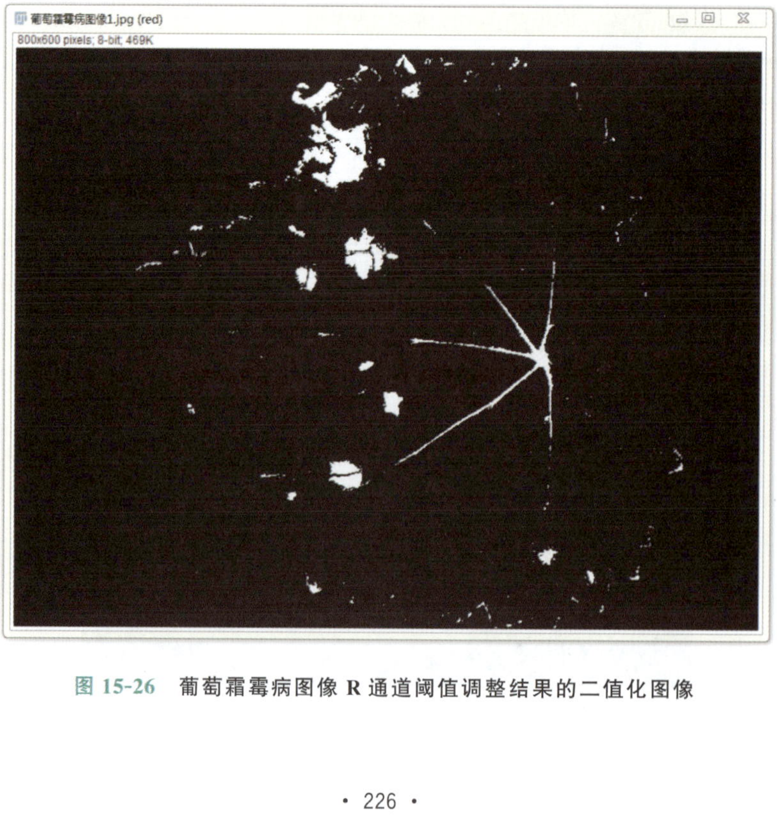

图 15-26 葡萄霜霉病图像 R 通道阈值调整结果的二值化图像

图 15-27　利用 Paintbrush Tool 清除图像中多余的叶脉等结果

(14)点击菜单 Image→Adjust→Threshold,进行阈值调整,利用红色(Red)表征病斑,红色区域代表被选中的病斑,勾选 Dark background,结果如图 15-28 所示。

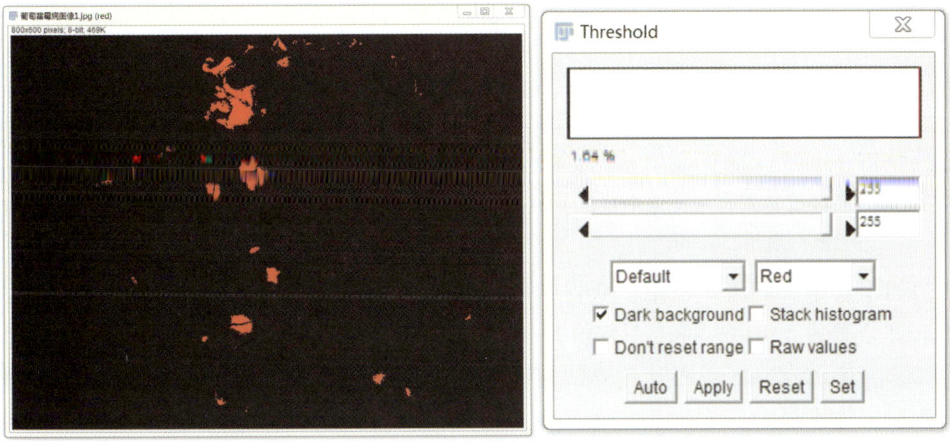

图 15-28　葡萄霜霉病图像 R 通道清除图像中多余的叶脉等后阈值调整结果

(15)点击 Edit→Selection→Create Selection,再点击 Edit→Selection→Add to Manager,获取病斑 ROI,弹出 ROI Manager 对话框,如图 15-29 所示。可以将获取的病斑 ROI 进行重命名,在 ROI Manager 对话框上,点击 Rename 按钮,在弹出的对话框中将 ROI 重命名为"Lesion",结果如图 15-30 所示。

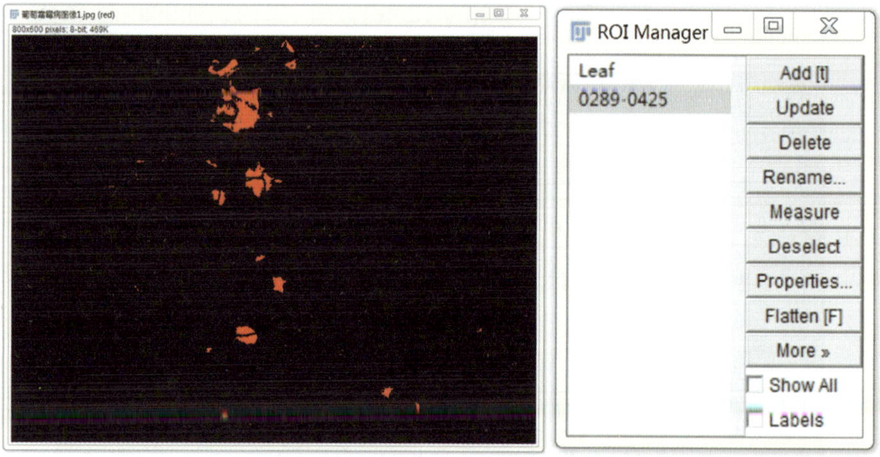

图 15-29　获取葡萄霜霉病图像中病斑 ROI 结果

(16)在 ROI Manager 对话框中,分别选择叶片 ROI“Leaf”和病斑 ROI“Lesion”,点击 Measure 按钮,测量叶片 ROI 和病斑 ROI 的面积,结果分别如图 15-31 所示,其中,序号 1 对应的为叶片 ROI 测量结果,面积(Area)为 245 250;序号 2 对应的为病斑 ROI 测量结果,面积为 7 879。

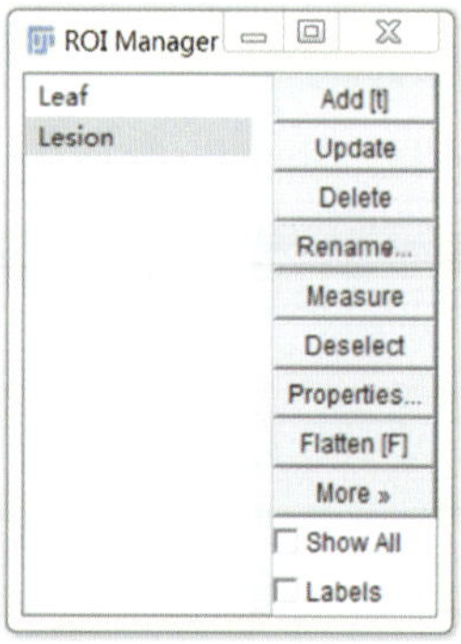

图 15-30　获取葡萄霜霉病图像中病斑 ROI 重命名为“Lesion”

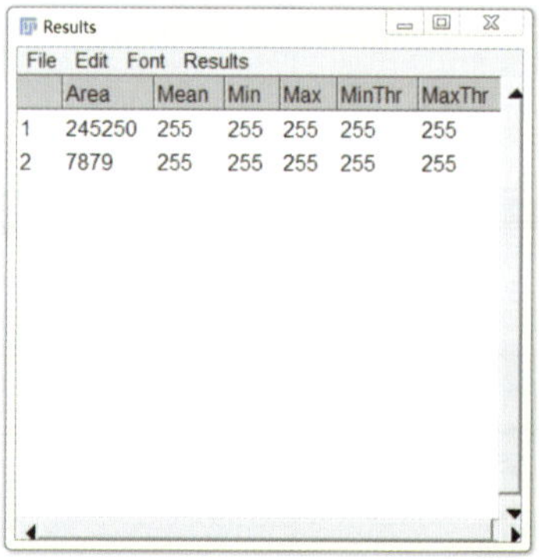

图 15-31　葡萄霜霉病图像叶片 ROI 和病斑 ROI 面积测量结果

(17)利用获得的病斑面积除以获得的叶片面积,获得葡萄霜霉病叶片中发病区域占叶片总面积的百分率为 3.21%,将这一数值与葡萄霜霉病严重度分级方法(表 15-1)(农业部农药检定所,2000)中的发病区域占叶片总面积的百分率相对比,可知葡萄霜霉病图像中葡萄霜霉病叶片严重度为 1 级。

表 15-1　葡萄霜霉病严重度分级表(农业部农药检定所,2000)　　%

严重度等级	发病区域占叶片总面积的百分率(s)
0 级	$s=0$
1 级	$0<s\leqslant 5$
3 级	$5<s\leqslant 10$
5 级	$10<s\leqslant 20$
7 级	$20<s\leqslant 50$
9 级	$50<s$

3)基于 Fiji 软件的植物病害严重度评估实现——以小麦条锈病为例

有些病害，如小麦条锈病、小麦叶锈病等，其严重度分级标准中每一严重度级别对应的病斑面积占调查植物单元面积的比率并非是病斑面积占调查植物单元面积的实际比率。例如，在我国现行的中华人民共和国国家标准《小麦条锈病测报技术规范》(GB/T 15795—2011)中，小麦条锈病严重度依据发病叶片上病斑面积占发病叶片总面积的百分率划分为 1%、5%、10%、20%、40%、60%、80%、100%共 8 个级别，实际上，对于每一严重度等级，病斑面积所占发病叶片总面积的实际百分率远小于严重度分级标准中相应严重度级别对应的百分率，即使当发生条锈病的小麦叶片严重度等级为 100%时，小麦叶片上亦未完全布满夏孢子堆。若对于这类病害进行严重度评估，需要经验丰富人员才能获得准确评估结果，将病斑面积占调查植物单元面积的实际比率直接与严重度分级标准中每一严重度级别对应的病斑面积占调查植物单元面积的比率进行对比而评估严重度，非常容易评估错误。Jiang 等(2022)建立了小麦条锈病每一严重度级别对应的基于平均值中间值的病斑面积实际百分率范围以及病斑面积实际百分率 90%、95%、99%参考值范围，将获得的小麦条锈病病斑面积占调查叶片面积的实际百分率与这些范围进行对比，即可确定待评估的小麦条锈病发病叶片的严重度，评估准确率较高。利用 Fiji 软件，按照如下步骤可以进行小麦条锈病发病单叶严重度评估。

(1)启动打开 Fiji 软件，双击 Fiji 解压缩之后 Fiji. app 文件夹中的 ImageJ-win64. exe，启动打开 Fiji 软件，如图 15-8 所示。如果使用的是 Fiji 软件的其他版本，可以根据实际情况打开软件。

(2)点击菜单 File→Open，找到需要进行病害严重度评估的发病植物单元图像，将图像打开，如示例中的小麦条锈病图像 1. tif(图 15-32)。将需要进行病害严重度评估的发病植物单元图像直接拖动到 Fiji 软件的使用界面也可以打开图像。

图 15-32　利用 Fiji 软件打开的小麦条锈病图像

(3)点击菜单 Image→Color→Split Channels，将打开的 RGB 图像分割出 R、G、B 三个通道图像后，选择 G 通道图像，点击菜单 Image→Adjust→Threshold，弹出 Threshold 对话框，进行阈值调整，利用红色(Red)表征叶片，红色区域代表被选中的叶片，勾选 Dark background，可以利用自动(Auto)阈值方法或者拖动调整阈值，直到选中叶片，并且背景相对较少，如图 15-33 所示。

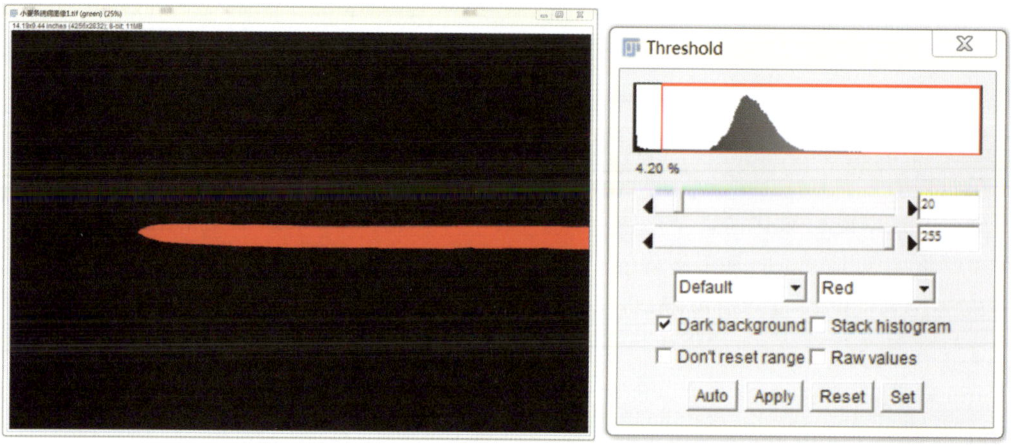

图 15-33　小麦条锈病图像 G 通道阈值调整结果

(4)点击阈值调整窗口中的 Apply，图像即转为二值化图像，点击 Edit→Selection→Create Selection，再点击 Edit→Selection→Add to Manager，获取叶片 ROI，弹出 ROI Manager 对话框，点击 Rename 按钮，在弹出的对话框中将 ROI 重命名为“Leaf”，结果如图 15-34 所示。

图 15-34　获取小麦条锈病图像中叶片 ROI 结果

(5)在 R 通道图像中选择叶片 ROI“Leaf”，点击 Edit→Clear Outside，去除 R 通道图像中叶片外背景，结果如图 15-35 所示。

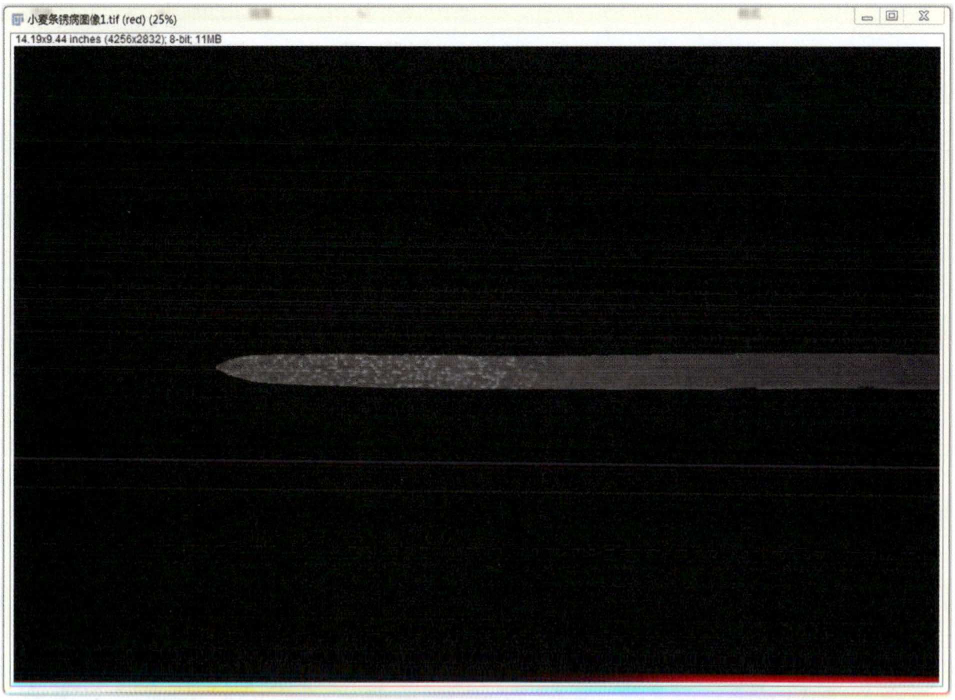

图 15-35　小麦条锈病图像的 R 通道图像中去除叶片外背景结果

(6)点击菜单 Image→Adjust→Threshold,进行阈值调整,利用红色(Red)表征病斑,红色区域代表被选中的病斑,勾选 Dark background,可以利用自动(Auto)阈值方法或者拖动调整阈值,直到选中病斑,并且背景相对较少,如图 15-36 所示。

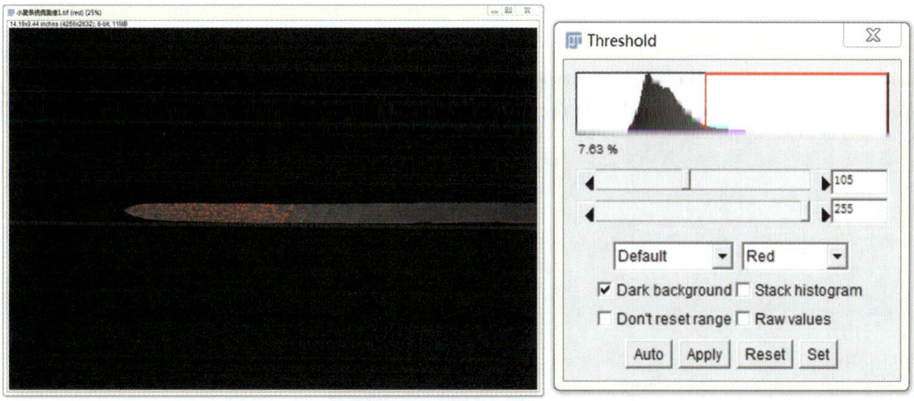

图 15-36　小麦条锈病图像 R 通道阈值调整结果

(7)由于有部分未发病叶片区域被选中为病斑,需要将其去除。点击阈值调整窗口中的 Apply,图像即转为二值化图像,点击工具栏上的 Color Picker 按钮,吸取背景颜色(黑色),然后点击工具栏上的 Paintbrush Tool 按钮,对照打开的小麦条锈病图像 1. tif,利用 Paintbrush Tool 清除图像中多余未发病叶片区域,之后点击菜单 Image→Adjust→Threshold,进行阈值调整,利用红色(Red)表征病斑,红色区域代表被选中的病斑,勾选 Dark background,获得 R

通道清除图像中多余未发病叶片区域后阈值调整结果，如图 15-37 所示。

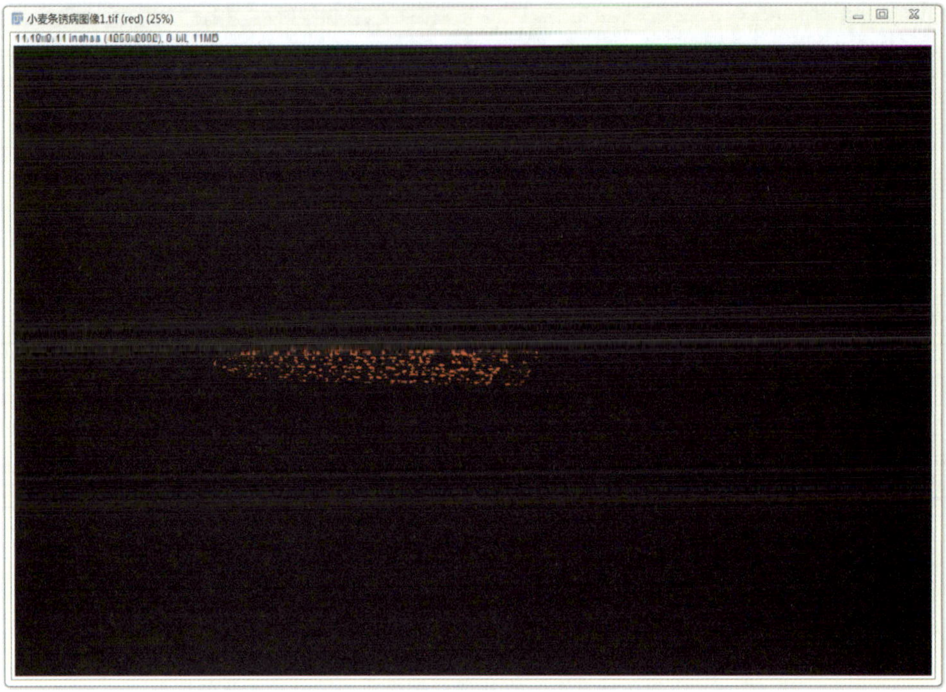

图 15-37　小麦条锈病图像 R 通道清除图像中多余未发病叶片区域后阈值调整结果

（8）点击 Edit→Selection→Create Selection，再点击 Edit→Selection→Add to Manager，获取病斑 ROI，弹出 ROI Manager 对话框，点击 Rename 按钮，在弹出的对话框中将 ROI 重命名为“Lesion”，结果如图 15-38 所示。

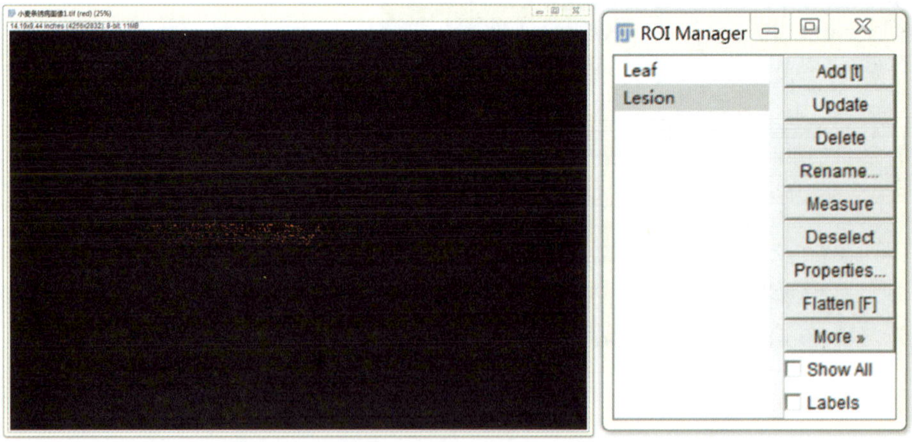

图 15-38　获取小麦条锈病图像中病斑 ROI 结果

（9）在 ROI Manager 对话框中，分别选择叶片 ROI“Leaf”和病斑 ROI“Lesion”，点击 Measure 按钮，测量叶片 ROI 和病斑 ROI 的面积，结果分别如图 15-39 所示，其中，序号 1 对应的为叶片 ROI 测量结果（面积为 5.628），序号 2 对应的为病斑 ROI 测量结果（面积为 0.423）。利用获得的病斑面积除以获得的叶片面积，获得小麦条锈病叶片中病斑面积占叶片总面积的百分率为 7.52%。将这一数值与小麦条锈病严重度分级方法(表 15-2)(Jiang et al.，2022)中的基于平均值中间值的实际百分率范围以及病斑面积实际百分率 90%、95%、99%参考值范围进行比对，按照每一个严重度级别对应的 4 个病斑面积实际百分率参考范围，小麦条锈病图像中小麦条锈病叶片严重度均为 40%。

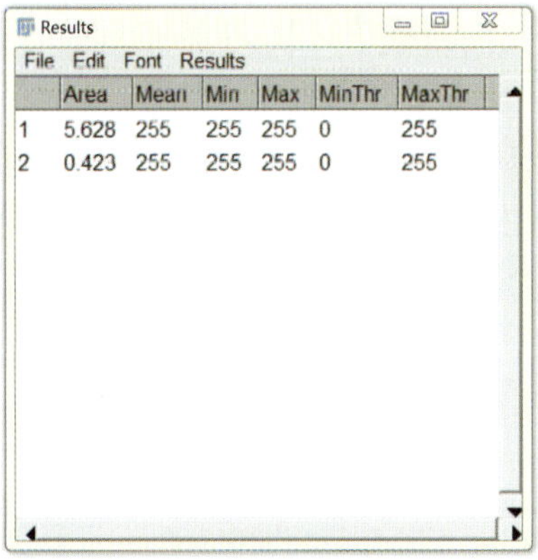

图 15-39 小麦条锈病图像叶片 ROI 和病斑 ROI 面积测量结果

表 15-2 基于训练集 $Train40_R$ 和 $Train30_R$ 所包含数据的小麦条锈病每一严重度级别对应的基于平均值中间值的病斑面积实际百分率范围以及病斑面积实际百分率 90%、95%、99%参考值范围(Jiang et al.，2022)

数据集	严重度级别	基于平均值中间值的实际百分率范围	90%参考值范围	95%参考值范围	99%参考值范围
$Train40_{1\%}$	1%	(0, 0.84%]	(0,0.64%]	(0, 0.71%]	(0, 0.80%]
$Train40_{5\%}$	5%	(0.84%, 1.89%]	[0.89%, 1.65%]	[0.82%,1.72%]	(0.80%, 1.75%]
$Train40_{10\%}$	10%	(1.89%, 3.71%]	[1.81%, 3.19%]	(1.75%, 3.32%]	(1.75%, 3.43%]
$Train40_{20\%}$	20%	(3.71%, 7.41%]	[3.61%, 6.30%]	[3.30%,6.45%]	(3.43%, 6.60%]
$Train40_{40\%}$	40%	(7.41%, 13.25%]	[6.66%,13.12%]	(6.60%,13.75%]	(6.60%,13.88%]
$Train40_{60\%}$	60%	(13.25%, 18.92%]	[14.63%, 18.59%]	[14.24%, 18.80%]	(13.88%, 18.80%]
$Train40_{80\%}$	80%	(18.92%, 25.88%]	[18.92%, 23.54%]	(18.80%, 23.99%]	(18.80%, 24.46%]
$Train40_{100\%}$	100%	(25.88%, 100%]	[25.29%, 35.75%]	[24.27%, 36.77%]	(24.46%, 38.75%]
$Train30_{1\%}$	1%	(0, 0.84%]	(0,0.64%]	(0, 0.71%]	(0, 0.81%]
$Train30_{5\%}$	5%	(0.84%, 1.89%]	[0.90%, 1.66%]	[0.83%, 1.73%]	(0.81%, 1.75%]
$Train30_{10\%}$	10%	(1.89%, 3.71%]	[1.79%, 3.21%]	(1.75%, 3.34%]	(1.75%, 3.44%]
$Train30_{20\%}$	20%	(3.71%, 7.40%]	[3.64%, 6.20%]	[3.39%,6.45%]	(3.44%, 6.60%]
$Train30_{40\%}$	40%	(7.40%, 13.24%]	[6.67%, 13.07%]	(6.60%, 13.69%]	(6.60%, 13.88%]
$Train30_{60\%}$	60%	(13.24%, 18.92%]	[14.64%, 18.58%]	[14.26%, 18.78%]	(13.88%, 18.78%]
$Train30_{80\%}$	80%	(18.92%, 25.88%]	[18.88%, 23.58%]	(18.78%, 24.03%]	(18.78%, 24.48%]
$Train30_{100\%}$	100%	(25.88%, 100%]	[25.27%, 35.79%]	[24.24%, 36.82%]	(24.48%, 38.81%]

在以上 2 个进行病害严重度评估的示例中，葡萄霜霉病图像处理中病斑面积和叶片面积

的测量单位与小麦条锈病图像处理中所用测量单位是不同的，在实际应用时，应该注意图像测量参数的单位。

1.4 基于图像处理技术的植物病原孢子计数

1.4.1 基于图像处理技术的植物病原孢子计数的主要思路和工作流程

基于图像处理技术进行植物病原孢子计数，主要是对获取的植物病原孢子显微图像，利用图像处理技术，将需要计数的病原孢子分割出来，然后对分割获得的病原孢子图像中的病原孢子进行自动计数。若有病原孢子粘连的情况，在进行图像处理过程中，需要借助于分水岭图像分割方法(watershed image segmentation method)等将粘连病原孢子分割开来，然后再进行病原孢子的自动计数。若显微图像中包含 2 种或 2 种以上的病原孢子，应将不同类型的孢子分别分割出来，再进行自动计数。在进行显微图像分割时，可能会改变孢子形状或产生空洞，需要对分割后的图像进行膨胀、腐蚀、开启或关闭等形态学操作。基于图像处理技术的植物病原孢子计数流程如图 15-40 所示。

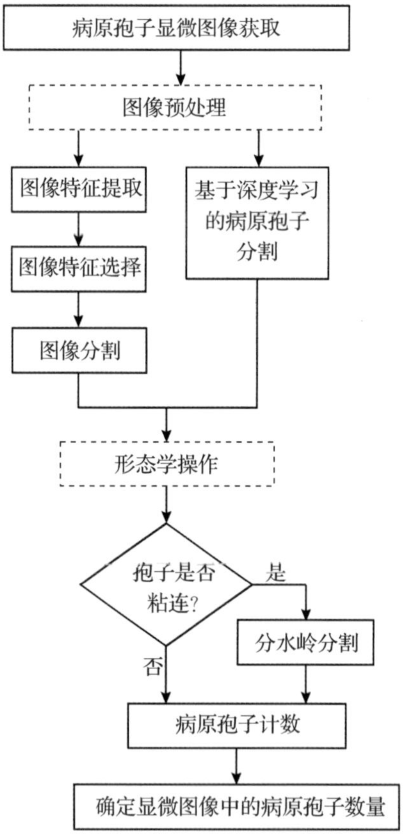

图 15-40 基于图像处理技术的植物病原孢子计数流程

植物病原孢子较小，需要借助于显微镜才可以观察清楚病原孢子，因此，基于图像处理技术进行植物病原孢子计数，首先应该是利用显微拍照技术获取植物病原孢子的显微数字图像。将获得的病原孢子配制成孢子悬浮液，然后吸取一定量的孢子悬浮液滴在载玻片上，再盖上盖玻片，用于显微观察和拍照。在通过黏附方式捕捉病原孢子时，可将用于捕捉病原孢子的载玻片或透明胶带直接制作成临时玻片，或将病原孢子从载玻片或透明胶带上洗脱下来，配制成孢子悬浮液，制作成临时玻片，用于显微观察和拍照。

1.4.2 基于 ImageJ 软件的植物病原孢子计数

基于图像处理技术对病原孢子显微图像中的目标病原孢子进行计数，实际上是基于目标病原孢子的特征，将目标病原孢子从背景中分割出来，然后再进行目标病原孢子计数，获取目标病原孢子数量和各种测量参数。

获取的病原孢子显微图像会存在多种情况，例如，图像中仅仅含有 1 种病原孢子，或者含有 2 种或 2 种以上的病原孢子，或者背景比较单一，或者背景比较复杂，有时会出现病原孢子重叠或粘连现象，因此，利用图像处理技术进行病原孢子计数，应该根据情况使用相关的技术。本实验利用 Fiji 软件，主要以单一种类病原孢子显微图像中的病原孢子不重叠或不粘连和病原孢子重叠或粘连 2 种情况示例基于图像处理技术的病原孢子计数。

1)不重叠或不粘连单一种类病原孢子的自动计数

若病原孢子显微图像中仅有 1 种病原孢子，并且孢子之间没有重叠或粘连现象，这种显微图像中病原孢子计数可以利用 Fiji 软件按照如下步骤实现。

(1)启动打开 Fiji 软件。双击 Fiji 解压缩之后 Fiji. app 文件夹中的 ImageJ-win64. exe，启动打开 Fiji 软件，如图 15-6 所示。如果使用的是 Fiji 软件的其他版本，可以根据实际情况打开软件。

(2)点击菜单 File→Open，找到需要进行病原孢子计数的病原显微图像，将图像打开，如示例中的小麦叶锈病菌 1. jpg(图 15-41)。将需要进行病原孢子计数的病原显微图像直接拖动到 Fiji 软件使用界面也可以打开图像。

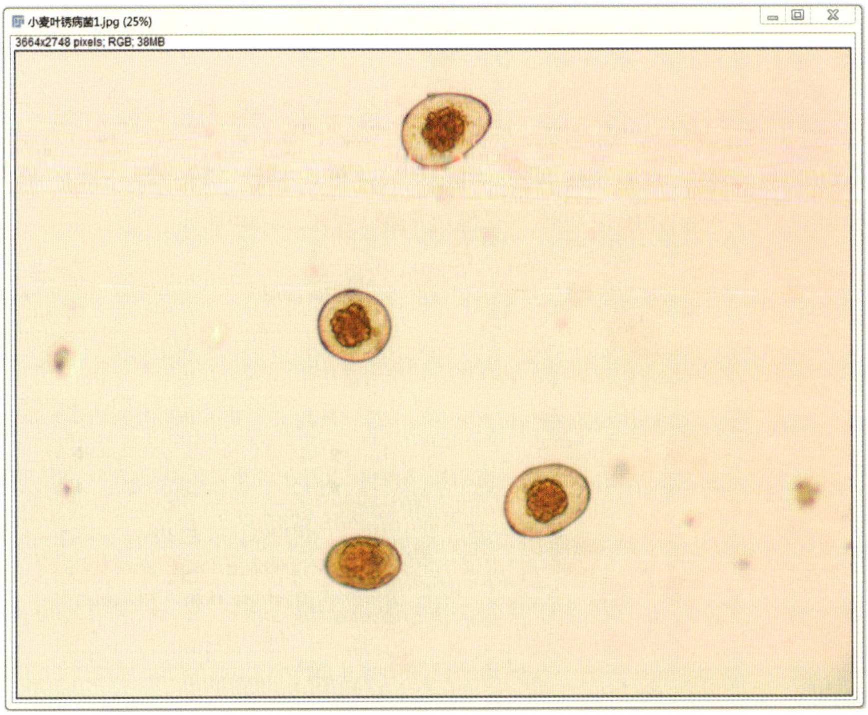

图 15-41 Fiji 软件打开的小麦叶锈病菌病原孢子 RGB 显微图像

(3)打开的病原孢子显微图像是RGB图像，将其转为8-bit图像。点击菜单Image→Type→8-bit，即可将打开的RGB图像转为8-bit图像，如图15-42所示。若打开的图像已经是8-bit图像或16-bit图像，则不需要再进行图像转换。

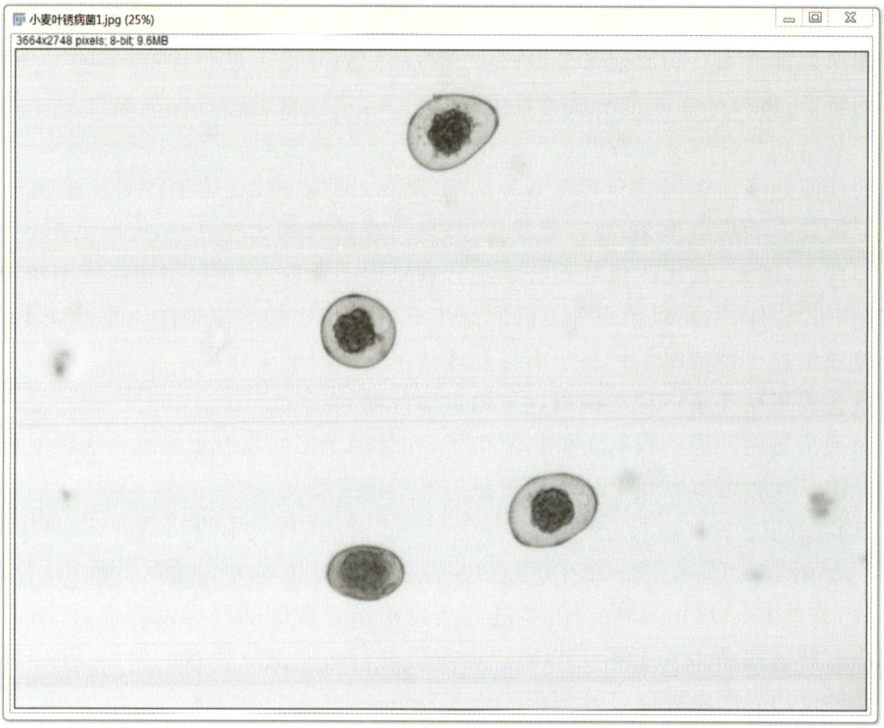

图15-42　小麦叶锈病菌病原孢子RGB显微图像转换后的8-bit图像

(4)点击菜单Image→Adjust→Threshold，进行阈值调整，去除背景，利用红色(Red)表征病原孢子，红色区域代表被选中的病原孢子，勾选Dark background，可以利用自动(Auto)阈值方法或者拖动调整阈值，直到选中病原孢子，并且背景相对较少，如图15-43所示。然后，点击阈值调整窗口中的Apply，图像即转为二值化图像，如图15-44所示。

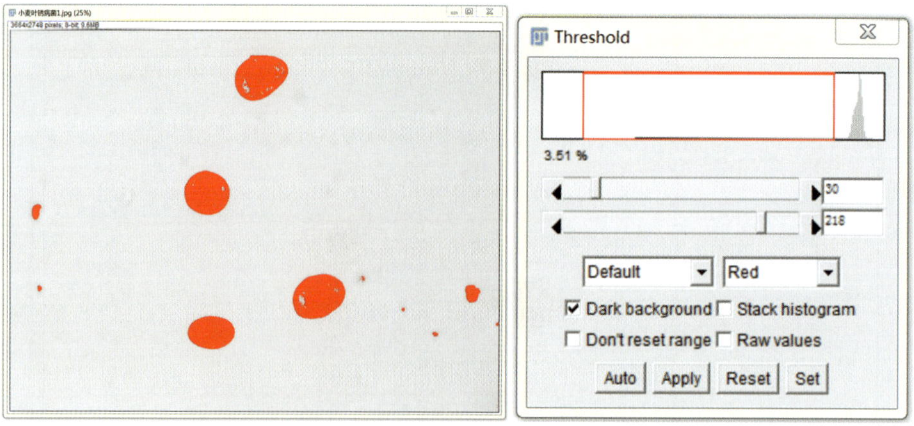

图15-43　小麦叶锈病菌病原孢子图像阈值调整结果

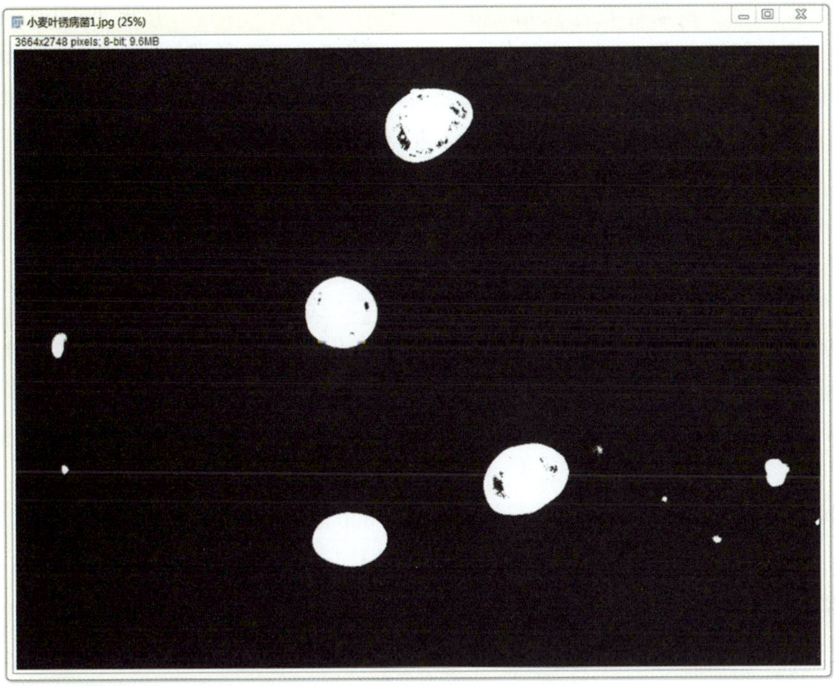

图 15-44　小麦叶锈病菌病原孢子图像阈值调整处理后的二值化图像

(5)在进行阈值调整处理后,病原孢子中可能会出现空洞,需要进行填充空洞处理,使每个病原孢子变为实心。点击 Process→Binary→Fill Holes,结果如图 15-45 所示,可见病原孢子中的空洞已经被填充,每个病原孢子都变为实心的。

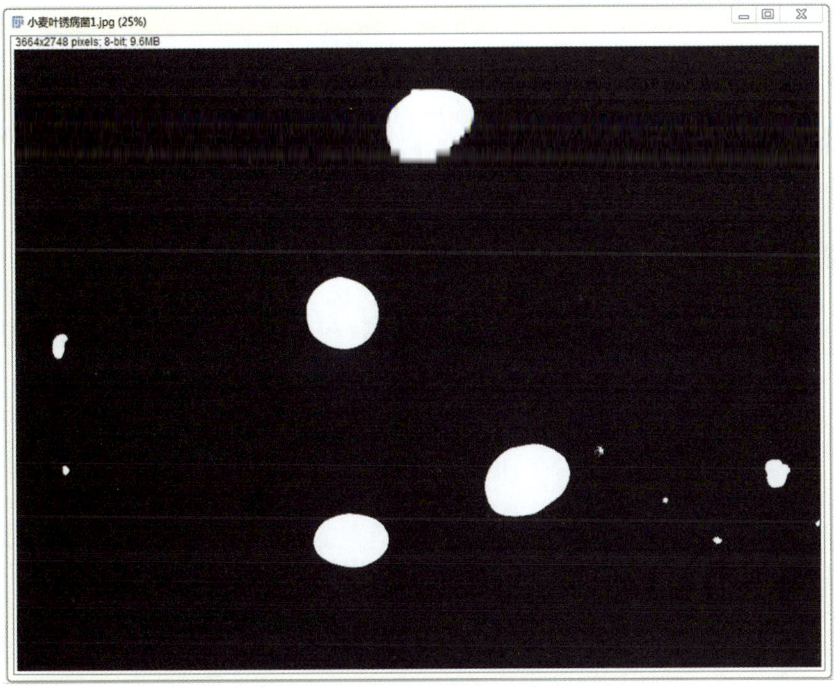

图 15-45　小麦叶锈病菌病原孢子图像空洞填充结果

(6)进行病原孢子自动计数。点击 Analyze→Analyze Particles，弹出 Analyze Particles 对话框，如图 15-46 所示。需要对 Analyze Particles 对话框中的参数进行设置，其中，Size 是指颗粒面积，单位为 $pixel^2$，其值可以从 0 到无穷大；Circularity 是指颗粒圆度，其值设为 0.00～1.00，1.00 表示为标准圆；Exclude on edges 表示位于边缘的颗粒不计入。勾选 Display results、Exclude on edges、Summarize，由于不知道图像中病原孢子的大小，可以先不调整 Size 和 Circularity，即分别保持默认的 0～Infinity 和 0.00～1.00，以便查看图像中每个颗粒的大小，点击 OK 按钮，出现如图 15-47 所示的结果。由 Results 中的结果可知，病原孢子面积都大于 50 000，因此，关闭 Results 窗口和 Summary 窗口，点击 Analyze→Analyze Particles，在弹出的 Analyze Particles 对话框中，将 Size 调整为 50 000～Infinity，其他参数和选项不变，如图 15-48 所示，点击 OK 按钮，出现如图 15-49 所示的结果。结果表明，图像中有 4 个病原孢子，Results 中显示了每个病原孢子的面积大小。如果在弹出的 Analyze Particles 对话框中勾选 Display results、Clear results、Exclude on edges、Summarize、Add to Manager，如图 15-50 所示，点击 OK 按钮，出现如图 15-51 所示的结果。结果表明，图像中有 4 个病原孢子，Rcsults 中显示了每个病原孢子的面积大小，并且对病原孢子进行了自动标记。

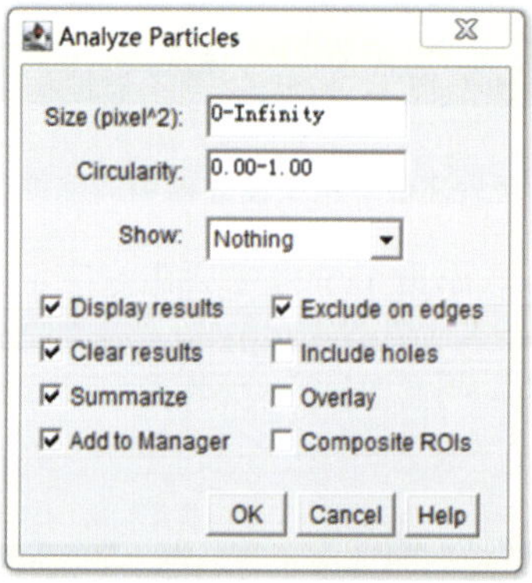

图 15-46　Analyze Particles 对话框

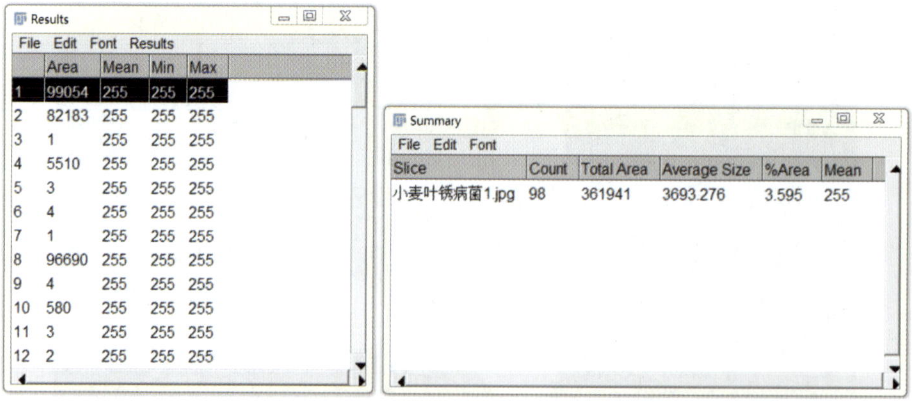

图 15-47　小麦叶锈病菌病原孢子图像中所有颗粒计数结果和每个颗粒大小

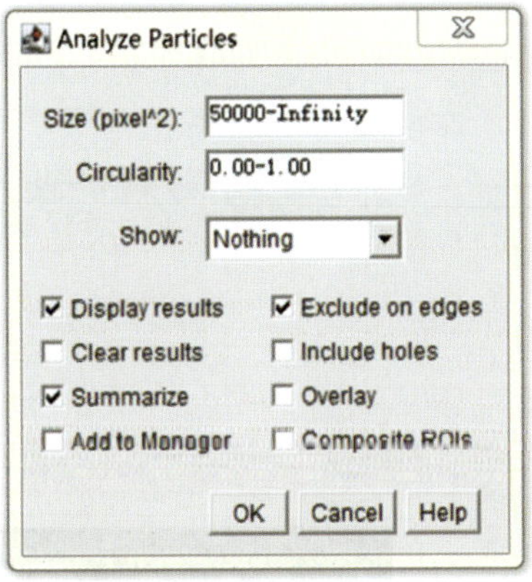

图 15-48　在 Analyze Particles 对话框中调整参数 Size

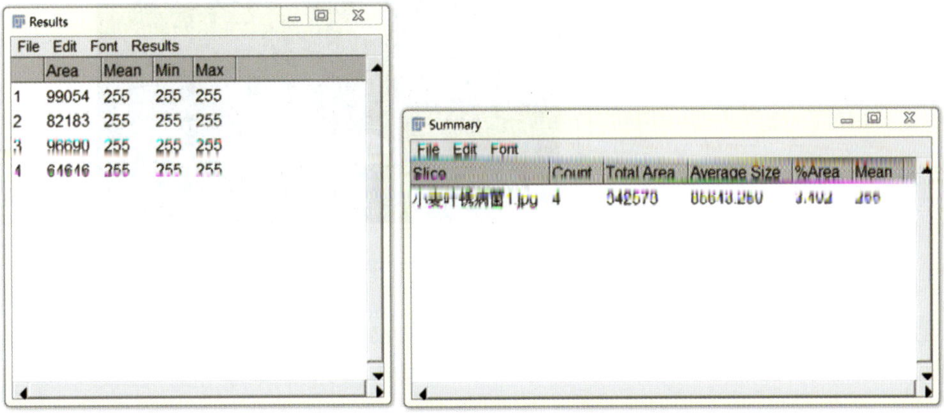

图 15-49　参数 Size 调整后小麦叶锈病菌病原孢子图像中所有病原孢子计数结果和每个病原孢子大小

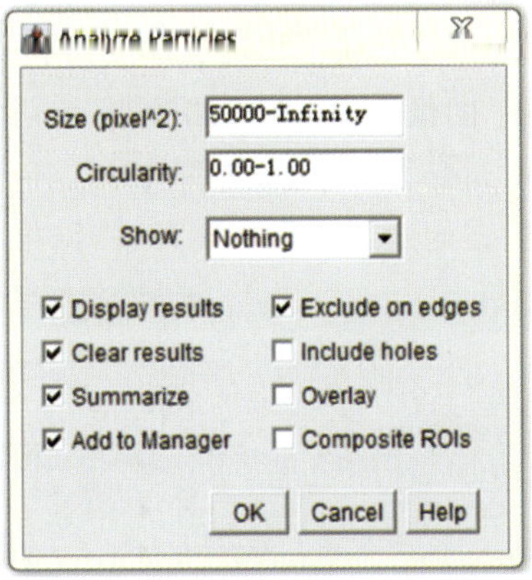

图 15-50　在 Analyze Particles 对话框中勾选 Display results、Clear results、Exclude on edges、Summarize、Add to Manager

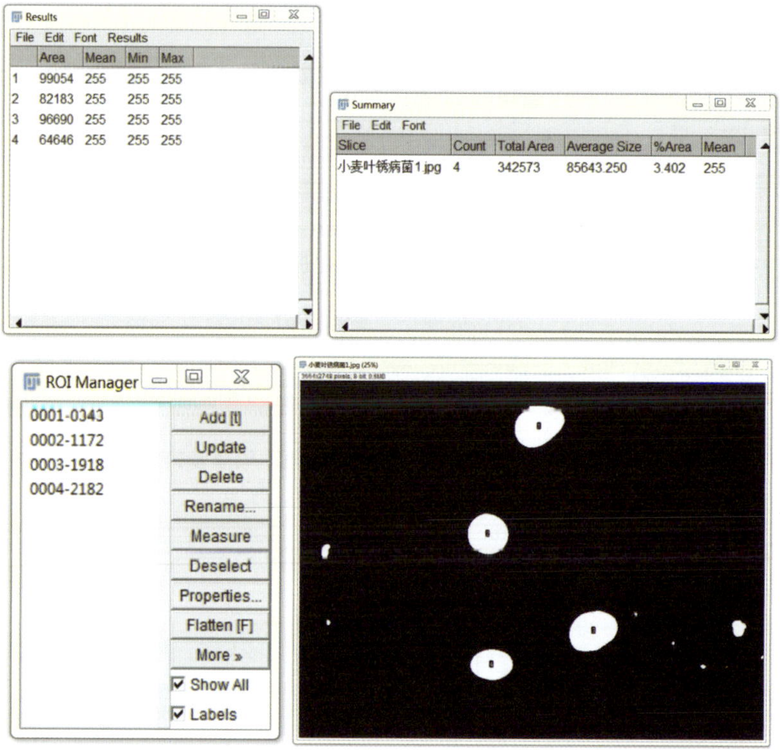

图 15-51 小麦叶锈病菌病原孢子图像孢子自动计数和标记结果

2)存在重叠或粘连现象的单一种类病原孢子的自动计数

若病原孢子显微图像中仅有 1 种病原孢子，并且孢子之间具有重叠或粘连现象，在利用 Fiji 软件对这种显微图像中病原孢子进行计数时，按照上述没有病原孢子重叠或粘连现象的显微图像处理步骤进行空洞填充后，可以利用 Watershed 操作自动识别重叠或粘连部分，将重叠或粘连病原孢子分开，然后进行病原孢子自动计数。本实验以对病原显微图像玉米瘤黑粉病菌 1.jpg 中的病原孢子计数为例，按照如下步骤说明实现计数方法。

(1)玉米瘤黑粉病菌病原孢子图像阈值调整结果如图 15-52 所示，转为二值化图像(图 15-53)后，病原孢子中的空洞经过填充变为实心的，如图 15 54 所示，然后点击 Process→Binary→Watershed，可以自动将重叠或粘连的病原孢子分离开来，结果如图 15-55 所示。

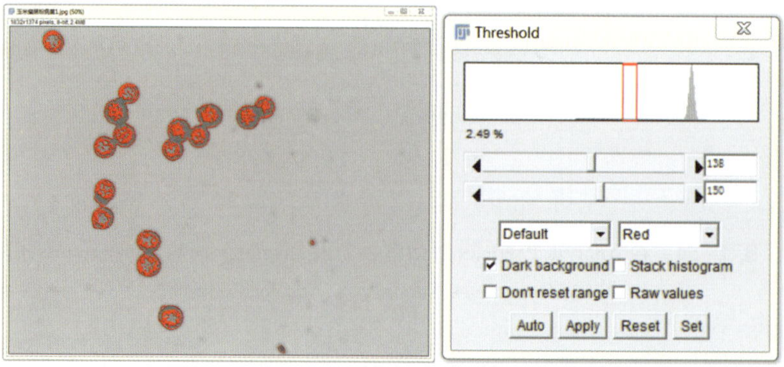

图 15-52 玉米瘤黑粉病菌病原孢子图像阈值调整结果

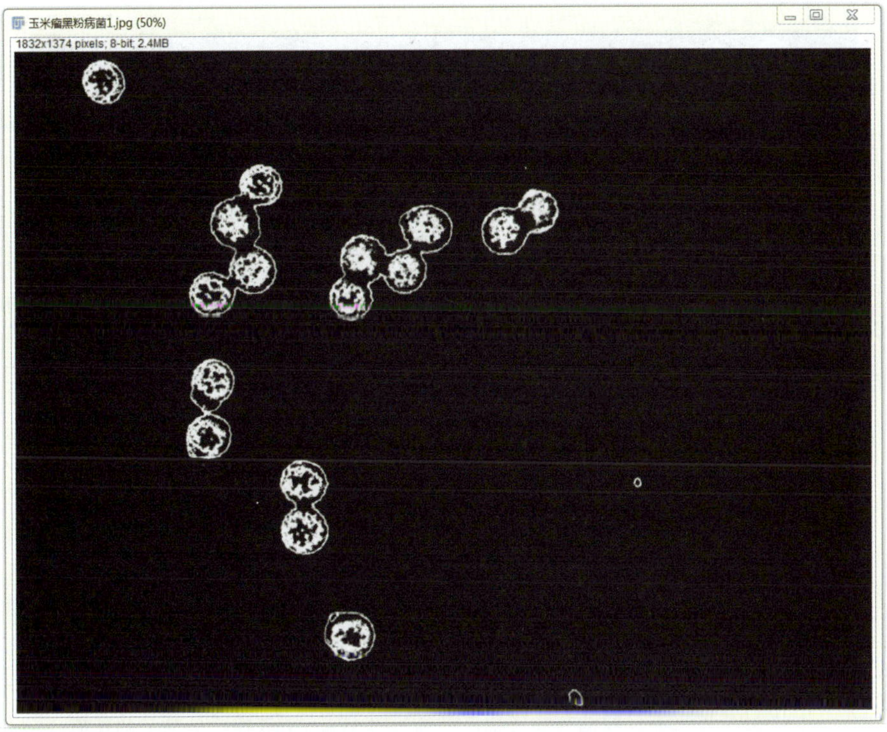

图 15-53　玉米瘤黑粉病菌病原孢子图像阈值调整处理后的二值化图像

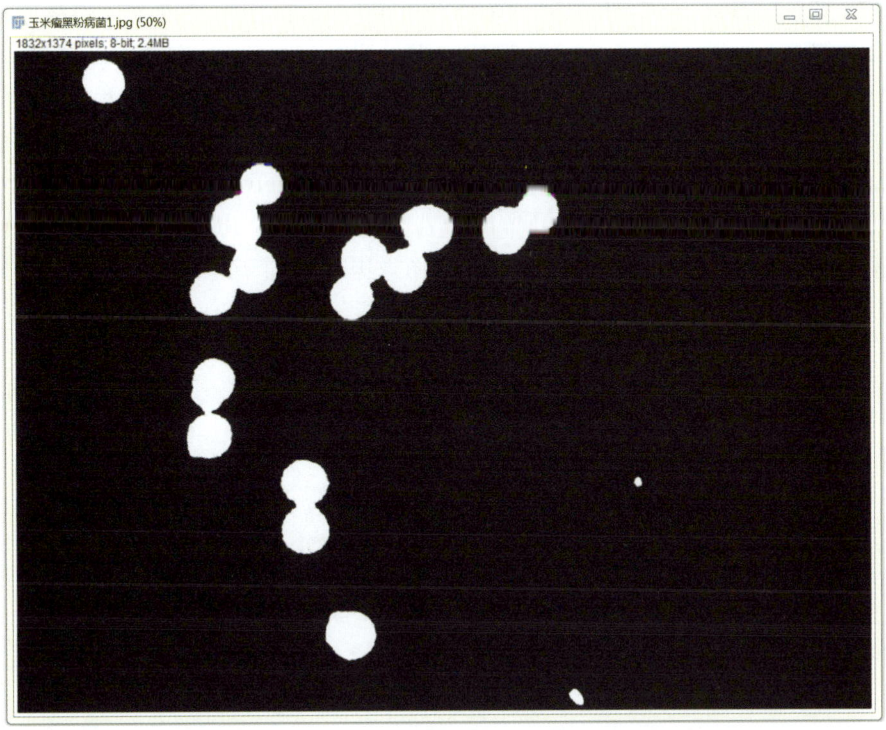

图 15-54　玉米瘤黑粉病菌病原孢子图像空洞填充结果

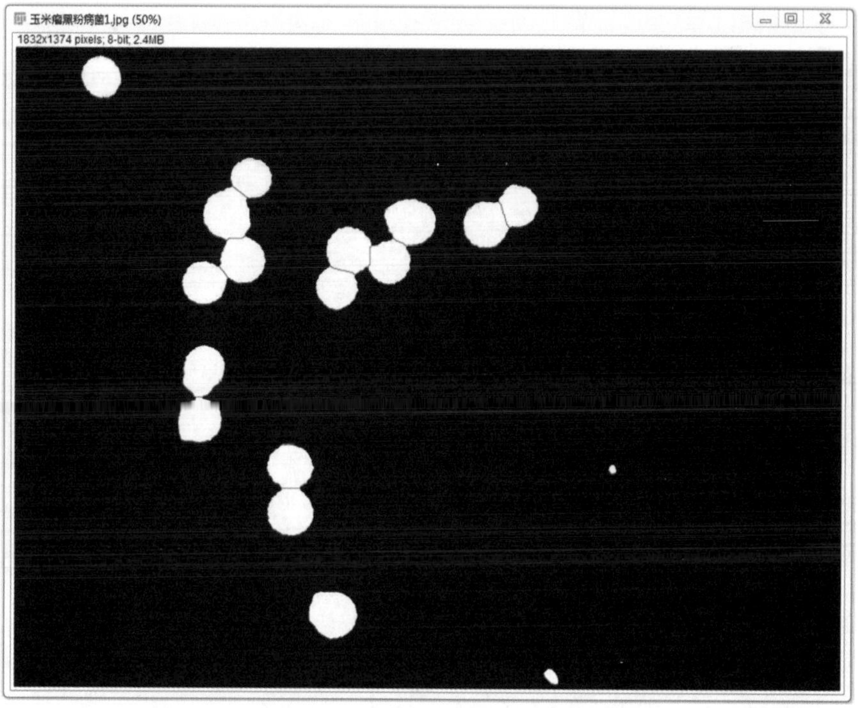

图 15-55　玉米瘤黑粉病菌病原孢子图像经过 **Watershed** 操作处理后的结果

(2)进行病原孢子自动计数。点击 Analyze→Analyze Particles，弹出 Analyze Particles 对话框。勾选 Display results、Exclude on edges、Summarize，由于不知道图像中病原孢子的大小，可以先不调整 Size 和 Circularity，即分别保持默认的 0～Infinity 和 0.00～1.00，以便查看图像中每个颗粒的大小，点击 OK 按钮，从获得的 Results 中可知，病原孢子面积都大于 5 000，因此，关闭 Results 窗口和 Summary 窗口，点击 Analyze→Analyze Particles，在弹出的 Analyze Particles 对话框中，将 Size 调整为 5 000～Infinity，勾选 Display results、Clear results、Exclude on edges、Summarize、Add to Manager，其他参数和选项不变，如图 15-56 所示，点击 OK 按钮，出现如图 15-57 所示结果。结果表明，图像中有 16 个病原孢子，Results 中显示了每个病原孢子的面积大小，并且对病原孢子进行了自动标记。

图 15-56　在 **Analyze Particles** 对话框参数设置和选项勾选情况

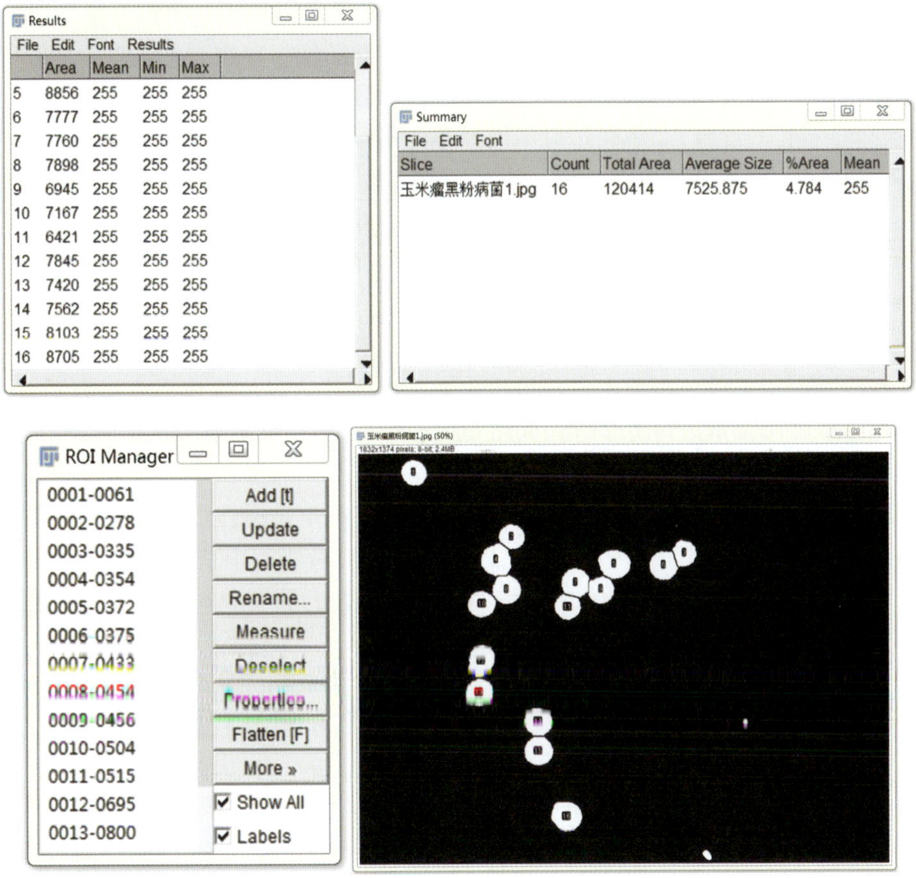

图 15-57 玉米瘤黑粉病菌病原孢子图像孢子自动计数和标记结果

在上述进行病原显微图像中病原孢子计数操作中，对阈值优化时，虽然勾选了 Dark background，但是所用图像并非黑色背景，在实际应用时，若图像为浅色背景而并非黑色背景，可以在将图像转换为 8-bit 图像之前或之后，点击 Edit→Invert，使图像背景颜色较深，然后再进行阈值优化等后续操作。图像背景转深之后，更便于进行阈值优化。

本实验仅仅介绍利用 Fiji 软件进行植物病原孢子显微图像孢子计数操作步骤，所用病原显微图像中的病原孢子数量较少，并且病原孢子比较规则。在实际应用时，Threshold 以及颗粒的 Size 和 Circularity 需要不断优化，以便提高病原孢子自动计数的准确率。对于形状不规则的病原孢子，可以尝试一下利用 Fiji 软件进行自动计数的准确性。此外，当病原显微图像中包含有 2 种或 2 种以上病原孢子时，对其中的不同种类病原孢子分别自动计数，需要优化阈值，并且一般情况下，需要不同种类病原孢子对比度稍微大些。Fiji 软件中含有一个插件 Trainable Weka Segmentation（Plugins→Segmentation→Trainable Weka Segmentation），利用该插件，无须编程即可基于机器学习构建分类器（classifier）实现从较复杂的病原显微图像中将不同种类病原孢子分割出来，然后即可再对不同种类的病原孢子进行自动计数处理。利用 Fiji 软件也可使用 Multi-point 工具和 Cell Counter 插件对病原显微图像中的病原孢子进行手动计数。Fiji 软件功能强大，感兴趣的学生可以继续根据相关文献资料学习和挖掘病原孢子的自动计数方法。

在本实验中，病原显微图像中的病原孢子是一种病原，在实际中，获得的显微图像中可能存在 2 种或多种具有形态学差异的病原孢子。对于显微图像中存在 2 种或多种具有形态学差异的病原孢子的情况，可以借助 ImageJ 软件通过图像分割分别获取单一种类的病原孢子分割图像，然后再进行自动计数，或者通过对不同种类的病原孢子进行分别标注，然后通过深度学习，实现不同种类病原孢子的自动计数。针对这种情况下病原孢子自动计数的具体实现步骤，本实验不再详述，可以参考 ImageJ 软件使用相关文献资料进行学习。

植物病原定量不仅涉及菌物定量，还涉及其他病原的定量，如细菌（细菌的细胞）、线虫（线虫虫体、卵、孢囊等）、寄生性种子植物（种子）等，对于这些病原，可以参照上述病原孢子计数方法进行定量估测。

本实验仅是利用图像处理技术实现植物病害严重度评估和植物病原孢子自动计数，其实还可以利用图像处理技术进行更多方面的植物病理学研究，并且本实验所用软件 ImageJ 的功能也是非常强大的，例如利用该软件还可以进行 Western Blot（WB）条带定量分析、荧光图像分析（包括荧光共定位分析、荧光强度分析等）等，满足了在植物病理学研究中多种图像处理要求，学生可以加强对 ImagcJ 软件的深入学习，以便更好地对研究中获取的图像进行分析。当然，也可以选择其他的图像处理软件或利用计算机语言进行编程，让图像处理技术更好地服务于研究和实际工作。

本实验引导学生学习利用信息技术解决植物病理学中的病原物计数和严重度评估，仅涉及图像的简单处理，学生可以自行对该软件进一步深入学习，掌握软件的更多功能，如对这方面感兴趣，还可以加强 Python 等计算机编程语言的学习，进一步加强信息技术的应用能力，以将信息技术用于解决更多的植物病理学问题。目前，科技发展迅速，多学科不断交叉和融合，学生应该端正学习态度，努力学习，广开思路，崇尚科学，勇于探索，增强使命担当，为我国农业高质量发展、建设农业强国和美丽中国贡献力量。

2 实验目的

（1）了解植物病害严重度评估方法和植物病原孢子计数方法。

（2）学习、练习和掌握图像处理软件 ImageJ 的定量评估功能实现方法。

（3）学习、练习和掌握基于图像处理技术的植物病害严重度评估方法。

（4）学习、练习和掌握基于图像处理技术的植物病原孢子自动计数方法。

3 实验材料和用具

（1）新鲜的具有病斑的植物叶片、拍照设备（数码相机、智能手机或具有拍照功能的平板电脑）、连接拍照设备和计算机的数据线、白色或黑色背景纸、剪刀、双面胶、照明用灯具等；或者具有病斑的植物叶片的数字图像。

（2）各种菌物孢子（黑粉菌冬孢子、锈菌夏孢子或锈孢子、病原分生孢子等）以及制作临时玻片所需要的载玻片、盖玻片、浮载剂（蒸馏水或纯净水等）、挑针、酒精、吸水纸、具有拍照功能的显微镜、擦镜纸等；或者各种菌物孢子的显微数字图像。

(3)可以连接互联网的计算机或平板电脑(学生自备)。

4 实验内容

(1)下载、安装 Fiji 软件或 ImageJ 软件，并进行练习使用。

(2)拍照获得具有病斑的植物叶片的数字图像，或者利用提供的具有病斑的植物叶片的数字图像，利用 Fiji 或 ImageJ 软件，进行植物病害严重度评估的练习，掌握基于图像处理技术的植物病害严重度评估方法。

(3)拍照获得提供的各种菌物孢子的显微数字图像，或者利用提供的各种菌物孢子的显微数字图像，利用 Fiji 或 ImageJ 软件，进行植物病原孢子计数的练习，掌握基于图像处理技术的植物病原孢子自动计数方法。

5 作业

(1)利用 Fiji 或 ImageJ 软件对拍照获得或提供的一张发病植物叶片数字图像，对其进行病害严重度评估，并写出具体的步骤。

(2)利用 Fiji 或 ImageJ 软件对拍照获得或提供的一张病原孢子显微数字图像(图像中未有病原孢子粘连现象)进行病原孢子自动计数，并写出具体的步骤。

(3)利用 Fiji 或 ImageJ 软件对拍照获得或提供的一张病原孢子显微数字图像(图像中有病原孢子粘连现象)进行病原孢子自动计数，并写出具体的步骤。

参考文献

ImageJ 实用教程 [EB/OL]. https://zhuanlan.zhihu.com/c_1069243926476673024.

Jiang Q, Wang H L, Wang H G, 2022. Two new methods for severity assessment of wheat stripe rust caused by *Puccinia striiformis* f. sp. *tritici* [J]. Frontiers in Plant Science, 13: 1002627.

Jiang Q, Wang H L, Wang H G, 2023. Severity assessment of wheat stripe rust based on machine learning [J]. Frontiers in Plant Science, 14: 1150855.

Lamari L, 2008. Assess 2.0: Image analysis software for disease quantification [M]. The American Phytopathological Society, Saint Paul, MN.

Li G L, Ma Z H, Wang H G, 2013. Development of a single-leaf disease severity automatic grading system based on image processing [J]. Lecture Notes in Electrical Engineering, 212: 665-675.

Li X L, Ma Z H, Bienvenido F, et al, 2017. Development of automatic counting system for urediospores of wheat stripe rust based on image processing [J]. International Journal of Agricultural and Biological Engineering, 10(5): 134-143.

Olivoto T, Andrade S M P, Del Ponte E M, 2022. Measuring plant disease severity in R: Introducing and evaluating the pliman package [J]. Tropical Plant Pathology, 47(1): 95-104.

Pethybridge S J, Nelson S C, 2015. Leaf Doctor: A new portable application for quantifying plant disease severity [J]. Plant Disease, 99(10): 1310-1316.

Rueden C T, Schindelin J, Hiner M C, et al, 2017. ImageJ2: ImageJ for the next generation of scientific image data [J]. BMC Bioinformatics, 18(1): 529.

鲍文霞，林泽，胡根生，等，2021. 基于 RSTCNN 的小麦叶片病害严重度估计 [J]. 农业机械学报，52(12)：242-252，263.

董金琢，曾士迈，马奇祥，1990. 小麦叶锈病、白粉病和条锈病普遍率与严重度间的关系 [J]. 植物病理学报，20(1)：55-60.

李冠林，马占鸿，王海光，2011. 基于图像处理的葡萄霜霉病单叶严重度自动分级方法 [J]. 中国农业大学学报，16(6)：88-93.

李小龙，马占鸿，孙振宇，等，2013. 基于图像处理的小麦条锈病菌夏孢子模拟捕捉的自动计数[J]. 农业工程学报，29(2)：199-206.

农业部农药检定所，2000. 农药田间药效试验准则 [M]. 北京：中国标准出版社.

王海光，2022. 智慧植保及其发展建议 [J]. 中国农业大学学报，27(10)：1-21.

（王海光　编写）

实验十六

植物抗病性鉴定

提要：植物抗病性泛指寄主对病原物侵染的抵抗能力，包括避免、中止、阻滞病原物的侵入和扩展，从而减轻病害发生程度或减轻损失程度。抗病性鉴定是在病害自然流行或人工接种发病情况下鉴别植物材料的抗病性类型、评价其抗病程度。植物抗病性主要体现在苗期抗病性、成株期抗病性和全生育期抗病性。鉴定方法包括田间病圃鉴定法、室内苗期鉴定法、离体鉴定法等。本实验要求学生熟悉并掌握主要农作物的抗病性鉴定原理和方法，学会对常见农作物重要病害进行抗性鉴定的方法和技术。

1 实验基础知识和原理

1.1 植物抗病性

利用植物抗病性进行植物病害防治是最经济、最有效的方法。抗病种质资源和抗病品种的筛选、创制和培育是生物育种的重要工作，对于保障粮食安全和生物安全具有重要意义。

植物抗病性泛指寄主植物对病原物侵染的抵抗能力，存在广义和狭义之分。广义的抗病性是指在病原物存在下，寄主免受病原物侵染或病原物侵染后受害程度较轻的一种现象，包括避免、中止、阻滞病原物的侵入和扩展，从而减轻发病程度或减轻损失程度。狭义的抗病性是指寄主植物对病原物侵染的抵抗现象，是评价植物品种、品系或种质对特定病害的抵抗或感染程度。在本实验中，植物抗病性鉴定中的"抗病性"是指狭义的抗病性。

植物抗病性主要体现在苗期抗病性、成株期抗病性和全生育期抗病性。

1.1.1 苗期抗病性

苗期抗病性是指植物在幼苗期对病原物（如病毒、细菌、菌物等）的抵抗能力，这种抗病性通常体现在植物种子萌发后的早期生长阶段，有助于减少病害对植物幼苗的影响，从而有利于植物的健康生长。

1.1.2 成株期抗病性

成株期抗病性是指植物在生长发育至成熟过程中对病原物的抗性能力，这种抗病性将影响植物在生长季节内对病害的抵抗能力，有助于减少成熟期的病害发生，保障植物的正常成熟和产量。

1.1.3 全生育期抗病性

全生育期抗病性是指植物在整个生长周期内对病原物的整体抵抗能力，这种抗病性涵盖了植物从幼苗期到成熟期的全方位保护，在整个生育期内减少病害对植物产量和品质的影响，是植物健康生长的重要保障。

1.2 植物抗病性评价指标

植物抗病性的主要评价指标包括病害普遍率、严重度、病情指数、反应型、叶片损伤程度、生长势指标等。其中，病害普遍率是植物在一定时间内发病的比率，用于评价植物的病害程度，适用于调查生产上大范围发病情况。严重度是表示植物叶片、果实、茎秆等或整个植株发病严重程度的一个指标，一般用发病面积占调查植物器官或植株面积的比率表示。病情指数是对病害程度进行定量评价的指标，其综合考虑了病害的普遍率和严重度。反应型是植物受到病原物侵染后的保卫性反应，是一种定性的记载标准，利用常规分级法表示，能较好地反映出品种抗病性的本质。叶片损伤程度是指病害对植物叶片的损伤情况，用于评估植物对病害的抵抗能力。生长势指标包括作物的生长速率、植株高度、地上部或地下部的生物量等指标，用于评估植物在病害影响下的生长情况。

1.3 植物抗病性鉴定方法

植物抗病性鉴定是植物抗病育种的重要基础，从抗原筛选、后代选择、直到品种推广的全过程都离不开抗病性鉴定。鉴定过程是在病害自然流行或人工接种发病的条件下，鉴别寄主植物的抗病性表现、评价其抗病程度。抗病性鉴定方法包括田间病圃鉴定法、室内苗期鉴定法、离体鉴定法等，在实际工作中须根据植物种类、病害种类、目的要求和设备条件而定。抗病性鉴定时，对采用的方法，如品种布局、气候要求、鉴定时间、接种体数量、病情的计量等，要能用鉴定结果代表病害发生一定程度的抗病水平。寄主植物因抗病程度不同分为感病品种和抗病品种，具有不同抗病基因的寄主植物品种也会因抗病基因不同而产生抗病性的差异。在供鉴定材料中往往要包括已知抗性程度的对照品种(包括抗病和感病品种)作为病害发生程度的指示品种。

田间病圃鉴定法主要是在病害常发区，依靠自然条件，通过自然菌源或人工接种造成病害流行，以鉴定植物抗病性。这一方法周期长，受季节和环境限制，不便于实验展示。本实验主要学习室内苗期鉴定法，并利用该方法进行寄主植物抗病性鉴定。

对于植物的成株期抗病性鉴定，通常采用人工接种鉴定法进行，即通过人为方式引入病原物，观察植物在成株期对病原物的抵抗能力。在实验田或温室条件下向植物叶片或根部接种病原物，然后观察病害严重程度和植物的反应。有时会利用环境鉴定法进行植物成株期抗病性鉴定，该方法是指在实际生产环境中，根据病害发生的情况和植物病害普遍率等评估植物的成株期抗病性。这种方法通常需要长时间观察和收集大量样本数据。

1.3.1 室内苗期鉴定法

室内苗期鉴定法是在特定的人工气候室或温室内的隔离条件下，人工接种和控制环境条件，造成病害发生，以鉴定供试材料（一般是苗期）的抗性。其特点是不受季节限制，省工省时，可测定对不同毒性基因的抗性，可对危险性病害或新毒性基因病原物的抗性进行鉴定。该方法是将病原物直接接种到温室植株幼苗的叶片或根上，适合对所有植物进行抗病性鉴定。抗病现象是寄主、病原物和环境条件三者共同作用的结果，因此，该鉴定结果也能真实地反映被鉴定材料的抗病性，可靠性强，但不能代表寄主植物在田间的实际抗性表现。接种鉴定的技术包括育苗、接种体的制备（病原菌的分离、保存与孢子诱发）和接种 3 个环节，接种的方法有点滴法、喷雾法、摩擦法和注射法等。

1.3.2 离体鉴定法

离体鉴定法用于鉴定以组织、细胞或分子水平的抗病机制为主的植物抗病性，可选用植物器官（如叶片）、组织或细胞进行离体接种鉴定。该鉴定方法操作简便，鉴定结果可靠，可同时分别鉴定同一材料对不同病原物的抗性，省工省时。该方法直接从植株上取下叶片、果实进行鉴定，所以不影响幼苗正常发育和开花结实，但不能完全代表植株对病原物的抗性水平。

2 实验目的

（1）熟悉并掌握主要农作物的抗病性鉴定原理和方法。

（2）学习和掌握对于常见农作物重要病害进行抗性鉴定的方法和技术。

3 实验材料和用具

3.1 实验材料

供试水稻、小麦、玉米种子若干，每种作物的抗病对照品种和感病对照品种，玉米小斑病菌（*Bipolaris maydis*）、稻瘟病菌（*Magnaporthe oryzae*）、小麦条锈病菌（*Puccinia striiformis* f. sp. *tritici*）和小麦叶锈病菌（*P. triticina*）等菌种及纯培养物。

3.2 实验试剂

无菌蒸馏水、吐温-20。

3.3 实验仪器与用品

显微镜、载玻片、盖玻片、移液器、保湿缸（桶）、搪瓷盘、普通小型专用喷雾器、滴瓶、指形管、接种针、无菌纱布、无菌枪头、滤纸等。

4 实验内容和方法

4.1 小麦对小麦锈病的抗病性鉴定(苗期鉴定法)

利用室内苗期鉴定法可在较短的时间内测定大量小麦材料对锈病的抗病性,便于鉴定不同小麦品种对不同锈菌生理小种的抗病性。

4.1.1 育苗

在接种鉴定前 10 d 左右,将待鉴定的小麦品种的种子播种于 50 穴(5×10)育苗穴盘,每穴种植一个品种,每个品种种植 5～10 粒种子,每盘最后种植一个感病品种作为对照,记录种植顺序并注明播种日期。

4.1.2 菌种活化

将低温储存锈菌夏孢子的冷冻管或安瓿瓶取出,在 40～45 ℃的水中活化 5 min,然后打开封口置于盛有湿润滤纸的培养皿中在 4 ℃黑暗条件下保湿(水化)10 h,用于后续接种。

4.1.3 接种

接种适宜时间选择麦苗长至一叶一心时。在温室培养的小麦幼苗上,将事先搜集保存的不同生理小种的锈菌夏孢子粉通过涂抹、扫抹、抖粉等方法接种到小麦叶片上,涂抹接种法主要用于菌种的扩繁,后两种方法适用于对大量材料的接种鉴定,随后记录接种日期和所用菌种。

1)涂抹接种法

用洁净的手指蘸清水将麦苗的叶片摩擦数次,去掉叶片表面的蜡质和茸毛,以利于菌液吸附于叶面上;在小麦叶片上均匀喷雾 0.2%吐温-20 溶液,用手蘸取夏孢子涂抹于麦叶正面进行接种。

2)扫抹接种法

对叶片喷雾 0.2%吐温-20 溶液,利用初繁好的带菌苗均匀地扫抹到需要接种的麦苗上。

3)抖粉接种法

先对叶片喷雾 0.2%吐温-20 溶液,然后将拌有锈菌夏孢子的滑石粉(约 1∶30)放入经灭菌的试管中,顶端套上纱布后倒置试管,轻轻将滑石粉抖落在麦苗叶片上完成接种。

接种后的麦苗放入温度 9～13 ℃(条锈病菌侵入适宜温度)或 15～20 ℃(叶锈病菌侵入适宜温度),相对湿度 99%～100%的保湿桶中黑暗保湿 24 h。

4.1.4 接种后管理

将接种后的麦苗取出移至阳光充分的温室内,对于接种条锈病菌的麦苗,平均温度控制在 16～18 ℃;对于接种叶锈病菌的麦苗,平均温度保持在 21～25 ℃。光照每天大于 12 h,光照不足时增加一定时间的人工辅助光照。温度和光照掌握的好坏是发病充分与否的关键。

4.1.5 抗锈性鉴定观察与记载

接种约 2 周,待感病对照发病充分时调查发病情况,衡量小麦品种对锈病的抗性和发病程度，常用反应型、普遍率和严重度 3 个指标，室内苗期鉴定时主要测定反应型。一般利用人工目测方法评估反应型。在本实验中，小麦品种对条锈病菌反应型分级及鉴定标准采用 9 级制(Line and Qayoum，1992)，如表 16-1 所示；小麦品种对叶锈病菌反应型分级及鉴定标准参照中华人民共和国农业行业标准《小麦抗病虫性评价技术规范　第 2 部分：小麦抗叶锈病评价技术规范》(NY/T 1443.2—2007)分为 0、;、1、2、3、4、X，如表 16-2 所示。

表 16-1　小麦品种对条锈病菌反应型分级及鉴定标准(Line and Qayoum，1992)

寄主反应	反应型	品种反应的症状
免疫	0	叶片健康，没有任何病害症状
高抗	1	零星的坏死斑，无孢子堆
	2	大量的坏死斑，无孢子堆
中抗	3	连片的坏死斑，有少量孢子堆
	4	坏死斑连片，且坏死斑上出现较多的但很小的夏孢子堆
	5	坏死斑或褪绿，孢子堆少数且中等大小
	6	坏死斑，孢子堆数量较多且较大
中感	7	叶片无坏死斑但成片褪绿，大量夏孢子堆
	8	叶片无坏死斑偶有褪绿，大量夏孢子堆
高感	9	叶片无坏死斑不褪绿，大量夏孢子堆

表 16-2　小麦品种对叶锈病菌反应型的分级及鉴定标准

寄主反应	反应型	品种反应的症状
免疫	0	叶片健康，没有任何病害症状
近免疫	;	叶片上有点滴枯死斑和失绿反应，但无孢子堆
高抗	1	叶片夏孢子堆很小且很少，孢子周围有褪绿和枯死斑
中抗	2	夏孢子堆小到中等，较分散，周围有枯死和失绿反应
中感	3	夏孢子堆中等大小，数量较多，周围组织无枯死反应，但有失绿现象
高感	4	夏孢子堆大而多，连成条纹，中连成片，早期叶片既无枯死又无褪绿现象
混杂型	X	由同一菌株产生的大小不等的夏孢子堆随机分布在整个叶片

注：参考《小麦抗病虫性评价技术规范　第 2 部分：小麦抗叶锈病评价技术规范》(NY/T 1443.2—2007)。

需要注意在接种不同生理小种进行抗病性鉴定时，接种用的一切用具都要先行消毒，防止可能发生的污染影响鉴定结果。

4.2　玉米对玉米小斑病的抗性鉴定

常采用室内苗期鉴定法进行玉米抗小斑病鉴定。

4.2.1　接种物扩繁

接种鉴定前一周，选取玉米小斑病菌优势生理小种菌株接种在 PDA 培养基上，25 ℃黑暗培养 7 d，待产生分生孢子后，用于玉米小斑病接种孢子悬浮液的配制。

4.2.2　育苗

在接种鉴定前 15 d 左右，选取生长饱满的待鉴定的玉米种子，播种于直径为 30 cm 以上的花盆内，每盆播种 3～4 粒种子，留苗 3 株，同时播种感病和抗病对照品种。每盆插上标签，注明品种名称和播种日期。温室内常规方法管理。

4.2.3 接种

待玉米幼苗生长至 4～5 叶期时进行接种鉴定。接种前用无菌水洗下 PDA 培养基上的玉米小斑病菌分生孢子，无菌纱布滤去菌丝和培养基，再用无菌水调整孢子悬浮液浓度至 1×10^5～1×10^6 个/mL，并添加 0.01%吐温-20(V/V)。接种菌液量为每株 1～2 mL，微型喷雾器均匀喷雾，接种后置于 25 ℃下保湿 24 h 左右。温室内常规方法管理。

4.2.4 病情调查与抗性评价

1)调查时间

接种后 7～10 d 进行病情调查(李振岐等，2005)。

2)调查方法

目测每份鉴定材料整体发病状况，根据病害症状描述对每份材料记载病情级别。

3)病情分级与抗病评价

以整株为单位进行鉴定，根据病斑占接种叶片面积的百分率，记载每株玉米病害发生程度(病情级别)。玉米抗小斑病鉴定病情级别划分标准参照中华人民共和国农业行业标准《玉米抗病虫性鉴定技术规范　第 2 部分：玉米抗小斑病鉴定技术规范》(NY/T 1248.2—2006)，并略作修改，见表 16-3。

表 16-3　玉米抗小斑病鉴定病情级别划分标准

病情级别	症状描述
1	叶片上无病斑或仅有零星病斑，病斑占叶面积少于或等于 5%
3	叶片上有少量病斑，占叶面积 6%～10%
5	叶片上病斑较多，占叶面积 11%～30%
7	叶片上有大量病斑，病斑相连，占叶面积 31%～70%
9	全株叶片基本为病斑覆盖，叶片枯死

注：参考《玉米抗病虫性鉴定技术规范　第 2 部分：玉米抗小斑病鉴定技术规范》(NY/T 1248.2—2006)，并略作修改。

依据鉴定材料发病程度(病情级别)确定其抗性水平，划分标准参照中华人民共和国农业行业标准《玉米抗病虫性鉴定技术规范　第 2 部分：玉米抗小斑病鉴定技术规范》(NY/T 1248.2—2006)执行，见表 16-4。

表 16-4　玉米对小斑病抗性评价标准

病情级别	抗性
1	高抗(HR)
3	抗(R)
5	中抗(MR)
7	感(S)
9	高感(HS)

注：参考《玉米抗病虫性鉴定技术规范　第 2 部分：玉米抗小斑病鉴定技术规范》(NY/T 1248.2—2006)执行。

4.3 水稻对稻瘟病叶瘟抗性鉴定

水稻抗叶瘟性鉴定常采用苗期鉴定法。

4.3.1 接种物扩繁

选取低温保藏的稻瘟病菌，在 PDA 培养基上活化后转接到燕麦培养基上，25～28 ℃黑暗培养 6～7 d，待产生分生孢子后用于接种物孢子悬浮液制备。

4.3.2 育苗

选取不同品种的水稻种子置于 55～58 ℃温水浸种 24 h，自然冷却后置于 28～30 ℃的恒温培养箱中催芽 24 h，之后播种在盛有营养土的搪瓷盘中育苗，同时种植感病品种和抗病品种作对照。每份材料播种量以不少于 100 粒为宜。

4.3.3 接种

水稻苗生长至 3～4 叶期时，用稻瘟病菌已知生理小种的孢子悬浮液喷雾接种。取燕麦培养基上培养好的稻瘟病菌，用少量无菌水洗下分生孢子，纱布滤去菌丝和培养基，再用无菌水调至 2×10^4～5×10^4个/mL 的孢子悬浮液浓度（方中达，1998），并添加 0.1%吐温-20（V/V）。接种菌液量为 100 株苗20 mL菌液，微型喷雾器均匀喷雾。接种后，在 26～28 ℃温度下遮光保湿 14～16 h。保湿后，在 20～30 ℃和高湿环境下培育（李振歧等，2005）。

4.3.4 病情调查与抗性评价

1）调查时间

接种后 5～7 d 进行病情调查。

2）调查方法

目测每份鉴定材料整体发病状况，每个品种以发病最重的 10 株为调查对象，每株调查发病最重的叶片，取发病最重的 3 株平均病级作为品种评价的依据。

3）病情分级与评价标准

苗（叶）瘟抗病性评价分级标准见表 16-5，该标准参考中华人民共和国农业行业标准《水稻品种试验稻瘟病抗性鉴定与评价技术规程》（NY/T 2646—2014）和《水稻稻瘟病抗性田间监测技术规程》（NY/T 3685—2020）制定，并略作修改。

苗叶瘟病级按式（16-1）计算：

$$GLB = \frac{\sum(NDL \times GDL)}{TNI} \tag{16-1}$$

式中：GLB 为苗叶瘟病级；NDL 为各级病叶数；GDL 为各病级代表值；TNI 为调查总叶数。

表 16-5 苗（叶）瘟抗病性分级标准

病级	抗性类型	症状描述
0	高抗（HR）	没有症状
1	抗（R）	叶片上有针尖大小褐色坏死斑点
2	中抗（MR）	叶片上有较大褐色坏死斑点（直径 1～2 mm），但无典型病斑

续表 16-5

病级	抗性类型	症状描述
3	中抗(MR)	有典型的稻瘟病病斑，中央灰白色，边缘褐色，病斑面积<2%
4	中感(MS)	有典型的稻瘟病病斑，2%≤病斑面积<5%
5	中感(MS)	有典型的稻瘟病病斑，5%≤病斑面积<10%
6	感(S)	有典型的稻瘟病病斑，10%≤病斑面积<25%
7	感(S)	有典型的稻瘟病病斑，25%≤病斑面积<50%
8	高感(S)	有典型的稻瘟病病斑，50%≤病斑面积<75%
9	高感(S)	有典型的稻瘟病病斑，病斑面积≥75%

注：叶片上无叶瘟，但有叶枕瘟发生的记作1级。

5 作业

(1)设计水稻幼苗抗稻瘟病鉴定实验方案。

(2)如何正确评价一个品种的抗病性？

(3)小麦条锈病发病条件有哪些？在人工接种时怎样保证这些条件？

(4)在接种鉴定抗性过程中，容易出现哪些问题干扰鉴定结果？

(5)接种玉米小斑病菌时的要点有哪些？

参考文献

Line R, Qayoum A, 1992. Virulence, aggressiveness, evolution, and distribution of races of *Puccinia striiformis* (the cause of stripe rust of wheat) in North America, 1968-1987 [J]. U. S. Department of Agriculture Technical Bulletin, 1788: 44.

方中达, 1998. 植病研究方法[M]. 3 版. 北京：中国农业出版社.

李振岐，商鸿生, 2005. 中国农作物抗病性及其利用 [M]. 北京：中国农业出版社.

中华人民共和国农业农村部, 2020. 中华人民共和国农业行业标准：水稻稻瘟病抗性田间监测技术规程(NY/T 3685—2020)[S]. 北京：中国标准出版社.

中华人民共和国农业部, 2014. 中华人民共和国农业行业标准：水稻品种试验稻瘟病抗性鉴定与评价技术规程(NY/T 2646-2014)[S]. 北京：中国标准出版社.

中华人民共和国农业部, 2007. 中华人民共和国农业行业标准：小麦抗病虫性评价技术规范 第 2 部分：小麦抗叶锈病评价技术规范(NY/T 1443.2-2007)[S]. 北京：中国标准出版社.

中华人民共和国农业部, 2006. 中华人民共和国农业行业标准：玉米抗病虫性鉴定技术规范 第 2 部分：玉米抗小斑病鉴定技术规范(NY/T 1248.2-2006)[S]. 北京：中国标准出版社.

(曹志艳　编写)

实验十七 病原物致病力分化鉴定

提要：病原物致病力分化是指植物病原物侵染寄主植物后所表现出的不同致病能力的现象。致病力分化对于理解病原物如何影响不同寄主植物品种的健康至关重要，其涉及对病原物进行分类，通常是基于病原物对一组寄主植物品种的感染反应。此过程需要进行一系列的致病性试验，将病原物接种到不同的寄主植物上，并观察病害的发展。这些寄主植物可能表现出从高度敏感到免疫的一系列反应，这些反应能够揭示病原物的致病力谱系。通过评估寄主植物的症状严重程度、病斑扩展速度和产生的症状类型等对病原物进行致病力分化鉴定。了解病原物的致病力分化对植物病害管理极为关键，这一知识能够运用于指导选择最佳的抗病品种培育方案、病害预防策略，以及确定适宜的化学或生物防治手段。本实验希望学生加深对病原物致病力分化的理解，并掌握病原物致病力分化的鉴定方法。

1 实验基础知识和原理

病原物致病力是指一种病原物对某些植物具有的致病能力。致病力用于衡量病原物对各种植物种或品种致病能力的强弱差异(方中达，1998)。植物病原真菌在与寄主植物长期互作过程中可发生变异，形成致病性不同的新菌系或生理小种。一种病原物对不同寄主植物所表现的致病性差异称为致病力分化，这种分化可以表现为不同的形式。

1.1 生理小种和菌系/株系

植物病原物的种(species)与其他生物一样，是由不同的个体和系组成的。种是一个群体，种的建立一般是根据它的形态特征。不同的种，形态显著不同。根据较小的形态差异，种分为不同的变种(variety)和亚种(subspecies)。种也可以分为专化型(forma specialis，缩写为 f. sp.)。专化型之间一般没有明显的形态差异，它的建立主要是根据病原物对不同属的寄主的适应性，专化型一般是以寄主的属命名。例如，根据对不同寄主的致病性(适应性)，禾柄锈菌(*Puccinia graminis*)分为 6 个专化型,小麦秆锈病菌是它的其中一个专化型(*P. graminis* f. sp. *tritici*),而尖孢镰孢(*Fusarium oxysporium*)则具有 50 多个专化型。

专化型也是一个群体,根据对不同品种的致病力(适应性),还可以进一步分为不同的生理小种(physiological race)。生理小种是 1917 年斯塔克曼(E. C. Stakman)在研究小麦秆锈病菌(*P. graminis* f. sp. *tritici*)的致病性分化时引入植物病理学研究领域的。生理小种是病原物的种下分类单元,其是指形态相同,但在人工培养、生理学、生物化学和致病性等方面均有不同表现的群体,它是根据病原菌对寄主种或一个种的不同品种基因型的致病专化性决定的。一般情况下,不同生理小种对同种作物不同品种(或不同种、属)的致病性不同。许多植物病原真菌,如玉米大斑病菌(*Exserohilum turcicum*)、小麦条锈病菌(*Puccinia striiformis* f. sp. *tritici*)、小麦叶锈病菌(*P. triticina*)、小麦秆锈病菌、小麦白粉菌(*Blumeria graminis*)、稻瘟菌(*Magnaporthe grisea*)等种下均存在许多生理小种。生理小种是根据在若干植物品种上反应的不同进行鉴别的,用来鉴别生理小种的植物品种称为鉴别寄主。确定生理小种的一个标志,就是它们是否很容易用鉴别寄主加以区别。生理小种的数量取决于用来鉴定生理小种的一套鉴别寄主中所存在的抗病基因的数量。在一个互作系统中,如果出现亲合和不亲合 2 种不同结果,那么理论上可以区分出生理小种。

根据生理性状或致病力的差异,生理小种还可以进一步分为不同的生物型(biotype)。生理小种是由数量不定的生物型组成的。理论上,生物型是存在于自然界的一群遗传性状完全一致的群体,但实际上所谓遗传性状完全一致的生物型是不存在的。生理小种和生物型的建立主要是根据生理性状和致病力的差异,它们没有明显的形态差异,即使有微小的差异,但与致病力的差异相比也是次要的。使用不同的鉴别寄主可以得到不同的生理小种和生物型的鉴别结果,因此,生理小种和生物型是人为界定的,都不是分类学承认的分类单元(taxon)。

应该明确的是,并不是所有的病原菌都需要先分为专化型,然后再进一步分为生理小种。根据致病性差异,有时种下面可以直接分为若干生理小种,如小麦腥黑穗病菌(*Tilletia caries* 和 *T. foetida*)就是根据在一套鉴别寄主上的反应分为许多生理小种的。还有这样的情况,一种病原菌的不同分离物,它们的致病力有一定的差异(特别是致病性的强弱有所不同),但界限不是很明显,不容易用一套品种很明确地加以鉴别,一般不作为生理小种,只能作为致病力不同的菌系/株系(strain)。

生理小种命名并无统一的规则,使用最多的一般是按照生理小种的发现顺序进行编号,如生理小种 1 号、2 号……。若生理小种数目较少,采用该方法比较简便,若生理小种较多,通过编号名称不能了解生理小种的毒性特点,则该方法存在不足。有的是根据"基因对基因"概念,按它的致病性基因命名的,如马铃薯晚疫病菌分为许多生理小种,"生理小种 2、4"表示这个生理小种能侵染含有主效基因 *R2* 和 *R4* 的抗病品种。这样的命名法似乎是比较合理的,但是必须要有一套主效基因很清楚的品种作为鉴别寄主,因此,以致病的基因命名生理小种也有许多困难。在目前还只有为数不多的病原菌能达到这样的要求。也有人提出代码命名法,即分段加数命名法,包括加感法和加抗法 2 种,应用较多的是加感法。加感法是将鉴别寄主分成几组,组间代码以十进位区分,组内各鉴别寄主的代码以等差级数或等比级数区分,每个鉴别寄主只有一个代码,将感病鉴别寄主的代码相加之和作为小种的名称。将小种名称数码分解,即可了解感病的鉴别寄主和小种的毒性特征。加抗法则是将抗病鉴别寄主的代码相加作为小种名称。

此外，Green(1965)还提出了毒性公式法，即用对某一生理小种有效的抗病基因作分子，无效的抗病基因作分母，写成毒性公式，由毒性公式可推断出该生理小种所具有的毒性基因(与分母中各抗病基因匹配)和无毒基因(与分子中各抗病基因匹配)，这一方法适用于以单基因系作为鉴别寄主的情况。

1.2 丝核菌的融合群

丝核菌是指丝核菌属(*Rhizoctonia*)的真菌，是一些担子菌的无性阶段，不产生分生孢子，可形成组织没有分化的菌核。丝核菌属真菌不同种的菌丝细胞有的是双核的，有的是多核的。20 世纪 30 年代，德国科学家 de Bary 最早发现菌丝细胞的融合现象：同株菌丝细胞前端接触后，细胞壁接合穿孔，细胞质相互连合；异株菌丝细胞可完全融合或表现不同程度的融合，有的在某点融合后 2 个细胞和附近细胞都会死亡。因此，丝核菌的种下面可以分为若干菌丝融合群(anastomosis group)。由于融合程度不同，规定在观察时要按照式(17-1)计算融合点频率(fusion frequency)。

$$FF=\frac{A}{B}\times 100\% \tag{17-1}$$

式中：FF 为融合点频率；A 为在 15 个 100 倍显微镜视野下所观察到完全融合点数，D 为在 10 个 100 倍显微镜视野总接触点数。

接触点是指菌丝交叉接触点，除融合接触点外，也包括细胞壁不融合和融合后细胞死亡的接触点。若融合点频率大于 50%，则为高度融合；若融合点频率为 30%～50%，则为中度融合；若融合点频率小于 30%，则为低度融合。丝核菌分群一般按有无融合、群内再按融合点频率的高低和其他性状再分为亚群。

一种方法是融合测定方法，是将一张大小 3.0 cm×1.5 cm 灭菌的透水和透气的玻璃纸或透析膜，在熔化的马铃薯葡萄糖琼脂培养基中稍微浸过后盖在水琼脂(1.5%)培养平面上，然后从标准菌株和测试菌株的平面培养中，自边缘切取小块，配对接种在玻璃纸或透析膜上，两者相距 2～3 cm。标准菌株是经菌种保管委员会或其他有关单位鉴定的菌株。接种后在室温(20～25 ℃)有光条件下培养 48～72 h，揭下玻璃纸或透析膜，染色后加盖玻片，在 400 倍显微镜下观察。染色剂可使用加染料的乳酸甘油浮载剂，染料可加 0.001%的棉蓝或 0.05%台酚蓝或以 0.5%的戊胺蓝 1 份加在 9 份浮载剂中。另一种方法不用玻璃纸或透析膜，也不染色，测定菌株配对直接接种在水琼脂培养基表面，培育后直接将培养皿放在 100 倍显微镜下观察融合的百分率。

双核的 *Rhizoctonia*，除 *R. repens* 和 *R. ahatianla* 外，在日本分为 17 个菌丝融合群，称为 AG-A 至 AG-Q；在美国分为 7 个群，称为 CAG-1 至 CAG-7，后与上述的群合并为 19 个群，AG-A 至 AG-S。多核丝核菌中的 *R. solani* 分为 11 个群，AG-1 至 AG-11，而群内又分为亚群如 AG1-1A、AG1-1B、AG1-1C 等。亚群的区别不在于菌丝能否融合，而是根据其他性状，如菌核大小，特别是脱氧核糖核酸的同源性等。*R. solani* 的 11 个群和 7 个亚群中，至少有 5 个，即 AG-5、AG-6、AG-7、AG-10 和 AGB-1 是非致病的。

丝核菌的分类是很复杂的问题，显然融合群的发现提供了一定的分类依据，但是还需要进一步探索。近年来，采用分子生物学方法进行这方面的研究，从脱氧核糖核酸的相似性，已经知道融合群之间的关系。此外，分类方面的研究还证明多核丝核菌的有性阶段是亡革菌属(*Thanatephorus*)，双核丝核菌的有性阶段是角担菌属(*Ceratobasidium*)。

1.3 菌系/株系的亲和性

菌系/株系分化研究的另一种情况，是菌系/株系亲和性的研究。菌系/株系亲和性研究在病害防治上具有现实意义。板栗疫病(由 *Cryphonectria parasitica* 引起)是美国板栗的毁灭性病害。菌株的菌丝中如带有双链核糖核酸(dsRNA)，致病力显著减弱而形成弱毒菌株(hypovirulent strain)。将弱毒菌株接种在病株上，其中的双链核糖核酸通过细胞的融合而进入致病力强的菌株，可以延缓或停止板栗枝干上溃疡的发展。为了应用于防治病害，就有必要进行测定菌株亲和性的研究。目前最好的方法是选择不能利用硝酸盐作为唯一氮源的菌株。这些菌株单独在培养基平面上，菌丝体的生长很稀疏，但是如将具有亲和性的菌株间隔一定的距离，同时接种在平面上，在它们接触部位的菌丝体生长得很茂密，主要是由于菌株在细胞内与异源细胞核的结合，以此判断不同菌株的亲和性。这一技术也用于尖孢镰孢(*Fusarium oxysporuna*)等其他真菌不同菌株的亲和性研究。有人也用上述方法，选出不能利用硝酸盐作为唯一氮源的菌株测定它们的亲和性，可以分为不同的亲和型。这种方法可应用于其他真菌，特别是有性阶段尚未发现的真菌的研究。

2 实验目的

不同病原物的致病力分化测定方法存在差异。本实验对小麦叶锈病菌和玉米大斑病菌的致病力分化进行测定。

(1)深入了解和掌握植物病原物在不同寄主植物中的致病力分化情况，通过对比研究，探究病原物种间及同种病原物不同菌系的致病力差异。

(2)学习和掌握病原物致病力分化测定的基本方法，通过对不同病原物进行致病力评估，旨在揭示病原物之间在致病力上的差异性，以期理解寄主植物与病原物之间的相互作用机制。

3 实验用具和材料

小麦病叶，小麦感病品种郑州 5389 种子，小麦叶锈病菌近等位基因系 *TcLr1*、*TcLr2a*、*TcLr2c*、*TcLr3*、*TcLr9*、*TcLr16*、*TcLr24*、*TcLr26*、*TcLr3ka*、*TcLr11*、*TcLr17*、*TcLr30*、*TcLrB*、*TcLr10*、*TcLr14a*、*TcLr18* 种子，玉米病叶，玉米感病品种先玉 335 种子；75%乙醇、2%次氯酸钠、水琼脂培养基、玉米叶粉培养基、吐温-20、滑石粉、花盆、光学显微镜、接种针、接种铲、载玻片、培养皿、喷雾器、搅拌机、剪刀、纱布、指形管、脱脂棉、干燥器。

4 实验内容和方法

4.1 小麦叶锈病菌生理小种鉴定

锈病是小麦生产上的一类重大病害，包括小麦条锈病、小麦秆锈病和小麦叶锈病(Huerta-Espino et al.，2011)。叶锈病是小麦3种锈病中发生最普遍、分布最广泛的病害(万菁婧，2010)。培育和应用抗病品种是防治小麦锈病最为经济有效的方法(郝晓宇，2020)。通常状况下，一个新抗病品种的抗性几年内就可能被病原菌毒性所克服。小麦锈菌的毒性变化曾导致我国先后数批小麦品种丧失抗性，并造成小麦锈病的大流行(金夏红等，2017)。因此，开展小麦锈菌种群组成和生理小种(致病类型)鉴定和系统监测，是做好小麦抗病育种和品种布局调整的基础，为有效的预测预报和更好的防控该病害提供依据。

4.1.1 小麦叶锈病菌标样的采集

在小麦叶锈病发病期，采集具有典型症状的叶锈病菌标样。为防止菌种混合，每一个标样都单独采集，用标本纸包好装入采样袋内，晾干。

4.1.2 小麦叶锈病菌的获得与扩繁

选取籽粒饱满的小麦感病品种，播种于直径为10 cm的花盆中，每盆播种5～6粒，置于日光温室内培养。待麦苗长到一叶一心时，选择长势较好的麦苗进行接种，常用的接种方法有涂抹法和喷雾法。

(1)涂抹法。将标本上的夏孢子用接种铲刮下，放在盛有0.05%吐温-20溶液的培养皿中或载玻片上，制成夏孢子悬浮液，用接种铲蘸取少量夏孢子悬浮液，或直接用接种铲蘸取标本上的夏孢子粉，在麦叶背面(因叶背气孔较多)由基部向上涂抹接种。此方法操作较慢，适宜在夏孢子量少或接种苗数不多时使用(丘海梅，2015)。

(2)喷雾法。当夏孢子量较多时，可用0.05%吐温-20溶液配制成夏孢子悬浮液(配制夏孢子悬浮液时，先用少量水调成稠糊状，待夏孢子表面充分湿润后，再逐步加水稀释，以免夏孢子漂浮在水面上)，用喷雾器喷雾接种。每个标样2～3次重复。接种后将麦苗置于保湿桶内，用喷雾器喷雾保湿，于9～13 ℃条件下黑暗保湿16～24 h，然后取出置于15～28 ℃条件下日光温室内培养，每日光照14 h。接种后4～5 d，观察接种标样的小麦麦苗，当小麦叶片上出现侵染点时，用酒精消毒的剪刀剪掉多余侵染点，每盆小麦麦苗上只留1个侵染点，套上玻璃罩和纱布。由此获得单孢子菌株，将单孢菌株用同样的方法进行扩繁2～3次，以获得足够的菌量，以便鉴定。

4.1.3 小麦叶锈病菌的收集与保存

1)收集菌种

夏孢子堆成熟后进行收菌，采集时不宜刮取，应将指形管套住麦叶后，轻轻弹动管壁震落夏孢子，每个小指形管内装厚度为0.5 cm的夏孢子即可，不宜太多。收菌时要注意防止小麦叶锈病菌不同菌株之间相互混杂。

2)保存菌种

保存菌种常用以下 2 种方法。

(1)干燥保存法。将装有夏孢子的指形管,用双层纱布包住管口,放入干燥器内,再将干燥器放在 2～4 ℃的冰箱内,此法可保存 1～3 个月。

(2)半真空保存法。将夏孢子装在安瓿中,瓶中堵以少量脱脂棉,由抽气机将瓶中气压抽至 1 mm 水银柱,然后将瓶口用火烧封闭,放在 2～4 ℃冰箱中,可保存 1 年左右。

4.1.4 小麦叶锈病菌的生理小种鉴定

选用国际通用的 16 个小麦叶锈病菌近等位基因系 *TcLr1*、*TcLr2a*、*TcLr2c*、*TcLr3*、*TcLr9*、*TcLr16*、*TcLr24*、*TcLr26*、*TcLr3ka*、*TcLr11*、*TcLr17*、*TcLr30*、*TcLrB*、*TcLr10*、*TcLr14a*、*TcLr18* 和感病对照品种作为鉴别寄主。

1)室内鉴定

一般为苗期鉴定,必要时也可对少数重点菌种做室内成株期鉴定。

(1)苗期鉴定。将编号的 16 个鉴别寄主,播种于直径 10 cm 的花盆中,每盆 2 品种,每个品种播 10 粒,播后插标牌记录品种位置,幼苗长到一叶一心时即可接种,通常采用喷雾法。

(2)成株期鉴定。成株期鉴定使用 10 cm×10 cm×8 cm 花盆,每盆播种一个品种,每品种播种 10 株。

2)田间鉴定

田间鉴定,其突出的优点是更接近自然条件。其方法是在田间设生理小种的鉴定圃,病圃设计如下:每个品种种 3 行,行长 2 m,重复 10 次,在圃中按实验田大小,纵横加感病品种接种行 1～2 行呈"田"字形,用作接种。

3)病原菌接种

待麦苗长至一叶一心后即可进行苗期接种,在拔节、孕穗和抽穗等不同发育阶段均可进行成株期接种,注意在高湿的傍晚进行。接种前叶片勿去除蜡层,因为叶面蜡层是某些品种抗病的原因。接种常用以下方法:

二维码 17-1
田间小麦叶锈病菌夏孢子撒粉法接种演示(视频)(由沈阳农业大学植物保护学院李天亚提供)

(1)喷雾法。以 0.1%琼脂水配制夏孢子悬浮液,均匀喷洒于叶表,水与夏孢子没有一定的比例,一般悬浮液略呈黄色即可。

(2)撒粉法。将夏孢子与滑石粉按 1∶(20～40)比例混合均匀装入喷粉器中,喷雾器中加入适量吐温-20,将兑好的吐温和水喷洒在小麦上,喷水后进行喷粉,使夏孢子粉均匀落在叶表(二维码 17-1)。此法的优点是简便易行,而且稀释的夏孢子粉为白色,容易撒匀,滑石粉落在叶面的水珠上后将水吸收,然后夏孢子又从吸了水的滑石粉中吸水萌发,接种效果较好。

4)生理小种的鉴定

待充分发病后(接种 10～12 d 后),参考 William(1985)鉴定标准(表 17-1)进行反应型鉴定,并记载反应型。

表 17-1 小麦对叶锈病菌反应型的划分标准

反应型		反应型说明
O	L	无夏孢子堆或肉眼可见的侵染点

续表 17-1

反应型		反应型说明
;	L	无夏孢子堆，但有坏死或褪绿斑
1	L	夏孢子堆小，周围有坏死斑
2	L	夏孢子堆小至中等，周围有坏死或褪绿
X	L	由同一菌株产生的大小不等的夏孢子堆随机分布在整个叶片上
Y	L	从叶尖开始夏孢子堆逐渐变小
Z	L	从叶基开始夏孢子堆逐渐变小
3	H	夏孢子堆中等，有时周围有褪绿
4	H	夏孢子堆大，无褪绿和坏死

注：对单个孢子堆反应型的变化情况进一步描述，即“－”夏孢子堆大小处于较低状态；“＋”夏孢子堆比正常的大；“＋＋”夏孢子堆大小处于较高限度；“C”褪绿比正常的重；“N”枯死比正常的重。在同一叶片上，由一个菌株形成的不连续的反应型之间用“，”隔开，如“4，;”在同一个叶片上，反应型有变异幅度的情况下，把出现最多的反应型写在前面，如“23，1”表示反应型为“2”的最多，反应型为“3”的次之，反应型为“1”的最少。

5）生理小种的命名

参考 Long(1989)的密码命名系统(表 17-2)，根据小麦叶锈病菌在 16 个标准鉴别寄主上的反应型命名小麦叶锈病菌生理小种。国际通用的小麦叶锈病菌鉴别寄主包括 16 个小麦抗叶锈病菌等单基因系，共分为四组：第一组包括 *Lr1*、*Lr2a*、*Lr2c*、*Lr3*，第二组包括 *Lr9*、*Lr16*、*Lr24*、*Lr26*，第三组包括 *Lr3Ka*、*Lr11*、*Lr17*、*Lr30*，第四组包括 *LrB*、*Lr10*、*Lr14a* 和 *Lr18*。小麦对叶锈病菌的反应型分为高、低 2 种，且划分为 0、;、1、2、X、Y、Z、3、4 共 9 个级别，0～Z 表示低反应型，用字母 L 表示；3～4 表示高反应型，用字母 H 表示。每个小麦叶锈病菌菌株对每组鉴别寄主的反应型共有 16 种组合方式，分别用 B、C、D、F、G、H、J、K、L、M、N、P、Q、R、S 和 T 共 16 个字母表示，并且每个菌株的生理小种均采用 4 个字母来表示，即第一至第四个字母分别是叶锈病菌菌株对第一至第四组鉴别寄主的反应型状况的表示。

表 17-2 国际通用的小麦叶锈病菌密码命名

叶锈病菌生理小种代码	近等基因系(Lr)上的反应型				
	第一组	1	2a	2c	3
	第二组	9	16	24	26
	第三组	3ka	11	17	30
	第四组	B	10	14a	18
B		L	L	L	L
C		L	L	L	H
D		L	L	H	L
F		L	L	H	H
G		L	H	L	L
H		L	H	L	H
J		L	H	H	L
K		L	H	H	H

续表 17-2

叶锈病菌生理小种代码		近等基因系(Lr)上的反应型			
	第一组	1	2a	2c	3
	第二组	9	16	24	26
	第三组	3ka	11	17	30
	第四组	B	10	14a	18
L		H	L	L	L
M		H	L	L	H
N		H	L	H	L
P		H	L	H	H
Q		H	H	L	L
R		H	H	L	L
S		H	H	H	L
T		H	H	H	H

注：a. 叶锈病菌毒力代码，由每组的代码组成四位密码来表示叶锈病菌毒力。如 MGBT 第一组反应码为 M，即对 *Lr1* 和 *Lr3* 有毒力，对 *Lr2a* 和 *Lr2c* 无毒力；第二组反应码为 G，即对 *Lr16* 有毒力，对 *Lr9*、*Lr24*、*Lr26* 无毒力；第三组反应码为 B，即对 *Lr3ka*、*Lr11*、*Lr17* 和 *Lr30* 无毒力；第四组反应码为 T，即对 *LrB*、*Lr10*、*Lr14a* 和 *Lr18* 有毒力。b. L 为无毒力，即低反应型；H 为有毒力，即高反应型。

4.2 玉米大斑病菌生理小种鉴定

玉米大斑病的发生与病原菌大斑凸脐蠕孢(*Exserohilum turcica*)的生理分化，即生理小种的变异密切相关(Hanekamp et al.，2016)。20 世纪 70 年代，我国对玉米大斑病菌生理分化现象进行首次报道。最初仅在我国发现 O 号小种，20 世纪 90 年代后，随着全国抗病品种的推广种植，各地生理小种分化严重，种类组成出现巨大变化(高士刚，2014；吉佩，2020；牛黎森，2022)。生理小种分化迅速是病害发生的重要原因之一，因此，掌握玉米大斑病菌生理小种组成结构对于玉米产区的病害防控尤为重要。

4.2.1 玉米大斑病菌的分离纯化

采集玉米大斑病病叶若干份。将大斑病病叶样品沿着病斑方向剪成宽 0.5～1.0 cm、长 3～5 cm 的小叶片，尽量将病斑留在小叶片中间。将剪好的小叶片用无菌水浸泡 5～10 min，洗掉表面尘土，70％乙醇进行表面消毒 2 min，再用 2％次氯酸钠溶液表面消毒 2 min，最后用无菌水漂洗 2 次，平铺于水琼脂培养基平板上，25 ℃培养箱中黑暗培养 4～7 d。待叶片表面长出分生孢子后，于体视镜下用接种环蘸取分生孢子，在水琼脂培养基上轻轻划线，稀释出单个的分生孢子。在显微镜下用接种针挑取单个的分生孢子，并转移到 PDA 培养基上，于 25 ℃培养箱中黑暗培养 3～7 d，即得到玉米大斑病菌菌株的纯培养。

4.2.2 玉米大斑病菌的繁殖

将单孢分离的上述玉米大斑病菌接种于玉米叶粉培养基，25 ℃下培养 5 d，待产生大量分生孢子后用 0.1％吐温-20 溶液将分生孢子洗下，制成孢子悬浮液，浓度调至为 1×10^{5}～1×10^{6}个/mL，摇匀后即可用于接种。

4.2.3 玉米大斑病菌的保存

若长期在人工培养基上培养玉米大斑病菌，会导致产孢能力的下降和致病力的丧失，所以要选择正确的菌种保存方法。有2种常用的保存方法：一种是将病菌接种在叶片上，叶片在低温干燥条件下保存；另一种则是用清水配制成孢子悬浮液，在8～10 ℃保存。

4.2.4 玉米大斑病菌的小种鉴定

选用具有 *Ht1*、*Ht2*、*Ht3* 和 *HtN* 单基因以及不含任何上述主效抗病基因的玉米自交系和感病对照品种作为鉴别寄主。

1)室内鉴定

选取籽粒饱满的鉴别寄主籽粒，经浸种、催芽处理后，选取露白整齐的种子，种于直径15 cm的花盆中，待其长到四叶一心期备用。每组5个品种，每个品种3盆，每盆3株，共15盆，45株。

2)田间鉴定

分别将单基因鉴别寄主的种子种植在划分好的小区内，每个小区3行，行距为0.7 m，每行种植1种单基因系，每种单基因系之间的距离为0.7 m，每种单基因系播种6粒，出苗后每种单基因系留苗3～4株，株距约0.2 m。

3)病原菌接种

室内鉴定待玉米长至四叶一心期时进行。田间鉴定在玉米6～8叶期进行第1次接种，以后每隔5 d接种一次，接种直至抽穗期，共接种6次。

(1)喷雾法。将上述孢子悬浮液振荡摇匀，用喷雾的方式隔离接种，每株喷施5 mL左右孢子悬浮液。接种后48～72 h，保持土壤及空气湿度。室温常规管理，待叶片出现明显病斑，记录病斑类型。

(2)涂抹法。用棉花块蘸取配制好的孢子悬浮液，用镊子涂抹于第二和第三片新叶进行接种，避光保湿24 h后，进行正常管理，待出现典型病斑后开始调查。

在玉米抽穗期至成熟期进行病状调查，共2次。

4)生理小种的鉴定

玉米大斑病菌生理小种的划分是根据将其接种鉴别寄主后所表现出不同的反应类型为标准的，分为抗病病斑(R型)和感病病斑(S型)两种。

(1)R型病斑。最初表现为水浸状或褐色窄条形，中期为中间褐色、边缘黄色晕圈梭形病斑，其出现早，枯死慢，不产生或产生很少孢子，称为褪绿斑(图17-1)。

图17-1 玉米大斑病抗病症状

(2)S 型病斑。最初表现为水浸状斑，中期为中间灰褐色、边缘无明显晕圈的梭形病斑，出现晚，枯死快，病斑周围有明显的萎蔫和中毒区，条件适宜时产生大量褐色霉层，称为萎蔫斑(图 17-2)。

图 17-2 玉米大斑病感病症状

逐日观察发病情况，待 14 d 出现明显病斑后，按上述 2 种病斑为标准调查并记录(表 17-3)。

表 17-3 病斑类型调查记录表

接种菌株编号	病斑反应型			
	Ht1	*Ht2*	*Ht3*	*HtN*
1				
2				
3				
…				
n				

5)生理小种命名

生理小种的命名采用 Leonard(1989)提出的新的生理小种命名系统，并参照刘国胜(1996)等的新命名法。生理小种的毒力公式为有效抗病基因/无效抗病基因，以无效抗病基因的序号作为该小种的名称(表 17-4)。

表 17-4 玉米大斑病菌生理小种新旧名称和毒力公式

生理小种旧名称	生理小种新名称	病斑反应型				毒力公式
		Ht1	*Ht2*	*Ht3*	*HtN*	
1 号	0 号小种	R	R	R	R	*Ht1 Ht2 Ht3 HtN/0*
2 号	1 号小种	S	R	R	R	*Ht2 Ht3 HtN/Ht1*
3 号	23 号小种	R	S	S	R	*Ht1 HtN/Ht2 Ht3*
4 号	23N 号小种	R	S	S	S	*Ht1/Ht2 Ht3 HtN*
5 号	2N 号小种	R	S	R	S	*Ht1 Ht3/Ht2 HtN*
	2 号小种	R	S	R	R	*Ht1 Ht3 HtN/Ht2*
	3 号小种	R	R	S	R	*Ht1 Ht2 HtN/Ht3*
	N 号小种	R	R	R	S	*Ht1 Ht2 Ht3/HtN*
	12 号小种	S	S	R	R	*Ht3 HtN/Ht1 Ht2*

续表 17-4

生理小种旧名称	生理小种新名称	病斑反应型				毒力公式
		Ht1	*Ht2*	*Ht3*	*HtN*	
	13 号小种	S	R	S	R	*Ht2HtN/Ht1Ht3*
	1N 号小种	S	R	R	S	*Ht2Ht3/Ht1HtN*
	3N 号小种	R	R	S	S	*Ht1Ht2/Ht3HtN*
	123 号小种	S	S	S	R	*HtN/Ht1Ht2Ht3*
	12N 号小种	S	S	R	S	*Ht3/Ht1Ht2 HtN*
	13N 号小种	S	R	S	S	*Ht2/Ht1 Ht3HtN*
	123N	S	S	S	S	*0/Ht1Ht2Ht3HtN*

6)生理小种毒力频率分析

参照刘国胜(1996)等提出的毒力频率公式(某抗病基因的毒力频率(%)=有毒力菌株数/测定总菌株数×100%)对分离菌株进行毒力频率的分析并记录(表 17-5)。

表 17-5　玉米大斑病菌对 *Ht* 抗性基因的毒力频率测定表

抗性基因	有毒菌株数	毒力频率/%	总毒力频率/%

5 作业

(1)病原物致病力分化鉴定实验中常用的接种方法有哪些?
(2)写出小麦叶锈病菌生理小种鉴定结果。
(3)写出玉米大斑病菌生理小种鉴定结果。
(4)分析生理小种鉴定的意义。
(5)简述生理小种与品种抗病性之间的关系。
(6)简述生理小种室内鉴定和大田鉴定的优缺点。各生理小种在什么情况下应用为宜?
(7)为什么同一病原物不同株系之间可能会存在致病力的差异?举例说明可能的原因。

参考文献

Hanekamp H, 2016. European monitoring of physiological races and studies on pathogenesis of northern cornleaf blight (*Exserohilum turcicum*) on maize (*Zea mays* L.) [D]. Germany: University of Gottingen.

Huerta-Espino J, Singh R P, German S, et al, 2011. Global status of wheat leaf rust caused by *Puccinia triticina* [J]. Euphytica, 179(1): 143-160.

Leonard K J, Levy Y, Smith D R, 1989. Proposed nomenclature for pathogenic races of *Exserohilun turcicum* on corn [J]. Plant Disease, 73(9): 776-777.

Long D L, Kolmer J A, 1989. A North American system of nomenclature for *Puccinia recondita* f. sp. *tritici* [J]. Phytopathology, 79(5): 525-529.

William R B, Roelfs A P, 1985. The Cereal Rust [M]. London: Academic Press.

方中达, 1998. 植病研究方法[M]. 3 版. 北京: 中国农业出版社.

高士刚, 2014. 玉米弯孢叶斑病菌全基因组序列分析与致病性分化相关基因的研究[D]. 上海: 上海交通大学.

郝晓宇, 2022. 2020 年小麦叶锈菌生理小种鉴定与河北省小麦品种(系)抗叶锈性分析[D]. 保定: 河北农业大学.

吉佩, 2020. 山西玉米大斑病菌生理小种鉴定及苗期抗性评价体系建立[D]. 太谷: 山西农业大学.

金夏红, 冯国华, 刘东涛, 等, 2017. 小麦抗叶锈病遗传研究进展[J]. 麦类作物学报, 37(4): 504-512.

刘国胜, 董金皋, 邓福友, 1996. 中国玉米大斑病菌生理分化及新命名法的初步研究[J]. 植物病理学报, 26(4): 305-310.

牛黎森, 2022. 玉米大斑病菌生理小种鉴定及 1 号小种致病基因 *StGlu1* 功能分析[D]. 沈阳: 沈阳农业大学.

万菁婧, 2010. 冀、豫、鲁三省小麦叶锈菌致病类型鉴定及毒性分析[D]. 保定: 河北农业大学.

岳海梅, 2015. 植物病理学实验及研究技术[M]. 北京: 中国农业大学出版社.

（黄玉茜　编写）

实验十八

植物病害标本采集及病原鉴定

提要：植物病害标本是植物病害症状及其分布的实物性记载。通过标本的采集和制作，可以加深对各类植物病害的感性认识，更深入地了解病害的发生、发展和分布情况，不仅有助于提升对植物病害的认识水平，也为后续的病害防治工作提供了参考依据。病原鉴定是认识植物病害和病原并开展植物病害管理的关键环节，通过对植物病害标本的病原鉴定，可以明确导致植物病害的病原种类，进而采取针对性的防治策略和措施。因此，植物病害标本采集及病原鉴定在植物保护、科学研究以及农业生产等方面都具有重要意义。本实验重点内容为植物病害标本采集方法和注意事项以及病原分离、纯化和鉴定方法等，希望学生可以认识到植物病害标本采集和病原鉴定的重要性，掌握植物病害标本采集方法和病原鉴定方法。

1　实验基础知识和原理

症状观察只是对植物病害的初步观察，根据症状进行病害诊断不是绝对可靠的。不同病原物可以产生相似症状，同时，在分离病原物前进行显微观察，对病原物或引起病害的原因有一个初步了解，有助于研究方法的选择和为大田防治提供意见和建议。要观察病害，首先要有标本。标本采集的成功与否，是病害准确诊断的前提条件，植物病害标本是植物病害及其分布的实物性记载，也是症状的最好描述。有了病害标本，就可以在室外观察的基础上，进一步在室内进行病原鉴定和病害诊断。因此，采集植物病害标本是植病工作者的一项基本工作，对教学和科研都有重要意义。

植物病原鉴定的原理主要是基于植物病原生物的分类学和植物病理学的基本知识，通过对病原物的形态特征、致病性、生物学特性、遗传学和分子生物学特征等方面的研究，对病原物进行鉴定和分类。植物病原鉴定需要遵循科学、客观、严谨的原则，采用多种方法和技术手段，如显微观察、生化分析、分子检测等，以确保鉴定结果的准确性和可靠性。通过植物病原鉴定，可以明确病原物的种类和特点，可为制定科学有效的防治措施提供依据，同时也有助于推动植物病理学和微生物学的研究和发展。

1.1 植物病害标本采集注意事项

进行植物病害标本采集时,应该注意以下事项:

(1)采集标本的症状应具有典型性。对于同一种病害的标本,应尽量保留带有典型症状的标本(崔继武,2014)。同时,要采集不同时期、不同器官、不同症状表现的病害标本。例如,小麦条锈病,其症状在幼苗期和成株期是有差别的;稻瘟病有苗瘟、叶瘟、叶枕瘟、节瘟、穗颈瘟、谷粒瘟等;谷子白发病在不同时期的症状更是截然不同,形成灰背、白尖、枪杆、看谷佬、刺猬头等症状。因此,采集不同阶段的症状,对于正确认识和鉴定病害是十分重要的。

(2)菌物病害标本应采集有霉层或子实体的,这样才有利于鉴定,特别是对于用于菌物分类研究的标本,若标本没有病原菌子实体,则毫无用处。

(3)采集病害标本应力求单一,以便正确鉴定和使用标本。

(4)各种病害标本要尽量多采集一些,要从中选出典型的进行保存,同时要有一定备份(3～5 份),以便于鉴定、保存和交换等。

1.2 腊叶标本的采集与制作

腊叶标本,又称压制标本,是将新鲜的植物材料用吸水纸压制使其干燥后装订在白色硬纸上。腊叶标本的制作要尽可能保持自然色泽和形状,干燥后的标本才能永久保存,成为有价值的材料(刘丽云,2019)。有的病害,如锈病、黑粉病的病原孢子容易散飞,且易相互污染,故在采集压制时要注意单独包好后再夹在标本夹中;每次换纸时,一定要小心,防止孢子散落在标本纸上,影响鉴定的准确性,这一点与一般病害有区别。

腊叶标本的采集与制作主要步骤如下:

(1)在压制前需进行标本的修剪整形,勿使其过大、过长,然后放在标本纸中尽可能地保持自然状态,加压使其吸水干燥。

(2)换纸翻压。新采的标本,每日最少换干纸一次,高湿、高温及多汁的标本,每日应换纸 2 次。初次换纸翻压时,应进行标本的整形。3～5 d 后,标本已大部分干燥,可以隔日换纸翻压一次,直至干燥。有些植物标本,由于水分过高,加上酶的活动,在压制过程中很容易变色,如马铃薯的茎、叶等,都是比较难以保存的,在压制时要特别注意。必要时应采取其他保存方法。幼嫩多汁的标本,如花和小苗等,可夹在 2 层脱脂纸中压制。若水分过高,可在 30～45 ℃之间加温烘干。

(3)玻面纸盒保藏。有些病害的标本,可以作为教学和示范用的病害标本,用玻面的纸盒保藏比较方便。玻面纸盒的大小不一,适宜的大小是 20 cm×28 cm,高 1.5～3.0 cm。使用大小相同的纸盒,就比较美观,并且便于管理。纸盒中先铺一层棉花,棉花上放标本和标签,注明寄主植物和病害的名称,然后加上玻盖。棉花中可放少许樟脑粉或其他药剂驱虫。

(4)封套内保藏。植物病害标本经压制干燥后可装入纸袋或纸包中,尽量避免接触阳光,防止褪色,也可防止孢子撒落。对于同一种标本,可以分开存放多个标本,以利于交换和交流。

标本整理鉴定以后,要经过熏蒸,再放在清洁和干燥的标本柜中长期保存,防止标本生霉。但干燥标本易遭虫蛀,可用小包的樟脑粉(市售樟脑球)或小包二氯苯粉放在标本袋或标本盒中。这些药品要定期更换，最好的防蛀方法是每年用氰化氢、甲基溴或吡啶等熏一次，用甲基溴熏蒸 24～48 h 即可。

1.3 腊叶标本的保存

制成的腊叶标本，经过整理和登记，需要按照一定的系统排列和保藏，以便查找。

菌物类标本一般按照分类系统排列，但作为植物病害标本，也可以寄主植物排列。检索卡片要有 2 套。一套按照寄主索引，另一套按照病原索引，以便于查找和整理。标本上要有编号，大的标本室每个柜上都应当有编号，这样在使用后放回时，才不至于放到其他错误的位置。

标本室要保持干燥、清洁，并要定期换放防驱虫和防霉药剂等。

1.4 植物病害病原鉴定

1.4.1 形态学鉴定法

形态学鉴定法是指根据菌落形态、孢子形态、菌丝形态等形态学特征进行病原鉴定的方法。一般选取植物病害发病部位出现的病征，制作临时玻片，在显微镜下观察病原形态结构等特征。根据这些特征与已知的病原形态特征进行对比，可以初步确定病原类别。

临时玻片制作方法有很多，如涂、撕、粘、挑和切片等，可以根据病原物的类型选择使用。擦净载玻片，在中央滴一滴蒸馏水或乳酚油作浮载剂待用。临时玻片制作的常用方法(王生荣，2013)如下：

1)涂抹法

细菌和酵母菌的培养物常用涂抹法制片。将细菌或酵母菌的悬浮液均匀地涂在洁净的载玻片上，在酒精灯火焰上烘干、固定，再加盖玻片封固。加盖玻片前还可进行染色处理，以便更好地观察病原形态和结构。

2)撕取法

用小金属镊子仔细撕下发病部位表皮或表皮毛制成临时玻片。

3)粘贴法

将塑料胶带纸剪成边长 5 mm 左右的小块(注意胶带上不要印有指印)，使胶面朝下贴在发病部位，轻按一下后揭下制成玻片(图 18-1)。

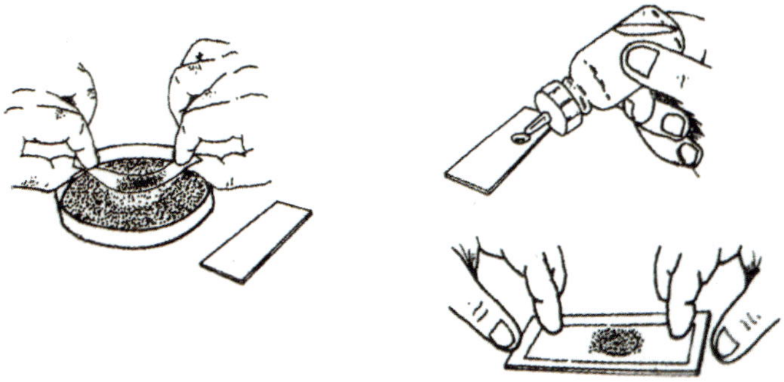

A　　B

图 18-1　粘贴法制作玻片(王生荣，2013)

A. 塑料胶带胶面朝下贴在发病部位；B. 将塑料胶带制成玻片

4)挑取法和刮取法

利用挑针从病组织或基物(如培养基)上挑取(刮取)表面的霉状物、粉状物或孢子团制成玻片(图 18-2)。

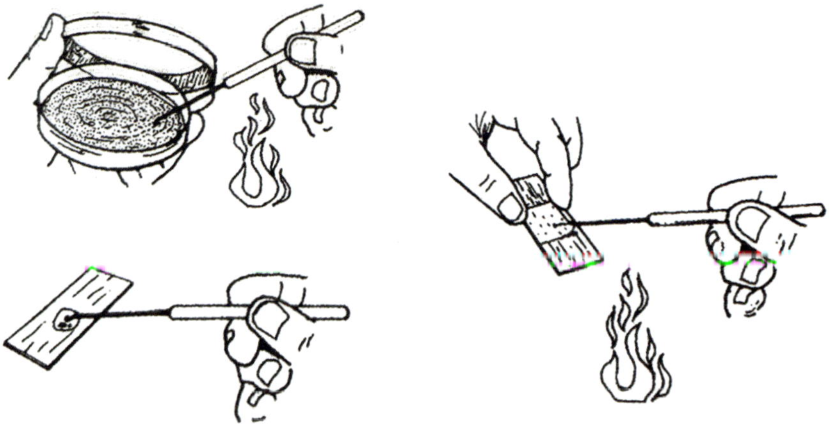

图 18-2 挑取法制作玻片(王生荣,2013)

5)组织透明法

将少量病组织材料切成细丝后放在载玻片上,滴加乳酚油后在酒精灯上徐徐加热至蒸汽出现。如此处理数次使组织透明,冷却后加盖玻片进行镜检。利用这一方法可以观察到病原物在寄主内的原有状态。

6)徒手切片

徒手切片时选取病状典型、病征明显的病组织材料,先在病征明显处切取病组织小块(边长 5~8 mm),放在小木块上,用食指轻轻压住,随着手指慢慢地后退,用刀片的刀尖将压住的病组织小块切成很薄的丝或片,用沾有浮载剂的挑针或接种针挑取薄而合适的材料放在干净载玻片上的浮载剂液滴中央,盖上盖玻片,仔细擦去多余的浮载剂(注意浮载剂过多会使观察物出现晃动不稳定现象),即制成一张临时玻片(图 18-3)。

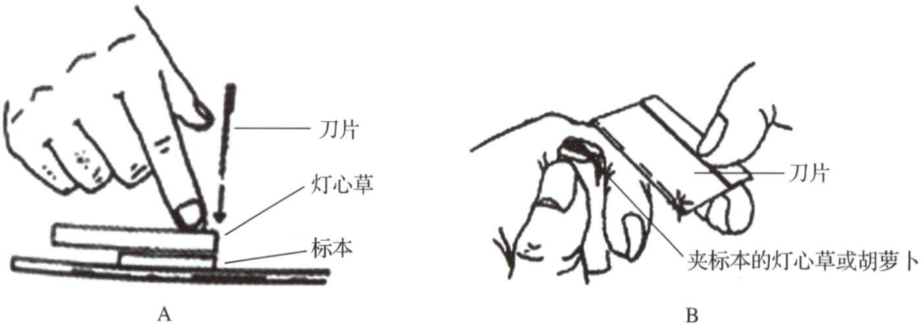

图 18-3 徒手切片示意图(王生荣,2013)

A. 压在玻片上切;B. 握在手里切

1.4.2 分离培养法

分离就是将某种特定的病原物与混杂在一起的其他生物分开,使用的方法包括稀释分离法、组织分离法等。纯培养就是将分离到的某种单一的生物放在营养适宜的基质上，使之生长繁殖成单一的群体。对于非专性寄生物，都可以在人工制备的培养基上培养；但对于专性寄生物，目前还不能在人工培养基上培养，只能在活体寄主上培养，如霜霉菌、白粉菌、病毒和植原体等（许志刚，2008）。

植物病原菌的分离方法主要有组织分离法和稀释分离法 2 种。最常用的组织分离法就是切取小块病组织，经表面消毒和灭菌水洗过后，移到人工培养基上培养（图 18-4，表 18-1，二维码 18-1）。

二维码 18-1
组织分离法（视频）
（由刘佳、徐秉良提供）

表 18-1 常用的几种典型的病原菌分离方法

分离种类	分离方法
病斑类病害病原菌的分离	从病斑部分切取每边 3～5 mm 的小块组织，在 70%乙醇中浸数秒钟后，移入 0.1%的升汞水溶液中处理 2～3 min，以灭菌水冲洗 3 次，移至培养皿的培养基中进行培养
维管束组织内病原菌的分离	从根茎维管束组织分离病原菌，可先将寄主发病部位表面用 70%乙醇擦拭消毒，将表皮组织用灭菌的解剖刀削去，然后切取其中小块变色的维管束组织，用升汞或漂白粉液消毒后，用灭菌水冲洗几次，移至培养基上（图 18-4）
根腐病病原菌的分离	根腐或基腐病菌的分离方法由材料的大小决定。材料小的可仿照斑点病的分离方法，材料大的则可以用维管束组织内病原菌的分离方法
肉质组织中病原菌的分离	多肉的根、茎及果实等，可以采用维管束组织内病原菌分离方法除去表面组织，切取小块病组织分离。如有杂菌感染可采用直接接种法，待出现症状后，用此法再进行分离
种子内病原菌分离	将整个种子或者种子的部分进行表面消毒（升汞或漂白粉），用灭菌水洗涤后，移至培养基上
孢子分离法	能产生大量孢子的病原菌，如青霉菌、链格孢等，则可配成孢子悬浮液用稀释法进行分离
土壤带菌分离法	为了研究一些菌物在土壤中存活和分布的情形，从病土中分离菌物是必要的。分离方法是将土壤取出少许，配制成悬浮液，然后使用稀释法进行分离

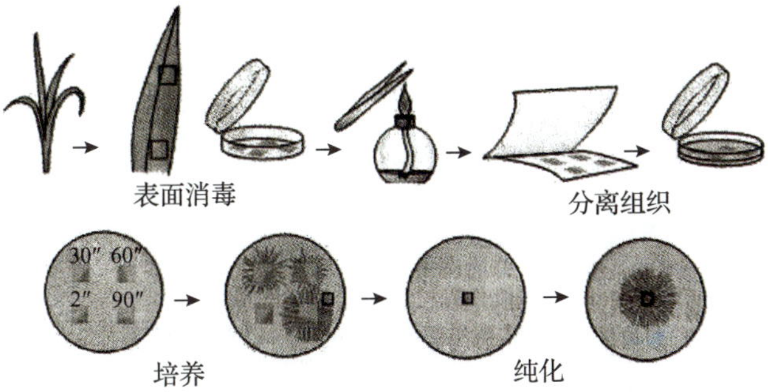

图 18-4 植物病原菌物组织分离方法示意（仿 Agrios，2005）

分离培养得到的病原菌，要按照柯赫氏法则确定致病性，并结合形态学观察、分子生物学完成病原菌的鉴定。

1.4.3 分子生物学鉴定法

传统植物病原物的鉴别是以发病症状和形态学观察进行的，对于形态特征差异较大的病原物容易识别，但对形态特征差别较小的病原物则无法进行鉴别。随着分子生物学技术的进步，将形态特征和 DNA 序列结合起来进行病原物鉴定更为准确和便捷(王鹏，2024)。分子生物学鉴定法就是利用 DNA 或 RNA 序列分析等方法，通过特异性引物或抗体将病原物从植物样品中分离出来，再进行进一步的检测和验证。

需要注意的是，不同的鉴定方法各有优劣，可以根据具体情况选择合适的方法。同时，多种鉴定方法的综合应用可以提高鉴定的准确性和可靠性，为植物病害的防治提供重要的科学依据。

本实验主要是利用形态学鉴定法进行病原鉴定，分子生物学鉴定法、血清学鉴定法等可参见“实验十一　植物病原菌物检测”“实验十二　植物病毒检测”和“实验十三　种子携带病原物检测与种子处理”。

2 实验目的

掌握植物病害标本采集方法、制作方法以及病原分离方法和鉴定方法，通过对植物病害标本的采集、制作以及病原分离和鉴定，探究植物病害的发生原因和病原种类，为植物病害的防治提供科学依据。

3 实验材料和用具

3.1 病害标本采集用具

进行植物病害标本采集需要用到的主要工具和物品有标本夹(图 18-5)、刀剪、铲、标本纸、采集号签、记录本等。采集号签很重要，对于菌物资源调查的更是如此，因此要详细填写。采集号签大小的硬纸片制成一端穿孔系以棉线，签上注明标本采集号、采集人姓名、采集时间，并挂在标本上。采集病害标本需要携带记录本，按照如表 18-2 所示进行植物病害标本采集记录。

图 18-5　标本夹

表 18-2　植物病害标本采集记录表

标本编号：	采集日期：
采集地点：	海拔：
寄主：	病害名称：
病征：	
症状特征：	
受害程度及分布情况：	
采集地环境：	
采集人：	
备注：	

3.2　植物菌物病害病原分离培养所用材料和用具

3.2.1　实验材料

番茄早疫病（由茄链格孢 *Alternaria solani* 引起）、水稻纹枯病（由茄丝核菌 *Rhizoctonia solani* 引起）、马铃薯晚疫病（由致病疫霉 *Phytophthora infestans* 引起）、番茄灰霉病（由灰葡萄孢 *Botrytis cinerea* 引起）、玉米大斑病（由大斑凸脐蠕孢 *Exserohilum turcicum* 引起）、玉米小斑病（由玉蜀黍平脐蠕孢 *Bipolaris maydis* 引起）、辣椒疫病（由辣椒疫霉 *Phytophthora capsici* 引起）、大豆灰斑病（由大豆尾孢 *Cercospora sojina* 引起）、玉米瘤黑粉病（由玉蜀黍黑粉菌 *Ustilago maydis* 引起）等病害的新鲜标本。

3.2.2　试剂

0.1%升汞溶液、灭菌水、70%乙醇（内放脱脂棉球）、5%乳酸。其中，0.1%升汞溶液配制方法如下：升汞 1 g，浓 HCl 2.5 mL，蒸馏水 1 000 mL，先将升汞溶于浓盐酸中，待充分溶解后，再加水稀释。升汞是剧毒药物，操作时应特别小心。

3.2.3　实验仪器和用品

超净工作台、微波炉、培养箱、吸管、吸水纸、酒精灯、解剖刀、医用剪刀、医用镊子、PDA 培养基、培养皿（直径 9 cm）、移液枪、火柴、记号笔、废液缸、医用青霉素和链霉素、乳酸。

3.3　植物菌物病害病原形态学鉴定所用材料和用具

3.3.1　实验材料

小麦条锈病（由条形柄锈菌小麦专化型 *Puccinia striiformis* f. sp. *tritici* 引起）、杨树锈病（由松杨栅锈菌 *Melampsora larici-populina* 引起）、槐树白粉病（由中国钩丝壳 *Uncinula sinensis* 引起）、芍药白粉病（由芍药白粉菌 *Erysiphe paeoniae* 引起）、小麦白粉病（由禾谷布氏白粉菌 *Blumeria graminis* 引起）、甘蓝霜霉病（由寄生霜霉 *Peronospora parasitica* 引起）、莴苣霜霉病（由莴苣盘梗霉 *Bremia lactucae* 引起）、白菜霜霉病（由寄生霜霉 *Peronospora parasitica* 引起）、大葱紫斑病（由葱链格孢 *Alternaria porri* 引起）、小麦散黑穗病（由小麦散黑粉

菌 *Ustilaga tritici* 引起)、苹果黑星病(由苹果黑星病菌 *Venturia inaequalis* 引起)等病害的蜡叶标本或新鲜标本。

3.3.2 试剂

浮载剂(蒸馏水)。

3.3.3 实验用具

光学显微镜、挑针、刀片、载玻片、盖玻片。

4 实验内容和方法

4.1 病害标本的采集

植物病害标本的采集方法包括以下步骤:

1)确定采集时间和地点

根据病害发生的时间和地点,选择合适的采集时间和地点。

2)准备采集工具

标本采集工具包括标本夹、剪刀、采集袋、标签、记录本等。

3)选择采集对象

选择具有典型症状的病害标本,根据不同的植物病害种类、症状、病状、病征的特点,采集不同时期及不同部位的病害标本。

4)采集过程

用剪刀剪取带有典型症状的植物叶片或枝条,注意避免病原物混杂,对不同种类的病害标本分别用纸夹(包)好,随采集随压制,或用湿布包好,防止变形、干燥卷缩。

5)记录相关信息

记录采集信息包括标本编号、寄主名称、病害名称、病害危害情况、采集地点、采集环境、采集日期、采集人等内容,将标签上的编号与同一份标本在记录本上的编号必须相符,以便查对。

6)标本整理和保存

将采集回来的植物病害标本夹在 2 张吸水纸之间,用绳子捆紧,前 3 天每天换 1 次吸水纸,后来几天每 2 天换 1 次吸水纸,直到标本干燥为止。

4.2 植物菌物病害病原分离培养法

4.2.1 分离前的准备工作

1)工作环境的清洁和消毒

分离工作应在清洁环境下进行,最好在超净工作台上进行。超净工作台要经过喷雾除尘,并用药物或紫外线照射消毒(常用 70%乙醇、2%煤酚皂液或 5%石炭酸液等喷雾;若用紫外线灯照射则需要 20~30 min)。注意事项:工作前最好将所需的物品都放在超净工作台内;保证工作人员自身洁净,工作前用肥皂洗手;无菌操作前要用 70%乙醇擦拭双手;工作中,特别在使用无菌操作间时，呼吸要轻，不要说话。

2)分离用具的消毒

凡是和分离材料接触的器皿(刀、剪、镊、针等)都要随时(至少在使用时)保持无菌，将这些用具浸于70%乙醇中，使用时在火焰上灭菌烧去乙醇，如此2～3次(刀、剪、镊等不宜在火焰上长时间灼烧，以防退火)。再次使用时，必须重复灭菌。培养皿、试管等要经过干热灭菌。培养基和稀释用蒸馏水都需要事先经过高压蒸汽灭菌。

3)分离材料选择

分离材料选择恰当与否，直接影响分离结果的成败。分离材料应选新鲜症状典型的单病斑病样。一般认为症状越典型、发病越轻和越新鲜的病害标本，分离得到病原菌物的概率越高。因此，采集的标本最好迅速分离，若距离较远，最好带上冰盒保存样品。

4)固体培养基的制作

事先配制PDA培养基，在微波炉或电炉上融化后放在超净工作台上降温至45 ℃左右，在酒精灯火焰近处拔下棉塞，向瓶内加入抗生素(如青霉素或链霉素)，一般只加入链霉素即可。如果系较难分离的病原菌物，可同时加入2种抗生素。将15 mL左右培养液倒入微开的培养皿内，轻轻摇动使之成平面，凝固后即成平板培养基。

4.2.2 植物病原菌物的分离方法

1)组织分离法

取单病斑的新鲜病叶(或其他分离材料)，用剪刀或解剖刀从病组织与健康组织交界处(稍带少许病组织即可)剪取约0.5 cm^2病组织数块。具体方法如下：

将病组织一起放入70%乙醇中浸3～5 s消毒并降低表面张力，用灭菌小镊子取出转放在0.1%升汞溶液(也可使用其他表面消毒剂)中消毒0.5 min、1 min、2 min、3 min或5 min。若植物组织柔嫩，则表面消毒时间短些；反之，则可长些。然后，放入灭菌水中连续漂洗3次，除去残留的消毒剂。将小镊子用火焰灭菌后，在酒精灯火旁微开皿盖，暂屏住呼吸，用灭菌镊子小心、迅速取材料均匀摆放在培养基平板上，每皿可放4～5块。切忌大开皿盖或离开火焰近区。将培养皿倒置放入25 ℃左右恒温箱内培养，1 d后开始观察，若小块病组织周围长出新的菌丝体即进行纯化，用灭菌接种环按无菌操作取边缘稍带培养基；较难分离混有细菌的样品时，可将其多次转移至带抗生素培养基的培养皿中，最后移至斜面试管中，待长满试管斜面后进行鉴定。显微镜检后，初步断定是否是所分离病原菌物，若是，则将病原菌物转入PDA斜面上培养，置于25 ℃恒温箱中培养备用。

2)稀释分离法

稀释分离法适用于土壤中的病原菌物和产生较多孢子的菌物的分离，本实验以玉米瘤黑粉病作为材料进行分离。具体方法如下：

取3个灭菌的培养皿，注明日期、材料、分离者姓名。利用移液枪吸取灭菌水，在每一个培养皿里分别注入0.5～1.0 mL；用移植环取1滴孢子悬浮液，与第一个培养皿中的灭菌水均匀混合，再从第一个培养皿移3环到第二个培养皿中，混合后再移3环到第三个培养皿中；将融化并冷却到45～50 ℃的PDA培养基，分别倒在3个培养皿中(为防止细菌污染，也可以每个培养皿加入1～2滴25%乳酸)，摇匀，凝固，使培养基与稀释的菌液充分混匀。将培养皿倒置放入25 ℃左右恒温箱内培养。数日后观察待分离菌物生长结果。

4.3 植物菌物病害病原形态学鉴定——临时玻片制作

本实验通过病原显微观察，根据病原形态学特征进行病原种类鉴定。对病原菌物进行显微观察，需要制作临时玻片。临时玻片的制作方法主要有如下步骤：

4.3.1 擦

用干净的纱布把载玻片和盖玻片擦拭干净(图 18-6)。

4.3.2 滴

把载玻片放在试验台上，用滴管在载玻片的中央滴一滴清水(图 18-7)。

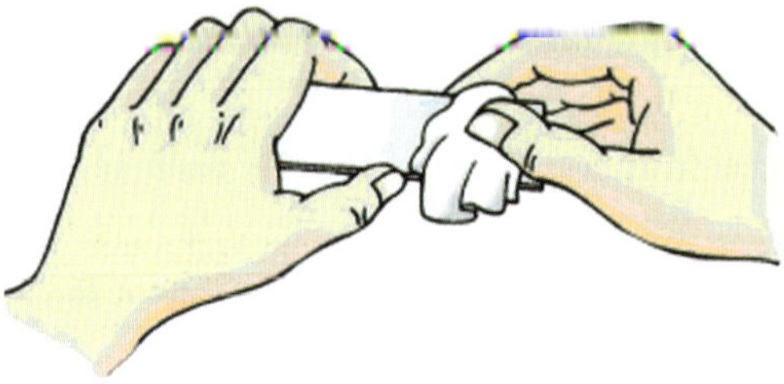

图 18-6 临时玻片制作——擦

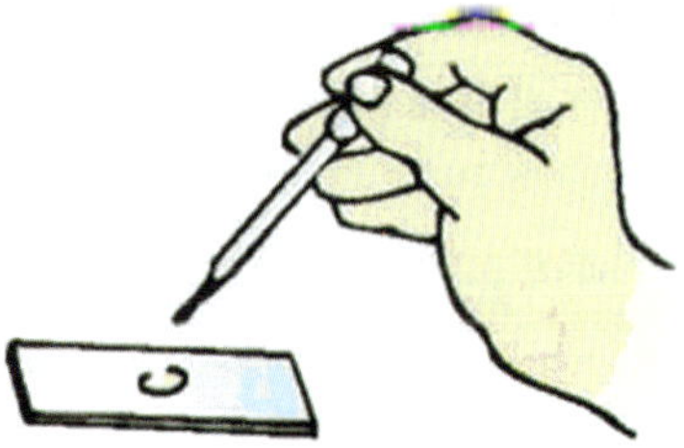

图 18-7 临时玻片制作——滴

4.3.3 挑、刮、放、散

用挑针或刀片从提供的腊叶标本或新鲜标本上挑取(刮取)表面的霉状物、粉状物等，浸入载玻片的水滴中，用挑针将菌物分散(图 18-8)。

4.3.4 盖

用镊子夹起盖玻片，使它的一侧先接触载玻片上的水滴，然后缓缓放平，防止气泡产生(图 18-9)。

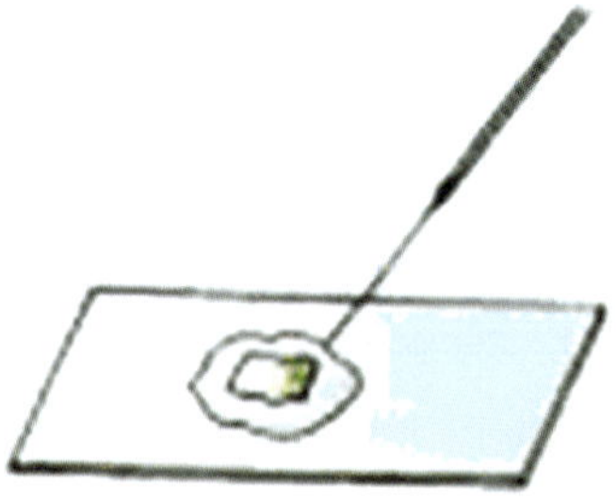

图 18-8 临时玻片制作——挑、刮、放、散

图 18-9 临时玻片制作——盖

临时玻片制作好后，即可利用光学显微镜进行观察，根据病原的形态特征，对病原进行种类鉴定。

5 作业

(1)按小组分别制作完整的植物病害标本 3 份，完成不同的菌物病害分离工作，交一管纯化后的菌种。如果不成功,要分析分离失败原因。

(2)绘制临时玻片制作中鉴定出来的病原菌形态图。

(3)标本采集制作中应注意哪些环节?

(4)影响植物病害标本的关键是什么?

(5)病原菌物的分离有哪些用途?怎样才能分离成功?

(6)在分离病原菌物时,向平板培养基中加入乳酸为什么会大大减少细菌的污染?

(7)如果要从土壤中分离某种病原菌,应当采取什么样的分离方法更为有效?

参考文献

崔继武,杨寒丽,2014. 植物病害标本的采集、制作和保存方法[J]. 河北农业,(1):36-37.

刘丽云,乔振杰,张红,2019. 植物腊叶标本的保存方法探讨[J]. 现代园艺,(20):219.

王鹏,夏乐乐,别赵薇,等,2024. 陆生路易斯安那鸢尾叶部病害病原分离与鉴定[J]. 分子植物育种,22(10):3253-3263.

王生荣,2013. 普通植物病理学实验[M]. 北京:北京大学出版社.

许志刚,2008. 植物检疫学普通植物病理学实验实习指导[M]. 2版. 北京:高等教育出版社.

(刘佳　编写)

附　录

附录一　主要植物病害调查和防治国家标准和农业行业标准名录

本附录收集了81个小麦、水稻、玉米、大麦、棉花、马铃薯、烟草、大豆、甘薯、黄瓜、白菜、番茄、辣椒、柑橘、香蕉等植物主要病害调查和防治的国家标准和农业行业标准，其中，国家标准15个，农业行业标准66个。其他标准可以参看“附录二　主要植物抗病性鉴定国家标准和农业行业标准名录”，为了避免重复，未在本附录中列出。

1　主要植物病害调查和防治国家标准

1.1　标准号:GB/T 15795—2011

标准中文名称：小麦条锈病测报技术规范；

标准英文名称：Rules for monitoring and forecast of the wheat stripe rust (*Puccinia striiformis* West)；

主要起草人：姜玉英、曾娟、商鸿生、姜瑞中；

发布单位：中华人民共和国国家质量监督检验检疫总局、中国国家标准化管理委员会；

发布日期：2011-09-29；

实施日期：2011-12-01。

1.2　标准号:GB/T 15796—2011

标准中文名称：小麦赤霉病测报技术规范；

标准英文名称：Rules for monitoring and forecast of the wheat head blight (*Fusarium graminearum* Schw. /*Gibberella zeae* (Schw.) Petch)；

主要起草人：姜玉英、曾娟、张芳；

发布单位：中华人民共和国国家质量监督检验检疫总局、中国国家标准化管理委员会；

发布日期：2011-09-29；

实施日期：2011-12-01。

1.3　标准号:GB/T 15797—2011

标准中文名称：小麦丛矮病测报技术规范；

标准英文名称：Rules for monitoring and forecast of the wheat rosette dwarf (wheat rosette stunt virus)；

主要起草人：姜玉英、曾娟、杨建国；

发布单位：中华人民共和国国家质量监督检验检疫总局、中国国家标准化管理委员会；

发布日期：2011-09-29；

实施日期：2011-12-01。

1.4 标准号：GB/T 15790—2009

标准中文名称：稻瘟病测报调查规范；

标准英文名称：Rules of investigation and forecast of the rice blast [*Pyricularia oryzae* (Cavara)]；

主要起草人：王建强、夏冰、刘宇；

发布单位：中华人民共和国国家质量监督检验检疫总局、中国国家标准化管理委员会；

发布日期：2009-03-27；

实施日期：2009-10-01。

1.5 标准号：GB/T 15791—2011

标准中文名称：稻纹枯病测报技术规范；

标准英文名称：Rules of monitoring and forecasting for the rice sheath blight (*Rhizoctonia solani* Kukn)；

主要起草人：张跃进、刘宇、杨荣明、谢茂昌、张天才、马辉、姜玉英、冯晓东、夏冰、曾娟；

发布单位：中华人民共和国国家质量监督检验检疫总局、中国国家标准化管理委员会；

发布日期：2011-09-29；

实施日期：2011-12-01。

1.6 标准号：GB/T 34967—2017

标准中文名称：北方水稻低温冷害等级；

标准英文名称：Grade of rice cold damage in northern China；

主要起草人：马树庆、马力文、袭祝香、王琪、李秀芬、陈素华、纪玲玲、张淑杰、刘静、姜丽霞、蔺豆豆；

发布单位：中华人民共和国国家质量监督检验检疫总局、中国国家标准化管理委员会；

发布日期：2017-11-01；

实施日期：2017-11-01。

1.7 标准号：GB/T 23391.1—2009

标准中文名称：玉米大、小斑病和玉米螟防治技术规范　第1部分：玉米大斑病；

标准英文名称：Technical specification for control of northern corn leaf blight, southern corn leaf blight and Asian corn borer—Part 1: Northern corn leaf blight；

主要起草人:陈捷、王振营、何康来、阎愫;
发布单位:中华人民共和国国家质量监督检验检疫总局、中国国家标准化管理委员会;
发布日期:2009-03-27;
实施日期:2009-10-01。

1.8 标准号:GB/T 23391.2—2009

标准中文名称:玉米大、小斑病和玉米螟防治技术规范　第2部分:玉米小斑病;
标准英文名称:Technical specification for control of northern corn leaf blight, southern corn leaf blight and Asian corn borer—Part 2: Southern leaf blight;
主要起草人:王晓鸣、王振营、何康来、阎愫;
发布单位:中华人民共和国国家质量监督检验检疫总局、中国国家标准化管理委员会;
发布日期:2009-03-27;
实施日期:2009-10-01。

1.9 标准号:GB/T 23222—2008

标准中文名称:烟草病虫害分级及调查方法;
标准英文名称:Grade and investigation method of tobacco diseases and insect pests;
主要起草人:任广伟、孔凡玉、王凤龙、钱玉梅、王刚、张成省、王秀芳、陈德鑫、王静、王新伟;
发布单位:中华人民共和国国家质量监督检验检疫总局、中国国家标准化管理委员会;
发布日期:2008-12-31;
实施日期:2009-06-01。

1.10 标准号:GB/T 23224—2008

标准中文名称:烟草品种抗病性鉴定;
标准英文名称:Identification of cultivar resistance to tobacco disease;
主要起草人:孔凡玉、王凤龙、张成省、钱玉梅、王静、陈德鑫、申莉莉;
发布单位:中华人民共和国国家质量监督检验检疫总局、中国国家标准化管理委员会;
发布日期:2008-12-31;
实施日期:2009-06-01。

1.11 标准号:GB/T 35335—2017

标准中文名称:黄瓜绿斑驳花叶病毒病监测规范;
标准英文名称:Guidelines for surveillance of *Cucumber green mottle mosaic virus*;
主要起草人:李潇楠、蔡明、熊红利、罗金燕、江冬、赵玉强;
发布单位:中华人民共和国国家质量监督检验检疫总局、中国国家标准化管理委员会;
发布日期:2017-12-29;
实施日期:2019-01-01。

1.12 标准号:GB/T 35272—2017

标准中文名称:柑橘溃疡病监测规范;
标准英文名称:Guidelines for surveillance of citrus canker;
主要起草人:刘慧、赵守岐、宁红、蒋辉、周浩东;
发布单位:中华人民共和国国家质量监督检验检疫总局、中国国家标准化管理委员会;
发布日期:2017-12-29;
实施日期:2019-01-01。

1.13 标准号:GB/T 35333—2017

标准中文名称:柑橘黄龙病监测规范;
标准英文名称:Guidelines for surveillance of citrus Huanglongbing;
主要起草人:刘慧、林云彪、陈军、孟幼青、朱莉、黄月英;
发布单位:中华人民共和国国家质量监督检验检疫总局、中国国家标准化管理委员会
发布日期:2017-12-29;
实施日期:2018-07-01。

1.14 标准号:GB/T 33036—2016

标准中文名称:香蕉穿孔线虫监测规范;
标准英文名称:Guidelines for surveillance of *Radopholus similis* (Cobb) Thorne;
主要起草人:冯晓东、李潇楠、丁建云、谢辉、崔建臣、秦萌、王晓亮;
发布单位:中华人民共和国国家质量监督检验检疫总局、中国国家标准化管理委员会
发布日期:2016-10-13;
实施日期:2017-05-01。

1.15 标准号:GB/T 35339—2017

标准中文名称:香焦枯萎病监测规范;
标准英文名称:Guidelines for surveillance of fusarium wilt of banana caused by *Fusarium oxysporum* f. sp. *cubense* (Smith) & Hansen Race 4;
主要起草人:李潇楠、任小平、吴仕豪、马叶、王琳、秦萌;
发布单位:中华人民共和国国家质量监督检验检疫总局、中国国家标准化管理委员会;
发布日期:2017-12-29;
实施日期:2019-01-01。

2 主要植物病害调查和防治农业行业标准

2.1 标准号:NY/T 613—2002

标准中文名称:小麦白粉病测报调查规范;

标准英文名称:Rules for the investigation and forecast of wheat powdery mildew [*Blumeria graminis* (DC.) Speer];

主要起草人:刘万才、姜玉英、张跃进、杨万海、张国彦;

发布单位:中华人民共和国农业部;

发布日期:2002-12-30;

实施日期:2003-03-01。

2.2 标准号:NY/T 614—2002

标准中文名称:小麦纹枯病测报调查规范;

标准英文名称:Rules for the investigation and forecast of wheat sharp eyespot (*Rhizoctonia* spp.);

主要起草人:姜玉英、韩梅、刘万才、刁春友、朱叶芹;

发布单位:中华人民共和国农业部;

发布日期:2002-12-30;

实施日期:2003-03-01。

2.3 标准号:NY/T 617—2002

标准中文名称:小麦叶锈病测报调查规范;

标准英文名称:Rules for the investigation and forecast of wheat leaf rust (*Puccinia recondita* Rob. *et* Desm.);

主要起草人:刘万才、张跃进、姜玉英、曹克强、王艳青;

发布单位:中华人民共和国农业部;

发布日期:2002-12-30;

实施日期:2003-03-01。

2.4 标准号:NY/T 2040—2011

标准中文名称:小麦黄花叶病测报技术规范;

标准英文名称:Rules for investigation and forecast technology of Wheat Yellow Mosaic;

主要起草人:曾娟、姜玉英、周彤、吴燕、高军;

发布单位:中华人民共和国农业部;

发布日期:2011-09-01;

实施日期:2011-12-01。

2.5 标准号:NY/T 3255—2018

标准中文名称:小麦全蚀病监测与防控技术规范;

标准英文名称:Technical specification for quarantine surveillance and control of *Gaeumannomyces graminis* var. *tritici*;

主要起草人:韩世平、王晓亮、李潇楠、毛红彦、杨丽荣、丁华峰、焦永吉、孙炳剑、闵红;

发布单位:中华人民共和国农业农村部;

发布日期:2018-07-27;

实施日期:2018-12-01。

2.6 标准号:NY/T 3533—2020

标准中文名称:小麦孢囊线虫鉴定和监测技术规程;

标准英文名称:Technical code of practice for identification and monitor of wheat cyst nematode;

主要起草人:彭德良、彭焕;黄文坤、孔令安;

发布单位:中华人民共和国农业农村部;

发布日期:2020-03-20;

实施日期:2020-07-01。

2.7 标准号:NY/T 4179—2022

标准中文名称:小麦茎基腐病测报技术规范;

标准英文名称:Technical specification for monitoring and forecast of wheat crown rot;

主要起草人:孙永忠、李佩玲、黄冲、勾建军、彭红、谢飞舟、于玲雅、高庆刚、宫瑞杰、张晓林、杜宝江、关秀敏、石朝鹏;

发布单位:中华人民共和国农业农村部;

发布日期:2022-11-11;

实施日期:2023-03-01。

2.8 标准号:NY/T 2285—2012

标准中文名称:水稻冷害田间调查及分级技术规范;

标准英文名称:Technical specification of field investigation and grading of chilling damage to rice;

主要起草人:李恩普、李祥洲、陈友权、李茂松、朱德峰、王海泽、张玉屏、叶志华、钱永忠、王春艳、王敏、郭林宇、段萌、戚亚梅、毛雪飞;

发布单位:中华人民共和国农业部;

发布日期:2012-12-24;

实施日期:2013-01-01。

2.9 标准号:NY/T 2631—2014

标准中文名称:南方水稻黑条矮缩病测报技术规范;

标准英文名称:Rules for investigation and forecast of southern rice black-streaked dwarf virus;

主要起草人:刘万才、陆明红、周益军、吴建祥、孔丽萍、王标、宋建辉、谢茂昌、陈玉托;

发布单位:中华人民共和国农业部;

发布日期:2014-10-17;

实施日期:2015-01-01。

2.10 标准号:NY/T 2730—2015

标准中文名称:水稻黑条矮缩病测报技术规范;

标准英文名称:Rules for investigation and forecast of disease caused by rice black-streaked dwarf virus;

主要起草人:陆明红、刘万才、朱凤、周彤、许渭根、邱坤、彭红;

发布单位:中华人民共和国农业部;

发布日期:2015-05-21;

实施日期:2015-08-01。

2.11 标准号:NY/T 2955—2016

标准中文名称:水稻品种试验　水稻黑条矮缩病抗性鉴定与评价技术规程;

标准英文名称:Technical regulation for identification and evaluation of rice black-streaked dwarf virus disease resistance in rice variety test;

主要起草人:周彤、曾波、兰莹、谷铁城、胡小军、许明、杜琳琳;

发布单位:中华人民共和国农业部;

发布日期:2016-10-26;

实施日期:2017-04-01。

2.12 标准号:NY/T 1609—2018

标准中文名称:水稻条纹叶枯病测报技术规范;

标准英文名称:Technical specification for investigation and forecast of the rice stripe virus;

主要起草人:陆明红、刘万才、包云轩、杨清坡、王建强、张跃进、刘宇、冯晓东、杨荣明、周益军;

发布单位:中华人民共和国农业农村部;

发布日期:2018-07-27;

实施日期:2018-12-01。

2.13 标准号:NY/T 3257—2018

标准中文名称:水稻稻瘟病抗性室内离体叶片鉴定技术规程;

标准英文名称:Technical code of practice for wounding inoculation of detached leaves for evaluation of rice resistance to the blast fungus (*Magnaporthe oryzae*);

主要起草人:赵文生、彭友良、杨普云、杨俊、朱晓明;

发布单位:中华人民共和国农业农村部;

发布日期:2018-07-27;

实施日期:2018-12-01。

2.14 标准号:NY/T 3624—2020

标准中文名称:水稻穗腐病抗性鉴定技术规程;

标准英文名称:Technical code of practice for identification of rice resistance to spikelet rot disease [*Fusarium proliferatum* (Matsushima) Nirenberg];

主要起草人:王玲、黄世文、刘连盟、郭荣、傅强、朱智伟;

发布单位:中华人民共和国农业农村部;

发布日期:2020-07-27;

实施日期:2020-11-01。

2.15 标准号:NY/T 3625—2020

标准中文名称:稻曲病抗性鉴定技术规程;

标准英文名称:Technical code of practice for identification of rice resistance to rice false smut [*Ustilaginoidea virens* (Cooke) Takahashi];

主要起草人:黄世文、王玲、刘连盟、郭荣、傅强、朱智伟;

发布单位:中华人民共和国农业农村部;

发布日期:2020-07-27;

实施日期:2020-11-01。

2.16 标准号:NY/T 3685—2020

标准中文名称:水稻稻瘟病抗性田间监测技术规程;

标准英文名称:Technical code of practice for monitoring resistance of rice cultivars to the blast fungus in the field;

主要起草人:杨普云、彭友良、杨俊、赵文生、朱晓明、张齐凤、张国芝、谢原利;

发布单位:中华人民共和国农业农村部;

发布日期:2020-08-26;

实施日期:2021-01-01。

2.17 标准号:NY/T 2621—2014

标准中文名称:玉米粗缩病测报技术规范;

标准英文名称:Technical specification for investigation and forecast of maize rough dwarf disease;

主要起草人:曾娟、姜玉英、关秀敏、苏加岱、纪国强、高军、朱先敏、徐永伟、刘杰、王莉、邱坤;

发布单位:中华人民共和国农业部;

发布日期:2014-10-17;

实施日期:2015-01-01。

2.18 标准号:NY/T 3546—2020

标准中文名称:玉米大斑病测报技术规程;

标准英文名称:Technical specification for forecast of corn leaf blight;

主要起草人:刘杰、姜玉英、张振铎、杨俊杰、刘莉、谢爱婷、包苏日嘎拉图、王振;

发布单位:中华人民共和国农业农村部;

发布日期:2020-03-20;

实施日期:2020-07-01。

2.19 标准号:NY/T 2952—2016

标准中文名称:棉花黄萎病抗性鉴定技术规程;

标准英文名称:Technical specification for evaluating resistance to verticillium wilt of cotton;

主要起草人:金石桥、冯自力、郭利磊、朱荷琴、李志芳、冯鸿杰、谷铁城、林玲、赵建军、赵丽红、师勇强、杨付新、许乃银、赵淑琴、曲辉英、霍晓妮、简桂良、王瑞清、钟文、刘桂珍、宋锦花、高增尚、陈蔡隽、刘金山;

发布单位:中华人民共和国农业部;

发布日期:2016-10-26;

实施日期:2017-04-01。

2.20 标准号:NY/T 3427—2019

标准中文名称:棉花品种枯萎病抗性鉴定技术规程;

标准英文名称:Technical code of practice for identification of cotton variety resistance to Fusarium wilt;

主要起草人:张毅、朱荷琴、冯自力、张芳、冯鸿杰、魏锋、赵丽红、师勇强;

发布单位:中华人民共和国农业农村部;

发布日期:2019-01-17;

实施日期:2019-09-01。

2.21 标准号：NY/T 3700—2020

标准中文名称：棉花黄萎病测报技术规范；

标准英文名称：Technical specification for forecast of cotton verticillium wilt；

主要起草人：姜玉英、刘杰、陆宴辉、魏新政、张武云、杨俊杰、次仁卓嘎、刘莉、杨桦、王蓓蓓；

发布单位：中华人民共和国农业农村部；

发布日期：2020-08-26；

实施日期：2021-01-01。

2.22 标准号：NY/T 4072—2022

标准中文名称：棉花枯萎病测报技术规范；

标准英文名称：Technical specification for forecast of cotton *Fusarium wilt*；

主要起草人：王惠卿、李晶、陆宴辉、姜玉英、刘杰、芦屹、魏新政、刘海洋、刘艳祥、任琛荣、罗兰；

发布单位：中华人民共和国农业农村部；

发布日期：2022-07-11；

实施日期：2022-10-01。

2.23 标准号：NY/T 1854—2010

标准中文名称：马铃薯晚疫病测报技术规范；

标准英文名称：Rules for investigation and forecast technology of the potato late blight [*Phytophthora infestans*（Mont.）de Bary]；

主要起草人：姜玉英、夏冰、冯晓东、姜京宇、刘祥贵、陈阳；

发布单位：中华人民共和国农业部；

发布日期：2010-05-20；

实施日期：2010-09-01。

2.24 标准号：NY/T 3060.1—2016

标准中文名称：大麦品种抗病性鉴定技术规程 第1部分：抗条纹病；

标准英文名称：Code of practice for evaluation of barley varieties for resistance to disease—Part 1：Barley stripe；

主要起草人：朱靖环、蔺瑞明、邱军、杨建明、郭青云、冯晶、汪军妹、王凤涛、贾巧君、姚强、王树杰、尚毅、华为、陈万权、徐世昌；

发布单位：中华人民共和国农业部；

发布日期：2016-12-23；

实施日期：2017-04-01。

2.25 标准号:NY/T 3060.2—2016

标准中文名称:大麦品种抗病性鉴定技术规程　第2部分:抗白粉病;

标准英文名称:Code of practice for evaluation of barley varieties for resistance to disease—Part 2: Powdery mildew;

主要起草人:周益林、蔺瑞明、邱军、范洁茹、冯晶、王凤涛、毕云青、尹开庆、刘猛道、陈万权、徐世昌;

发布单位:中华人民共和国农业部;

发布日期:2016-12-23;

实施日期:2017-04-01。

2.26 标准号:NY/T 3060.3—2016

标准中文名称:大麦品种抗病性鉴定技术规程　第3部分:抗赤霉病;

标准英文名称:Code of practice for evaluation of barley varieties for resistance to disease—Part 3: Head blight;

主要起草人:朱靖环、蔺瑞明、邱军、杨建明、冯晶、王瑞、贾巧君、王凤涛、汪军妹、华为、尚毅、陈万权、徐世昌;

发布单位:中华人民共和国农业部;

发布日期:2016-12-23;

实施日期:2017-04-01。

2.27 标准号:NY/T 3060.4—2016

标准中文名称:大麦品种抗病性鉴定技术规程　第4部分:抗黄花叶病;

标准英文名称:Code of practice for evaluation of barley varieties for resistance to disease—Part 4: Yellow mosaic;

主要起草人:许如根、蔺瑞明、邱军、吕超、冯晶、王凤涛、张新忠、郭宝健、陈万权、徐世昌;

发布单位:中华人民共和国农业部;

发布日期:2016-12-23;

实施日期:2017-04-01。

2.28 标准号:NY/T 3060.5—2016

标准中文名称:大麦品种抗病性鉴定技术规程　第5部分:抗根腐病;

标准英文名称:Code of practice for evaluation of barley varieties for resistance to disease—Part 5: Common root rot;

主要起草人:蔺瑞明、邱军、冯晶、王凤涛、刁艳玲、孙舟、陈万权、徐世昌;

发布单位:中华人民共和国农业部;

发布日期:2016-12-23;

实施日期:2017-04-01。

2.29 标准号:NY/T 3060.6—2016

标准中文名称:大麦品种抗病性鉴定技术规程　第 6 部分:抗黄矮病;

标准英文名称:Code of practice for evaluation of barley varieties for resistance to disease—Part 6: Yellow dwarf;

主要起草人:冯晶、蔺瑞明、邱军、王凤涛、强小林、王文峰、王翠玲、彭岳林、陈万权、徐世昌;

发布单位:中华人民共和国农业部;

发布日期:2016-12-23;

实施日期:2017-04-01。

2.30 标准号:NY/T 3060.7—2016

标准中文名称:大麦品种抗病性鉴定技术规程　第 7 部分:抗网斑病;

标准英文名称:Code of practice for evaluation of barley varieties for resistance to disease—Part 7: Net blotch;

主要起草人:蔺瑞明、邱军、冯晶、王凤涛、曹世勤、刘梅金、陈万权、徐世昌;

发布单位:中华人民共和国农业部;

发布日期:2016-12-23;

实施日期:2017-04-01。

2.31 标准号:NY/T 3060.8—2016

标准中文名称:大麦品种抗病性鉴定技术规程　第 8 部分:抗条锈病;

标准英文名称:Code of practice for evaluation of barley varieties for resistance to disease—Part 8: Stripe rust;

主要起草人:王凤涛、蔺瑞明、邱军、冯晶、强小林、王文峰、王翠玲、彭岳林、陈万权、徐世昌;

发布单位:中华人民共和国农业部;

发布日期:2016-12-23;

实施日期:2017-04-01。

2.32 标准号:NY/T 3060.9—2022

标准中文名称:大麦品种抗病性鉴定技术规程　第 9 部分:抗云纹病;

标准英文名称:Technical code of practice for evaluation of barley varieties for resistance to disease—Part 9: Scald;

主要起草人:蔺瑞明、王凤涛、冯晶、王建锋、姚强、张燕霞、姚小波、侯璐、吴昆仑、陈万权、徐世昌;

发布单位:中华人民共和国农业农村部;

发布日期:2022-11-11;

实施日期:2023-03-01。

2.33 标准号:NY/T 3060.10—2022

标准中文名称:大麦品种抗病性鉴定技术规程　第10部分:抗黑穗病;

标准英文名称:Technical code of practice for evaluation of barley varieties for resistance to disease—Part 10: Smuts;

主要起草人:蔺瑞明、王凤涛、王建锋、冯晶、姚小波、何东、刘何春、安震、孙丹、刁艳玲、陈万权、徐世昌;

发布单位:中华人民共和国农业农村部;

发布日期:2022-11-11;

实施日期:2023-03-01。

2.34 标准号:NY/T 2115—2012

标准中文名称:大豆疫霉病监测技术规范;

标准英文名称:Guidelines for quarantine surveillance of *Phytophthora sojae* Kaufmann & Gerdemann;

主要起草人:王福祥、陈继光、王源超、刘慧、隋广义、焦晓丹、冯晓东、杜淑梅、项宇、李潇楠;

发布单位:中华人民共和国农业部;

发布日期:2012-02-21;

实施日期:2012-05-01。

2.35 标准号:NY/T 3428—2019

标准中文名称:大豆品种大豆花叶病毒病抗性鉴定技术规程;

标准英文名称:Technical code of practice for evaluation of soybean resistance to soybean mosaic virus disease;

主要起草人:李凯、智海剑、张毅、盖钧镒、何艳琴、董志敏、刘佳、杨中路;

发布单位:中华人民共和国农业农村部;

发布日期:2019-01-17;

实施日期:2019-09-01。

2.36 标准号:NY/T 3939.1—2021

标准中文名称:甘薯主要病害抗性鉴定技术规程　第1部分:黑斑病;

标准英文名称:Technical code of practice for identification of resistance to sweetpotato diseases—Part 1: Sweetpotato black rot;

主要起草人:谢逸萍、杨冬静、孙厚俊、李宗芸、张成玲、张德胜、马居奎、邱思鑫、刘中华、张鸿、王欣、刘美艳、谢睿寰、张勍、唐伟;

发布单位:中华人民共和国农业农村部;

发布日期:2021-11-09;
实施日期:2022-05-01。

2.37　标准号:NY/T 3939.2—2021

标准中文名称:甘薯主要病害抗性鉴定技术规程　第2部分:茎线虫病;
标准英文名称:Technical code of practice for identification of resistance to sweetpotato diseases—Part 2: Sweetpotato stem nematode;
主要起草人:孙厚俊、谢逸萍、张成玲、杨冬静、马居奎、王容燕、邱思鑫、刘中华、张鸿、马娟、王欣、谢睿寰、张勍、唐伟;
发布单位:中华人民共和国农业农村部;
发布日期:2021-11-09;
实施日期:2022-05-01。

2.38　标准号:NY/T 3939.3—2021

标准中文名称:甘薯主要病害抗性鉴定技术规程　第3部分:根腐病;
标准英文名称:Technical code of practice for identification of resistance to sweetpotato diseases—Part 3: Sweetpotato root rot;
主要起草人:谢逸萍、张成玲、孙厚俊、杨冬静、马志民、马居奎、邱思鑫、刘中华、张鸿、王欣、蒋玉峰、谢睿寰、张勍、唐伟;
发布单位:中华人民共和国农业农村部;
发布日期 2021-11-09;
实施日期 2022-05-01。

2.39　标准号:NY/T 3939.4—2021

标准中文名称:甘薯主要病害抗性鉴定技术规程　第4部分:蔓割病;
标准英文名称:Technical code of practice for identification of resistance to sweetpotato diseases—Part 4: Sweetpotato fusarium wilt;
主要起草人:谢逸萍、邱思鑫、刘中华、张鸿、欧建龙、黄立飞、孙厚俊、张成玲、杨冬静、马居奎、蒋玉峰、谢睿寰、唐伟;
发布单位:中华人民共和国农业农村部;
发布日期:2021-11-09;
实施日期:2022-05-01。

2.40　标准号:NY/T 3939.5—2021

标准中文名称:甘薯主要病害抗性鉴定技术规程　第5部分:薯瘟病;
标准英文名称:Technical code of practice for identification of resistance to sweetpotato diseases—Part 5: Sweetpotato bacterial wilt;
主要起草人:谢逸萍、邱思鑫、刘中华、张鸿、孙厚俊、张成玲、杨冬静、马居奎、谢睿寰、唐伟；

发布单位：中华人民共和国农业农村部；

发布日期：2021-11-09；

实施日期：2022-05-01。

2.41　标准号：NY/T 3939.6—2021

标准中文名称：甘薯主要病害抗性鉴定技术规程　第 6 部分：疮痂病；

标准英文名称：Technical code of practice for identification of resistance to sweetpotato diseases—Part 6：Sweetpotato scab；

主要起草人：谢逸萍、邱思鑫、刘中华、张鸿、孙厚俊、张成玲、杨冬静、马居奎、黄立飞、谢睿寰、唐伟；

发布单位：中华人民共和国农业农村部；

发布日期：2021-11-09；

实施日期：2022-05-01。

2.42　标准号：NY/T 3080—2017

标准中文名称：大白菜抗黑腐病鉴定技术规程；

标准英文名称：Rule for evaluation of Chinese cabbage resistance to black rot；

主要起草人：杨宇红、谢丙炎、冯兰香、杨翠荣、茆振川、陈国华、凌键；

发布单位：中华人民共和国农业部；

发布日期：2017-06-12；

实施日期：2017-10-01。

2.43　标准号：NY/T 1857.1—2010

标准中文名称：黄瓜主要病害抗病性鉴定技术规程　第 1 部分：黄瓜抗霜霉病鉴定技术规程；

标准英文名称：Rules for evaluation of cucumber for resistance to diseases—Part 1：Rule for evaluation of cucumber for resistance to downy mildew；

主要起草人：杨宇红、谢丙炎、冯兰香、杨翠荣、龚慧芝；

发布单位：中华人民共和国农业部；

发布日期：2010-05-20；

实施日期：2010-09-01。

2.44　标准号：NY/T 1857.2—2010

标准中文名称：黄瓜主要病害抗病性鉴定技术规程　第 2 部分：黄瓜抗白粉病鉴定技术规程；

标准英文名称：Rules for evaluation of cucumber for resistance to diseases—Part 2：Rule for evaluation of cucumber for resistance to powdery mildew；

主要起草人：杨宇红、谢丙炎、冯兰香、杨翠荣、龚慧芝；
发布单位：中华人民共和国农业部；
发布日期：2010-05-20；
实施日期：2010-09-01。

2.45 标准号：NY/T 1857.3—2010

标准中文名称：黄瓜主要病害抗病性鉴定技术规程 第3部分：黄瓜抗枯萎病鉴定技术规程；

标准英文名称：Rules for evaluation of cucumber for resistance to diseases—Part 3：Rule for evaluation of cucumber for resistance to fusarium wilt；

主要起草人：杨宇红、谢丙炎、冯兰香、杨翠荣、龚慧芝；
发布单位：中华人民共和国农业部；
发布日期：2010-05-20；
实施日期：2010-09-01。

2.46 标准号：NY/T 1857.4—2010

标准中文名称：黄瓜主要病害抗病性鉴定技术规程 第4部分：黄瓜抗疫病鉴定技术规程；

标准英文名称：Rules for evaluation of cucumber for resistance to diseases—Part 4：Rule for evaluation of cucumber for resistance to phytophthora blight；

主要起草人：杨宇红、谢丙炎、冯兰香、杨翠荣、龚慧芝；
发布单位：中华人民共和国农业部；
发布日期：2010-05-20；
实施日期：2010-09-01。

2.47 标准号：NY/T 1857.5—2010

标准中文名称：黄瓜主要病害抗病性鉴定技术规程 第5部分：黄瓜抗黑星病鉴定技术规程；

标准英文名称：Rules for evaluation of cucumber for resistance to diseases—Part 5：Rule for evaluation of cucumber for resistance to cucumber scab；

主要起草人：杨宇红、谢丙炎、冯兰香、杨翠荣、龚慧芝；
发布单位：中华人民共和国农业部；
发布日期 2010-05-20；
实施日期 2010-09-01。

2.48 标准号：NY/T 1857.6—2010

标准中文名称：黄瓜主要病害抗病性鉴定技术规程 第6部分：黄瓜抗细菌性角斑病鉴定技术规程；

标准英文名称:Rules for evaluation of cucumber for resistance to diseases—Part 6: Rule for evaluation of cucumber for resistance to angular leaf spot;
主要起草人:杨宇红、谢丙炎、冯兰香、杨翠荣、龚慧芝;
发布单位:中华人民共和国农业部;
发布日期:2010-05-20;
实施日期:2010-09-01。

2.49 标准号:NY/T 1857.7—2010

标准中文名称:黄瓜主要病害抗病性鉴定技术规程　第7部分:黄瓜抗黄瓜花叶病毒病鉴定技术规程;
标准英文名称:Rules for evaluation of cucumber for resistance to diseases—Part 7: Rule for evaluation of cucumber for resistance to cucumber mosaic virus;
主要起草人:杨宇红、谢丙炎、冯兰香、杨翠荣、龚慧芝;
发布单位:中华人民共和国农业部;
发布日期:2010-05-20;
实施日期:2010-09-01。

2.50 标准号:NY/T 1857.8—2010

标准中文名称:黄瓜主要病害抗病性鉴定技术规程　第8部分:黄瓜抗南方根结线虫病鉴定技术规程;
标准英文名称:Rules for evaluation of cucumber for resistance to diseases—Part 8: Rule for evaluation of cucumber for resistance to southern root-knot nematode disease;
主要起草人:杨宇红、谢丙炎、冯兰香、杨翠荣、龚慧芝;
发布单位:中华人民共和国农业部;
发布日期:2010-05-20;
实施日期:2010-09-01。

2.51 标准号:NY/T 3864—2021

标准中文名称:黄瓜棒孢叶斑病、蔓枯病、炭疽病抗病性鉴定技术规程;
标准英文名称:Technical code of practice for identification of cucumber resistance against corynespora leaf spot, gummy stem blight, cucumber anthracnose;
主要起草人:石延霞、李宝聚、谢学文、柴阿丽、高苇、贲海燕、杨志花、孙建伟;
发布单位:中华人民共和国农业农村部;
发布日期:2021-05-07;
实施日期:2021-11-01。

2.52 标准号:NY/T 1858.1—2010

标准中文名称:番茄主要病害抗病性鉴定技术规程　第1部分:番茄抗晚疫病鉴定技术

规程；

标准英文名称：Rules for evaluation of tomato for resistance to diseases—Part 1：Rule for evaluation of tomato for resistance to late blight；

主要起草人：谢丙炎、冯兰香、杨宇红、杨翠荣、龚慧芝；

发布单位：中华人民共和国农业部；

发布日期：2010-05-20；

实施日期：2010-09-01。

2.53 标准号：NY/T 1858.2—2010

标准中文名称：番茄主要病害抗病性鉴定技术规程　第 2 部分：番茄抗叶霉病鉴定技术规程；

标准英文名称：Rules for evaluation of tomato for resistance to diseases—Part 2：Rule for evaluation of tomato for resistance to leaf mold；

主要起草人：谢丙炎、冯兰香、杨宇红、杨翠荣、龚慧芝；

发布单位：中华人民共和国农业部；

发布日期：2010-05-20；

实施日期：2010-09-01。

2.54 标准号：NY/T 1858.3—2010

标准中文名称：番茄主要病害抗病性鉴定技术规程　第 3 部分：番茄抗枯萎病鉴定技术规程；

标准英文名称：Rules for evaluation of tomato for resistance to diseases—Part 3：Rule for evaluation of tomato for resistance to fusarium wilt；

主要起草人：谢丙炎、冯兰香、杨宇红、杨翠荣、龚慧芝；

发布单位：中华人民共和国农业部；

发布日期：2010-05-20；

实施日期：2010-09-01。

2.55 标准号：NY/T 1858.4—2010

标准中文名称：番茄主要病害抗病性鉴定技术规程　第 4 部分：番茄抗青枯病鉴定技术规程；

标准英文名称：Rules for evaluation of tomato for resistance to diseases—Part 4：Rule for evaluation of tomato for resistance to bacterial wilt；

主要起草人：谢丙炎、冯兰香、杨宇红、杨翠荣、龚慧芝；

发布单位：中华人民共和国农业部；

发布日期：2010-05-20；

实施日期：2010-09-01。

2.56 标准号:NY/T 1858.5—2010

标准中文名称:番茄主要病害抗病性鉴定技术规程 第5部分:番茄抗疮痂病鉴定技术规程;

标准英文名称:Rules for evaluation of tomato for resistance to diseases—Part 5: Rule for evaluation of tomato for resistance to bacterial scab;

主要起草人:谢丙炎、冯兰香、杨宇红、杨翠荣、龚慧芝;

发布单位:中华人民共和国农业部;

发布日期:2010-05-20;

实施日期:2010-09-01。

2.57 标准号:NY/T 1858.6—2010

标准中文名称:番茄主要病害抗病性鉴定技术规程 第6部分:番茄抗番茄花叶病毒病鉴定技术规程;

标准英文名称:Rules for evaluation of tomato for resistance to diseases—Part 6: Rule for evaluation of tomato for resistance to tomato mosaic virus;

主要起草人:谢丙炎、冯兰香、杨宇红、杨翠荣、龚慧芝;

发布单位:中华人民共和国农业部;

发布日期:2010-05-20;

实施日期:2010-09-01。

2.58 标准号:NY/T 1858.7—2010

标准中文名称:番茄主要病害抗病性鉴定技术规程 第7部分:番茄抗黄瓜花叶病毒病鉴定技术规程;

标准英文名称:Rules for evaluation of tomato for resistance to diseases—Part 7: Rule for evaluation of tomato for resistance to cucumber mosaic virus;

主要起草人:谢丙炎、冯兰香、杨宇红、杨翠荣、龚慧芝;

发布单位:中华人民共和国农业部;

发布日期:2010-05-20;

实施日期:2010-09-01。

2.59 标准号:NY/T 1858.8—2010

标准中文名称:番茄主要病害抗病性鉴定技术规程 第8部分:番茄抗南方根结线虫病鉴定技术规程;

标准英文名称:Rules for evaluation of tomato for resistance to diseases—Part 8: Rule for evaluation of tomato for resistance to Southern root-knot nematode;

主要起草人:谢丙炎、冯兰香、杨宇红、杨翠荣、龚慧芝;

发布单位:中华人民共和国农业部;

发布日期:2010-05-20;
实施日期:2010-09-01。

2.60 标准号:NY/T 2060.1—2011

标准中文名称:辣椒抗病性鉴定技术规程 第1部分:辣椒抗疫病鉴定技术规程;
标准英文名称:Rules for evaluation of pepper for resistance to diseases—Part 1: Rule for evaluation of pepper for resistance to phytophthora blight;
主要起草人:杨宇红、谢丙炎、冯兰香、杨翠荣、龚慧芝、茆振川、陈国华;
发布单位:中华人民共和国农业部;
发布日期:2011-09-01;
实施日期:2011-12-01。

2.61 标准号:NY/T 2060.2—2011

标准中文名称:辣椒抗病性鉴定技术规程 第2部分:辣椒抗青枯病鉴定技术规程;
标准英文名称:Rules for evaluation of pepper for resistance to diseases—Part 2: Rule for evaluation of pepper for resistance to bacterial wilt;
主要起草人:杨宇红、谢丙炎、冯兰香、杨翠荣、龚慧芝、茆振川、陈国华;
发布单位:中华人民共和国农业部;
发布日期:2011-09-01;
实施日期:2011-12-01。

2.62 标准号:NY/T 2060.3—2011

标准中文名称:辣椒抗病性鉴定技术规程 第3部分:辣椒抗烟草花叶病毒病鉴定技术规程;
标准英文名称:Rules for evaluation of pepper for resistance to diseases—Part 3: Rule for evaluation of pepper for resistance to tobacco mosaic virus;
主要起草人:杨宇红、谢丙炎、冯兰香、杨翠荣、龚慧芝、茆振川、陈国华;
发布单位:中华人民共和国农业部;
发布日期:2011-09-01;
实施日期:2011-12-01。

2.63 标准号:NY/T 2060.4—2011

标准中文名称:辣椒抗病性鉴定技术规程 第4部分:辣椒抗黄瓜花叶病毒病鉴定技术规程;
标准英文名称:Rules for evaluation of pepper for resistance to diseases—Part 4: Rule for evaluation of pepper for resistance to cucumber mosaic virus;
主要起草人:杨宇红、谢丙炎、冯兰香、杨翠荣、龚慧芝、茆振川、陈国华;
发布单位:中华人民共和国农业部;

发布日期:2011-09-01;

实施日期:2011-12-01。

2.64 标准号:NY/T 2060.5—2011

标准中文名称:辣椒抗病性鉴定技术规程 第5部分:辣椒抗南方根结线虫病鉴定技术规程;

标准英文名称:Rules for evaluation of pepper for resistance to diseases—Part 5: Rule for evaluation of pepper for resistance to southern root-knot nematode disease;

主要起草人:杨宇红、谢丙炎、冯兰香、杨翠荣、龚慧芝、茆振川、陈国华;

发布单位:中华人民共和国农业部;

发布日期:2011-09-01;

实施日期:2011-12-01。

2.65 标准号:NY/T 2248—2012

标准中文名称:热带作物品种资源抗病虫性鉴定技术规程 香蕉叶斑病、香蕉枯萎病和香蕉根结线虫病;

标准英文名称:Evaluation technical code of tropical crop germplasm for resistance to pests—Banana sigatoka, banana fusarium wilt and banana root knot nematode disease;

主要起草人:谢艺贤、时涛、刘先宝、黄贵修、杨腊英;

发布单位:中华人民共和国农业部;

发布日期:2012-12-07;

实施日期:2013-03-01。

2.66 标准号:NY/T 2817—2015

标准中文名称:热带作物病虫害监测技术规程 香蕉枯萎病;

标准英文名称:Technical regulation on monitoring of the tropical plant pests—Banana wilt disease;

主要起草人:黄俊生、王国芬、张欣、杨腊英、王福祥、李潇楠、任小平、汪军;

发布单位:中华人民共和国农业部;

发布日期:2015-10-09;

实施日期:2015-12-01。

(王海光 编写)

附录二　主要植物抗病性鉴定国家标准和农业行业标准名录

本附录收集整理了30个玉米、小麦、水稻、大豆、花生、马铃薯、棉花等作物抗病性鉴定的国家标准和农业行业标准，其中，国家标准2个，农业行业标准28个。

1　玉米抗病性鉴定标准

1.1　标准号:NY/T 1248.1—2006

标准中文名称：玉米抗病虫性鉴定技术规范　第1部分：玉米抗大斑病鉴定技术规范；

标准英文名称：Rules for evaluation of maize for resistance to pests—Part 1: Rule for evaluation of maize for resistance to northern corn leaf blight;

主要起草人：王晓鸣、戴法超、朱振东、何康来、王锡锋；

发布单位：中华人民共和国农业部；

发布日期：2006-12-06；

实施日期：2007-02-01。

1.2　标准号:NY/T 1248.2—2006

标准中文名称：玉米抗病虫性鉴定技术规范　第2部分：玉米抗小斑病鉴定技术规范；

标准英文名称：Rules for evaluation of maize for resistance to pests—Part 2: Rule for evaluation of maize for resistance to southern corn leaf blight;

主要起草人：王晓鸣、戴法超、朱振东、何康来、王锡锋；

发布单位：中华人民共和国农业部；

发布日期：2006-12-06；

实施日期：2007-02-01。

1.3　标准号:NY/T 1248.3—2006

标准中文名称：玉米抗病虫性鉴定技术规范　第3部分：玉米抗丝黑穗病鉴定技术规范；

标准英文名称：Rules for evaluation of maize for resistance to pests—Part 3: Rule for evaluation of maize for resistance to head smut

主要起草人：王晓鸣、戴法超、朱振东、何康来、王锡锋；

发布单位：中华人民共和国农业部；

发布日期：2006-12-06；

实施日期：2007-02-01。

1.4 标准号:NY/T 1248.4—2006

标准中文名称:玉米抗病虫性鉴定技术规范 第4部分:玉米抗矮花叶病鉴定技术规范;

标准英文名称:Rules for evaluation of maize for resistance to pests—Part 4: Rule for evaluation of maize for resistance to maize dwarf mosaic;

主要起草人:王晓鸣、戴法超、朱振东、何康来、王锡锋;

发布单位:中华人民共和国农业部;

发布日期:2006-12-06;

实施日期:2007-02-01。

1.5 标准号:NY/T 1248.6—2016

标准中文名称:玉米抗病虫性鉴定技术规范 第6部分:腐霉茎腐病;

标准英文名称:Technical specification on evaluation of maize resistance to pests—Part 6: Pythium stalk rot;

主要起草人:王晓鸣、孙世贤、石洁、李晓、晋齐鸣;

发布单位:中华人民共和国农业部;

发布日期:2016-10-26;

实施日期:2017-04-01。

1.6 标准号:NY/T 1248.7—2016

标准中文名称:玉米抗病虫性鉴定技术规范 第7部分:镰孢茎腐病;

标准英文名称:Technical specification on evaluation of maize resistance to pests—Part 7: Fusarium and gibberella stalk rot;

主要起草人:石洁、孙世贤、王晓鸣、李晓、晋齐鸣;

发布单位:中华人民共和国农业部;

发布日期:2016-10-26;

实施日期:2017-04-01。

1.7 标准号:NY/T 1248.8—2016

标准中文名称:玉米抗病虫性鉴定技术规范 第8部分:镰孢穗腐病;

标准英文名称:Technical specification on evaluation of maize resistance to pests—Part 8: Fusarium and gibberella ear rot;

主要起草人:王晓鸣、孙世贤、石洁、李晓、晋齐鸣;

发布单位:中华人民共和国农业部;

发布日期:2016-10-26;

实施日期:2017-04-01。

1.8 标准号:NY/T 1248.9—2016

标准中文名称:玉米抗病虫性鉴定技术规范　第 9 部分:纹枯病;

标准英文名称:Technical specification on evaluation of maize resistance to pests—Part 9: Banded leaf and sheath blight;

主要起草人:李晓、孙世贤、王晓鸣、石洁、晋齐鸣;

发布单位:中华人民共和国农业部;

发布日期:2016-10-26;

实施日期:2017-04-01。

1.9 标准号:NY/T 1248.10—2016

标准中文名称:玉米抗病虫性鉴定技术规范　第 10 部分:弯孢叶斑病;

标准英文名称:Technical specification on evaluation of maize resistance to pests—Part 10: Curvularia leaf spot;

主要起草人:王晓鸣、孙世贤、石洁、李晓、晋齐鸣;

发布单位:中华人民共和国农业部;

发布日期:2016-10-26;

实施日期:2017-04-01。

1.10 标准号:NY/T 1248.11—2016

标准中文名称:玉米抗病虫性鉴定技术规范　第 11 部分:灰斑病;

标准英文名称:Technical specification on evaluation of maize resistance to pests—Part 11: Gray leaf spot;

主要起草人:晋齐鸣、李晓、孙世贤、王晓鸣、石洁;

发布单位:中华人民共和国农业部;

发布日期:2016-10-26;

实施日期:2017-04-01。

1.11 标准号:NY/T 1248.12—2016

标准中文名称:玉米抗病虫性鉴定技术规范　第 12 部分:瘤黑粉病;

标准英文名称:Technical specification on evaluation of maize resistance to pests—Part 12: Common smut;

主要起草人:石洁、孙世贤、王晓鸣、晋齐鸣、李晓;

发布单位:中华人民共和国农业部;

发布日期:2016-10-26;

实施日期:2017-04-01。

1.12 标准号:NY/T 1248.13—2016

标准中文名称:玉米抗病虫性鉴定技术规范 第13部分:粗缩病;

标准英文名称:Technical specification on evaluation of maize resistance to pests—Part 13: Maize rough dwarf disease;

主要起草人:王晓鸣、孙世贤、石洁、李晓、晋齐鸣;

发布单位:中华人民共和国农业部;

发布日期:2016-10-26;

实施日期:2017-04-01。

1.13 标准号:NY/T 1248.14—2021

标准中文名称:玉米抗病虫性鉴定技术规范 第14部分:南方锈病;

标准英文名称:Technical specification for identification of maize resistance to pests—Part 14: southern corn rust;

主要起草人:李坡、段灿星、邱军、石洁、郭宁、刘树森、张海剑、王晓鸣、金戈;

发布单位:中华人民共和国农业农村部;

发布日期:2021-05-07;

实施日期:2021-11-01。

2 小麦抗病性鉴定标准

2.1 标准号 NY/T 1443.1—2007

标准中文名称:小麦抗病虫性评价技术规范 第1部分:小麦抗条锈病评价技术规范;

标准英文名称:Rules for resistance evaluation of wheat to diseases and insect pests—Part 1: Rule for resistance evaluation of wheat to yellow rust (*Puccinia striiformis* West. f. sp. *tritici* Eriks. et Henn.);

主要起草人:陈万权、刘太国、陈巨莲、徐世昌;

发布单位:中华人民共和国农业部;

发布日期:2007-09-14;

实施日期:2007-12-01。

2.2 标准号:NY/T 1443.2—2007

标准中文名称:小麦抗病虫性评价技术规范 第2部分:小麦抗叶锈病评价技术规范;

标准英文名称:Rules for resistance evaluation of wheat to diseases and insect pests—Part 2: Rule for resistance evaluation of wheat to leaf rust [*Puccinia triticina* (=*P. recondita* Roberge ex Desmaz. f. sp. *tritici*)];

主要起草人：陈万权、刘太国、陈巨莲、徐世昌；
发布单位：中华人民共和国农业部；
发布日期：2007-01-14；
实施日期：2007-12-01。

2.3 标准号：NY/T 1443.3—2007

标准中文名称：小麦抗病虫性评价技术规范　第3部分：小麦抗秆锈病评价技术规范；
标准英文名称：Rules for resistance evaluation of wheat to diseases and insect pests—Part 3：Rule for resistance evaluation of wheat to stem rust [*Puccinia graninis* (Pers.) f. sp. *tritici* Eriks. et Henn.]；
主要起草人：陈万权、刘太国、陈巨莲、徐世昌；
发布单位：中华人民共和国农业部；
发布日期：2007-01-14；
实施日期：2007-12-01。

2.4 标准号：NY/T 1443.4—2007

标准中文名称：小麦抗病虫性评价技术规范　第4部分：小麦抗赤霉病评价技术规范；
标准英文名称：Rules for resistance evaluation of wheat to diseases and insect pests—Part 4：Rule for resistance evaluation of wheat to wheat scab {*Fusarium graminearum* Schwabe [Teleomorph *Gibberella zeae* (Schwein) Petch]}；
主要起草人：陈万权、刘太国、陈巨莲、陈怀谷；
发布单位：中华人民共和国农业部；
发布日期：2007-01-14；
实施日期：2007-12-01。

2.5 标准号：NY/T 1443.5—2007

标准中文名称：小麦抗病虫性评价技术规范　第5部分：小麦抗纹枯病评价技术规范；
标准英文名称：Rules for resistance evaluation of wheat to diseases and insect pests—Part 5：Rule for resistance evaluation of wheat to sharp eyespot (*Rhizoctonia cerealis* Van der Hoeven *and R. solani* Kühn)；
主要起草人：陈万权、刘太国、陈巨莲、段霞瑜；
发布单位：中华人民共和国农业部；
发布日期：2007-09-14；
实施日期：2007-12-01。

2.6 标准号：NY/T 1443.6—2007

标准中文名称：小麦抗病虫性评价技术规范　第6部分：小麦抗黄矮病评价技术规范；
标准英文名称：Rules for resistance evaluation of wheat to diseases and insect pests—

Part 6: Rule for resistance evaluation of wheat to BYDV (*Barley yellow dwarf virus*);

主要起草人:陈万权、刘太国、陈巨莲、刘艳、王锡锋;

发布单位:中华人民共和国农业部;

发布日期:2007-09-14;

实施日期:2007-12-01。

3 水稻

标准号:NY/T 2720—2015

标准中文名称:水稻抗纹枯病鉴定技术规范;

标准英文名称:Rules for evaluation of rice for resistance to sheath blight (*Rhizoctonia solani* Kühn);

主要起草人:黄世文、王玲、刘连盟、郭泽建、潘学彪、周而勋、鲁国东、王政逸、陈旭君、左示敏;

发布单位:中华人民共和国农业部;

发布日期:2015-05-21;

实施日期:2015-08-01。

4 大豆

4.1 标准号:NY/T 3114.1—2017

标准中文名称:大豆抗病虫性鉴定技术规范　第1部分:大豆抗花叶病毒病鉴定技术规范;

标准英文名称:Technical specification for evaluation of soybean for resistance to pests—Part 1: Technical specification for evaluation of soybean for resistance to soybean mosaic virus disease;

主要起草人:晋齐鸣、张伟、苏前富、宋淑云、李红、孟玲敏、贾娇、王永志;

发布单位:中华人民共和国农业部;

发布日期:2017-09-30;

实施日期:2018-01-01。

4.2 标准号:NY/T 3114.2—2017

标准中文名称:大豆抗病虫性鉴定技术规范　第2部分:大豆抗灰斑病鉴定技术规范;

标准英文名称:Technical specification for evaluation of soybean for resistance to pests—

Part 2：Technical specification for evaluation of soybean for resistance to frogeye leaf spot；

主要起草人：晋齐鸣、张伟、苏前富、宋淑云、李红、孟玲敏、贾娇；

发布单位：中华人民共和国农业部；

发布日期：2017-09-30；

实施日期：2018-01-01。

4.3 标准号：NY/T 3114.3—2017

标准中文名称：大豆抗病虫性鉴定技术规范　第3部分：大豆抗霜霉病鉴定技术规范；

标准英文名称：Technical specification for evaluation of soybean for resistance to pests—Part 3：Technical specification for evaluation of soybean for resistance to soybean downy mildew；

主要起草人：晋齐鸣、张伟、苏前富、宋淑云、李红、孟玲敏、贾娇；

发布单位：中华人民共和国农业部；

发布日期：2017-09-30；

实施日期：2018-01-01。

4.4 标准号：NY/T 3114.4—2017

标准中文名称：大豆抗病虫性鉴定技术规范　第4部分：大豆抗细菌性斑点病鉴定技术规范；

标准英文名称：Technical specification for evaluation of soybean for resistance to pests—Part 4：Technical specification for evaluation of soybean for resistance to soybean bacterial blight；

主要起草人：晋齐鸣、张伟、苏前富、宋淑云、李红、孟玲敏、贾娇；

发布单位：中华人民共和国农业部；

发布日期：2017-09-30；

实施日期：2018-01-01。

5 花生

标准号：NY/T 3062—2016

标准中文名称：花生种质资源抗青枯病鉴定技术规范；

标准英文名称：Code of practice for evaluation of resistance to bacterial wilt in peanut germplasm；

主要起草人：晏立英、廖伯寿、雷永、姜慧芳、任小平、陈玉宁、万丽云、康彦平、周小静、黄莉、吴昌湛、马皓；

发布单位：中华人民共和国农业部；

发布日期：2016-12-23；

实施日期:2017-04-01。

6 马铃薯

6.1 标准号:NY/T 3063—2016

标准中文名称:马铃薯抗晚疫病室内鉴定技术规程;
标准英文名称:Code of practice for evaluation of potato resistance to late blight in greenhouse;
主要起草人:杨宇红、谢丙炎、冯兰香、茆振川、凌键、陈国华;
发布单位:中华人民共和国农业部;
发布日期:2016-12-23;
实施日期:2017-04-01。

6.2 标准号:NY/T 3346—2019

标准中文名称:马铃薯抗青枯病鉴定技术规程;
标准英文名称:Technical code of practice for evaluation of potato resistance to bacterial wilt;
主要起草人:杨宇红、谢丙炎、茆振川、凌键、李彦;
发布单位:中华人民共和国农业农村部;
发布日期:2019-01-17;
实施日期:2019-09-01。

6.3 标准号:NY/T 3622—2020

标准中文名称:马铃薯抗马铃薯Y病毒病鉴定技术规程;
标准英文名称:Technical code of practice for evaluation of potato resistance to Potato virus Y;
主要起草人:杨宇红、茆振川、谢丙炎、凌键、李彦、徐东辉;
发布单位:中华人民共和国农业农村部;
发布日期:2020-07-27;
实施日期:2020-11-01。

7 棉花

7.1 标准号:GB/T 22101.4—2009

标准中文名称:棉花抗病虫性评价技术规范　第4部分:枯萎病;

标准英文名称：Technical specification for evaluating resistance of cotton to diseases and insect pests—Part 4：Fusarium wilt；

主要起草人：简桂良、孙文姬、马存、石磊岩、邹亚飞、郭荣；

发布单位：中华人民共和国国家质量监督检验检疫总局、中国国家标准化管理委员会；

发布日期：2009-10-30；

实施日期：2009-12-01。

7.2 标准号：GB/T 22101.5—2009

标准中文名称：棉花抗病虫性评价技术规范　第5部分：黄萎病；

标准英文名称：Technical specification for evaluating resistance of cotton to diseases and insect pests—Part 5：Verticillium wilt；

主要起草人：简桂良、孙文姬、马存、石磊岩、邹亚飞、郭荣；

发布单位 中华人民共和国国家质量监督检验检疫总局、中国国家标准化管理委员会；

发布日期 2009-10-30；

实施日期 2009-12-01。

（曹志艳　编写）

附录三　我国植物病害管理方面的法律法规名录

植物病害和病原物与农业生产安全、粮食安全、生物安全、生态安全、国家安全有关，国家制定了不少有关植物病害和病原物管理方面的法律法规，这些法律法规的制定意义重大。通过这些法律法规，可以增强学生的法律意识，加强学生的生物安全意识和对生态文明建设的认识，可让学生认识到党和国家与时俱进，体会到党的先进性，增强学生的制度自信，培养学生的“大国三农”情怀和爱国情怀，激发学生“强农”“兴农”，保障我国粮食安全、服务农业农村现代化、建设社会主义现代化国家的责任感和使命感。

1 《中华人民共和国农业法》

《中华人民共和国农业法》(1993 年 7 月 2 日第八届全国人民代表大会常务委员会第二次会议通过　2002 年 12 月 28 日第九届全国人民代表大会常务委员会第三十一次会议修订　根据 2009 年 8 月 27 日第十一届全国人民代表大会常务委员会第十次会议《关于修改部分法律的决定》第一次修正　根据 2012 年 12 月 28 日第十一届全国人民代表大会常务委员会第三十次会议《关于修改〈中华人民共和国农业法〉的决定》第二次修正)。

http://www.npc.gov.cn/zgrdw/npc/xinwen/2012-12/29/content_1749530.htm

https://flk.npc.gov.cn/detail2.html?MmM5MDlmZGQ2NzhiZjE3OTAxNjc4YmY3NGUxMTA2YmQ%3D

2 《中华人民共和国森林法》

《中华人民共和国森林法》(1984 年 9 月 20 日第六届全国人民代表大会常务委员会第七次会议通过　根据 1998 年 4 月 29 日第九届全国人民代表大会常务委员会第二次会议《关于修改〈中华人民共和国森林法〉的决定》第一次修正　根据 2009 年 8 月 27 日第十一届全国人民代表大会常务委员会第十次会议《关于修改部分法律的决定》第二次修正　2019 年 12 月 28 日第十三届全国人民代表大会常务委员会第十五次会议修订)。

https://www.gov.cn/xinwen/2019-12/28/content_5464831.htm

https://flk.npc.gov.cn/detail2.html?ZmY4MDgwODE3MWU5ZTE4MTAxNzI3ZTU1NDM2MjdmNTI%3D

3 《中华人民共和国农业技术推广法》

《中华人民共和国农业技术推广法》(1993 年 7 月 2 日第八届全国人民代表大会常务委员会第二次会议通过　根据 2012 年 8 月 31 日第十一届全国人民代表大会常务委员会第二十八次会议《关于修改〈中华人民共和国农业技术推广法〉的决定》第一次修正　根据 2024 年 4 月 26 日第十四届全国人民代表大会常务委员会第九次会议《关于修改〈中华人民共和国农业技术推广法〉〈中华人民共和国未成年人保护法〉〈中华人民共和国生物安全法〉的决定》第二次修正)。

https://flk.npc.gov.cn/detail2.html?ZmY4MDgxODE4ZjE5N2NmMDAxOTA1ZTUwY2ZhMTM1OWY%3D

4 《中华人民共和国种子法》

《中华人民共和国种子法》(2000 年 7 月 8 日第九届全国人民代表大会常务委员会第十六次会议通过　2004 年 8 月 28 日第十届全国人民代表大会常务委员会第十一次会议《关于修改〈中华人民共和国种子法〉的决定》第一次修正　2013 年 6 月 29 日第十二届全国人民代表大会常务委员会第三次会议《关于修改〈中华人民共和国文物保护法〉等十二部法律的决定》第二次修正　2015 年 11 月 4 日第十二届全国人民代表大会常务委员会第十七次会议修订　根据 2021 年 12 月 24 日第十三届全国人民代表大会常务委员会第三十二次会议《关于修改〈中华人民共和国种子法〉的决定》第三次修正)。

http://www.zys.moa.gov.cn/flfg/202304/t20230423_6426120.htm

https://flk.npc.gov.cn/detail2.html?ZmY4MDgxODE3ZjA3MmEyZTAxN2YwYjY2ZmI2NDAxNjY%3D

5 《中华人民共和国进出境动植物检疫法》

《中华人民共和国进出境动植物检疫法》(1991 年 10 月 30 日第七届全国人民代表大会常务委员会第二十二次会议通过　根据 2009 年 8 月 27 日第十一届全国人民代表大会常务委员会第十次会议《关于修改部分法律的决定》修正)。

https://flk.npc.gov.cn/detail2.html?MmM5MDlmZGQ2NzhiZjE3OTAxNjc4YmY2YWIzNjA0ZTc%3D

6 《中华人民共和国生物安全法》

《中华人民共和国生物安全法》(2020 年 10 月 17 日第十三届全国人民代表大会常务委员

会第二十二次会议通过　根据 2024 年 4 月 26 日第十四届全国人民代表大会常务委员会第九次会议《关于修改〈中华人民共和国农业技术推广法〉〈中华人民共和国未成年人保护法〉〈中华人民共和国生物安全法〉的决定》修正）。
https://flk.npc.gov.cn/detail2.html?ZmY4MDgxODE4ZDZhNDI0YjAxOTA1ZTV1NmI3MDJ1NjY%3D

7 《中华人民共和国进出境动植物检疫法实施条例》

《中华人民共和国进出境动植物检疫法实施条例》(1996 年 12 月 2 日中华人民共和国国务院令第 206 号发布)(自 1997 年 1 月 1 日起施行)。
https://flk.npc.gov.cn/detail2.html?ZmY4MDgwODE2ZjNjYmIzYzAxNmY0MDg2YWZhZTAzYzE%3D

8 《植物检疫条例》

《植物检疫条例》(1983 年 1 月 3 日国务院发布 1992 年 5 月 13 日根据《国务院关于修改〈植物检疫条例〉的决定》修订发布　根据 2017 年 10 月 7 日中华人民共和国国务院令第 687 号公布的《国务院关于修改部分行政法规的决定》修正)。
https://www.forestry.gov.cn/c/www/gkxzfg/300053.jhtml
https://flk.npc.gov.cn/detail2.html?ZmY4MDgwODE2ZjNjYmIzYzAxNmY0MGU0MDA0YjA5NzM%3D

9 《森林病虫害防治条例》

《森林病虫害防治条例》(1989 年 11 月 17 日国务院第五十次常务会议通过 1989 年 12 月 18 日中华人民共和国国务院令第 46 号发布)(自发布之日起施行)。
https://www.forestry.gov.cn/search/300054
https://flk.npc.gov.cn/detail2.html?ZmY4MDgwODE2ZjNlOThiZDAxNmY0MjAwOGM4MDAyYjU%3D

10 《农作物病虫害防治条例》

《农作物病虫害防治条例》(2020 年 3 月 17 日国务院第 86 次常务会议通过)(自 2020 年 5 月 1 日起施行)。
http://www.gov.cn/zhengce/content/2020-04/02/content_5498241.htm

https://flk.npc.gov.cn/detail2.html?ZmY4MDgwODE3NmQ3NTA3YzAxNzZkNzY0NWI2ZTAwNDE%3D

11 《农药管理条例》

《农药管理条例》(1997年5月8日中华人民共和国国务院令第216号发布　根据2001年11月29日《国务院关于修改〈农药管理条例〉的决定》第一次修订　2017年2月8日国务院第164次常务会议修订　通过根据2022年3月29日《国务院关于修改和废止部分行政法规的决定》第二次修订)。

https://flk.npc.gov.cn/detail2.html?ZmY4MDgxODE4MGUwYTYxMzAxODExZTI4OGUxYjFlYWI%3D

12 《农业转基因生物安全管理条例》

《农业转基因生物安全管理条例》(2001年5月23日中华人民共和国国务院令第304号公布　根据2011年1月8日《国务院关于废止和修改部分行政法规的决定》第一次修订　根据2017年10月7日《国务院关于修改部分行政法规的决定》第二次修订)。

https://www.gov.cn/gongbao/content/2019/content_5468924.htm

https://flk.npc.gov.cn/detail2.html?ZmY4MDgwODE2ZjNjYmIzYzAxNmY0MTIzNDhhYjE5NWU%3D

13 《农作物病虫害监测与预报管理办法》

《农作物病虫害监测与预报管理办法》(2021年12月7日经农业农村部第16次常务会议审议通过)(自2022年1月24日起施行)。

https://www.gov.cn/gongbao/content/2022/content_5683850.htm

14 《农作物病虫害专业化统防统治管理办法》

《农作物病虫害专业化统防统治管理办法》(中华人民共和国农业部第1571号公告,生效日期:2011年06月17日,发布日期:2011年07月14日)(自2011年8月1日起施行)。

http://www.moa.gov.cn/govpublic/ZZYGLS/201107/t20110714_2053048.htm

15 《外来入侵物种管理办法》

《外来入侵物种管理办法》(2022 年 4 月 22 日经农业农村部第 4 次常务会议审议通过，并经自然资源部、生态环境部、海关总署同意)(自 2022 年 8 月 1 日起施行)。

https://www.gov.cn/gongbao/content/2022/content_5703092.htm

16 《农业植物疫情报告与发布管理办法》

《农业植物疫情报告与发布管理办法》(2010 年 1 月 4 日农业部第 1 次常务会议审议通过)(自 2010 年 3 月 1 日起施行)。

https://www.gov.cn/gongbao/content/2010/content_1653860.htm

17 《国外引种检疫审批管理办法》

《国外引种检疫审批管理办法》(1993 年 11 月 10 日〔1993〕农(农)字第 18 号公布　1999 年 6 月 3 日农农发〔1999〕7 号《关于进一步加强国外引种检疫审批管理工作的通知》修订　2017 年 4 月 17 日农办农〔2017〕8 号《农业部办公厅关于启用新版农业植物检疫单证的通知》修订　2019 年 10 月 14 日中华人民共和国农业农村部公告第 222 号《农业农村部行政许可事项服务指南》修订)。

https://www.moa.gov.cn/gk/nyncbgzk/gzk/202210/t20221008_6412679.htm

18 《农药登记管理办法》

《农药登记管理办法》(2017 年 6 月 21 日农业部令 2017 年第 3 号公布，2018 年 12 月 6 日农业农村部令 2018 年第 2 号、2022 年 1 月 7 日农业农村部令 2022 年第 1 号修订)。

https://www.moa.gov.cn/gk/nyncbgzk/gzk/202209/t20220930_6412291.htm

19 《农药登记试验管理办法》

《农药登记试验管理办法》(2017 年 6 月 21 日农业部令 2017 年第 6 号公布，2018 年 12 月 6 日农业农村部令 2018 年第 2 号、2022 年 1 月 7 日农业农村部令 2022 年第 1 号修订)。

https://www.moa.gov.cn/gk/nyncbgzk/gzk/202209/t20220930_6412290.htm

20 《植物检疫条例实施细则（农业部分）》

《植物检疫条例实施细则(农业部分)》(1995 年 2 月 25 日农业部令第 5 号发布 1997 年 12 月 25 日农业部令第 39 号《农业部规章和规范性文件清理结果》修订 2004 年 7 月 1 日农业部令第 38 号《关于修订农业行政许可规章和规范性文件的决定》修订 2007 年 11 月 8 日农业部令第 6 号《农业部现行规章清理结果》修订)。

https://www.moa.gov.cn/gk/nyncbgzk/gzk/202210/t20221008_6412676.htm

21 《植物检疫条例实施细则（林业部分）》

《植物检疫条例实施细则(林业部分)》(1994 年 7 月 26 日林业部令第 4 号;2011 年 1 月 25 日国家林业局令第 26 号修改)。

https://www.forestry.gov.cn/c/www/gkbmgz/300037.jhtml

22 《全国农业植物检疫性有害生物名单》

2020 年农业农村部公布新的《全国农业植物检疫性有害生物名单》(中华人民共和国农业农村部公告第 351 号,修订发布《全国农业植物检疫性有害生物名单》和《应施检疫的植物及植物产品名单》,生效日期:2020 年 11 月 04 日,发布日期:2020 年 11 月 10 日)。

http://www.moa.gov.cn/govpublic/ZZYGLS/202011/t20201110_6356064.htm

23 《应施检疫的植物及植物产品名单》

2020 年农业农村部公布新的《应施检疫的植物及植物产品名单》(中华人民共和国农业农村部公告第 351 号,修订发布《全国农业植物检疫性有害生物名单》和《应施检疫的植物及植物产品名单》,生效日期:2020 年 11 月 04 日,发布日期:2020 年 11 月 10 日)。

http://www.moa.gov.cn/govpublic/ZZYGLS/202011/t20201110_6356064.htm

（王海光　编写）

附录四 植物病理学实验常用培养基及其配方

本附录收集整理了常用培养基和放线菌用培养基及其配方共计 39 种，其中，常用培养基 31 种，放线菌用培养基 8 种。

1 常用培养基

1.1 牛肉膏蛋白胨培养基(培养细菌用)

牛肉膏	3.0 g
蛋白胨	10.0 g
氯化钠	5.0 g
琼脂	15～20 g
蒸馏水	1 000 mL
pH	7.0～7.2

121 ℃灭菌 20 min。

1.2 土壤浸渍液琼脂培养基（土壤微生物常用培养基）

土壤浸渍液	100 mL
琼脂	15～20 g
蒸馏水	1 000 mL
pH	7.0

培养基的配制：称 1 kg 土壤，加 1 000 mL 水，高压蒸汽 121 ℃处理 30 min，用双层滤纸过滤，收集滤液，再加入琼脂，加热至溶化，补足失水后，分装灭菌。

1.3 查氏(Czapek)培养基(培养霉菌用)

硝酸钠	2.0 g
磷酸氢二钾	1.0 g
氯化钾	0.5 g
七水合硫酸镁	0.5 g
七水合硫酸亚铁	0.01 g
蔗糖	20～30 g
琼脂	15～20 g
蒸馏水	1 000 mL

121 ℃灭菌 20 min。

1.4 理查(Richard)培养基

硝酸钾	10 g
磷酸二氢钾	2.5 g
七水合硫酸镁	2.5 g
三氯化铁	0.02 g
蔗糖	50 g
琼脂	15～18 g
蒸馏水	1 000 mL

1.5 马丁氏(Martin)琼脂培养基(分离菌物用)

葡萄糖	10.0 g
蛋白胨	5.0 g
磷酸二氢钾	1.0 g
七水合硫酸镁	0.5 g
孟加拉红(1%)	3.3 mL
琼脂	15～20 g
蒸馏水	800 mL

121 ℃灭菌 30 min,临用前加入 0.03%链霉素稀释液 100 mL,使每毫升培养基中含链霉素 30 μg。

1.6 马铃薯培养基(PDA)(培养菌物用)

马铃薯	200 g
蔗糖（或葡萄糖）	20 g
琼脂	15～20 g
蒸馏水	1 000 mL

培养基的配制:马铃薯去皮,切成块煮沸 30 min,然后用纱布过滤,再加糖及琼脂,熔化后补足蒸馏水至 1 000 mL,121 ℃灭菌 30 min。

1.7 马铃薯蔗糖琼脂培养基(PSA)

马铃薯(去皮)	200 g
蔗糖	10～20 g
琼脂	17～20 g
蒸馏水	1 000 mL

1.8 LB(Luria-Bertani)培养基(培养细菌用)

胰蛋白胨	10.0 g

酵母膏	5.0 g
氯化钠	10.0 g
琼脂	15～20 g
蒸馏水	1 000 mL
pH	7.2～7.4

121 ℃灭菌 20 min。

1.9 酵母浸膏葡萄糖碳酸钙培养基(YDC)

酵母浸膏	10 g
葡萄糖	20 g
碳酸钙	20 g
琼脂	15～18 g
蒸馏水	1 000 mL

1.10 马铃薯胡萝卜培养基(PCA)(培养菌物及产孢观察用)

马铃薯	20 g
胡萝卜	20 g
琼脂	15～20 g
蒸馏水	1 000 mL

培养基的配制：马铃薯和胡萝卜去皮，切成块在 500 mL 蒸馏水中煮沸 30 min，然后用纱布过滤，再加入琼脂，熔化后补足蒸馏水至 1 000 mL，121 ℃灭菌 30 min。

1.11 燕麦培养基(疫霉菌的分离和诱导产生卵孢子)

蒸馏水	1 000 mL
燕麦片	30 g
琼脂	15～20 g

培养基的配制：燕麦片在 60 ℃下水浴 1 h，双层纱布过滤除渣，上清液补足蒸馏水至 1 000 mL，加入琼脂，121 ℃灭菌 20 min。

1.12 玉米粉培养基(诱导子囊孢子产生)

蒸馏水	1 000 mL
玉米粉	30 g
琼脂	15～20 g

配制方法与燕麦培养基相似。

1.13 番茄培养基(疫霉菌的培养和产孢)

番茄汁	20 mL

碳酸钙	0.4 g
琼脂	15～20 g
蒸馏水	80 mL

番茄汁的制备方法：取新鲜成熟的番茄果实，洗净后切成片，置于组织捣碎机中匀浆 2 min，经双层纱布过滤去除种子和残余组织，取滤液即可。

1.14 胡萝卜培养基(多种疫霉菌的分离、培养和诱导产生卵孢子)

胡萝卜	200 g
蒸馏水	1 000 mL
琼脂	17～20 g

培养基的配制：新鲜胡萝卜 200 g 切成小片，加蒸馏水 500 mL，用组织捣碎机捣碎约40 s，用 4 层纱布过滤去渣，补充水至 1 000 mL，加入琼脂 17～20 g。

1.15 黑麦培养基(马铃薯晚疫病菌的分离、培养和产孢)

黑麦	50 g
琼脂	15～20 g
蒸馏水	1 000 mL
pH	7.2

培养基的配制：取黑麦种子 50 g，在蒸馏水中浸泡 24～36 h，用组织捣碎机破碎 2 min，经 4 层纱布过滤去渣，将上清液加蒸馏水补足至 1 000 mL，加入琼脂，121 ℃灭菌 20 min。

1.16 大豆培养基(疫霉菌的分离、培养、产孢)

大豆汁	10 mL
琼脂	2 g
蒸馏水	90 mL

大豆汁的制备方法：60 g 干大豆种子用水冲洗净，浸泡过夜，与 330 mL 蒸馏水混合，用组织捣碎机破碎 2 min，经单层纱布过滤去渣，滤液即为所制备的大豆汁。

1.17 营养琼脂培养基(NA)(培养细菌用)

蛋白胨	5.0 g
牛肉膏	3.0 g
葡萄糖	2.5 g
蒸馏水	1 000 mL
琼脂	15～20 g
pH	7.3

121 ℃灭菌 20 min。

1.18 利马豆培养基(不包括马铃薯晚疫病菌的大多数疫霉菌的分离、培养、繁殖和保存)

利马豆粉	60 g
琼脂	20 g
水	1 000 mL

培养基的配制:利马豆粉 60 g,加水 1 000 mL,在 60 ℃下水浴 1 h,双层纱布过滤去渣,收集滤液并补足水至 1 000 mL,加入琼脂 20 g,加热煮沸 25~30 min。该培养基在加热过程中会产生大量气体,因此在灭菌前应充分煮沸。

1.19 V8 培养基

1.19.1 10%V8 培养基(常用于疫霉菌分离、培养、保存、诱导孢子囊产生、交配型测定和产生卵孢子)

V8 汁	10 mL
蒸馏水	90 mL
碳酸钙	0.02 g
琼脂	2 g

1.19.2 5%V8 培养基(常用于疫霉菌分离、培养、保存)

V8 汁	5 mL
蒸馏水	90 mL
碳酸钙	0.02 g
琼脂	2 g

1.19.3 10%V8 培养液(诱导疫霉菌产生孢子囊)

V8 汁	100 mL
碳酸钙	1 g

1.20 金氏培养基 B(KB)(分离、鉴定荧光假单胞杆菌用)

蛋白胨	20.0 g
甘油	10 mL
三水合磷酸氢二钾	2.5 g
七水合硫酸镁	1.5 g
琼脂	15~20 g
蒸馏水	1 000 mL
pH	7.2

1.21 D1 培养基(分离、培养、区分土壤杆菌)

甘露醇	15 g

七水合硫酸镁	0.2 g
硝酸钠	5 g
氯化锂	6 g
磷酸氢二钾	2.0 g
溴麝香草酚蓝	0.1 g
琼脂	15～18 g
蒸馏水	1 000 mL

121 ℃灭菌 15 min，灭菌后调培养基 pH 至 7.0。

1.22 麦氏(Meclary)琼脂培养基(乙酸钠琼脂培养基)(产孢用)

葡萄糖	1.0 g
氯化钾	1.8 g
酵母浸膏	2.5 g
乙酸钠	8.2 g
琼脂	15～20 g
蒸馏水	1 000 mL

115 ℃灭菌 20 min。

1.23 柠檬酸盐培养基(用于检测革兰氏阳性菌)

磷酸二氢铵	1.0 g
磷酸氢二钾	1.0 g
氯化钠	5.0 g
硫酸镁	0.2 g
柠檬酸钠	2.0 g
琼脂	15～20 g
蒸馏水	1 000 mL
1%溴麝香草酚蓝乙醇液	10 mL

培养基的配制：将上述各成分加热溶解后，调 pH 6.8，然后加入指示剂，摇匀，用脱脂棉过滤，分装试管，121 ℃灭菌 20 min 后制成斜面，注意配制时控制好 pH，不要过碱，以黄绿色为准。

1.24 TTC 培养基

葡萄糖	10 g(或甘油 5 mL)
酪朊水解物	1 g
蛋白胨	10 g
琼脂	18 g
蒸馏水	1 000 mL

常规灭菌。在倒培养皿前，每瓶加 1%的 2,3,5-三苯基氯化四氮唑(TTC)溶液 1 mL(1%

的 TTC 溶液 115 ℃灭菌 7～8 min，置于低温暗处备用）。

1.25 SX 培养基（培养植物病原细菌）

可溶性淀粉	10 g
甲基紫 2B	1 mL
牛肉浸膏	1 g
1%甲基绿	2 mL
氯化铵	5 g
琼脂	15～18 g
蒸馏水	1 000 mL
pH	7.0～7.1

1.26 玉米粉蔗糖培养基（用于真菌培养）

玉米粉	60 g
磷酸二氢钾	3.0 g
维生素 B_1	100 mg
蔗糖	10 g
七水合硫酸镁	1.5 g
琼脂	15～20 g
蒸馏水	1 000 mL

121 ℃灭菌 30 min，维生素 B_1 单独灭菌 15 min 后另加。

1.27 SAY 培养基（Shoemaker）

蔗糖	8.0 g
L-天冬酰胺	1.2 g
磷酸氢二钾	0.6 g
酵母浸膏	1.0 g
琼脂	15～20 g
蒸馏水。	1 000 mL

121 ℃灭菌 30 min。

1.28 MRS 琼脂培养基（分离乳酸菌）

蛋白胨	10 g
牛肉粉	5.0 g
酵母提取物	5.0 g
柠檬酸三铵	2.0 g
乙酸钠	5.0 g
硫酸锰	0.05 g

葡萄糖	20 g
七水合硫酸镁	0.2 g
吐温-80	1.0 mL
磷酸氢二钾	2.0 g
琼脂	15～20 g
蒸馏水	1 000 mL
pH	6.2～6.4

121 ℃灭菌 15 min。当乳酸菌生长代谢出乳酸后，会使 pH 下降而使颜色由绿变为黄绿，再加上抗生素及厌氧培养的作用，一般的微生物不容易在此培养基上生长，因此十分容易鉴别乳酸菌。

1.29 水琼脂培养基(WA)(真菌的单孢分离及孢子萌发)

琼脂	10～17 g
蒸馏水	1 000 mL

2 放线菌用培养基

2.1 高氏(Gause) 1 号培养基(培养放线菌用)

可溶性淀粉	20.0 g
硝酸钾	1.0 g
氯化钠	0.5 g
三水合磷酸氢二钾	0.5 g
七水合硫酸镁	0.5 g
七水合硫酸亚铁	0.01 g
琼脂	17～20 g
蒸馏水	1 000 mL
pH	7.2～7.4

配制时，先用少量冷水将淀粉调成糊状，倒入煮沸的蒸馏水中，在火上加热，边搅拌边加入其他成分，熔化后，补足蒸馏水至 1 000 mL，121 ℃灭菌 20 min。

2.2 葡萄糖天冬酰胺盐培养基(土壤中分离放线菌用)

葡萄糖	10.0 g
磷酸氢二钾	1.0 g
蒸馏水	1 000 mL
碳酸钙	3.0 g
天冬酰胺钠	1.0 g

琼脂	15～20 g
pH	7.0

121 ℃灭菌 20 min。

2.3 精氨酸甘油食盐琼脂培养基(土壤中分离放线菌用)

甘油	12.5 mL
盐酸精氨酸	1.0 g
磷酸氢二钾	1.0 g
氯化钠	1.0 g
七水合硫酸镁	0.5 g
六水合硫酸铁	10.0 mg
五水合硫酸铜	1.0 mg
七水合硫酸锌	1.0 mg
一水合硫酸锰	1.0 mg
琼脂	15～20 g
蒸馏水	1 000 mL
pH	6.9～7.1

注意:所用的甘油的相对密度在 25 ℃应不小于 1.249。

2.4 淀粉铵盐培养基(用于放线菌的分离和计数)

可溶性淀粉	10.0 g
亚硫酸铵	2.0 g
磷酸氢二钾	1.0 g
一水合硫酸镁	1.0g
氯化钠	1.0 g
碳酸钙	3.0g
琼脂	15～20 g
蒸馏水	1 000 mL
pH	7.2～7.4

培养基的配制:先用少量蒸馏水将淀粉溶化,再加入盐类。

2.5 淀粉琼脂培养基(用于放线菌的分离)

蛋白胨	10 g
牛肉膏	5.0g
可溶性淀粉	2.0 g
氯化钠	5.0 g
琼脂	20 g
蒸馏水	1 000 mL

pH	7.0

培养基的配制：把淀粉用蒸馏水调成糊状，加蒸馏水到 500 mL，100 ℃水浴煮 30 min。另取 500 mL 蒸馏水，放入琼脂，加热煮沸到溶解后，加入培养基中的其他成分，把两液调匀，补充蒸馏水至 1 000 mL，调 pH 到 7.0，121 ℃灭菌 20 min。

2.6 淀粉酪素琼脂培养基(分离放线菌)

淀粉	10 g
干酪素	0.3 g
硝酸钾	2 g
氯化钠	2 g
七水合硫酸镁	0.5 g
磷酸氢二钾	2 g
碳酸钙	0.02 g
七水合硫酸亚铁	0.01 g
琼脂	15 g
蒸馏水	1 000 mL
pH	7.0～7.2

121 ℃灭菌 20 min。

2.7 CMKA 培养基(分离放线菌)

酸水解干酪素	0.5 g
甘露醇	1.5 g
硝酸钾	1 g
硫酸铵	2 g
磷酸氢二钾	0.5 g
碳酸钙	0.5 g
琼脂	15 g
蒸馏水	1 000 mL
pH	9.0～10.0

121 ℃灭菌 20 min。

2.8 放线菌发酵液(放线菌产生抗生素用)

葡萄糖	20 g
氯化钠	5.0 g
碳酸钙	4.0 g
蛋白胨	6.0 g
大豆粉	20 g
蒸馏水	1 000 mL

pH	7.1～7.2

121 ℃灭菌 20 min。

（李大勇　编写）